# 塔里木盆地南缘绿洲区土壤地球化学研究

周金龙　陈云飞　马常莲　曾妍妍　等著

**图书在版编目(CIP)数据**

塔里木盆地南缘绿洲区土壤地球化学研究/周金龙等著. -- 武汉：中国地质大学出版社，2025.4. —ISBN 978-7-5625-6179-8

Ⅰ.S153

中国国家版本馆 CIP 数据核字第 2025QS3152 号

| 塔里木盆地南缘绿洲区土壤地球化学研究 | 周金龙　陈云飞　马常莲　曾妍妍　等 著 |
|---|---|
| 责任编辑：何　煦　　　　选题策划：周　阳 | 责任校对：张咏梅 |

出版发行：中国地质大学出版社（武汉市洪山区鲁磨路388号）　　　　邮政编码：430074
电　　话：(027)67883511　　　传　　真：67883580　　　E-mail:cbb@cug.edu.cn
经　　销：全国新华书店　　　　　　　　　　　　　　　　　　https://cugp.cug.edu.cn

开本：787mm×1092mm 1/16　　　　　　　字数：359 千字　　　印张：14
版次：2025 年 4 月第 1 版　　　　　　　　印次：2025 年 4 月第 1 次印刷
印刷：河北虎彩印刷有限公司

ISBN 978-7-5625-6179-8　　　　　　　　　　　　　　　　　　定价：108.00 元

如有印装质量问题请与印刷厂联系调换

# 《塔里木盆地南缘绿洲区土壤地球化学研究》

# 编 委 会

周金龙　陈云飞　马常莲　曾妍妍
范　薇　单浩峰　时雯雯　顾思博
张峰玮　於嘉闻　任贵兵

# 前 言

新疆维吾尔自治区（简称"新疆"）在配合"一带一路"倡议的发展方面，将规划构建区域级的综合交通枢纽。通向中亚、西亚、南亚和俄罗斯的南通道起于"珠三角"地区，经湖南、重庆、四川、青海，进入新疆后，再经若羌、和田、喀什地区，通往塔吉克斯坦，然后南下至印度洋沿岸，其中和田—若羌地区位于塔里木盆地南缘。塔里木盆地南缘绿洲区作为新疆特色林果业的主要产区之一，近年来种植规模持续扩大。根据新疆林业和草原局的数据，截至2022年，新疆林果种植总面积达到 $140.87 \times 10^4 \text{ hm}^2$（约2113万亩），其中南疆环塔里木盆地的种植面积达到 $101.67 \times 10^4 \text{ hm}^2$（约1525万亩），占全区的72.2%。在果品总产量方面，新疆达到 $130 \times 10^8$ 余千克，南疆环塔里木盆地的产量达到 $64 \times 10^8$ 余千克，占比49.2%。伴随着社会经济的高速发展，土壤健康问题与日俱增，土壤重金属含量、土壤肥力、盐渍化程度、有机质含量、pH值、地下水质量等多个方面影响着林果品质。基于此，本书以揭示土壤中的化学成分、含量及其分布规律，查明土地质量现状及土壤地球化学特征为写作思路，为当地农业生产和土地利用提供科学依据，成果力求促进农业增效和农民增收，服务地方经济与社会发展。

全书分为7章：第1章介绍了土壤地球化学研究现状、新疆土壤地球化学研究现状及塔里木盆地南缘绿洲区土壤地球化学调查情况；第2章介绍了塔里木盆地南缘绿洲区的地理位置、自然地理概况、地质概况、水文地质条件等背景；第3章介绍了土壤、地表水及地下水、农作物样品的采集与分析测试；第4章提供了塔里木盆地南缘绿洲区土壤54种元素/指标的基准值和背景值；第5章介绍了塔里木盆地南缘绿洲区土壤地球化学元素分布特征、元素组合及意义；第6章查明了塔里木盆地南缘绿洲区土壤环境质量和地下水质量，评价了研究区红枣种植地土壤重金属污染现状及健康风险状态，同时也评价了红枣种植园的土壤肥力；第7章结合多项研究成果，研究了从宏观空间分布到微观室内试验下，元素F、Se、As在土壤-地下水-农作物系统中的迁移和转化，同时探讨了影响和田地区拉依苏长寿村居民长寿的特征化学组分，并揭示了这些化学组分对当地居民健康长寿的影响。

《塔里木盆地南缘绿洲区土壤地球化学研究》依托周金龙教授主持的以下项

目:①"基于生态农业地质环境的种植适宜性区划研究"[中央返还两权款资金项目"新疆和田-若羌绿洲带1：25万土地质量地球化学调查(S15-1-LQ)"专题，2016年4月—2018年12月];②"新疆喀什地区地下水咸化机理研究"(国家自然科学基金地区科学基金项目41662016,2017年1月—2020年12月);③"塔里木盆地绿洲带高碘地下水系统中碘的迁移富集机理"(国家自然科学基金地区科学基金项目42067035,2021年1月—2024年12月)。工作中得到了新疆地质矿产勘查开发局(简称"地矿局")第二水文地质工程地质大队原总工程师陆成新正高级工程师、王松涛正高级工程师、杜江岩高级工程师等的大力支持。

科学的研究需要不断的探索，也需要求真务实的科研精神。本书的完成离不开课题组每一位成员的付出，他们多次深入乡村、田间地头采集样品，精心整理数据，数易其稿，最终为塔里木盆地南缘绿洲区农业高质量发展提出了一些思考和建议。

本书第1章由陈云飞、周金龙撰写，第2章由陈云飞、范薇撰写，第3章由陈云飞、范薇、时雯雯撰写，第4章由陈云飞、顾思博撰写，第5章由陈云飞、曾妍妍、张峰玮、任贵兵撰写，第6章由马常莲、顾思博、单浩峰撰写，第7章由范薇、陈云飞、时雯雯、於嘉闻撰写。全书由周金龙、陈云飞、马常莲统稿。

由于笔者水平有限，不妥之处敬请批评指正!

编写组
2024年12月

# 目 录

第1章 绪论 ·································································································· (1)
    1.1 土壤地球化学研究现状 ········································································ (1)
    1.2 新疆土壤地球化学研究现状 ··································································· (2)
    1.3 塔里木盆地南缘绿洲区土壤地球化学调查 ················································· (3)

第2章 区域概况 ···························································································· (5)
    2.1 地理位置 ···························································································· (5)
    2.2 自然地理概况 ····················································································· (5)
    2.3 地质概况 ···························································································· (9)
    2.4 水文地质条件 ···················································································· (10)

第3章 样品采集与分析测试 ············································································ (15)
    3.1 土壤样品采集与分析测试 ···································································· (15)
    3.2 地表水及地下水采集与分析测试 ··························································· (20)
    3.3 农作物样品采集与分析测试 ································································· (22)

第4章 土壤地球化学基准值与背景值 ································································ (24)
    4.1 基本概念和统计方法 ·········································································· (24)
    4.2 研究区土壤地球化学基准值 ································································· (25)
    4.3 研究区土壤地球化学背景值 ································································· (31)
    4.4 县域行政单元土壤地球化学背景值 ························································ (31)

第5章 区域土壤地球化学特征 ········································································· (60)
    5.1 深层土壤与表层土壤地球化学特征值对比 ·············································· (60)
    5.2 表层土壤元素组合特征 ······································································· (62)
    5.3 土壤特征元素（氧化物）筛选 ······························································ (65)
    5.4 稀土元素地球化学特征 ······································································· (71)

第6章 土地环境质量评价 ··············································································· (78)
    6.1 农用地表层土壤污染风险评价 ····························································· (78)
    6.2 研究区红枣产地土壤重（类）金属污染现状 ··········································· (82)
    6.3 地下水环境质量与污染评价 ································································· (88)

6.4 红枣种植园土壤肥力评价 …………………………………………………（93）
　　6.5 水土质量综合评价 ……………………………………………………………（95）
　　6.6 红枣产地土壤重（类）金属健康风险评价 …………………………………（97）
第7章　典型绿洲区土壤地球化学环境综合研究 ……………………………………（101）
　　7.1 和田地区地下水-土壤-农作物系统中F的迁移与转化研究 ………………（101）
　　7.2 地下水-土壤-农作物系统中As迁移富集规律研究 …………………………（150）
　　7.3 地下水-土壤-农作物系统中Se迁移富集规律研究 …………………………（170）
　　7.4 和田地区拉依苏良种场水土环境中无机组分对居民健康长寿影响的初步研究
　　　………………………………………………………………………………（185）
主要参考文献 ……………………………………………………………………………（205）

# 第1章 绪 论

## 1.1 土壤地球化学研究现状

土壤地球化学是地球化学的一个重要分支。它主要研究土壤中化学元素的来源、分布、迁移、富集以及循环规律等，并且探究这些过程与土壤发生、发展和演变之间的内在联系，同时也关注土壤中化学元素的行为对生态环境、农业生产和人体健康等诸多方面的影响。研究范围包括大量元素（如 C、H、O、N、P、K 等）和微量元素（如 Fe、Mn、Zn、Cu、Mo、B 等）在土壤中的各种存在形式、土壤中原生矿物和次生矿物的地球化学性质。当然土壤地球化学与多种学科之间也存在密切联系，如它是土壤学的重要理论基础之一，为土壤的形成过程、土壤肥力的化学本质等提供了地球化学解释。同时它与地质学紧密相连，土壤是岩石风化的产物，其地球化学特征受到成土母质地质背景的深刻影响。当然，土壤地球化学与生态学、环境科学相互交叉，土壤中的化学元素是生态系统中物质循环的重要组成部分，它们影响着植物的生长和生态系统的结构与功能。土壤是环境重要的载体，理解土壤污染的形成、扩散和修复过程至关重要。

多目标区域地球化学调查是土壤地球化学研究开展的重要保障，其成果应用于编制土地利用规划、发掘和开发优质农业土地资源、污染防治及资源合理利用等。根据调查成果，按照土地环境和质量差异，划分出土地肥力等级与分区、微量元素丰缺与分区、重金属污染程度与分区及绿色食品产地适宜性分区、农产品安全性分区等，为转变土地利用方式和土地规划修编提供了直接信息。近年来，我国各地均开展了土地质量地球化学普查和详查工作，研究成果丰硕。例如解怀生等（2010）对土壤元素的原始测试数据进行了分布模式检验和参数特征统计，不仅查明了土壤元素的区域地球化学分布特征、区域组合特征及土壤元素在不同地貌区段土体剖面上的含量变化情况，而且在研究区建立了土壤元素的地球化学背景，并对其环境质量作了评价。何玉生等（2006）利用四川省成都经济区多目标地球化学调查所获得的浅层土壤数据进行土壤分类方面的探索。汪璇等（2009）在三峡库区利用多目标地球化学分析数据，研究和分析并尝试建立三峡库区生态环境、地方病、农业三者之间的关系。李春亮（2013）通过开展甘肃省武威地区多目标区域地球化学调查，对数据进行了深入分析研究，查明了武威地区表层土壤的元素特征、地球化学背景值以及深层土壤地球化学基准值，并划分出了富集区、缺乏区及背景区。随着科技的发展及各种测试方法、技术的不断尝试，分析方法的指标、要素的不断完善，渐渐形成了以 GIS 为主的土壤环境地球化学综合评价方法。

## 1.2 新疆土壤地球化学研究现状

### 1.2.1 研究文献特征分析

新疆作为中国西北边陲的重要区域，其独特的地理位置和复杂的地质构造使得该地区的土壤地球化学特征极为丰富多样。近年来，随着环境科学、地球化学等多学科的快速发展，新疆土壤地球化学研究逐渐成为学术界关注的热点之一。

研究热点是特定学术领域学者关注的焦点，也是该领域在某一时期主要探讨问题的体现。关键词作为学术论文的重要组成元素之一，经常被用来研究探讨某领域的热点问题。基于此，本书使用CiteSpace 6.4软件进行关键词共现的聚类分析，来反映新疆土壤地球化学特征的研究热点。软件计算节点数 $n$ 为284，连线数为400，网络密度为0.01。模块值 $Q$ 的大小与节点的疏密情况相关，$Q$ 值越大聚类效果越好，可以用来进行科学的聚类分析；平均轮廓值 $S$ 大小可以用来衡量聚类的同质性，$S$ 值越大说明网络的同质性越高，表示该聚类是具有高可信度的。结果显示，$Q=0.8169$，说明该网络结构聚类效果好；$S=9445$，同质性较高，不同聚类划分较好。结果出现12种聚类，以"城市土壤""污染""空间分布""土壤质量""农田土壤""影响因素"为主。前五大聚类的平均年份为2003—2017年，说明相关研究在此时期成熟。结果中，"空间分布"和"生态风险"是新疆土壤地球化学研究的热点内容。从时间维度来看，从2003年起，土壤重金属元素、土壤污染、土壤生态评价、土壤有机碳持续研究至今，随着研究关键词的逐年增加，研究方法也在逐渐更新，研究内容逐步深入，与遥感、生态学、地质学等学科逐步融合。如钟晴等（2024）采用遥感技术研究了新疆乌鲁木齐市Co含量。哈力旦·艾赛都力等（2023）基于GIS的不同土地利用方式对奇台县、吉木萨尔县、阜康市等地区草地、耕地和建设用地3种土地利用方式下土壤重金属污染状况及来源进行了研究。

### 1.2.2 新疆土壤地球化学研究内容综述

目前国内关于新疆土壤地球化学研究区域主要涉及盆地包括塔里木盆地、焉耆盆地，涉及流域包括奎屯河流域、伊犁河流域、艾比湖流域、开都河流域，涉及地区包括天山北坡、阿克苏地区、和田地区、喀什地区，涉及县市及其他区域包括乌鲁木齐市及周边区域、铁门关市、若羌县、且末县、于田县、民丰县、五家渠市、库车市、阿克苏市、伊宁市、奇台县、吉木萨尔县、阜康市、五彩湾矿区等。研究内容主要包括土壤重金属污染与生态风险评价、土壤有机碳与土壤肥力、土壤微量元素地球化学特征、土壤环境质量评价等方面。

（1）在土壤重金属污染与生态风险评价方面。新疆地区土壤重金属污染问题日益凸显，尤其在矿区、工业区和农业区。多项研究表明，新疆不同区域的土壤中存在不同程度的重金属积累，包括Cd、Hg、Pb、As、Cu、Zn等元素。例如，在准东煤田、伊犁流域、吐鲁番盆地葡萄园等地，土壤重金属含量超过新疆土壤背景值，部分区域甚至超过国家土壤环境质量标准。通过采用污染指数法、地累积指数法、潜在生态风险指数法等多种方法对新疆土壤重金属进行生态风险评价，发现部分区域土壤重金属污染处于中等到高风险水平，对生态环境和人类健康构成潜在的威胁。特别是 Cd、Hg 等元素，由于具有高毒性和易迁移性，被视为主要的生态风险因子。通过多元统计分析、同位素示踪等方法，对新疆土壤重金属的污染源进行了解析，例如，矿区土壤重金属污染主要源于采矿和冶炼活动，而农业区则可能与农药、化肥的过量使用有关(阿不都赛买提·乃合买提等，2017；李乔等，2017；古力扎提·艾买提等，2018；杨磊等，2018；阿依努尔·麦提努日等，2021)。

(2) 在土壤有机碳与土壤肥力方面。新疆土壤有机碳储量丰富，但分布不均，不同植被类型、土壤类型和土地利用方式下，土壤有机碳含量存在显著差异。例如，天山森林、草甸草原等生态系统的土壤有机碳含量较高，而荒漠化土壤则含量相对较低。此外，随着土壤深度的增加，有机碳含量逐渐降低。通过测定土壤有机质、全氮、速效磷、速效钾等指标，对新疆不同区域土壤的肥力进行了评价。整体来看，新疆农用地土壤肥力总体较好，但存在区域差异。部分区域由于长期耕作、不合理施肥等，土壤肥力下降，需采取措施进行改良。新疆土壤有机碳的含量主要受不同土地利用方式、施肥管理措施的影响。例如，长期施用有机肥和秸秆还田等措施可以显著提高土壤有机碳含量和肥力水平(董乙强等，2016；侯艳娜等，2020；唐光木等，2020)。

(3) 在土壤微量元素地球化学特征方面。新疆土壤中微量元素含量丰富，包括 Se、F、I 等对人体健康有益的元素。不同区域、不同土壤类型中微量元素含量存在差异。例如，在若羌县、焉耆盆地等地，土壤 Se 含量较高，具有开发富硒农产品的潜力。综合来看，新疆土壤地球化学特征受成土母质、气候、地形地貌等多种因素影响。例如，在天山地区，随着海拔的升高，土壤元素含量和分布特征发生显著变化。

(4) 在土壤环境质量评价方面。学者们采用综合指数法、模糊评价法等多种方法，对新疆不同区域土壤质量进行了评价。新疆土壤质量总体较好，但存在区域差异和潜在退化风险(王维维等，2018；周益民等，2012；娜珠盼·斯德克江等，2022)。

综上所述，新疆土壤地球化学研究在取得显著进展的同时，也面临着诸多挑战和争议。这些研究不仅揭示了新疆土壤地球化学特征的复杂性和多样性，也为土壤资源的可持续利用和生态环境保护提供了重要的科学依据和技术支撑。

## 1.3 塔里木盆地南缘绿洲区土壤地球化学调查

### 1.3.1 调查情况

"新疆和田—若羌绿洲带 1∶25 万土地质量地球化学调查"项目开始于 2016 年，调查范围以若羌县城以西为边界，向西涵盖了若羌县、且末县、民丰县、于田县，面积为 $2.73 \times 10^4 \text{ km}^2$(其中沙漠面积为 $1.58 \times 10^4 \text{ km}^2$，采样面积为 $1.33 \times 10^4 \text{ km}^2$)，地理坐标为北纬 $36°52'—38°50'$，东经 $82°23'—87°59'$，行政区划隶属新疆和田地区和巴音郭楞蒙古自治州(简称"巴州")。本次调查主要目的：查明调查区土地质量现状及元素分布特征；查明调查区浅层地下水水文地质特征、生态环境现状及存在的环境地质问题；研究元素区域地球化学组成与分布分配特征，圈定地球化学异常，进行区域地球化学分区与土地环境质量评价，选择典型的地球化学异常区进行查证与评价；最后集成土地地球化学、地下水、生态环境等成果，开展相关专题研究，并建立调查区地球化学数据库。

### 1.3.2 技术路线

本研究以前人区域水文地质、生态环境地质和多目标地球化学调查的实测数据为资料，在多元统计学和地统计学的理论支持下，确定塔里木盆地南缘绿洲区土壤元素、土壤元素背景值等基础性地球化学参数，厘清土壤中各类元素和指标的地球化学丰度，查明元素在研究区的区域空间分布特征，探究土壤重金属的化学行为、影响因素和来源等，以及综合研究有害元素在土壤—地下水—植物中的生态地球化学行为。项目整个过程严格按照《区域地下水污染调查评价规范》(DZ/T 0288—2015)、《多目标区域地球化学调查规范(1∶250 000)》(DZ/T 0258—2014)、《生态地球化学评价样品分析技术要求(试行)》(DD 2005—03)、《土壤环境质量 农用地土壤污染风险管控标准(试行)》(GB 15618—2018)等规范标准执行。

# 第 2 章 区域概况

## 2.1 地理位置

研究区位于新疆塔里木盆地东南缘绿洲区,涉及行政县域包括巴州的若羌县、且末县,和田地区的民丰县、于田县,新疆生产建设兵团第二师三十八团(简称"38 团"),若羌县域内的新疆生产建设兵团第二师三十六团(简称"36 团")。研究区距首府乌鲁木齐市约 1300 km,南屏阿尔金山,北与塔克拉玛干沙漠相望,东以昆仑山与西藏自治区为界,西距和田地区约 120 km。研究区东西宽约 816 km,南北长约 289 km,面积约为 $3.17 \times 10^4$ km²,占若羌县、且末县、民丰县和于田县总面积的 7.21%。整个研究区呈条带状,国道 315 贯穿研究区东西,交通便利。

## 2.2 自然地理概况

### 2.2.1 地形地貌

研究区从南向北地貌依次为山前冲洪积砾质平原、冲积细土平原、风积沙漠,具体详见图 2-1。冲洪积砾质平原分布在民丰县—于田县南侧一带、38 团南部、瓦石峡乡东南侧一

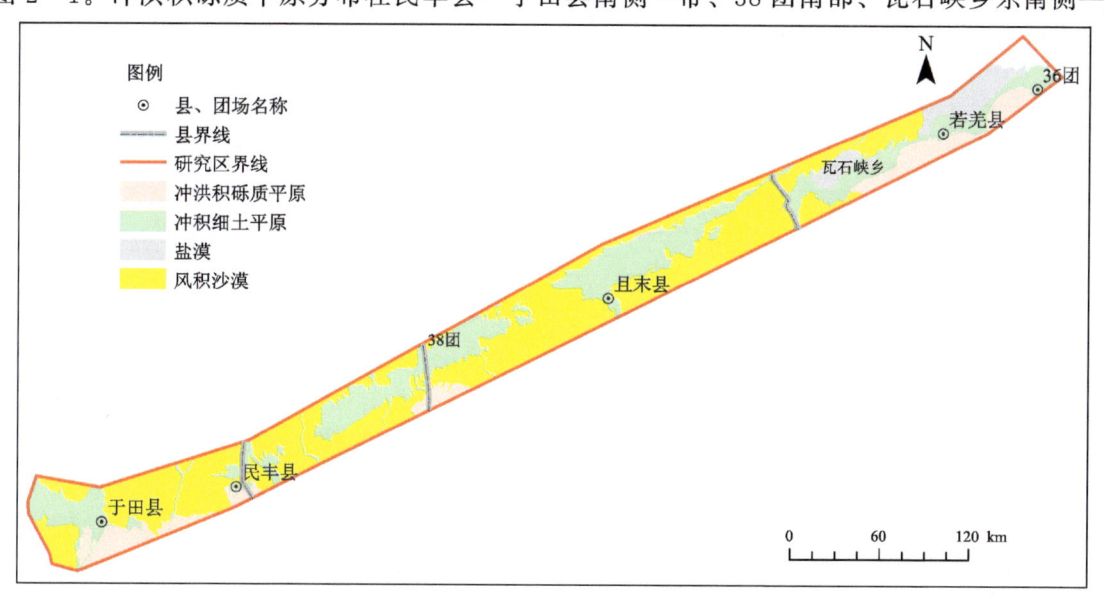

图 2-1 研究区地形地貌图

带，总体海拔为1440～1650 m，地形相对平坦，稍有切割，冲沟发育一般总体微向北倾，地面坡降为1.0%～3.5%。冲积细土平原在研究区中部呈片状分布，总体海拔为1310～1440 m，整体地势南高北低，地形平坦。风积沙漠大面积分布于研究区内，受风蚀风积作用影响，区内风蚀风积地貌同时存在。盐漠平原主要分布在36团—若羌县城区—瓦石峡乡一带西北侧。

### 2.2.2 气象水文特征

#### 2.2.2.1 气象特征

研究区地处亚欧内陆腹地，塔里木盆地东南缘，通过收集各县1994—2014年气象局气象资料可知，研究区属暖温带大陆性荒漠干旱气候，四季分明，夏冬长、春秋短，光热资源丰富，昼夜温差大，春秋温度变化剧烈，夏季炎热，冬季寒冷，降水稀少，蒸发量大，空气极度干燥，春夏季多大风、浮尘和沙暴，全年盛行东北风。年平均温度为12.6 ℃，极端最高温度为43.6 ℃；无霜期为189—193 d；年平均降水量为61.3 mm，年平均蒸发量为2 423.1 mm；最多风向为东北风、东风，年平均风速为1.8 m/s，极端最大风速大于40 m/s；年平均日照时数为2 642.0 h；最大冻土深度为96 cm。具体详见表2-1。

表2-1 研究区气象要素多年平均值一览表

| 月份 | 月平均温度/℃ | 降水量/mm | 蒸发量/mm | 日照时数/h | 平均风速/(m·s$^{-1}$) |
| --- | --- | --- | --- | --- | --- |
| 1月 | -1.5 | 8.0 | 41.0 | 188.8 | 1.3 |
| 2月 | 1.4 | 8.6 | 67.4 | 150.5 | 1.6 |
| 3月 | 11.0 | 8.9 | 180.2 | 200.7 | 2.1 |
| 4月 | 16.1 | 3.2 | 284.4 | 242.6 | 2.3 |
| 5月 | 19.7 | 0.3 | 335.1 | 249.5 | 2.3 |
| 6月 | 21.1 | 12.7 | 352.0 | 222.9 | 2.3 |
| 7月 | 25.0 | 19.6 | 340.7 | 199.8 | 2.2 |
| 8月 | 25.4 | 0 | 298.3 | 239.4 | 2.0 |
| 9月 | 18.9 | 0 | 230.0 | 196.0 | 1.7 |
| 10月 | 11.8 | 0 | 170.1 | 278.9 | 1.6 |
| 11月 | 4.9 | 0 | 89.2 | 263.0 | 1.5 |
| 12月 | -2.2 | 0 | 43.7 | 209.9 | 1.3 |
| 年平均 | 12.6 | 61.3 | 2 423.1 | 2 642.0 | 1.8 |

#### 2.2.2.2 水文特征

研究区各县河流数量相对较多，地表水资源相对丰富，灌溉用水以地表水和地下水为主。研究区水系分布极其不均，主要表现在时空范围内分布不均，同时地表水灌溉集中在6—8月。研究区内主要河流有12条，各县河流分布如图2-2所示。具体河流情况如下。

若羌县有若羌河、瓦石峡河、塔什萨依河、米兰河4条主要河流，年径流量分别为

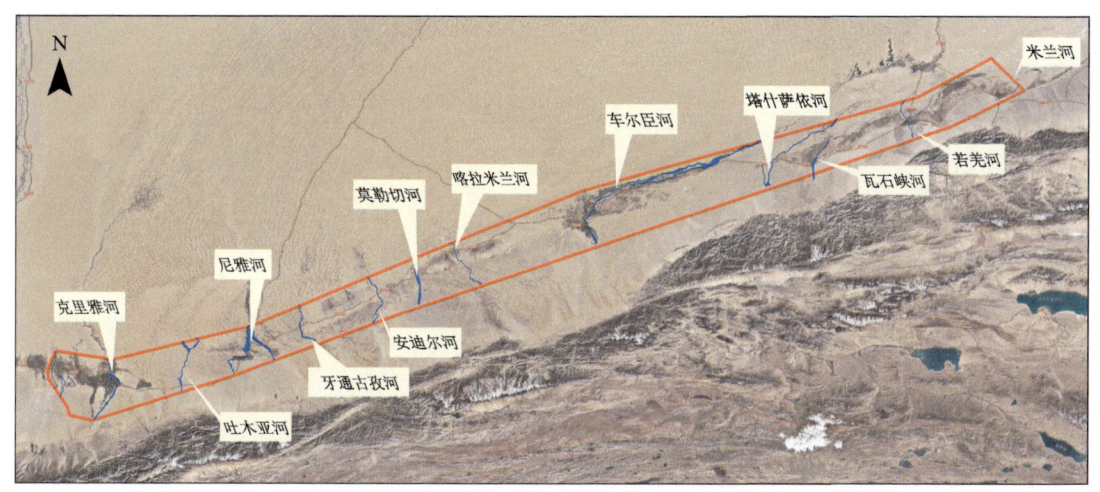

图 2-2 研究区水系分布卫星影像图

$0.94×10^8$ m³、$0.63×10^8$ m³、$1.44×10^8$ m³、$1.36×10^8$ m³，合计 $4.37×10^8$ m³，占全县总径流量的 38%。

且末县有集水面积大于 1000 km² 的车尔臣河、喀拉米兰河、莫勒切河 3 条主要河流：车尔臣河总长度为 813 km，其中研究区范围内河流长度为 182.91 km，年径流量为 $7.84×10^8$ m³；喀拉米兰河总长度为 78 km，其中研究区范围内河流长度为 38.2 km，年径流量无资料；莫勒切河总长度为 70.4 km，其中研究区范围内河流长度为 24.15 km，年径流量为 $1.761×10^8$ m³（王大康，2017）。

民丰县有尼雅河、安迪尔河（上游称波斯坦托乎拉克河）、牙通古孜河（上游称吐郎胡加河）3 条主要河流：尼雅河总长度为 210 km，其中研究区范围内河流长度为 53.01 km，年径流量为 $2.6×10^8$ m³；安迪尔河总长度为 166 km，其中研究区范围内河流长度为 31.74 km，年径流量为 $1.29×10^8$ m³（杜虎林等，2007；王大康，2017）；牙通古孜河总长度为 95 km，其中研究区范围内河流长度为 39.21 km，年径流量为 $1.05×10^8$ m³（杜虎林等，2007）。

于田县有吐木亚河和克里雅河 2 条主要河流：吐木亚河总长度为 91.1 km，其中研究区范围内河流长度为 19.1 km，年径流量无资料；克里雅河总长度为 740 km，其中研究区范围内河流长度为 63.43 km，年径流量为 $7.345×10^8$ m³（王大康，2017）。

## 2.2.3 土壤

各县土壤有 10 个土类，26 个亚类，31 个土属，41 个土种。土类分别有灌淤土、潮土、草甸土、棕漠土、沼泽土、盐土、风沙土、棕钙土、亚高山草原土和高山漠土。根据新疆地矿局第二水文工程地质大队提供的图件资料，研究区土壤类型主要包括林灌草甸土、棕漠土、灌淤土、盐土、风沙土和其他土 6 个类型，具体分布详见图 2-3。

若羌县—36 团一带棕漠土主要分布在若羌县城—36 团南部戈壁砾石带，分布面积约为 896.2 km²；灌淤土分布在若羌县城—36 团中部，呈条带状，分布面积约为 1 148.9 km²；盐土和林灌草甸土分布在若羌县城北部东西，呈条带状分布，分布面积约为 1 954.9 km²。

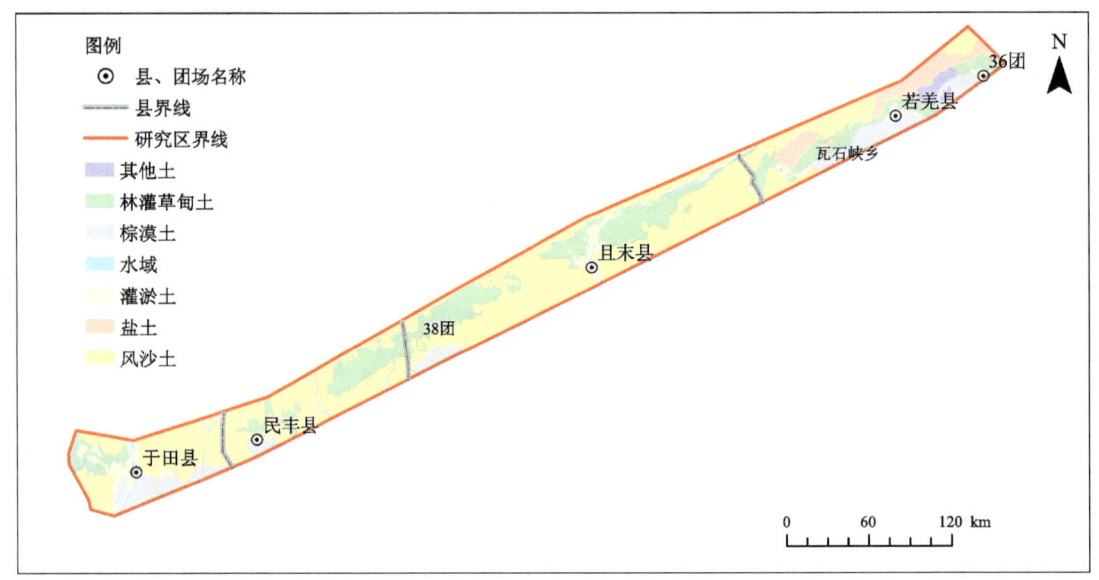

图 2-3 研究区土壤类型分布图

且末县林灌草甸土主要分布在 38 团和且末县城北部，呈条带状，分布面积约为 3 758.1 km²；灌淤土主要分布在 38 团场部和且末县城区贯穿南北，呈条带状，分布面积约为 541.8 km²；棕漠土位于 38 团南部，分布面积约为 390.8 km²；除以上 3 种土壤类型外其余为风沙土，分布面积约为 7 974.1 km²。

民丰县林灌草甸土主要分布在靠近 38 团的民丰县东北部，呈条带状，分布面积约为 1 862.3 km²；灌淤土主要分布在民丰县城区，呈岛状，分布面积约为 62.8 km²；棕漠土位于民丰县城区南部，分布面积约为 204.3 km²；除以上 3 种土壤类型外其余为风沙土，分布面积约为 3 786.6 km²。

于田县林灌草甸土主要分布在靠近于田县东北角附近，呈带状，分布面积约为 806.7 km²；灌淤土主要分布在于田县城区和林灌草甸土分布范围内，呈岛状，分布面积约为 654.7 km²；棕漠土位于于田县城区南部，呈条带状，分布面积约为 1 034.6 km²；除以上 3 种土壤类型外其余为风沙土，分布面积约为 3 777.0 km²。

## 2.2.4 土地利用类型

根据新疆地矿局第二水文工程地质大队提供的图件资料，研究区土地利用类型主要包括林地＋草地、沙地、耕地＋园地、盐碱地、城镇用地、特殊用地和裸地，具体分布详见图 2-4。

若羌县—36 团一带主要分布有林地＋草地、沙地、耕地＋园地、盐碱地、城镇用地、特殊用地和裸地 7 种土地利用类型。其中盐碱地在若羌县—36 团北部一带分布，分布面积约为 1 059.3 km²；林地＋草地、耕地＋园地在瓦石峡乡—若羌县城—36 团北部一带分布，分布面积约为 620.1 km²；裸地在瓦石峡乡—若羌县城—36 团南部一带分布，分布面积约为 569.5 km²；其余土地利用类型为沙地，分布面积约为 939.9 km²。

且末县主要分布有林地＋草地、沙地、耕地＋园地、城镇用地和裸地 5 种土地利用类

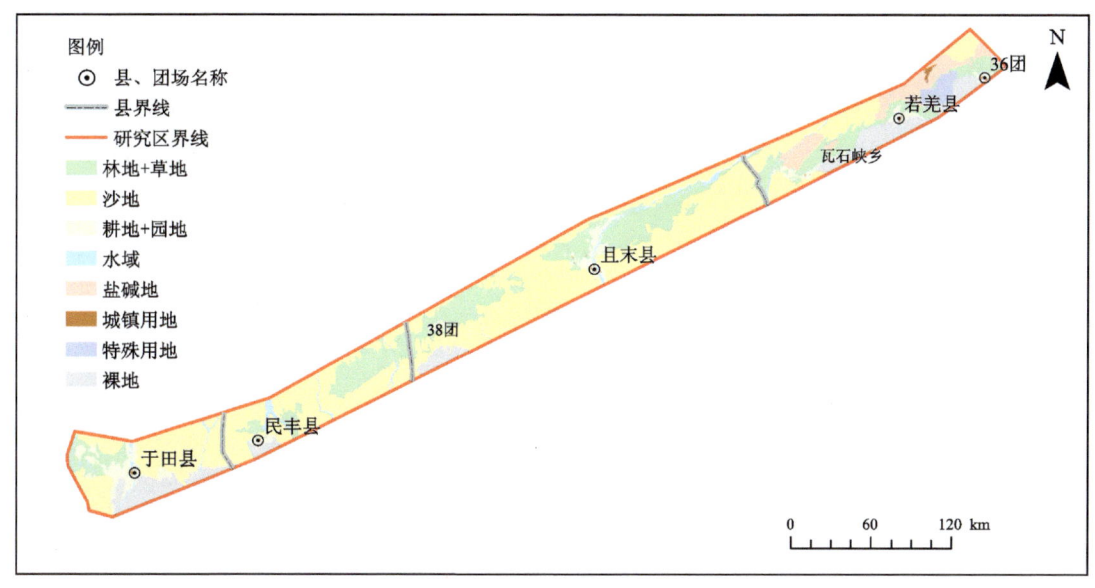

图 2-4 研究区土地利用类型图

型。林地+草地、耕地+园地在 38 团—且末县北部一带分布,呈条带状,分布面积约为 4 306.2 km²;裸地在 38 团南部一带分布,呈岛状,分布面积约为 390.8 km²;其余土地利用类型为沙地,分布面积约为 7 974.1 km²。

民丰县主要分布有林地+草地、沙地、耕地+园地、城镇用地和裸地 5 种土地利用类型。林地+草地、耕地+园地在民丰县城西北部和靠近 38 团西北部一带分布,呈条带状,分布面积约为 1 925.1 km²;裸地在民丰县城南部一带分布,呈岛状,分布面积约为 204.3 km²;其余土地利用类型为沙地,分布面积约为 3 786.6 km²。

于田县主要分布有林地+草地、沙地、耕地+园地、城镇用地和裸地 5 种土地利用类型。其中林地+草地、耕地+园地主要分布在靠近于田县东北角,呈带状,分布面积约为 1 461.4 km²;裸地位于于田县城区东南和西南部,呈条带状,分布面积约为 1 034.6 km²;除以上 3 种土壤类型外其余土地利用类型为沙地,分布面积约为 3 077 km²。

## 2.3 地质概况

根据新疆地矿局第二水文工程地质大队提供的图件资料,研究区出露地层主要有第四系上更新统—全新统冲洪积层($Qp_3$—$Qh^{apl}$)、第四系全新统冲积层($Qh^{al}$)、第四系全新统风积层($Qh^{eol}$)和第四系全新统化学堆积层($Qh^{ch}$),具体分布详见图 2-5。从山前到平原,具有明显的分带规律,主要是洪积、冲积、风积,岩性结构由粗到细,结构由单一到复杂,由单层、双层到多层结构的分带变化(刘斌等,2008;王大康,2017)。

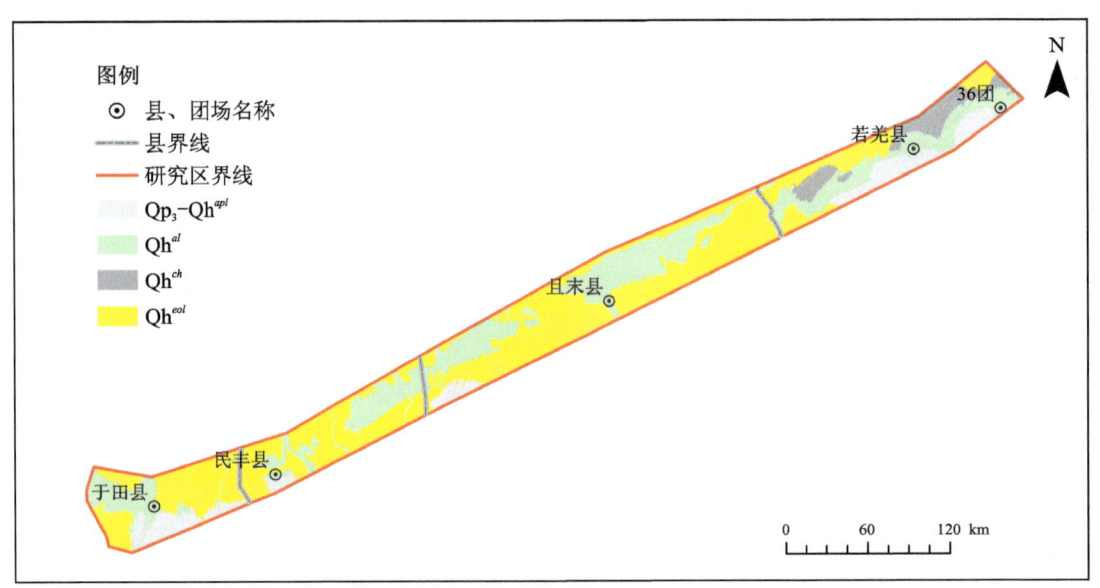

图 2-5 研究区地质图

## 2.4 水文地质条件

研究区位于塔里木盆地南缘，为典型的内陆干旱盆地，具有一般含水层的分布规律，即山前带为单一潜水含水层，缓倾斜平原区及沙漠平原区含水层从潜水含水层过渡到潜水、承压水、多层含水层结构（刘斌等，2008）。

### 2.4.1 含水层特征及富水性

研究区所在区域南部山前地形坡度为 5‰～10‰，北部细土平原地形坡度为 1‰～5‰，地势由南向北逐渐降低。500～1500 m 厚的第四系沉积物为地下水提供了储水空间，第四系沉积物由南向北，颗粒由粗变细：从南部到中部，颗粒由卵砾石、砂砾石变为砂砾石和粗砂，从中部到北部，颗粒由砂砾石和粗砂变为细砂、粉砂、粉土。由于地形地貌、地层岩性、补给径流条件的变化，潜水水位埋深从南部山前带到冲洪积平原中部再到冲洪积平原下部依次为大于 50 m、10～50 m、小于 10 m。研究区含水层由山前带单一潜水含水层和研究区河流下游、冲洪积平原前缘双层潜水-承压水构成（刘斌等，2008；王大康，2017）。

单一结构潜水区富水性分区包括水量丰富区、水量中等区、水量缺乏区。其中水量丰富区呈岛状分布于各大河流域冲洪积平原的中上部。在克里雅河流域分布于先拜巴扎镇—喀孜纳克一带；在尼雅河流域分布于冲洪积平原中上部的 315 国道南、北两侧；在车尔臣河流域分布于且末县城一带；在若羌河流域分布于若羌县城以北。该区含水层岩性主要为卵砾石、砂砾石，局部夹亚砂土、亚黏土透镜体。单井涌水量为 3243～4489 m³/d，渗透系数为20～100 m/d(王大康，2017)。水量中等区沿315国道呈条带状分布，含水层岩性主要为卵砾石、砂砾石和中细砂，单井涌水量为1232～2789 m³/d，渗透系数为9.6～19.7 m/d。水量缺乏区分布于南缘细土平原和冲洪积平原上、下部，含水层岩性分别为卵砾石、砂砾石、粉细砂、粉土，单井涌水量为103～877 m³/d，渗透系数为0.8～7.6 m/d（王大康，2017）。

多层结构潜水-承压水富水性特征：潜水区主要分布于克里雅河—安迪尔河冲洪积平原前缘，在若羌县北部也有少量分布。富水性分区仅有水量缺乏区，含水层厚度不等，其岩性为砂砾石、中细砂、粉砂、粉细砂，单井涌水量为174～791 m³/d，渗透系数为0.9～5.2 m/d(王大康，2017)。承压水区富水性分区包括水量丰富区、水量中等区，其中水量丰富区分布于安迪尔河—莫勒切河冲洪积平原下部地带，砂砾石、含砾中粗砂、中细砂等是主要含水层岩性，单井涌水量高于1000 m³/d，渗透系数为5.0～11.2 m/d(王大康，2017)。水量中等区分布于于田县克里雅河以东、安迪尔河以西的冲洪积平原的下部，该区域含水层岩性为含砾中粗砂、中粗、细砂等，单井涌水量为196～929 m³/d，渗透系数为1.1～8.4 m/d(王大康，2017)。

### 2.4.2 地下水补给、排泄、径流条件

研究区水文地质单元相对比较完整，山前冲洪积平原为地下水补给-径流区，沙漠区为地下水径流-排泄区。由于研究区干旱且降水少，大气降水对研究区地下水的补给意义不大。研究区地下水补给方式主要包括河流、渠系、水库及田间灌溉水的入渗补给，山区基岩裂隙水的侧向补给。地下水排泄方式主要包括潜水溢出地表或被蒸发、植物蒸腾而消耗掉及少部分地下水以潜流的形式排入沙漠深处。地下水径流方向为从南向北径流，在山前带，含水层颗粒较粗，水力坡度较大，地下水运移顺畅，越往北，含水层颗粒变细，水力坡度变小，渗流速度极缓，自西南向东北运移，沿途因地面(主要是风蚀洼地)蒸发而逐渐消耗。对于冲洪积扇缘，潜水接近地表，会以泉的形式耗散(刘斌等，2008；王大康，2017)。

### 2.4.3 地下水化学特征

研究区灌溉地下水常量组分统计结果见表2-2。整体来看研究区地下水pH值范围为6.3～8.9，阳离子主要以$Na^+$和$Mg^{2+}$为优势离子，其中$Na^+$含量范围为27.58～115 620.81 mg/L，各县地下水中$Na^+$含量按照均值由大到小为若羌县、民丰县、且末县、于田县；$Mg^{2+}$含量范围为3.66～25 366.14 mg/L，各县地下水中$Mg^{2+}$含量按照均值由大到小为若羌县、且末县、民丰县、于田县。阴离子主要以$Cl^-$和$SO_4^{2-}$为优势离子，其中$Cl^-$含量范围为35.43～172 922.44 mg/L，各县地下水中$Cl^-$含量按照均值由大到小为若羌县、民丰县、且末县、于田县；$SO_4^{2-}$含量范围为55.48～54 147.68 mg/L，各县地下水中$SO_4^{2-}$含量按照均值由大到小为若羌县、民丰县、且末县、于田县。

表 2-2 研究区地下水常量组分统计特征

| 县域 | 指标 | 统计特征值 | | | | |
| --- | --- | --- | --- | --- | --- | --- |
| | | 最大值 | 最小值 | 平均值 | 标准差 | 变异系数 |
| 若羌县 n=49 | pH 值 | 8.40 | 6.30 | 7.70 | 0.52 | 0.07 |
| | $K^+$ | 17 898.07 | 5.54 | 791.81 | 2 651.43 | 3.35 |
| | $Na^+$ | 115 620.81 | 65.77 | 18 064.09 | 32 345.16 | 1.79 |
| | $Ca^{2+}$ | 1 102.46 | 44.56 | 333.23 | 302.75 | 0.91 |
| | $Mg^{2+}$ | 25 366.144 | 18.98 | 1 583.61 | 3 996.53 | 2.52 |
| | $Cl^-$ | 172 922.4 | 106.29 | 24 276.45 | 45 403.73 | 1.87 |
| | $SO_4^{2-}$ | 54 147.68 | 170.7 | 9 873.24 | 15 900.12 | 1.61 |
| | $HCO_3^-$ | 1 428.15 | 45.53 | 242.26 | 221.08 | 0.91 |
| 且末县 n=37 | pH 值 | 8.34 | 7.2 | 7.94 | 0.32 | 0.04 |
| | $K^+$ | 722.45 | 4.20 | 80.21 | 178.93 | 2.23 |
| | $Na^+$ | 13 296 | 27.58 | 1 237.71 | 2 594.56 | 2.10 |
| | $Ca^{2+}$ | 551.65 | 16.71 | 103.08 | 118.41 | 1.15 |
| | $Mg^{2+}$ | 1 533.06 | 9.57 | 185.04 | 343.46 | 1.86 |
| | $Cl^-$ | 10 309.76 | 35.43 | 1 271.88 | 2 536.77 | 1.99 |
| | $SO_4^{2-}$ | 6 961.23 | 55.48 | 1 118.70 | 1 976.97 | 1.77 |
| | $HCO_3^-$ | 1 434.83 | 54.95 | 307.10 | 272.59 | 0.89 |
| 民丰县 n=42 | pH 值 | 8.90 | 7.12 | 8.13 | 0.41 | 0.05 |
| | $K^+$ | 776.41 | 3.19 | 95.56 | 189.78 | 1.99 |
| | $Na^+$ | 13 582.08 | 41.15 | 1 450.9 | 2 953.68 | 2.04 |
| | $Ca^{2+}$ | 702.10 | 20.06 | 130.49 | 141.11 | 1.08 |
| | $Mg^{2+}$ | 1 307.97 | 3.66 | 173.48 | 290.73 | 1.68 |
| | $Cl^-$ | 14 348.64 | 56.36 | 1 855.73 | 3 739.94 | 2.02 |
| | $SO_4^{2-}$ | 9 889.67 | 124.30 | 1 418.16 | 2 258.90 | 1.59 |
| | $HCO_3^-$ | 3 954.03 | 36.62 | 482.95 | 713.89 | 1.48 |
| 于田县 n=32 | pH 值 | 8.64 | 7.11 | 8.02 | 0.39 | 0.05 |
| | $K^+$ | 171.68 | 4.58 | 37.59 | 41.23 | 1.10 |
| | $Na^+$ | 2022.00 | 36.25 | 417.09 | 459.6 | 1.10 |
| | $Ca^{2+}$ | 381.14 | 15.88 | 102.11 | 82.94 | 0.81 |
| | $Mg^{2+}$ | 720.50 | 15.40 | 123.17 | 145.61 | 1.18 |
| | $Cl^-$ | 2 971.00 | 42.00 | 560.01 | 696.53 | 1.24 |
| | $SO_4^{2-}$ | 3 299.00 | 66.41 | 594.75 | 727.43 | 1.22 |
| | $HCO_3^-$ | 1 288.00 | 122.06 | 396.36 | 285.67 | 0.72 |

续表 2-2

| 县域 | 指标 | 统计特征值 | | | | |
|---|---|---|---|---|---|---|
| | | 最大值 | 最小值 | 平均值 | 标准差 | 变异系数 |
| 所有取样点 $n=160$ | pH 值 | 8.90 | 6.30 | 7.94 | 0.45 | 0.06 |
| | $K^+$ | 17 898.07 | 3.19 | 293.64 | 1 495.24 | 5.09 |
| | $Na^+$ | 115 620.81 | 27.58 | 6 163.67 | 19 391.49 | 3.15 |
| | $Ca^{2+}$ | 1 102.46 | 15.88 | 180.56 | 217.95 | 1.21 |
| | $Mg^{2+}$ | 25 366.14 | 3.66 | 597.94 | 2 296.37 | 3.84 |
| | $Cl^-$ | 172 922.44 | 35.43 | 8 327.92 | 27 130.23 | 3.26 |
| | $SO_4^{2-}$ | 54 147.68 | 55.48 | 3 773.60 | 9 728.06 | 2.58 |
| | $HCO_3^-$ | 3 954.03 | 36.62 | 351.25 | 432.25 | 1.23 |

注：pH 值为无量纲，其余指标最大值、最小值、平均值单位为 mg/L。

地下水水化学类型按照舒卡列夫分类法进行分类，具体结果见图 2-6。区内水化学类型多样，按照阳离子划分，研究区地下水化学类型主要为钠型水和钠镁型水，两种类型取样

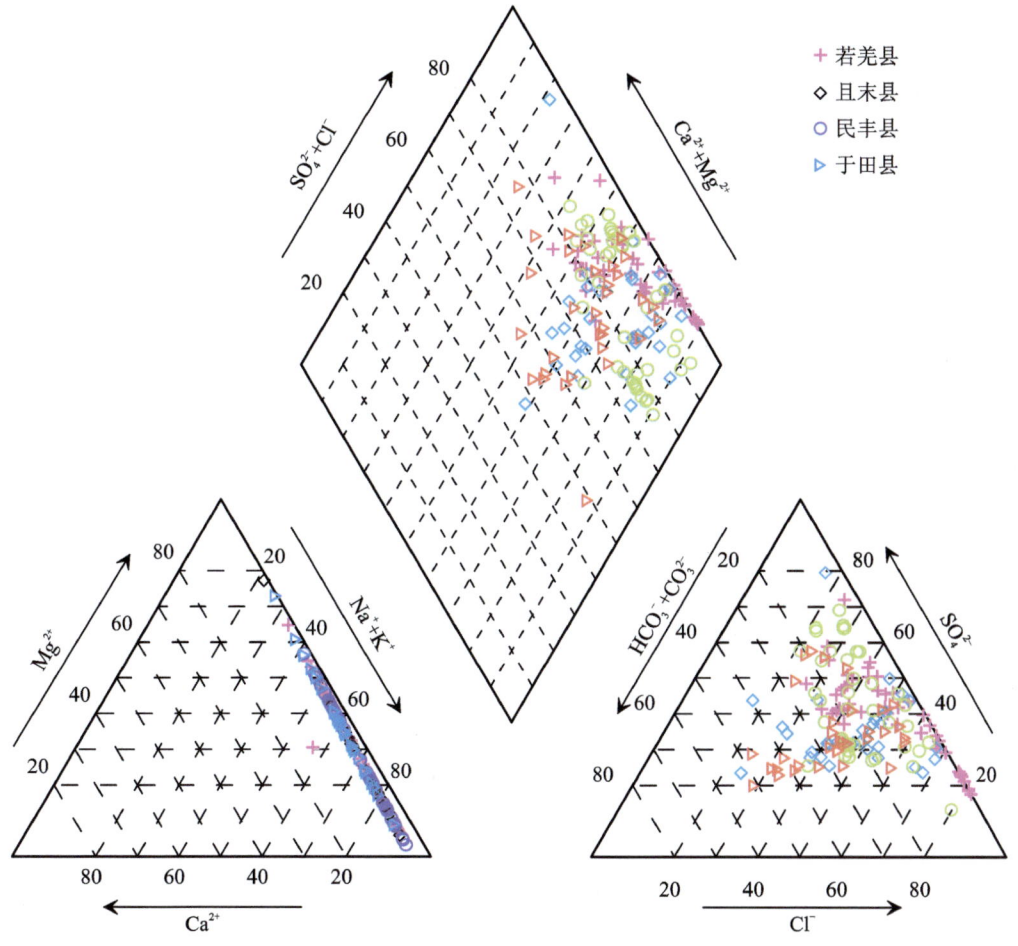

图 2-6 地下水化学类型 Piper 三线图

点个数分别占取样点总数的 59.4% 和 40.6%；按照阴离子划分，研究区地下水化学类型主要为氯化物硫酸盐型水、硫酸盐氯化物型水和氯化物型水，3 种类型取样点个数分别占取样点总数的 42.5%、26.3% 和 9.4%，其他还有少数地下水化学类型为重碳酸盐氯化物型水、氯化物硫酸盐重碳酸盐型水、重碳酸盐硫酸盐氯化物型水等。整体来看研究区地下水化学类型主要为 $Cl·SO_4-Na$ 型、$SO_4·Cl-Na·Mg$ 型、$Cl·SO_4-Na·Mg$ 型、$Cl-Na$ 型，4 种地下水化学类型取样点分别占取样点总数的 25%、22.50%、17.50%、8.75%，对于其他 13 种地下水化学类型就不再一一赘述。

# 第3章 样品采集与分析测试

## 3.1 土壤样品采集与分析测试

### 3.1.1 样品布设

2015—2018年依据自然资源部《多目标区域地球化学调查规范(1∶250 000)》(DZ/T 0258—2014)采用网格布点法布设样点,土壤具体取样点分布情况见图3-1。表层土壤样品用于分析土壤As、Se含量空间分布及异常区圈定,本书各章节中若无特殊说明,土壤As、Se含量均指表层土壤As、Se含量;深层土壤元素用于研究农用地范围内土壤剖面As、Se迁移及富集规律。

因绿洲区在研究区内呈串珠状,为方便空间分布研究,本次研究将4个县划分为7个区域,包括36团(36R)、若羌(RQ)、且末东(QME)、且末西(QMW)、民丰东(MFE)、民丰西(MFW)和于田(YT)。同时,在各县农用地范围内沿河流方向和垂直河流方向布置土壤垂直剖面11条和土壤剖面点1个:其中36团1个剖面点、若羌县2条(RQ-1、RQ-2)、且末县4条(QM-1、QM-2、QM-3、QM-4)、民丰县2条(MF-1、MF-2)、于田县3条(YT-1、YT-2、YT-3)。土壤剖面采集深度为2 m,取样间隔为20 cm,1个垂直剖面采集10个土壤样品,共计38组剖面采样点。剖面取样点具体分布情况见图3-2。

### 3.1.2 样品采集

土壤样品采集按照自然资源部《多目标区域地球化学调查规范(1∶250 000)》(DZ/T 0258—2014)进行,该规范规定表层土壤采样深度为0~20 cm,深层土壤采样深度应大于100 cm。本书深层土壤采样深度为100~200 cm。采样时间为2015年10月—2016年11月,控制面积约为7400 km$^2$,其中农用地面积为1789 km$^2$,约占总控制面积的24%;非农用地面积为5611 km$^2$,约占总控制面积的76%。表层土壤样品按照网格法采样,表层土壤样品共计3576组,其中农用地取样1845组,包括36团89组、若羌县142组、且末县755组、民丰县85组和于田县774组,取样密度为1点/km$^2$;非农用地取样1731组,包括若羌县270组、且末县535组、民丰县388组和于田县538组,取样密度为1点/(4 km$^2$)。深层土壤样品采集于农用地,按照1点/(4 km$^2$)布设采样点,每个深层土壤样品对应4个农用地表层土壤样品,样品数共计509组,包括36团22组、若羌县7组、且末县208组、民丰县27组和于田县245组。

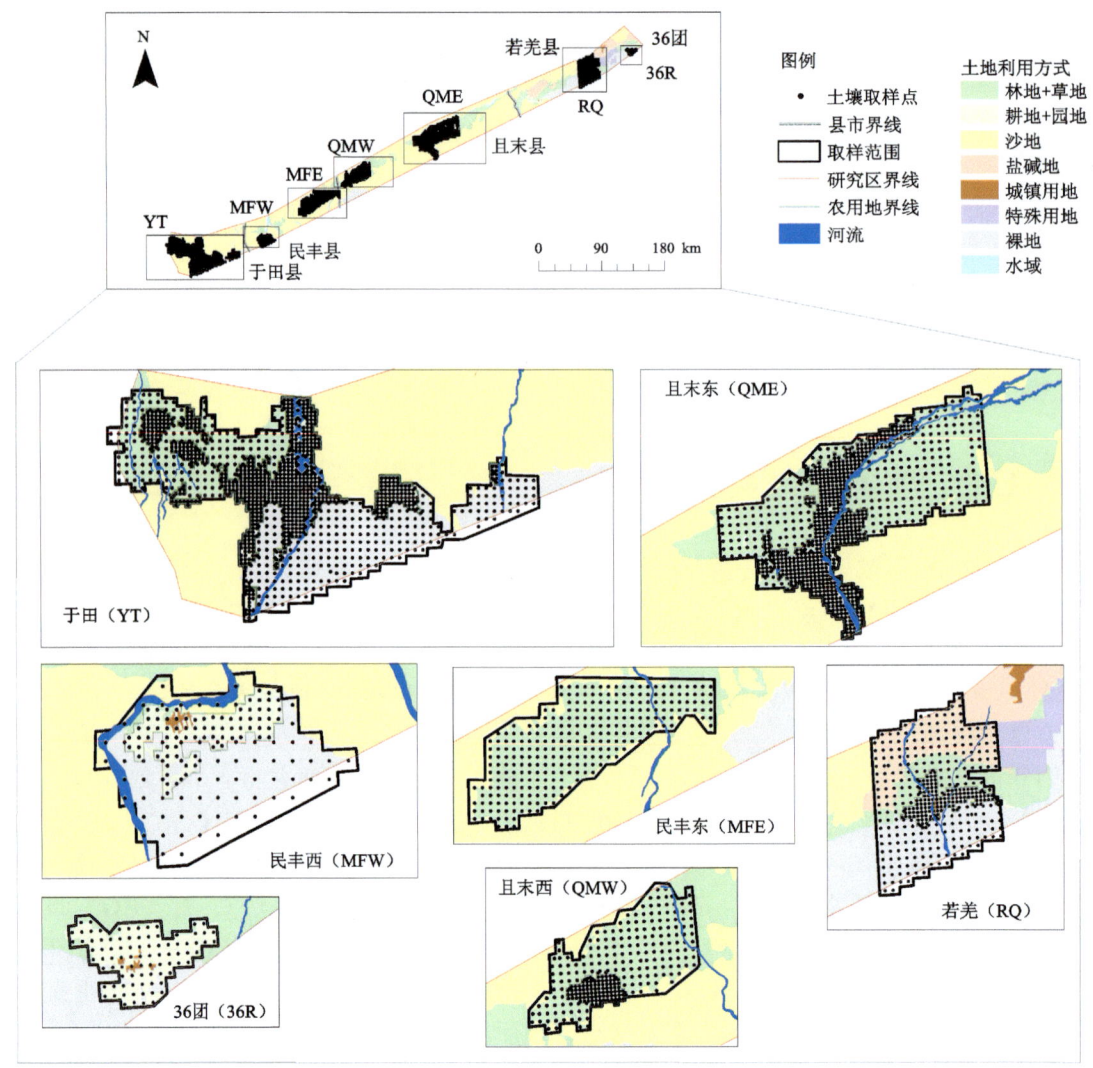

图 3-1 土壤取样点分布图

### 3.1.3 样品加工

采集的原始土样质量均大于 1.0 kg，采集后的原始土样装入聚乙烯塑料样品袋内，并系紧样品袋口留注采样标记，回野外驻地后经晾晒、过 10 目（孔径 2 mm）尼龙筛、装箱后，防雨防潮保管样品，并将其分为送检样及备样，其中送检样质量大于 0.2 kg，备样质量大于 0.6 kg。

### 3.1.4 样品测试

表层、深层和剖面点土壤样品涉及指标 54 项，包括 pH 值、Ba、N、I、$SiO_2$、V、F、Cr、Hg、Au、P、S、Cl、Mn、Ni、B、Pb、TC、$Al_2O_3$、$TFe_2O_3$、As、Sb、Cu、W、

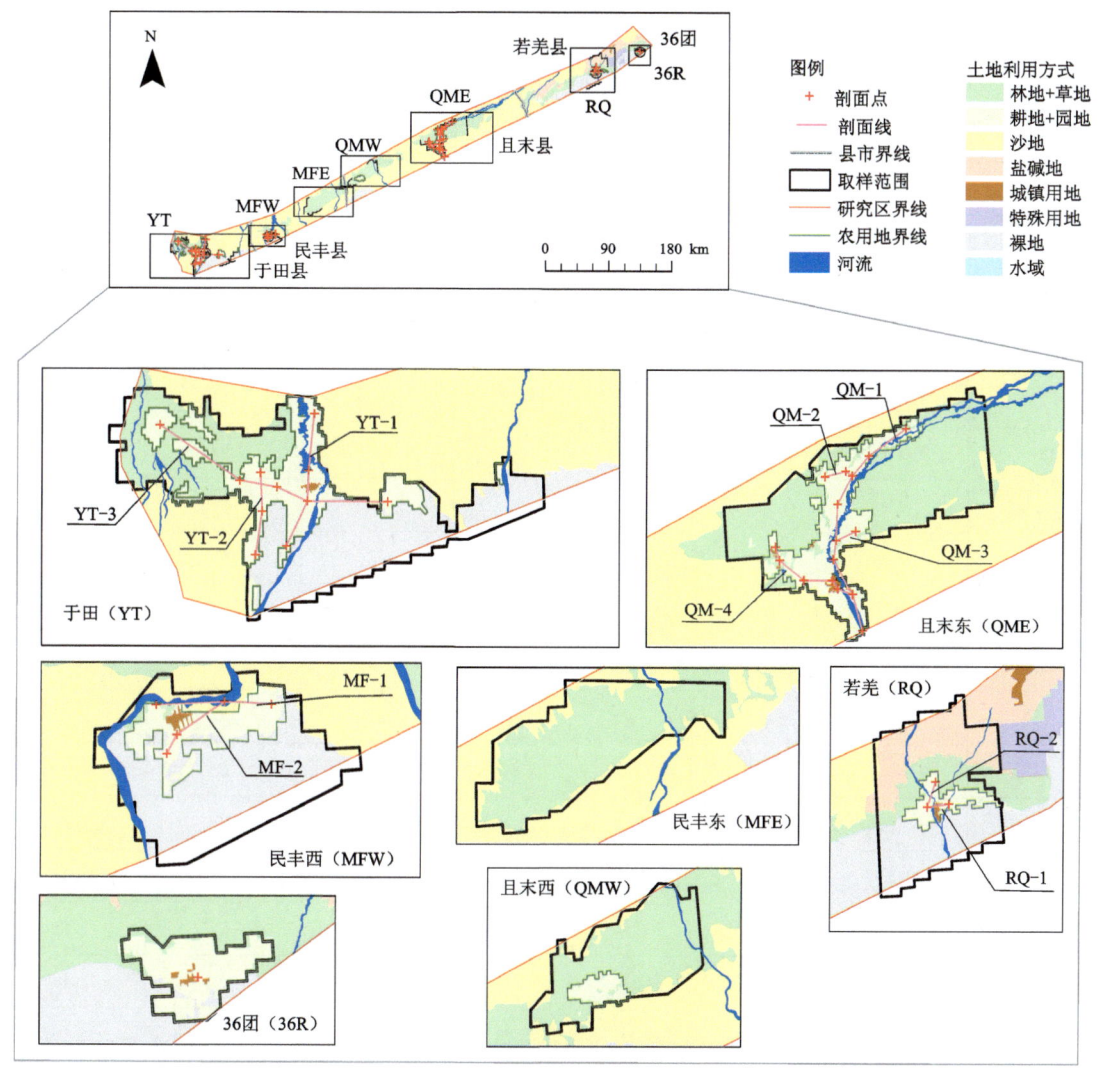

图 3-2 土壤剖面取样点分布图

Se、Sn、Zn、CaO、$K_2O$、MgO、$Na_2O$、Ag、U、OrgC、Ge、Br、Y、Th、Ti、Sc、Co、Mo、Ce、Tl、Bi、Nb、Be、Rb、Li、Zr、Sr、Cd、Ga、La。样品由国土资源部乌鲁木齐矿产资源监督检测中心(新疆维吾尔自治区矿产实验研究所)测试。测试方法主要采用波长色散 X 射线荧光光谱法(XRF)、电感耦合等离子体发射光谱法(ICP-OES)、电感耦合等离子体质谱法(ICP-MS)、氢化物发生-非色散原子荧光光谱法(HG-AFS)、离子选择电极法(ISE)等，每种指标的具体测试方法详见表 3-1。

表 3-1 测试项目具体测试方法及检出限

| 序号 | 指标 | 分析方法 | 单位 | 规范要求检出限 | 检出限 |
|---|---|---|---|---|---|
| 1 | $Al_2O_3$ | XRF | $10^{-2}$ | 0.05 | 0.049 |
| 2 | $CaO$ | XRF | $10^{-2}$ | 0.05 | 0.003 |
| 3 | $TFe_2O_3$ | XRF | $10^{-2}$ | 0.05 | 0.004 |
| 4 | $K_2O$ | XRF | $10^{-2}$ | 0.05 | 0.008 |
| 5 | $SiO_2$ | XRF | $10^{-2}$ | 0.1 | 0.055 |
| 6 | Ba | XRF | μg/g | 10 | 8.726 |
| 7 | Br | XRF | μg/g | 1.5 | 0.334 |
| 8 | Cl | XRF | μg/g | 20 | 6.968 |
| 9 | Cr | XRF | μg/g | 5 | 3.505 |
| 10 | Mn | XRF | μg/g | 10 | 3.254 |
| 11 | Nb | XRF | μg/g | 2 | 1.593 |
| 12 | P | XRF | μg/g | 10 | 3.88 |
| 13 | Rb | XRF | μg/g | 10 | 1.564 |
| 14 | Sr | XRF | μg/g | 5 | 0.401 |
| 15 | Ti | XRF | μg/g | 10 | 5.252 |
| 16 | Y | XRF | μg/g | 1 | 0.165 |
| 17 | Zr | XRF | μg/g | 2 | 1.394 |
| 18 | MgO | ICP-OES | $10^{-2}$ | 0.05 | 0.0001 |
| 19 | $Na_2O$ | ICP-OES | $10^{-2}$ | 0.1 | 0.006 |
| 20 | Cu | ICP-OES | μg/g | 1 | 0.952 |
| 21 | Co | ICP-OES | μg/g | 1 | 0.627 |
| 22 | Ni | ICP-OES | μg/g | 2 | 0.744 |
| 23 | Zn | ICP-OES | μg/g | 4 | 0.644 |
| 24 | V | ICP-OES | μg/g | 5 | 4.428 |
| 25 | La | ICP-OES | μg/g | 5 | 1.023 |

续表 3-1

| 序号 | 指标 | 分析方法 | 单位 | 规范要求检出限 | 检出限 |
|---|---|---|---|---|---|
| 26 | Li | ICP-MS | μg/g | 1 | 0.668 |
| 27 | Be | | μg/g | 0.5 | 0.213 |
| 28 | Sc | | μg/g | 1 | 0.196 |
| 29 | Ga | | μg/g | 2 | 0.315 |
| 30 | Mo | | μg/g | 0.3 | 0.012 |
| 31 | Cd | | μg/g | 0.03 | 0.002 |
| 32 | Ce | | μg/g | 1 | 0.852 |
| 33 | W | | μg/g | 0.4 | 0.065 |
| 34 | Tl | | μg/g | 0.1 | 0.011 |
| 35 | Pb | | μg/g | 2 | 0.65 |
| 36 | Th | | μg/g | 2 | 0.052 |
| 37 | U | | μg/g | 0.1 | 0.019 |
| 38 | As | AFS | μg/g | 1 | 0.112 |
| 39 | Sb | | μg/g | 0.05 | 0.028 |
| 40 | Bi | | μg/g | 0.05 | 0.029 |
| 41 | Hg | | μg/g | 0.0005 | 0.0005 |
| 42 | B | ES-固体缓冲剂-摄谱深孔电极法 | μg/g | 1 | 0.902 |
| 43 | Sn | | μg/g | 1 | 0.129 |
| 44 | Ag | | μg/g | 0.02 | 0.006 |
| 45 | I | 阳离子树脂交换-ICP-MS法 | μg/g | 0.5 | 0.09 |
| 46 | Se | HG-AFS | μg/g | 0.01 | 0.01 |
| 47 | Ge | | μg/g | 0.1 | 0.005 |
| 48 | S | 燃烧法 | μg/g | 50 | 8.194 |
| 49 | OrgC | 重铬酸钾容量法 | $10^{-2}$ | 0.1 | 0.063 |
| 50 | TC | 红外碳硫仪法 | $10^{-2}$ | 0.1 | 0.013 |
| 51 | N | 凯氏法 | μg/g | 20 | 19.58 |
| 52 | F | ISE | μg/g | 100 | 36 |
| 53 | Au | 泡塑富集-ICP-MS法 | $10^{-2}$ | 0.3 | 0.2 |
| 54 | pH值 | 电位法 | 无量纲 | 0.03 | 0.03 |

## 3.2 地表水及地下水采集与分析测试

### 3.2.1 样品采集

2014—2016年共采集水样185组，其中包括地表水25组，地下水160组，采样点布设精度为1:25万，以研究区水文地质条件为基础，依据《水质 采样技术指导》(HJ 494—2009)标准开展对研究区地表水和地下水样品的采集、保存、送样。采样点分布如图3-3、图3-4所示。

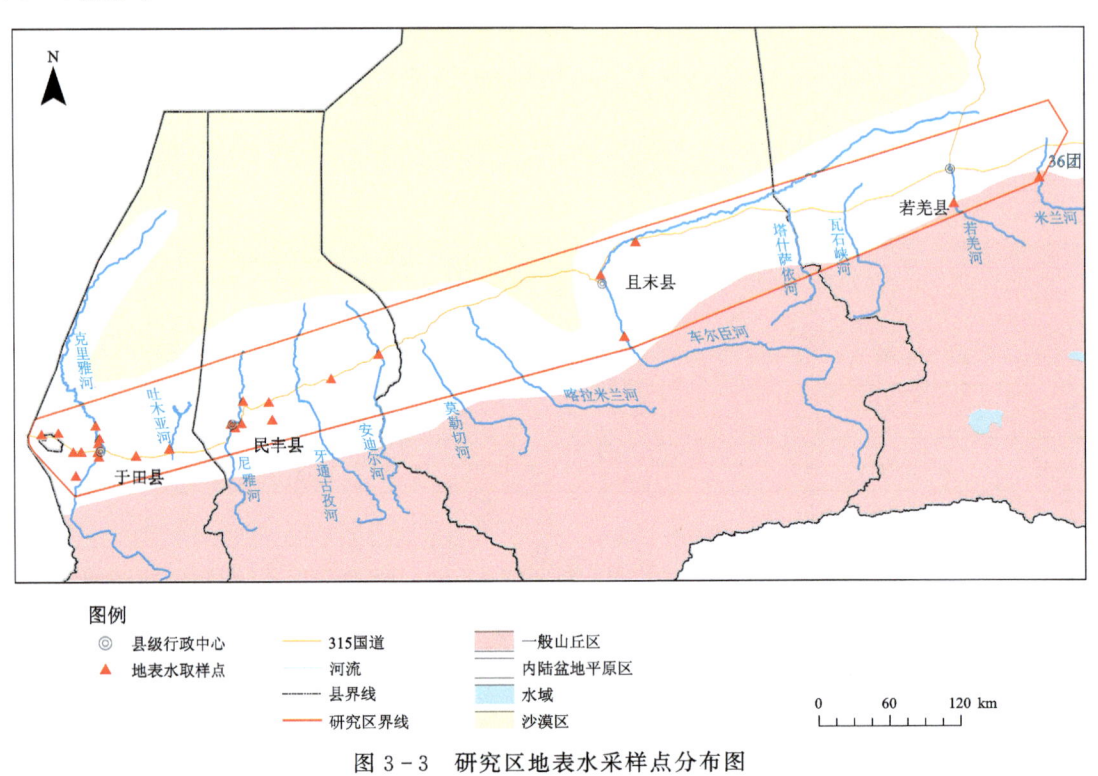

图3-3 研究区地表水采样点分布图

### 3.2.2 样品检测

地表水与地下水检测项目包括 $K^+$、$Na^+$、$Ca^{2+}$、$Mg^{2+}$、$Cl^-$、$SO_4^{2-}$、$F^-$、$HCO_3^-$、pH 值、TDS、TH(以 $CaCO_3$ 计，下同)11项无机指标。其中主要指标的检测方法及检出限见表3-2。采用阴阳离子平衡检验法对水样数据进行可靠性检验，得出25组地表水、160组地下水样阴阳离子平衡误差范围在5%内，数据可靠。所有采集的地表水与地下水水样送往新疆地矿局第二水文地质工程地质大队完成测试。

# 第 3 章 样品采集与分析测试

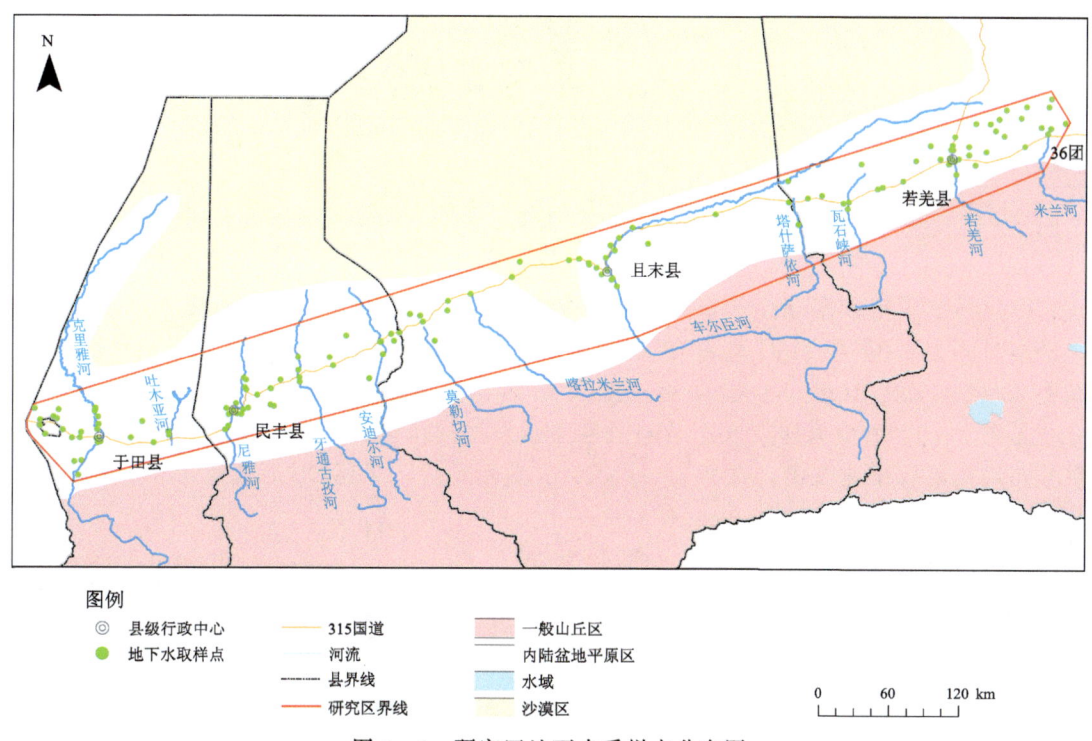

图 3-4 研究区地下水采样点分布图

表 3-2 水样无机组分检测方法及检出限

| 检测指标 | 检测方法 | 检出限 |
|---|---|---|
| $K^+$ | 火焰原子吸收分光光度法 | 0.01 |
| $Na^+$ | 火焰原子吸收分光光度法 | 0.01 |
| $Ca^{2+}$ | 乙二胺四乙酸二钠滴定法 | 0.01 |
| $Mg^{2+}$ | 乙二胺四乙酸二钠滴定法 | 0.01 |
| $HCO_3^-$ | 乙二胺四乙酸二钠滴定法 | 0.01 |
| $Cl^-$ | 硝酸银容量法 | 0.01 |
| $SO_4^{2-}$ | 硫酸钡比浊法 | 0.01 |
| $F^-$ | 离子选择电极法 | 0.01 |
| pH 值 | 精密 pH 计 | 0.01 |
| TDS | 干燥-重量法 | 0.1 |
| TH | 乙二胺四乙酸二钠滴定法 | 0.1 |

注：pH 值无量纲，其余指标单位为 mg/L。

## 3.3 农作物样品采集与分析测试

### 3.3.1 样品采集与处理

农产品样品采集依据国土资源部《土地质量地球化学评价规范》(DZ/T 0295—2016)进行,采集时间为2017年11月和2018年5月、10—11月,采集农产品样品共计110组,其中红枣68组、核桃10组、小麦14组、玉米15组、根茎类蔬菜(恰玛古、胡萝卜)3组,具体分布见图3-5。所有取样点农产品随根系土壤采样同步进行。农产品取自管理方式优良、果实分布均匀的标准化农田,选择40 m×40 m典型地块,采用"X"形布设5个分样点,GPS

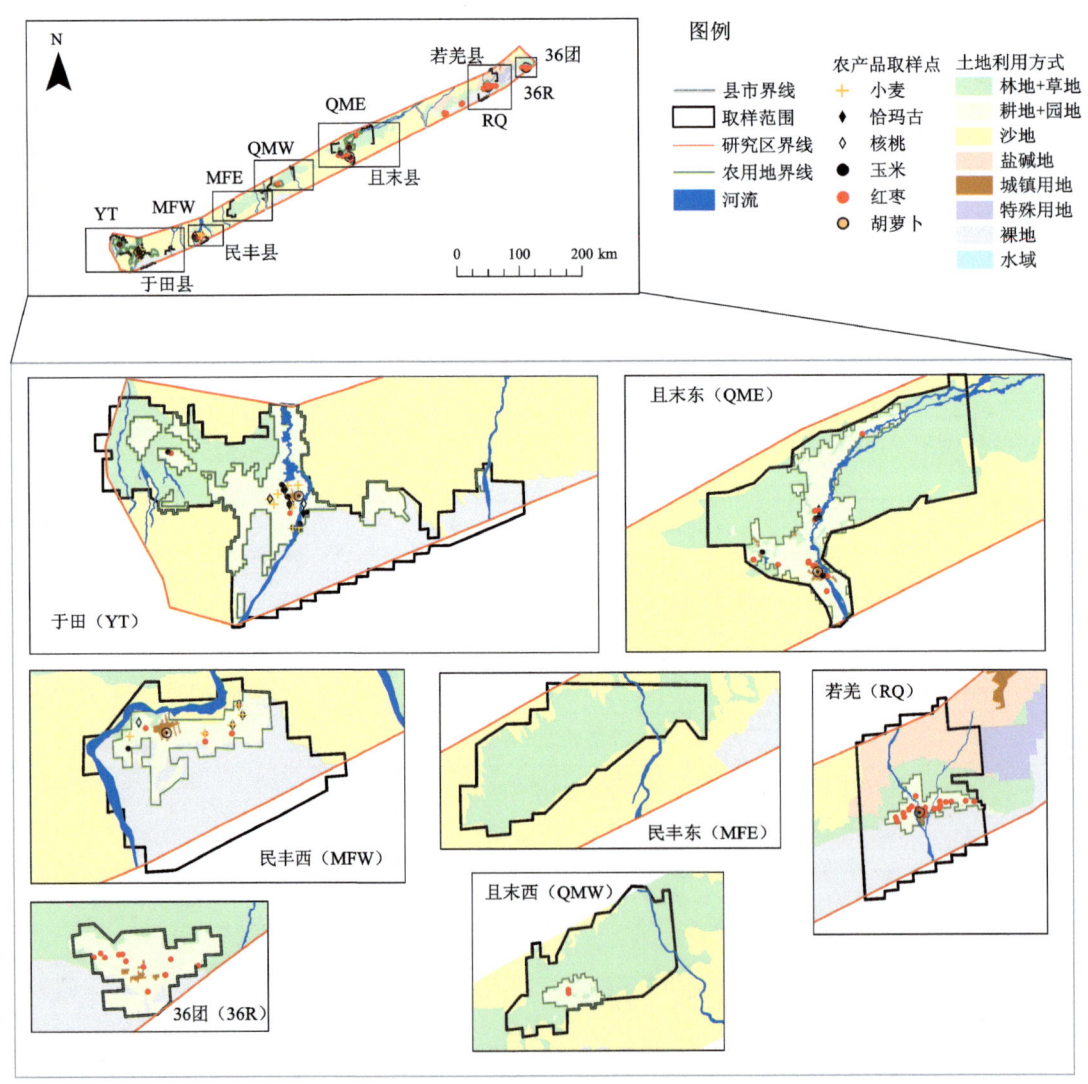

图3-5 农产品采样点分布图

确定地块中心坐标；农产品取自农作物上、中、下 3 层，样品采集后，按照四分法留取样品装入棉布袋，依次编号，通风条件下运回实验室。在实验室对样品进行预处理，先用纯净水清洗 3 遍，再用去离水清洗 3 遍后，使用陶瓷刀将其切成 5 mm 条状，放入烘箱 40 ℃ 烘干至恒质量后装入聚乙烯自封袋中，编号后送至新疆有色地质勘查局测试中心完成测试。

### 3.3.2 样品测试

2017—2018 年农产品根系土壤指标测试和农产品指标测试由新疆有色地质勘查局测试中心完成测试，根系土测试项目 12 项，包括 As、$TFe_2O_3$、B、Se、N、P、K、CaO、$Al_2O_3$、Corg、pH 值、CEC(阳离子交换量)，具体检测方法及检出限见表 3-3。同时，土壤颗粒分析采用比重计法。农产品测试指标为 Se、Cu、Ni、Zn、Cd、Pb、As、Hg、Cr，检出限分别为 0.005 6 mg/kg、0.022 mg/kg、0.002 8 mg/kg、0.594 mg/kg、0.000 5 mg/kg、0.005 mg/kg、0.005 6 mg/kg、0.000 47 mg/kg、0.01 mg/kg。

表 3-3 根系土测试指标检测方法及检出限

| 序号 | 检测项目 | 检测方法 | 单位 | 检出限 | 检出率/% |
|---|---|---|---|---|---|
| 1 | As | AFS | mg/kg | 0.3 | 100 |
| 2 | $TFe_2O_3$ | ICP-MS | % | 0.009 | 100 |
| 3 | B | AES | mg/kg | 0.88 | 100 |
| 4 | Se | AFS | mg/kg | 0.01 | 100 |
| 5 | N | 凯氏法 | mg/kg | 13 | 100 |
| 6 | P | 电感耦合等离子体原子发射光谱法（ICP-AES） | % | 2.32 | 100 |
| 7 | K | ICP-AES | % | $2.30 \times 10^{-6}$ | 100 |
| 8 | CaO | ICP-AES | % | 0.006 | 100 |
| 9 | $Al_2O_3$ | ICP-AES | % | $3.90 \times 10^{-6}$ | 100 |
| 10 | Corg | 重铬酸钾容量法 | % | 0.032 | 100 |
| 11 | pH 值 | 电位法 | 无量纲 | 0.01 | 100 |
| 12 | CEC | 乙酸铵交换法 | cmol(+)/kg | — | 100 |

# 第4章　土壤地球化学基准值与背景值

　　土壤环境背景值是指不受或少受人类活动影响和不受或少受现代工业污染的情况下，土壤化学组成或元素的含量水平。土壤基准值是在某个特定时期和特定地理地质景观条件下，土壤中化学组分的自然含量范围。研究区作为新疆红枣、核桃等干果的重要种植基地，当地干果、林果产业逐日走向规模化、基地化、标准化，研究其土壤环境背景值和基准值为特色农产品的适生地质-地球化学建模提供了重要参考信息，为当地特色农产品产业发展提供了科学依据。同时，为该区域土壤环境质量评价提供评价标准、土壤地球化学研究奠定了良好的科学基础。

## 4.1　基本概念和统计方法

### 4.1.1　土壤基准值与背景值的基本概念

　　自然资源部《多目标区域地球化学调查规范(1∶250 000)》(DZ/T 0258—2014)中将土壤地球化学背景值定义为土壤地球化学背景的量值，反映在一定范围内表层土壤地球化学特征，统一采用区域地球化学调查中的表层土壤样品作为进行土壤地球化学背景统计的样品；而将土壤地球化学基准值定义为土壤地球化学本底的量值，反映在一定范围内深层土壤地球化学特征，统一采用区域地球化学调查中的深层土壤样品作为土壤地球化学基准的研究对象。

　　土壤背景值反映土壤环境质量的原始状态，是一个相对的概念，具有随时间变化的特征，而基准值相对固定，不随时间变化。背景值受自然因素和人为因素双重影响，求取单元难以统一。自然因素和人为因素双重影响区域一般是非重合的，导致土壤环境背景值的基本求取单元难以确定。而基准值存在一个基本单元，在这个单元内，元素的分布特征使得成因性与地域性达到统一，从而可以确定相对明确的取值范围。

### 4.1.2　统计方法

　　土壤基准值和背景值的统计方法有很多种，包括地球化学法、迭代法、箱图法、含量-面积分形法、累积概率分布法和线性回归法等(孙尧尧，2024)。在进行土壤背景值与基准值计算时，为保证分析结果的可靠性，需要对数据进行检查和预处理，剔除异常值的影响，进行正态分布检验和转换。目前主要剔除异常值的方法有平均值加标准差法、四倍法、Grubbs法和Dixon法等(史舟等，2006)。本次全部原始数据先利用SPSS软件进行正态分布检验；再使用平均值加标准差法（均值±2 倍标准差）结合 Excel 软件对异常值逐次剔除；最后利用 SPSS 软件对原始数据剔除异常值后的数据进行多项基本参数（最小值 Min、最大值 Max、算术平均值 $\overline{X}$、算术标准差 S、变异系数 CV、几何平均值 $\overline{X}g$、中位数 M 等）统计。

利用 K 值［统计值与参比区（全国、全省等）的比值］比较组分的相对富或贫乏特征。本书参比区数据引用《中国土壤地球化学参数》中的中国土壤浅层土壤（0～20 cm）和深层土壤（180～200 cm）地球化学参数中的算术平均值，其中 pH 值不参与 K 值计算，研究区采用背景值和基准值，规定 $K<0.80$ 时为明显偏低，$0.8 \leqslant K<0.9$ 时为偏低，$0.9 \leqslant K<1.1$ 时为相当（或接近），$1.1 \leqslant K<1.2$ 时为偏高，$K \geqslant 1.20$ 时为明显偏高。变异系数 CV 是反映元素分布均匀程度的一个重要参数，采用如下经验值判别：$CV<0.4$，元素分布均匀；$0.4 \leqslant CV<1.0$，元素分布较不均匀；$1.0<CV<1.5$，元素分布不均匀；$CV \geqslant 1.5$，元素分布极不均匀（庞绪贵等，2014）。

## 4.2 研究区土壤地球化学基准值

研究区土壤地球化学基准值特征参数统计见表 4－1。研究区土壤地球化学基准值与全国土壤基准值和新疆土壤基准值对比有如下特征。

（1）研究区土壤组分基准值与中国土壤组分基准值相比，比值范围为 0.001～80.794，其中明显偏低（$K<0.8$）的组分有 $Al_2O_3$、$TFe_2O_3$、OrgC、Ag、Au、Bi、Br、Cd、Ce、Co、Cr、Cu、Ga、Ge、Hg、I、La、Li、Mn、N、Nb、Ni、Sc、Sn、Th、Ti、V、W、Zn、Zr；偏低（$0.8 \leqslant K<0.9$）的组分有 $SiO_2$、$K_2O$、As、Ba、Be、Rb、Pb、Sb、Tl、Y；相当（$0.9 \leqslant K<1.1$）的组分有 F、Se、U；偏高（$1.1 \leqslant K<1.2$）的元素有 B、P；明显偏高（$K \geqslant 1.2$）的组分为 MgO、CaO、$Na_2O$、TC、Cl、Mo、S、Sr。

（2）研究区土壤组分基准值与新疆土壤组分基准值相比，比值范围为 0.001～14.68，其中明显偏低（$K<0.8$）的组分有 $Al_2O_3$、$TFe_2O_3$、OrgC、Ag、As、Bi、Br、Cd、Cl、Co、Cr、Cu、Ga、Ge、I、Mn、Mo、N、Ni、P、Sb、Sc、Ti、V、W、Zn；偏低（$0.8 \leqslant K<0.9$）的组分有 $K_2O$、F、Hg、Li、Se、Sn、Y；相当（$0.9 \leqslant K<1.1$）的组分有 $SiO_2$、Au、B、Ba、Be、Ce、La、Nb、Rb、Pb、Sr、Th、Tl、U、Zr；偏高（$1.1 \leqslant K<1.2$）的组分为 $Na_2O$；明显偏高（$K \geqslant 1.2$）的组分为 MgO、CaO、TC、S。

（3）研究区深层土壤大部分组分含量分布均匀，变异系数呈现分布均匀的土壤组分有 $SiO_2$、$Al_2O_3$、$TFe_2O_3$、MgO、CaO、$Na_2O$、$K_2O$、C、Ag、As、Au、Ba、Be、Bi、Cd、Ce、Co、Cr、Cu、F、Ga、Ge、Hg、I、La、Li、Mn、Nb、Ni、P、Rb、Pb、Sb、Sc、Se、Sn、Sr、Th、Ti、Tl、U、V、W、Y、Zn、Zr；呈现分布较不均匀的土壤组分有 OrgC、B、Br、Cl、Mo、N；呈现分布极不均匀的元素为 S，有可能是由农业活动引起的。

（4）研究区深层土壤 pH 值的范围为 7.59～9.47，均值为 8.53，呈弱碱性。

表 4-1 研究区深层土壤基准值

| 组分 | 单位 | 样本数/个 | 特征值 | | | | | | 数据类型 | 中国深层土壤(180~200 cm) | | 新疆深层土壤(180~200 cm) | |
|---|---|---|---|---|---|---|---|---|---|---|---|---|---|
| | | | Min/Max | $\bar{X}$ | S | CV | $\bar{X}$g | M | | $\bar{X}$ | $\bar{X}$g | $\bar{X}$ | $\bar{X}$g |
| $SiO_2$ | % | 1731 | 23.15/73.81 | 55.19 | 7.92 | 0.14 | 48.62 | 56.9 | 对数正态 | 63.94 | 63.66 | 60.74 | 60.64 |
| | % | 1657 | 35.02/73.81 | 55.99 | 7.01 | 0.13 | 50.23 | 57.27 | | | | | |
| $Al_2O_3$ | % | 1731 | 4.56/21.45 | 9.27 | 1.15 | 0.12 | 9.2 | 9.51 | 非正态 | 13.62 | 13.42 | 12.62 | 12.59 |
| | % | 1666 | 6.41/11.93 | 9.31 | 0.95 | 0.1 | 9.26 | 9.52 | | | | | |
| $TFe_2O_3$ | % | 1731 | 0.78/5.04 | 2.96 | 0.47 | 0.16 | 2.93 | 2.98 | 正态 | 4.64 | 4.4 | 4.26 | 4.22 |
| | % | 1694 | 1.68/4.22 | 2.96 | 0.43 | 0.14 | 2.93 | 2.98 | | | | | |
| MgO | % | 1731 | 1.37/6.02 | 2.69 | 0.65 | 0.24 | 2.63 | 2.54 | 正态 | 1.5 | 1.28 | 2.17 | 2.13 |
| | % | 1627 | 1.37/4.18 | 2.61 | 0.51 | 0.19 | 2.56 | 2.51 | | | | | |
| CaO | % | 1731 | 2.82/16.88 | 9.07 | 1.6 | 0.18 | 8.92 | 9.37 | 正态 | 2.9 | 1.45 | 5.39 | 5.15 |
| | % | 1681 | 4.61/13.48 | 9.05 | 1.47 | 0.16 | 8.92 | 9.36 | | | | | |
| $Na_2O$ | % | 1731 | 1.49/22.84 | 3.63 | 2.71 | 0.75 | 3.12 | 2.63 | 对数正态 | 1.28 | 0.91 | 2.43 | 2.4 |
| | % | 1562 | 1.49/6.53 | 2.87 | 0.95 | 0.33 | 2.74 | 2.55 | | | | | |
| $K_2O$ | % | 1731 | 1.1/4.09 | 2.15 | 0.24 | 0.11 | 2.13 | 2.15 | 正态 | 2.4 | 2.36 | 2.58 | 2.58 |
| | % | 1672 | 1.58/2.7 | 2.15 | 0.19 | 0.09 | 2.14 | 2.15 | | | | | |
| TC | % | 1731 | 0.4/3.65 | 1.77 | 0.42 | 0.24 | 1.71 | 1.83 | 正态 | 0.84 | 0.67 | 0.98 | 0.91 |
| | % | 1699 | 0.58/2.94 | 1.77 | 0.4 | 0.23 | 1.71 | 1.83 | | | | | |
| OrgC | % | 1731 | 0.05/1.4 | 0.21 | 0.15 | 0.7 | 0.17 | 0.16 | 对数正态 | 0.31 | 0.27 | 0.26 | 0.25 |
| | % | 1604 | 0.05/0.47 | 0.18 | 0.09 | 0.5 | 0.16 | 0.16 | | | | | |
| pH值 | 无量纲 | 1731 | 7.48/10.71 | 8.54 | 0.35 | 0.04 | 8.54 | 8.54 | 正态 | * | * | * | * |
| | 无量纲 | 1688 | 7.59/9.47 | 8.53 | 0.32 | 0.04 | 8.53 | 8.53 | | | | | |
| Ag | mg/kg | 1731 | 0.023/0.306 | 0.04 | 0.02 | 0.38 | 0.04 | 0.041 | 非正态 | 0.066 | 0.064 | 0.067 | 0.065 |
| | mg/kg | 1642 | 0.023/0.071 | 0.04 | 0.01 | 0.22 | 0.04 | 0.04 | | | | | |

## 第4章 土壤地球化学基准值与背景值

续表4-1

| 组分 | 单位 | 样本数/个 | 特征值 Min/Max | 特征值 $\overline{X}$ | 特征值 S | 特征值 CV | 特征值 $\overline{X}g$ | 特征值 M | 数据类型 | 中国深层土壤（180~200 cm） $\overline{X}$ | 中国深层土壤 $\overline{X}g$ | 新疆深层土壤（180~200 cm） $\overline{X}$ | 新疆深层土壤 $\overline{X}g$ |
|---|---|---|---|---|---|---|---|---|---|---|---|---|---|
| As | mg/kg | 1731 | 3.3/18.4 | 7.94 | 1.78 | 0.22 | 7.75 | 7.8 | 正态 | 9.5 | 8.4 | 11.3 | 11 |
|  | mg/kg | 1676 | 3.3/12.5 | 7.87 | 1.57 | 0.2 | 7.71 | 7.8 |  |  |  |  |  |
| Au | μg/kg | 1731 | 0.26/13.3 | 1.03 | 0.91 | 0.88 | 0.88 | 0.8 | 对数正态 | 1.5 | 1.4 | 0.9 | 0.8 |
|  | μg/kg | 1579 | 0.26/1.9 | 0.86 | 0.32 | 0.38 | 0.8 | 0.78 |  |  |  |  |  |
| B | mg/kg | 1731 | 22.1/523 | 66.04 | 47.21 | 0.71 | 56.69 | 48.6 | 非正态 | 49 | 43 | 52 | 50 |
|  | mg/kg | 1569 | 22.1/142 | 55.28 | 23.66 | 0.43 | 51.43 | 47.4 |  |  |  |  |  |
| Ba | mg/kg | 1731 | 97.7/844 | 449.63 | 75.29 | 0.17 | 448.67 | 460 | 正态 | 512 | 498 | 469 | 468 |
|  | mg/kg | 1674 | 241/660 | 451.3 | 70.29 | 0.16 | 450.23 | 460 |  |  |  |  |  |
| Be | mg/kg | 1731 | 0.92/3.6 | 1.75 | 0.25 | 0.14 | 1.69 | 1.7 | 正态 | 2.1 | 2.1 | 1.9 | 1.9 |
|  | mg/kg | 1672 | 1.2/2.3 | 1.73 | 0.2 | 0.11 | 1.58 | 1.7 |  |  |  |  |  |
| Bi | mg/kg | 1731 | 0.12/0.52 | 0.19 | 0.04 | 0.23 | 0.19 | 0.18 | 正态 | 0.29 | 0.27 | 0.26 | 0.25 |
|  | mg/kg | 1602 | 0.12/0.26 | 0.18 | 0.03 | 0.14 | 0.18 | 0.18 |  |  |  |  |  |
| Br | mg/kg | 1731 | 0.03/14.6 | 1.35 | 0.99 | 0.73 | 1.09 | 1.1 | 正态 | 2.3 | 2.1 | 2 | 1.8 |
|  | mg/kg | 1630 | 0.03/3.4 | 1.24 | 0.68 | 0.55 | 1.05 | 1.1 |  |  |  |  |  |
| Cd | mg/kg | 1731 | 0.03/0.24 | 0.11 | 0.02 | 0.21 | 0.11 | 0.11 | 非正态 | 96 | 87 | 119 | 116 |
|  | mg/kg | 1721 | 0.05/0.17 | 0.11 | 0.02 | 0.21 | 0.11 | 0.11 |  |  |  |  |  |
| Ce | mg/kg | 1731 | 25.3/130 | 55.35 | 12.61 | 0.23 | 52.32 | 52.8 | 对数正态 | 71 | 70 | 53 | 53 |
|  | mg/kg | 1613 | 25.3/83.3 | 53.92 | 9.38 | 0.17 | 53.14 | 52.5 |  |  |  |  |  |
| Cl | mg/kg | 1731 | 71.5/280610 | 17648.38 | 29119.38 | 1.65 | 4357.71 | 6476 | 非正态 | 63 | 58 | 741 | 363 |
|  | mg/kg | 1524 | 116/4722 | 527.38 | 416.79 | 0.79 | 481.9 | 471.5 |  |  |  |  |  |
| Co | mg/kg | 1731 | 3.8/17 | 7.86 | 1.39 | 0.18 | 7.75 | 7.8 | 正态 | 12.4 | 11.4 | 10.9 | 10.7 |
|  | mg/kg | 1668 | 4.5/11.3 | 7.76 | 1.19 | 0.15 | 7.67 | 7.7 |  |  |  |  |  |

续表 4-1

| 组分 | 单位 | 样本数/个 | 特征值 | | | | | | | 数据类型 | 中国深层土壤 (180~200 cm) | | | 新疆深层土壤 (180~200 cm) | |
|---|---|---|---|---|---|---|---|---|---|---|---|---|---|---|---|
| | | | Min/Max | $\overline{X}$ | S | CV | $\overline{X}g$ | M | | | $\overline{X}$ | $\overline{X}g$ | | $\overline{X}$ | $\overline{X}g$ |
| Cr | mg/kg | 1731 | 10.4/88.7 | 41.06 | 8.33 | 0.2 | 40.25 | 40.5 | 正态 | | 65 | 60 | | 54 | 54 |
| | mg/kg | 1695 | 10.4/88.7 | 40.88 | 8.07 | 0.2 | 40.1 | 40.4 | | | | | | | |
| Cu | mg/kg | 1731 | 8.6/46.9 | 15.52 | 3.04 | 0.2 | 15.26 | 15.5 | 非正态 | | 22 | 20 | | 26 | 26 |
| | mg/kg | 1636 | 8.6/22.2 | 15.31 | 2.27 | 0.15 | 15.14 | 15.5 | | | | | | | |
| F | mg/kg | 1731 | 271/1714 | 508.06 | 104.42 | 0.21 | 499.01 | 490 | 正态 | | 512 | 491 | | 582 | 573 |
| | mg/kg | 1651 | 271/735 | 495.76 | 78.06 | 0.16 | 489.79 | 486 | | | | | | | |
| Ga | mg/kg | 1731 | 5/15.5 | 11.71 | 1.14 | 0.1 | 11.65 | 11.8 | 正态 | | 16.9 | 16.5 | | 15.8 | 15.7 |
| | mg/kg | 1701 | 8.7/14.8 | 11.76 | 1.03 | 0.09 | 11.71 | 11.8 | | | | | | | |
| Ge | mg/kg | 1731 | 0.72/2.1 | 1.1 | 0.12 | 0.11 | 1.09 | 1.1 | 对数正态 | | 1.4 | 1.4 | | 1.3 | 1.3 |
| | mg/kg | 1693 | 0.75/1.4 | 1 | 0 | 0 | 1 | 1 | | | | | | | |
| Hg | μg/kg | 1731 | 6.7/54.7 | 13.58 | 3.67 | 0.27 | 13.17 | 13.1 | 正态 | | 28 | 23 | | 16 | 15 |
| | μg/kg | 1646 | 6.7/21.6 | 13.23 | 2.77 | 0.21 | 12.94 | 13 | | | | | | | |
| I | mg/kg | 1731 | 0.22/4.8 | 0.67 | 0.28 | 0.42 | 1.43 | 0.61 | 对数正态 | | 2 | 1.7 | | 1.8 | 1.7 |
| | mg/kg | 1613 | 0.22/1.2 | 0.63 | 0.19 | 0.3 | 1.47 | 0.6 | | | | | | | |
| La | mg/kg | 1731 | 8.7/68.4 | 28.13 | 6.48 | 0.23 | 27.43 | 27.2 | 正态 | | 37 | 36 | | 27 | 27 |
| | mg/kg | 1695 | 11.5/44.6 | 27.69 | 5.65 | 0.2 | 27.12 | 27.1 | | | | | | | |
| Li | mg/kg | 1731 | 15.8/138 | 28.16 | 8.33 | 0.3 | 27.26 | 27.1 | 正态 | | 35 | 33 | | 32 | 31 |
| | mg/kg | 1674 | 15.8/43.5 | 27.13 | 5.5 | 0.2 | 26.59 | 26.8 | | | | | | | |
| Mn | mg/kg | 1731 | 138/704 | 459.21 | 65.93 | 0.14 | 480.23 | 466 | 非正态 | | 605 | 549 | | 697 | 690 |
| | mg/kg | 1666 | 274/645 | 459.38 | 62.04 | 0.14 | 481.62 | 466 | | | | | | | |
| Mo | mg/kg | 1731 | 0.34/9.2 | 1.15 | 0.83 | 0.72 | 1 | 0.85 | 非正态 | | 0.68 | 0.63 | | 1.46 | 1.36 |
| | mg/kg | 1584 | 0.34/2.4 | 0.98 | 0.4 | 0.41 | 0.92 | 0.83 | | | | | | | |

# 第 4 章 土壤地球化学基准值与背景值

续表 4-1

| 组分 | 单位 | 样本数/个 | 特征值 Min/Max | $\bar{X}$ | S | CV | $\bar{X}_g$ | M | 数据类型 | 中国深层土壤(180~200 cm) $\bar{X}$ | $\bar{X}_g$ | 新疆深层土壤(180~200 cm) $\bar{X}$ | $\bar{X}_g$ |
|---|---|---|---|---|---|---|---|---|---|---|---|---|---|
| N | mg/kg | 1731 | 51.4/1066 | 205.8 | 123.52 | 0.6 | 179.73 | 170 | 正态 | 444 | 408 | 345 | 335 |
|  | mg/kg | 1641 | 51.4/456 | 186.04 | 83.98 | 0.45 | 169.33 | 164 |  |  |  |  |  |
| Nb | mg/kg | 1731 | 5.8/19.6 | 11.45 | 1.64 | 0.14 | 11.33 | 11.4 | 正态 | 16 | 15 | 11 | 11 |
|  | mg/kg | 1695 | 7/15.9 | 11.41 | 1.5 | 0.13 | 11.31 | 11.4 |  |  |  |  |  |
| Ni | mg/kg | 1731 | 7.9/44 | 19.82 | 3.69 | 0.19 | 19.49 | 19.6 | 正态 | 28 | 25 | 26 | 25 |
|  | mg/kg | 1673 | 10.7/28.4 | 19.52 | 3.02 | 0.15 | 19.27 | 19.5 |  |  |  |  |  |
| P | mg/kg | 1731 | 250/1313 | 519.34 | 83.62 | 0.16 | 512.37 | 528 | 非正态 | 460 | 388 | 651 | 647 |
|  | mg/kg | 1651 | 298/740 | 519.16 | 77.83 | 0.15 | 512.94 | 528 |  |  |  |  |  |
| Pb | mg/kg | 1731 | 7.2/28.6 | 15.51 | 1.93 | 0.12 | 15.39 | 15.6 | 对数正态 | 23 | 22 | 17 | 17 |
|  | mg/kg | 1731 | 41.9/155 | 84.16 | 10.97 | 0.13 | 83.48 | 83.4 |  |  |  |  |  |
| Rb | mg/kg | 1649 | 10.8/20.2 | 15.51 | 1.56 | 0.1 | 15.43 | 15.6 | 对数正态 | 103 | 101 | 88 | 88 |
|  | mg/kg | 1696 | 58.1/111 | 83.53 | 9.39 | 0.11 | 83 | 83.2 |  |  |  |  |  |
| S | mg/kg | 1731 | 82.4/86 427 | 7 263.16 | 12 085.08 | 1.66 | 1 985.41 | 1881 | 非正态 | 129 | 116 | 710 | 495 |
|  | mg/kg | 1527 | 71.5/53 898 | 10 422.42 | 12 918.58 | 1.24 | 3 281.96 | 4952 |  |  |  |  |  |
| Sb | mg/kg | 1731 | 0.28/2 | 0.64 | 0.16 | 0.25 | 1.42 | 0.61 | 非正态 | 0.76 | 0.69 | 0.84 | 0.83 |
|  | mg/kg | 1642 | 0.29/0.94 | 0.62 | 0.11 | 0.17 | 1.44 | 0.61 |  |  |  |  |  |
| Sc | mg/kg | 1731 | 3.4/13.1 | 8.4 | 1.08 | 0.13 | 8.33 | 8.4 | 正态 | 11.1 | 10.6 | 11.8 | 11.8 |
|  | mg/kg | 1686 | 5.4/11.3 | 8.38 | 0.99 | 0.12 | 8.32 | 8.4 |  |  |  |  |  |
| Se | mg/kg | 1731 | 0.07/0.64 | 0.13 | 0.05 | 0.36 | 0.29 | 0.12 | 对数正态 | 0.13 | 0.11 | 0.16 | 0.15 |
|  | mg/kg | 1620 | 0.07/0.2 | 0.13 | 0.03 | 0.2 | 0.12 | 0.12 |  |  |  |  |  |
| Sn | mg/kg | 1731 | 1.4/5.3 | 2.37 | 0.37 | 0.16 | 2.35 | 2.3 | 对数正态 | 3 | 2.9 | 2.5 | 2.5 |
|  | mg/kg | 1666 | 1.4/3.3 | 2 | 0 | 0 | 2 | 2 |  |  |  |  |  |

续表 4-1

| 组分 | 单位 | 样本数/个 | 特征值 | | | | | | 数据类型 | 中国深层土壤 (180~200 cm) | | 新疆深层土壤 (180~200 cm) | |
|---|---|---|---|---|---|---|---|---|---|---|---|---|---|
| | | | Min/Max | $\bar{X}$ | S | CV | $\bar{X}g$ | M | | $\bar{X}$ | $\bar{X}g$ | $\bar{X}$ | $\bar{X}g$ |
| Sr | mg/kg | 1731 | 148/1690 | 338.82 | 185.88 | 0.55 | 312.95 | 281 | 正态 | 152 | 124 | 269 | 264 |
| | | 1586 | 148/525 | 292.36 | 59.16 | 0.2 | 287.22 | 277 | | | | | |
| Th | mg/kg | 1731 | 4.2/35.9 | 10.42 | 3.32 | 0.32 | 10.05 | 9.6 | 正态 | 12.3 | 11.8 | 9 | 9 |
| | | 1625 | 4.2/15.8 | 9.81 | 1.87 | 0.19 | 9.64 | 9.4 | | | | | |
| Ti | mg/kg | 1731 | 665/3864 | 2369 | 469 | 0.2 | 2315 | 2424 | 对数正态 | 4240 | 4091 | 3661 | 3651 |
| | | 1694 | 1040/3710 | 2383 | 450 | 0.19 | 2335 | 2430 | | | | | |
| Tl | mg/kg | 1731 | 0.26/1 | 0.51 | 0.08 | 0.16 | 1.16 | 0.5 | 对数正态 | 0.6 | 0.6 | 0.5 | 0.5 |
| | | 1644 | 0.34/0.67 | 0.5 | 0.05 | 0.11 | 0.5 | 0.5 | | | | | |
| U | mg/kg | 1731 | 1.4/23.4 | 2.65 | 1.05 | 0.4 | 2.54 | 2.4 | 对数正态 | 2.4 | 2.3 | 2.7 | 2.6 |
| | | 1625 | 1.4/4.2 | 2.48 | 0.51 | 0.2 | 2.44 | 2.4 | | | | | |
| V | mg/kg | 1731 | 24.6/98 | 53.88 | 7.91 | 0.15 | 49.66 | 53.3 | 非正态 | 83 | 79 | 81 | 80 |
| | | 1696 | 32.8/74.4 | 53.51 | 6.97 | 0.13 | 52.12 | 53.2 | | | | | |
| W | mg/kg | 1731 | 0.54/8.1 | 1.25 | 0.49 | 0.39 | 1.19 | 1.2 | 对数正态 | 1.78 | 1.68 | 1.52 | 1.5 |
| | | 1623 | 0.54/1.9 | 1.17 | 0.25 | 0.21 | 1.14 | 1.1 | | | | | |
| Y | mg/kg | 1731 | 11/37.1 | 22.11 | 3.34 | 0.15 | 21.85 | 22.1 | 对数正态 | 25 | 24.5 | 24.8 | 24.7 |
| | | 1672 | 12.8/31.7 | 22.01 | 3.24 | 0.15 | 21.77 | 22 | | | | | |
| Zn | mg/kg | 1731 | 24.2/88.4 | 46.84 | 7.29 | 0.16 | 46.31 | 46.1 | 正态 | 64 | 61 | 69 | 68 |
| | | 1688 | 28.1/64.6 | 46.28 | 6.18 | 0.13 | 45.87 | 46 | | | | | |
| Zr | mg/kg | 1731 | 75.7/668 | 190.68 | 57.52 | 0.3 | 183.47 | 179 | 对数正态 | 257 | 251 | 197 | 195 |
| | | 1656 | 75.7/319 | 182.66 | 43.08 | 0.24 | 177.85 | 177 | | | | | |

注：样本数和特征值中 1 个组分对应两组数据，其中上行数据为剔除异常值前的数据，下行数据为剔除异常值后的数据；"*"表示无数据；后同。

## 4.3 研究区土壤地球化学背景值

研究区土壤地球化学背景值特征参数统计见表4-2。研究区土壤地球化学背景值与全国土壤背景值和新疆土壤背景值对比有如下特征。

(1)研究区土壤元素背景值与中国土壤元素背景值相比，比值范围为0.001~3.54，其中明显偏低($K<0.8$)的组分有$Al_2O_3$、OrgC、Ag、Au、Bi、Br、Cd、Ce、Co、Cr、Cu、Ga、Ge、Hg、I、La、N、Nb、Pb、Se、Sn、Ti、V、W、Zn、Zr，偏低($0.8<K≤0.9$)的组分有$TFe_2O_3$、Ni、P、Sc、Th、Y；相当($0.9<K≤1.1$)的组分有$SiO_2$、$K_2O$、As、B、Ba、Be、F、Li、Mn、Rb、S、Sb、Tl、U；明显偏高($K≥1.2$)的组分为MgO、CaO、$Na_2O$、TC、Cl、Mo、Sr。

(2)研究区土壤元素背景值与新疆土壤元素背景值相比，比值范围为0.001~1.77，其中明显偏低($K<0.8$)的组分有OrgC、Ag、Bi、Br、Cd、Cu、Ga、Ge、I、Mn、Mo、N、P、S、Sc、Se、Ti、V、W、Zn；偏低($0.8<K≤0.9$)的组分有$Al_2O_3$、$TFe_2O_3$、$K_2O$、As、Au、B、Cl、Co、Cr、Hg、Ni、Sb、Y；相当($0.9≤K<1.1$)的组分有$SiO_2$、MgO、$Na_2O$、Ba、Be、Ce、F、La、Li、Nb、Pb、Rb、Sn、Sr、U、Zr；偏高($1.1≤K<1.2$)的组分有Th、Tl；明显偏高($K≥1.2$)的组分为CaO、TC。

(3)研究区大部分浅层土壤组分含量分布均匀，变异系数呈现分布均匀的土壤组分有$SiO_2$、$Al_2O_3$、$TFe_2O_3$、MgO、CaO、$Na_2O$、$K_2O$、TC、Ag、As、Au、B、Ba、Be、Bi、Cd、Ce、Co、Cr、Cu、F、Ga、Ge、Hg、I、La、Li、Mn、Nb、Ni、P、Pb、Rb、S、Sb、Sc、Se、Sn、Sr、Th、Ti、Tl、U、V、W、Y、Zn、Zr；呈现分布较不均匀的土壤组分有OrgC、Br、Cl、Mo、N。

(4)研究区浅层土壤pH值的范围为8.13~9.12，均值为8.63，呈弱碱性。

## 4.4 县域行政单元土壤地球化学背景值

### 4.4.1 若羌县土壤地球化学背景值

若羌县绿洲区土壤地球化学背景值特征参数统计见表4-3。若羌县土壤地球化学背景值与全国土壤背景值和新疆土壤背景值对比有如下特征。

(1)若羌县绿洲区土壤元素背景值与中国土壤元素背景值相比，比值范围为0.001~3.56。其中，明显偏低($K<0.8$)的组分有$Al_2O_3$、OrgC、Br、Cd、Cl、Ge、Hg、I、La、N、Nb、Pb、S、Ti、Zr；偏低($0.8≤K<0.9$)的组分有$SiO_2$、$TFe_2O_3$、Ag、Bi、Ce、Co、Cr、Ga、Sn、V、W、Y、Zn；相当($0.9≤K<1.1$)的组分有$K_2O$、As、Ba、Be、Cu、Li、Mn、Ni、P、Rb、Sb、Sc、Se；偏高($1.1≤K<1.2$)的组分有Au、Tl；明显偏高($K≥1.2$)的组分有MgO、CaO、$Na_2O$、TC、B、F、Mo、Sr、U。

表 4-2 研究区浅层土壤背景值

| 组分 | 单位 | 样本数/个 | 特征值 | | | | | | 数据类型 | 中国浅层土壤 (0~20 cm) | | 新疆浅层土壤 (0~20 cm) | |
|---|---|---|---|---|---|---|---|---|---|---|---|---|---|
| | | | Min/Max | $\bar{X}$ | S | CV | $\bar{X}g$ | M | | $\bar{X}$ | $\bar{X}g$ | $\bar{X}$ | $\bar{X}g$ |
| $SiO_2$ | % | 1728 | 31.78/76.19 | 58.93 | 5.09 | 0.09 | 57.53 | 59.09 | 对数正态 | 64.96 | 64.59 | 59.94 | 59.81 |
| | % | 1071 | 56/62.34 | 59.15 | 1.59 | 0.03 | 59.14 | 59.13 | | | | | |
| $Al_2O_3$ | % | 1728 | 5.09/14.12 | 10.12 | 0.78 | 0.08 | 10.09 | 10.09 | 正态 | 12.96 | 12.81 | 12.46 | 12.42 |
| | % | 1506 | 9.11/11.21 | 10.16 | 0.52 | 0.05 | 10.14 | 10.09 | | | | | |
| $TFe_2O_3$ | % | 1728 | 1.37/6.18 | 3.45 | 0.57 | 0.16 | 3.57 | 3.46 | 正态 | 4.35 | 4.13 | 4.35 | 4.3 |
| | % | 1560 | 2.59/4.38 | 3.49 | 0.45 | 0.13 | 3.45 | 3.48 | | | | | |
| MgO | % | 1728 | 1.4/5.87 | 2.66 | 0.56 | 0.21 | 2.59 | 2.58 | 非正态 | 1.46 | 1.2 | 2.48 | 2.41 |
| | % | 1182 | 2.17/2.93 | 2.56 | 0.19 | 0.07 | 2.55 | 2.57 | | | | | |
| CaO | % | 1728 | 3.44/14.62 | 9.2 | 1.31 | 0.14 | 9.08 | 9.44 | 正态 | 2.79 | 1.47 | 5.4 | 5.21 |
| | % | 1222 | 8.54/10.59 | 9.58 | 0.51 | 0.05 | 9.56 | 9.59 | | | | | |
| $Na_2O$ | % | 1728 | 1.47/16.82 | 2.38 | 0.88 | 0.37 | 2.3 | 2.16 | 非正态 | 1.27 | 0.91 | 2.32 | 2.3 |
| | % | 1236 | 1.77/2.41 | 2.09 | 0.16 | 0.08 | 2.08 | 2.08 | | | | | |
| $K_2O$ | % | 1728 | 1.16/3.12 | 2.25 | 0.14 | 0.06 | 2.25 | 2.25 | 正态 | 2.36 | 2.31 | 2.67 | 2.67 |
| | % | 1356 | 2.11/2.38 | 2.25 | 0.07 | 0.03 | 2.24 | 2.24 | | | | | |
| TC | % | 1728 | 0.32/3.67 | 2.01 | 0.48 | 0.24 | 1.94 | 2.04 | 正态 | 1.54 | 1.42 | 1.41 | 1.31 |
| | % | 1254 | 1.61/2.54 | 2.08 | 0.23 | 0.11 | 2.06 | 2.07 | | | | | |
| OrgC | % | 1728 | 0.06/1.4 | 0.35 | 0.21 | 0.6 | 0.65 | 0.31 | 对数正态 | 1.07 | 0.95 | 0.6 | 0.55 |
| | % | 1408 | 0.06/0.52 | 0.27 | 0.12 | 0.46 | 0.24 | 0.26 | | | | | |
| pH值 | 无量纲 | 1728 | 7.25/10.8 | 8.64 | 0.35 | 0.04 | 8.64 | 8.63 | 正态 | * | * | * | * |
| | | 1502 | 8.13/9.12 | 8.63 | 0.25 | 0.03 | 8.62 | 8.63 | | | | | |
| Ag | mg/kg | 1728 | 0.023/0.16 | 0.05 | 0.01 | 0.28 | 0.05 | 0.05 | 对数正态 | 0.074 | 0.071 | 0.086 | 0.083 |
| | | 1405 | 0.032/0.063 | 0.05 | 0.01 | 0.17 | 0.05 | 0.048 | | | | | |

续表 4-2

| 组分 | 单位 | 样本数/个 | 特征值 | | | | | | 数据类型 | 中国浅层土壤 (0~20 cm) | | 新疆浅层土壤 (0~20 cm) | |
|---|---|---|---|---|---|---|---|---|---|---|---|---|---|
| | | | Min/Max | $\bar{X}$ | S | CV | $\bar{X}g$ | M | | $\bar{X}$ | $\bar{X}g$ | $\bar{X}$ | $\bar{X}g$ |
| As | mg/kg | 1728 | 3.1/39.6 | 9.82 | 3.24 | 0.33 | 9.33 | 9.2 | 对数正态 | 9.1 | 8.1 | 11.3 | 11 |
| Au | μg/kg | 1428 | 5.2/13 | 9.11 | 1.95 | 0.21 | 8.88 | 8.9 | 非正态 | 1.6 | 1.5 | 0.9 | 0.8 |
| B | mg/kg | 1728 | 0.25/22.6 | 0.95 | 0.74 | 0.78 | 0.83 | 0.8 | 对数正态 | 48 | 43 | 58 | 56 |
| Ba | mg/kg | 1402 | 0.25/1.1 | 0.74 | 0.19 | 0.26 | 0.71 | 0.72 | 正态 | 504 | 487 | 475 | 474 |
| Be | mg/kg | 1728 | 12.4/878 | 61.12 | 42.6 | 0.7 | 54.88 | 50.6 | 正态 | 2 | 2 | 2 | 2 |
| Bi | mg/kg | 1303 | 12.4/62.7 | 46.63 | 7.94 | 0.17 | 45.88 | 46.7 | 正态 | 0.33 | 0.31 | 0.28 | 0.28 |
| Br | mg/kg | 1728 | 184/692 | 484.79 | 38.39 | 0.08 | 479.48 | 489 | 非正态 | 3.3 | 3 | 2.7 | 2.4 |
| Cd | mg/kg | 1245 | 462/518 | 490.09 | 14.13 | 0.03 | 480.18 | 491 | 非正态 | 150 | 134 | 159 | 153 |
| Ce | mg/kg | 1728 | 1.3/3.4 | 1.87 | 0.2 | 0.11 | 1.858 | 1.9 | 正态 | 72 | 70 | 54 | 53 |
| Cl | mg/kg | 1590 | 1.6/2.1 | 1.85 | 0.14 | 0.08 | 1.84 | 1.8 | 非正态 | 72 | 68 | 312 | 196 |
| Co | mg/kg | 1728 | 0.12/1.1 | 0.22 | 0.05 | 0.22 | 0.21 | 0.21 | | 11.7 | 10.7 | 11 | 10.9 |
| | mg/kg | 1488 | 0.16/0.26 | 0.21 | 0.03 | 0.13 | 0.21 | 0.21 | | | | | |
| | mg/kg | 1728 | 0.1/27.5 | 1.56 | 1.42 | 0.91 | 1.23 | 1.3 | | | | | |
| | mg/kg | 1478 | 0.1/2.3 | 1.2 | 0.56 | 0.46 | 1.03 | 1.2 | | | | | |
| | mg/kg | 1728 | 0.03/0.4 | 0.12 | 0.03 | 0.24 | 0.12 | 0.12 | | | | | |
| | mg/kg | 1558 | 0.08/0.16 | 0.12 | 0.02 | 0.17 | 0.12 | 0.12 | | | | | |
| | mg/kg | 1728 | 28.3/104 | 55.13 | 8.14 | 0.15 | 56.99 | 55 | | | | | |
| | mg/kg | 1368 | 46.2/63.7 | 54.95 | 4.37 | 0.08 | 56.43 | 55 | | | | | |
| | mg/kg | 1728 | 68.3/187 297 | 4 041.13 | 10 745.28 | 2.66 | 886.62 | 630.5 | | | | | |
| | mg/kg | 848 | 68.3/599 | 254.83 | 135.58 | 0.53 | 222.3 | 211 | | | | | |
| | mg/kg | 1728 | 4/19.2 | 9.11 | 1.83 | 0.2 | 8.9 | 9.1 | | | | | |
| | mg/kg | 1598 | 6.2/12 | 9.09 | 1.47 | 0.16 | 8.96 | 9.1 | | | | | |

续表 4-2

| 组分 | 单位 | 样本数/个 | Min/Max | $\bar{X}$ | S | CV | $\bar{X}g$ | M | 数据类型 | 中国浅层土壤 (0~20 cm) $\bar{X}$ | 中国浅层土壤 (0~20 cm) $\bar{X}g$ | 新疆浅层土壤 (0~20 cm) $\bar{X}$ | 新疆浅层土壤 (0~20 cm) $\bar{X}g$ |
|---|---|---|---|---|---|---|---|---|---|---|---|---|---|
| Cr | mg/kg | 1728 | 16.1/107 | 47.31 | 9.56 | 0.2 | 46.26 | 46.6 | 正态 | 63 | 58 | 54 | 53 |
|  | mg/kg | 1597 | 32.3/61 | 46.65 | 7.19 | 0.15 | 46.04 | 46.35 |  |  |  |  |  |
| Cu | mg/kg | 1728 | 8.1/49.5 | 17.99 | 4.07 | 0.23 | 17.5 | 17.5 | 正态 | 23 | 21 | 28 | 27 |
|  | mg/kg | 1514 | 12.3/22.8 | 17.53 | 2.64 | 0.15 | 17.32 | 17.3 |  |  |  |  |  |
| F | mg/kg | 1728 | 288/1480 | 542.11 | 104.27 | 0.19 | 531.28 | 531 | 正态 | 501 | 476 | 574 | 564 |
|  | mg/kg | 1375 | 414/637 | 525.44 | 55.9 | 0.11 | 522.43 | 525 |  |  |  |  |  |
| Ga | mg/kg | 1728 | 7.6/18 | 12.78 | 1.17 | 0.09 | 12.82 | 12.6 | 正态 | 16.1 | 15.8 | 15.9 | 15.8 |
|  | mg/kg | 1503 | 10.9/14.3 | 12.61 | 0.86 | 0.07 | 12.57 | 12.5 |  |  |  |  |  |
| Ge | mg/kg | 1728 | 0.75/1.6 | 1.11 | 0.11 | 0.1 | 1.11 | 1.1 | 非正态 | 1.4 | 1.4 | 1.3 | 1.3 |
|  | mg/kg | 1637 | 0.92/1.3 | 1 | 0 | 0 | 1 | 1 |  |  |  |  |  |
| Hg | μg/kg | 1728 | 6.5/202 | 18.04 | 7.7 | 0.43 | 17.12 | 16.9 | 对数正态 | 50 | 41 | 19 | 18 |
|  | μg/kg | 1436 | 8.8/23.6 | 16.2 | 3.72 | 0.23 | 15.86 | 16.1 |  |  |  |  |  |
| I | mg/kg | 1728 | 0.26/4.2 | 0.73 | 0.31 | 0.42 | 0.68 | 0.68 | 对数正态 | 1.8 | 1.6 | 1.8 | 1.7 |
|  | mg/kg | 1556 | 0.3/1 | 0.66 | 0.18 | 0.27 | 1.58 | 0.65 |  |  |  |  |  |
| La | mg/kg | 1728 | 14.2/62.30 | 28.16 | 4.36 | 0.15 | 27.75 | 28.2 | 正态 | 37 | 36 | 28 | 27 |
|  | mg/kg | 1400 | 23.5/33.3 | 28.41 | 2.45 | 0.09 | 27.10 | 28.4 |  |  |  |  |  |
| Li | mg/kg | 1728 | 15.8/162 | 32.81 | 10.71 | 0.33 | 31.43 | 31.5 | 非正态 | 33 | 31 | 34 | 33 |
|  | mg/kg | 1559 | 18.9/42.8 | 30.82 | 5.99 | 0.19 | 30.16 | 30.8 |  |  |  |  |  |
| Mn | mg/kg | 1728 | 226/814 | 516.2 | 73.38 | 0.14 | 510.1 | 520 | 正态 | 552 | 501 | 734 | 725 |
|  | mg/kg | 1516 | 420/634 | 526.22 | 53.89 | 0.1 | 523.12 | 526 |  |  |  |  |  |
| Mo | mg/kg | 1728 | 0.36/7.3 | 0.83 | 0.37 | 0.45 | 0.79 | 0.76 | 非正态 | 0.67 | 0.62 | 1.13 | 1.1 |
|  | mg/kg | 1728 | 0.36/7.3 | 0.83 | 0.37 | 0.45 | 0.79 | 0.76 |  |  |  |  |  |

第 4 章 土壤地球化学基准值与背景值

续表 4-2

| 组分 | 单位 | 样本数/个 | 特征值 | | | | | | | 数据类型 | 中国浅层土壤 (0~20 cm) | | 新疆浅层土壤 (0~20 cm) | |
|---|---|---|---|---|---|---|---|---|---|---|---|---|---|---|
| | | | Min/Max | $\bar{X}$ | S | CV | $\bar{X}g$ | M | | | $\bar{X}$ | $\bar{X}g$ | $\bar{X}$ | $\bar{X}g$ |
| N | mg/kg | 1728 | 60.2/1444 | 365.41 | 231.7 | 0.63 | 295.44 | 311 | 对数正态 | 1117 | 1016 | 674 | 635 |
| | | 1261 | 60.2/473 | 248.43 | 112.71 | 0.45 | 219.37 | 241 | | | | | |
| Nb | mg/kg | 1728 | 6.3/18.1 | 11.87 | 1.49 | 0.13 | 11.77 | 11.9 | 正态 | 15 | 15 | 11 | 11 |
| | | 1407 | 10/13.8 | 11.91 | 0.97 | 0.08 | 11.86 | 11.9 | | | | | |
| Ni | mg/kg | 1728 | 11/67.2 | 22.84 | 4.75 | 0.21 | 22.34 | 22.3 | 正态 | 26 | 23 | 26 | 26 |
| | | 1488 | 15.9/28.8 | 22.35 | 3.23 | 0.14 | 22.09 | 22.1 | | | | | |
| P | mg/kg | 1728 | 257/2016 | 638.22 | 157.36 | 0.25 | 619.18 | 617 | 正态 | 686 | 633 | 845 | 829 |
| | | 1330 | 439/768 | 603.1 | 81.56 | 0.14 | 597.31 | 599 | | | | | |
| Pb | mg/kg | 1728 | 8.4/29.70 | 16.85 | 1.79 | 0.11 | 16.77 | 16.7 | 正态 | 25 | 25 | 18 | 18 |
| | | 1496 | 14.2/19.1 | 16.65 | 1.23 | 0.07 | 16.62 | 16.6 | | | | | |
| Rb | mg/kg | 1728 | 57.7/153 | 91.72 | 10.54 | 0.11 | 90.89 | 91.5 | 正态 | 99 | 98 | 89 | 89 |
| | | 1454 | 77.4/105 | 91.28 | 6.92 | 0.08 | 90.99 | 91.35 | | | | | |
| S | mg/kg | 1728 | 74.4/43 516 | 2 172.53 | 4 956.08 | 2.28 | 636.09 | 419 | 非正态 | 259 | 238 | 1060 | 664 |
| | | 908 | 74.4/455 | 238.44 | 89.64 | 0.38 | 220.95 | 226 | | | | | |
| Sb | mg/kg | 1728 | 0.35/4.6 | 0.88 | 0.34 | 0.38 | 0.82 | 0.78 | 对数正态 | 0.8 | 0.73 | 0.9 | 0.89 |
| | | 1249 | 0.42/1 | 0.72 | 0.15 | 0.21 | 0.7 | 0.69 | | | | | |
| Sc | mg/kg | 1728 | 4.9/16.5 | 9.21 | 1.34 | 0.15 | 9.1 | 9.2 | 正态 | 10.5 | 10 | 11.8 | 11.7 |
| | | 1595 | 7.1/11.3 | 9.2 | 1.06 | 0.11 | 9.13 | 9.2 | | | | | |
| Se | mg/kg | 1728 | 0.06/0.91 | 0.14 | 0.05 | 0.38 | 0.31 | 0.13 | 对数正态 | 0.22 | 0.2 | 11.8 | 11.7 |
| | | 1483 | 0.09/0.17 | 0.13 | 0.02 | 0.16 | 0.33 | 0.13 | | | | | |
| Sn | mg/kg | 1728 | 1.3/5.4 | 2.54 | 0.36 | 0.14 | 2.51 | 2.5 | 正态 | 3.2 | 3.1 | 2.5 | 2.5 |
| | | 1529 | 2.0/3.0 | 2.51 | 0.26 | 0.10 | 2.49 | 2.5 | | | | | |

续表 4-2

| 组分 | 单位 | 样本数/个 | 特征值 | | | | | | 数据类型 | 中国浅层土壤 (0~20 cm) | | 新疆浅层土壤 (0~20 cm) | |
|---|---|---|---|---|---|---|---|---|---|---|---|---|---|
| | | | Min/Max | $\overline{X}$ | S | CV | $\overline{X}g$ | M | | $\overline{X}$ | $\overline{X}g$ | $\overline{X}$ | $\overline{X}g$ |
| Sr | mg/kg | 1728 | 182/1385 | 282.93 | 79.74 | 0.28 | 276.02 | 266 | 非正态 | 148 | 122 | 273 | 269 |
| | | 1277 | 225/300 | 262.55 | 18.67 | 0.07 | 261.95 | 262 | | | | | |
| Th | mg/kg | 1728 | 5.2/22.5 | 10.15 | 1.74 | 0.17 | 9.97 | 10.1 | 正态 | 11.9 | 11.5 | 9 | 9 |
| | | 1405 | 8.3/11.9 | 10.11 | 0.91 | 0.09 | 10.06 | 10.1 | | | | | |
| Ti | mg/kg | 1728 | 689/6079 | 2724 | 431 | 0.16 | 2688 | 2777 | 对数正态 | 4193 | 4048 | 3649 | 3637 |
| | | 1456 | 2261/3378 | 2824 | 281 | 0.1 | 2808 | 2839 | | | | | |
| Tl | mg/kg | 1728 | 0.34/0.99 | 0.57 | 0.07 | 0.11 | 1.28 | 0.56 | 正态 | 0.6 | 0.6 | 0.5 | 0.5 |
| | | 1540 | 0.48/0.64 | 0.56 | 0.04 | 0.07 | 1.41 | 0.56 | | | | | |
| U | mg/kg | 1728 | 1.5/17.1 | 2.6 | 0.85 | 0.33 | 2.49 | 2.5 | 非正态 | 2.4 | 2.3 | 2.6 | 2.5 |
| | | 1440 | 1.9/2.9 | 2.41 | 0.26 | 0.11 | 2.39 | 2.4 | | | | | |
| V | mg/kg | 1728 | 31.3/109 | 59.32 | 9.28 | 0.16 | 58.46 | 58.9 | 非正态 | 79 | 75 | 81 | 80 |
| | | 1594 | 44.3/73.9 | 59.02 | 7.43 | 0.13 | 58.49 | 58.75 | | | | | |
| W | mg/kg | 1728 | 0.43/5.3 | 1.28 | 0.31 | 0.24 | 1.25 | 1.3 | 非正态 | 1.77 | 1.68 | 1.6 | 1.57 |
| | | 1578 | 0.84/1.7 | 1.27 | 0.22 | 0.17 | 1.25 | 1.3 | | | | | |
| Y | mg/kg | 1728 | 12.6/31 | 21.27 | 2.23 | 0.1 | 21.16 | 21.4 | 正态 | 24.9 | 24.3 | 24.4 | 24.3 |
| | | 1428 | 18.6/24.3 | 21.45 | 1.44 | 0.07 | 21.4 | 21.5 | | | | | |
| Zn | mg/kg | 1728 | 26.8/94.9 | 53.43 | 9.64 | 0.18 | 55.20 | 52.95 | 对数正态 | 67 | 63 | 75 | 73 |
| | | 1535 | 38.7/67.4 | 53.05 | 7.18 | 0.14 | 52.53 | 52.8 | | | | | |
| Zr | mg/kg | 1728 | 78.9/476 | 177.45 | 34.79 | 0.2 | 174.76 | 175 | 正态 | 269 | 261 | 191 | 189 |
| | | 1420 | 135/215 | 174.76 | 20.08 | 0.11 | 173.9 | 175 | | | | | |

## 第 4 章 土壤地球化学基准值与背景值

表 4-3 若羌县绿洲区浅层土壤背景值

| 组分 | 单位 | 样本数/个 | 特征值 Min/Max | $\bar{X}$ | S | CV | $\bar{X}g$ | M | 数据类型 | 中国浅层土壤(0~20 cm) $\bar{X}$ | 中国浅层土壤(0~20 cm) $\bar{X}g$ | 新疆浅层土壤(0~20 cm) $\bar{X}$ | 新疆浅层土壤(0~20 cm) $\bar{X}g$ |
|---|---|---|---|---|---|---|---|---|---|---|---|---|---|
| $SiO_2$ | % | 142 | 31.78/68.75 | 54.36 | 6.68 | 0.12 | 53.94 | 54.18 | 正态 | 64.96 | 64.59 | 59.94 | 59.81 |
| $Al_2O_3$ | % | 137 | 41.06/67.62 | 54.33 | 6.03 | 0.11 | 54 | 54.11 | 正态 | 12.96 | 12.81 | 12.46 | 12.42 |
| $TFe_2O_3$ | % | 142 | 5.09/11.74 | 9.81 | 0.94 | 0.1 | 9.76 | 10.06 | 正态 | 4.35 | 4.13 | 4.35 | 4.3 |
| MgO | % | 107 | 9.26/10.99 | 10.12 | 0.44 | 0.04 | 10.11 | 10.15 | 正态 | 1.46 | 1.2 | 2.48 | 2.41 |
| CaO | % | 142 | 1.37/5.82 | 3.66 | 0.78 | 0.21 | 3.57 | 3.71 | 正态 | 2.79 | 1.47 | 5.4 | 5.21 |
| $Na_2O$ | % | 134 | 2.28/4.81 | 3.61 | 0.67 | 0.18 | 3.54 | 3.7 | 正态 | 1.27 | 0.91 | 2.32 | 2.3 |
| $K_2O$ | % | 142 | 2.03/5.87 | 3.63 | 0.73 | 0.2 | 3.56 | 3.64 | 正态 | 2.36 | 2.31 | 2.67 | 2.67 |
| TC | % | 94 | 3.16/4.38 | 3.75 | 0.33 | 0.09 | 3.73 | 3.72 | 对数正态 | 1.54 | 1.42 | 1.41 | 1.31 |
| OrgC | % | 142 | 4.36/14.04 | 9.94 | 1.69 | 0.17 | 9.78 | 10.15 | 对数正态 | 1.07 | 0.95 | 0.6 | 0.55 |
| pH值 | 无量纲 | 102 | 8.92/11.97 | 10.44 | 0.77 | 0.07 | 10.42 | 10.42 | 正态 | * | * | * | * |
| Ag | mg/kg | 142 | 1.59/16.82 | 2.37 | 1.39 | 0.59 | 2.22 | 2.03 | 非正态 | 0.074 | 0.071 | 0.086 | 0.083 |
| | | 89 | 1.59/2.13 | 1.89 | 0.13 | 0.07 | 1.89 | 1.88 | 正态 | | | | |
| | | 142 | 1.16/3.12 | 2.29 | 0.29 | 0.13 | 2.27 | 2.22 | | | | | |
| | | 100 | 1.95/2.41 | 2.18 | 0.12 | 0.05 | 2.18 | 2.17 | | | | | |
| | | 142 | 0.54/3.67 | 2.19 | 0.7 | 0.32 | 2.05 | 2.28 | | | | | |
| | | 130 | 1.14/3.45 | 2.28 | 0.59 | 0.26 | 2.19 | 2.31 | | | | | |
| | | 142 | 0.1/1 | 0.41 | 0.2 | 0.49 | 0.35 | 0.38 | | | | | |
| | | 128 | 0.1/0.67 | 0.36 | 0.15 | 0.43 | 0.32 | 0.35 | | | | | |
| | | 142 | 7.55/9.15 | 8.37 | 0.35 | 0.04 | 8.36 | 8.38 | | | | | |
| | | 138 | 7.71/9.02 | 8.39 | 0.33 | 0.04 | 8.38 | 8.39 | | | | | |
| | | 142 | 0.026/0.143 | 0.06 | 0.02 | 0.38 | 0.06 | 0.06 | | | | | |
| | | 127 | 0.026/0.092 | 0.06 | 0.02 | 0.31 | 0.05 | 0.06 | | | | | |

续表 4-3

| 组分 | 单位 | 样本数/个 | 特征值 ||||||| 数据类型 | 中国浅层土壤 (0~20 cm) || 新疆浅层土壤 (0~20 cm) ||
| --- | --- | --- | --- | --- | --- | --- | --- | --- | --- | --- | --- | --- | --- | --- |
| | | | Min/Max | $\overline{X}$ | S | CV | $\overline{X}g$ | M | | $\overline{X}$ | $\overline{X}g$ | $\overline{X}$ | $\overline{X}g$ |
| As | mg/kg | 142 | 3.1/16.6 | 9.43 | 3.12 | 0.33 | 8.8 | 9.85 | 正态 | 9.1 | 8.1 | 11.3 | 11 |
| Au | μg/kg | 136 | 3.9/14.7 | 9.55 | 2.85 | 0.3 | 9.04 | 10 | 正态 | 1.6 | 1.5 | 0.9 | 0.8 |
| B | mg/kg | 142 | 0.3/4.8 | 1.79 | 0.9 | 0.5 | 1.56 | 1.6 | 对数正态 | 48 | 43 | 58 | 56 |
| | | 134 | 0.3/3.3 | 1.66 | 0.73 | 0.44 | 1.47 | 1.6 | 正态 | 504 | 487 | 475 | 474 |
| Ba | mg/kg | 142 | 25.8/212 | 70.86 | 33.72 | 0.48 | 64.35 | 61.25 | 对数正态 | 2 | 2 | 2 | 2 |
| | | 133 | 25.8/129 | 64.73 | 24.12 | 0.37 | 60.51 | 59.8 | 正态 | 0.33 | 0.31 | 0.28 | 0.28 |
| Be | mg/kg | 142 | 184/611 | 465.32 | 51.77 | 0.11 | 462.01 | 465 | 对数正态 | 3.3 | 3 | 2.7 | 2.4 |
| | | 139 | 366/559 | 465.5 | 43.83 | 0.09 | 463.41 | 465 | 正态 | 150 | 134 | 159 | 153 |
| Bi | mg/kg | 142 | 1.3/3.4 | 2.09 | 0.39 | 0.18 | 2.05 | 2 | 对数正态 | 72 | 70 | 54 | 53 |
| | | 115 | 1.6/2.4 | 1.97 | 0.22 | 0.11 | 1.96 | 1.9 | 正态 | 72 | 68 | 312 | 196 |
| Br | mg/kg | 142 | 0.12/0.47 | 0.27 | 0.06 | 0.21 | 0.26 | 0.26 | 正态 | 11.7 | 10.7 | 11 | 10.9 |
| | | 110 | 0.2/0.31 | 0.25 | 0.03 | 0.12 | 0.25 | 0.25 | 正态 | | | | |
| Cd | mg/kg | 142 | 0.11/3.6 | 1.44 | 0.63 | 0.44 | 1.27 | 1.4 | 对数正态 | | | | |
| | | 93 | 0.97/2 | 1.49 | 0.27 | 0.18 | 1.46 | 1.5 | 正态 | | | | |
| Ce | mg/kg | 142 | 0.03/0.21 | 0.13 | 0.04 | 0.28 | 0.12 | 0.13 | 正态 | | | | |
| | | 136 | 0.07/0.19 | 0.13 | 0.03 | 0.25 | 0.12 | 0.13 | 正态 | | | | |
| Cl | mg/kg | 142 | 35/101 | 61.65 | 9.24 | 0.15 | 61 | 60.35 | 正态 | | | | |
| | | 126 | 48.8/78.2 | 60.27 | 6.13 | 0.1 | 59.97 | 60.15 | 正态 | | | | |
| Co | mg/kg | 142 | 0.0749/187.297 | 5.33 | 17.63 | 3.31 | 0.88 | 0.57 | 对数正态 | | | | |
| | | 140 | 0.0749/39.01 | 3.67 | 7.45 | 2.03 | 0.82 | 0.55 | 对数正态 | | | | |
| | mg/kg | 142 | 5.2/19.2 | 10.37 | 2.58 | 0.25 | 10.05 | 10.35 | 非正态 | | | | |
| | mg/kg | 128 | 6.2/14 | 10.02 | 2.02 | 0.2 | 9.81 | 10.2 | | | | | |

## 第 4 章 土壤地球化学基准值与背景值

续表 4-3

| 组分 | 单位 | 样本数/个 | 特征值 Min/Max | $\bar{X}$ | S | CV | $\bar{X}g$ | M | 数据类型 | 中国浅层土壤 (0~20 cm) $\bar{X}$ | $\bar{X}g$ | 新疆浅层土壤 (0~20 cm) $\bar{X}$ | $\bar{X}g$ |
|---|---|---|---|---|---|---|---|---|---|---|---|---|---|
| Cr | mg/kg | 142 | 16.1/107 | 54.19 | 16.51 | 0.3 | 51.73 | 52.45 | 正态 | 63 | 58 | 54 | 53 |
|  | mg/kg | 135 | 23.9/86.4 | 52.64 | 13.95 | 0.27 | 50.78 | 50.9 |  |  |  |  |  |
| Cu | mg/kg | 142 | 8.5/49.5 | 22.01 | 7.69 | 0.35 | 20.7 | 21.35 | 正态 | 23 | 21 | 28 | 27 |
|  | mg/kg | 129 | 9.8/32.1 | 20.59 | 5.85 | 0.28 | 19.69 | 21 |  |  |  |  |  |
| F | mg/kg | 142 | 386/952 | 644.92 | 123.34 | 0.19 | 633.09 | 630 | 对数正态 | 501 | 476 | 574 | 564 |
|  | mg/kg | 136 | 432/878 | 640.83 | 113.2 | 0.18 | 630.81 | 629 |  |  |  |  |  |
| Ga | mg/kg | 142 | 7.6/16.4 | 13.01 | 1.24 | 0.1 | 12.94 | 13 | 正态 | 16.1 | 15.8 | 15.9 | 15.8 |
|  | mg/kg | 129 | 11.1/14.9 | 13 | 0.96 | 0.07 | 12.97 | 13 |  |  |  |  |  |
| Ge | mg/kg | 142 | 0.83/1.5 | 1.21 | 0.11 | 0.09 | 1.21 | 1.2 | 对数正态 | 1.4 | 1.4 | 1.3 | 1.3 |
|  | mg/kg | 142 | 0.83/1.5 | 1.21 | 0.11 | 0.09 | 1.21 | 1.2 |  |  |  |  |  |
| Hg | μg/kg | 142 | 6.5/202 | 12.95 | 16.48 | 1.27 | 11.38 | 10.8 | 对数正态 | 50 | 41 | 19 | 18 |
|  | μg/kg | 141 | 6.5/45.4 | 11.61 | 4.07 | 0.35 | 11.15 | 10.8 |  |  |  |  |  |
| I | mg/kg | 142 | 0.44/1.9 | 1.06 | 0.33 | 0.31 | 1.01 | 1.1 | 对数正态 | 1.8 | 1.6 | 1.8 | 1.7 |
|  | mg/kg | 139 | 0.44/1.7 | 1.04 | 0.31 | 0.3 | 0.99 | 1 |  |  |  |  |  |
| La | mg/kg | 142 | 16.3/39.7 | 24.82 | 4.65 | 0.19 | 24.43 | 24.1 | 对数正态 | 37 | 36 | 28 | 27 |
|  | mg/kg | 121 | 18.2/28.8 | 23.38 | 2.73 | 0.12 | 23.22 | 23.7 |  |  |  |  |  |
| Li | mg/kg | 142 | 21.3/54.6 | 35.04 | 6.5 | 0.19 | 34.42 | 35.95 | 非正态 | 33 | 31 | 34 | 33 |
|  | mg/kg | 135 | 23.2/45.6 | 34.69 | 5.78 | 0.17 | 34.18 | 35.9 |  |  |  |  |  |
| Mn | mg/kg | 142 | 226/789 | 531.83 | 98.04 | 0.18 | 522.02 | 545 | 正态 | 552 | 501 | 734 | 725 |
|  | mg/kg | 139 | 348/723 | 532.19 | 89.02 | 0.17 | 524.32 | 545 |  |  |  |  |  |
| Mo | mg/kg | 142 | 0.59/4.1 | 1.24 | 0.59 | 0.47 | 1.15 | 1.1 | 对数正态 | 0.67 | 0.62 | 1.13 | 1.1 |
|  | mg/kg | 98 | 0.65/1.3 | 0.98 | 0.16 | 0.17 | 0.96 | 0.98 |  |  |  |  |  |

续表 4-3

| 组分 | 单位 | 样本数/个 | 特征值 | | | | | | | 数据类型 | 中国浅层土壤 (0~20 cm) | | 新疆浅层土壤 (0~20 cm) | |
|---|---|---|---|---|---|---|---|---|---|---|---|---|---|---|
| | | | Min/Max | $\overline{X}$ | S | CV | $\overline{X}g$ | M | | | $\overline{X}$ | $\overline{X}g$ | $\overline{X}$ | $\overline{X}g$ |
| N | mg/kg | 142 | 81/1306 | 450.51 | 235.93 | 0.52 | 378.8 | 431.5 | | 正态 | 1117 | 1016 | 674 | 635 |
| | | 137 | 81/895 | 428.56 | 207.98 | 0.49 | 365.04 | 429 | | | | | | |
| Nb | mg/kg | 142 | 7.7/18 | 11.61 | 1.31 | 0.11 | 11.54 | 11.6 | | 正态 | 15 | 15 | 11 | 11 |
| | | 123 | 10.1/13.3 | 11.63 | 0.84 | 0.07 | 11.6 | 11.6 | | | | | | |
| Ni | mg/kg | 142 | 11.1/44.5 | 23.59 | 6.84 | 0.29 | 22.53 | 24.2 | | 正态 | 26 | 23 | 26 | 26 |
| | | 138 | 11.1/36.6 | 23.11 | 6.29 | 0.27 | 22.15 | 24.1 | | | | | | |
| P | mg/kg | 142 | 295/2016 | 691.11 | 244.66 | 0.35 | 653.57 | 658 | | 对数正态 | 686 | 633 | 845 | 829 |
| | | 138 | 295/1163 | 667.83 | 197.82 | 0.3 | 638.5 | 653 | | | | | | |
| Pb | mg/kg | 142 | 8.4/22.5 | 15.38 | 2.52 | 0.16 | 15.18 | 14.9 | | 正态 | 25 | 25 | 18 | 18 |
| | | 103 | 12/16.9 | 14.45 | 1.28 | 0.09 | 14.4 | 14.4 | | | | | | |
| Rb | mg/kg | 142 | 57.7/153 | 99.77 | 16.51 | 0.17 | 98.51 | 94.15 | | 正态 | 99 | 98 | 89 | 89 |
| | | 104 | 78.1/107 | 91.97 | 7 | 0.08 | 91.71 | 91.2 | | | | | | |
| S | mg/kg | 142 | 0.184/43.516 | 7.2 | 9.83 | 1.36 | 2.35 | 2.34 | | 对数正态 | 259 | 238 | 1060 | 664 |
| | | 132 | 0.184/22.482 | 5 | 6.21 | 1.24 | 1.88 | 1.43 | | | | | | |
| Sb | mg/kg | 142 | 0.37/1.2 | 0.76 | 0.18 | 0.24 | 0.74 | 0.78 | | 正态 | 0.8 | 0.73 | 0.9 | 0.89 |
| | | 123 | 0.52/1 | 0.79 | 0.14 | 0.17 | 0.78 | 0.8 | | | | | | |
| Sc | mg/kg | 142 | 5.1/16.3 | 9.99 | 1.94 | 0.19 | 9.8 | 9.8 | | 正态 | 10.5 | 10 | 11.8 | 11.7 |
| | | 123 | 7/12.4 | 9.64 | 1.39 | 0.14 | 9.54 | 9.7 | | | | | | |
| Se | mg/kg | 142 | 0.06/0.91 | 0.23 | 0.12 | 0.53 | 0.2 | 0.2 | | 正态 | 0.22 | 0.2 | 11.8 | 11.7 |
| | | 119 | 0.06/0.32 | 0.19 | 0.07 | 0.37 | 0.17 | 0.18 | | | | | | |
| Sn | mg/kg | 142 | 1.7/3.8 | 2.71 | 0.41 | 0.15 | 2.68 | 2.7 | | 正态 | 3.2 | 3.1 | 2.5 | 2.5 |
| | | 142 | 1.7/3.8 | 2.71 | 0.41 | 0.15 | 2.68 | 2.7 | | | | | | |

续表 4-3

| 组分 | 单位 | 样本数/个 | 特征值 | | | | | | | 数据类型 | 中国浅层土壤 (0~20 cm) | | 新疆浅层土壤 (0~20 cm) | |
|---|---|---|---|---|---|---|---|---|---|---|---|---|---|---|
| | | | Min/Max | $\bar{X}$ | S | CV | $\bar{X}g$ | M | | | $\bar{X}$ | $\bar{X}g$ | $\bar{X}$ | $\bar{X}g$ |
| Sr | mg/kg | 142 | 202/697 | 304.65 | 103.79 | 0.34 | 291.7 | 268.5 | | 非正态 | 148 | 122 | 273 | 269 |
| | | 98 | 214/297 | 254.77 | 21.69 | 0.09 | 253.85 | 255 | | | | | | |
| Th | mg/kg | 142 | 6.8/22.5 | 12.34 | 2.78 | 0.23 | 12.08 | 11.55 | | 正态 | 11.9 | 11.5 | 9 | 9 |
| | | 111 | 9.3/13.6 | 11.45 | 1.11 | 0.1 | 11.4 | 11.4 | | | | | | |
| Ti | mg/kg | 142 | 689/3375 | 2614.06 | 463.3 | 0.18 | 2564.12 | 2722.5 | | 对数正态 | 4193 | 4048 | 3649 | 3637 |
| | | 127 | 2062/3375 | 2725.95 | 341.82 | 0.13 | 2703.9 | 2763 | | | | | | |
| Tl | mg/kg | 142 | 0.34/0.99 | 0.66 | 0.11 | 0.17 | 0.66 | 0.65 | | 正态 | 0.6 | 0.6 | 0.5 | 0.5 |
| | | 136 | 0.47/0.85 | 0.66 | 0.1 | 0.15 | 0.65 | 0.65 | | | | | | |
| U | mg/kg | 142 | 2/17.1 | 4.32 | 1.93 | 0.45 | 4.06 | 3.7 | | 对数正态 | 2.4 | 2.3 | 2.6 | 2.5 |
| | | 92 | 2.9/4.1 | 3.49 | 0.32 | 0.09 | 3.47 | 3.5 | | | | | | |
| V | mg/kg | 142 | 33.1/109 | 65.76 | 12.67 | 0.19 | 64.55 | 64.85 | | 正态 | 79 | 75 | 81 | 80 |
| | | 137 | 41.1/90.1 | 65.06 | 11.25 | 0.17 | 64.09 | 64.1 | | | | | | |
| W | mg/kg | 142 | 0.83/2.3 | 1.49 | 0.25 | 0.17 | 1.47 | 1.5 | | 对数正态 | 1.77 | 1.68 | 1.6 | 1.57 |
| | | 132 | 1.1/1.9 | 1.5 | 0.2 | 0.13 | 1.49 | 1.5 | | | | | | |
| Y | mg/kg | 142 | 16.5/29.9 | 20.68 | 1.75 | 0.08 | 20.61 | 20.6 | | 正态 | 24.9 | 24.3 | 24.4 | 24.3 |
| | | 121 | 18.3/22.8 | 20.54 | 1.14 | 0.06 | 20.51 | 20.6 | | | | | | |
| Zn | mg/kg | 142 | 32.4/88.7 | 57.81 | 11.81 | 0.2 | 56.53 | 59.35 | | 正态 | 67 | 63 | 75 | 73 |
| | | 140 | 36/88.7 | 58.33 | 11.37 | 0.19 | 57.17 | 59.5 | | | | | | |
| Zr | mg/kg | 142 | 114/221 | 154.28 | 21.28 | 0.14 | 152.86 | 152 | | 非正态 | 269 | 261 | 191 | 189 |
| | | 120 | 122/181 | 150.12 | 14.88 | 0.1 | 149.39 | 150 | | | | | | |

(2)若羌县绿洲区土壤元素背景值与新疆土壤元素背景值相比，比值范围为 0.001~1.98。其中，明显偏低（$K<0.8$）的组分有 $Al_2O_3$、OrgC、Ag、Br、Cd、Cl、Cu、Hg、I、Mn、N、S、Se、Ti、Zn；偏低（$0.8 \leqslant K<0.9$）的组分有 $TFe_2O_3$、$K_2O$、As、Ga、La、P、Pb、Sb、Sc、V、Y、Zr；相当（$0.9 \leqslant K<1.1$）的组分有 $SiO_2$、$Na_2O$、Ba、Be、Bi、Co、Cr、Ge、Li、Mo、Nb、Ni、Sn、W；偏高（$1.1 \leqslant K<1.2$）的组分有 Ce、F、Rb、Sr；明显偏高（$K \geqslant 1.2$）的组分有 MgO、CaO、TC、Au、B、Th、Tl、U。

(3)若羌县绿洲区大部分组分含量分布均匀，变异系数呈现分布均匀的土壤组分有 $SiO_2$、$Al_2O_3$、$TFe_2O_3$、MgO、CaO、$K_2O$、TC、Ag、As、Ba、Be、Bi、Cd、Ce、Co、Cr、Cu、F、Ga、Ge、I、La、Li、Mn、Nb、Ni、P、Rb、Pb、Sb、Sc、Sn、Sr、Th、Ti、Tl、V、W、Y、Zn、Zr；呈现分布较不均匀的土壤组分有 $Na_2O$、OrgC、Au、B、Br、Mo、N、Se、U；呈现分布不均匀的组分有 Hg、S，这可能与农业活动有关。

(4)若羌县绿洲区浅层土壤 pH 值的范围为 7.71~9.02，均值为 8.39，呈弱碱性。

### 4.4.2 且末县土壤地球化学背景值

且末县绿洲区土壤地球化学背景值特征参数统计见表 4-4。且末县土壤地球化学背景值与全国土壤背景值和新疆土壤背景值对比有如下特征。

(1)且末县绿洲区土壤元素背景值与中国土壤元素背景值相比，比值范围为 0.001~15.21。其中，明显偏低（$K<0.8$）的组分有 $Al_2O_3$、$TFe_2O_3$、OrgC、Ag、Au、Bi、Br、Cd、Ce、Co、Cr、Cu、Ga、Ge、Hg、I、La、N、Nb、Ni、Pb、Sc、Se、Sn、Th、Ti、V、W、Zn、Zr；偏低（$0.8 \leqslant K<0.9$）的组分有 Mn、P、Y；相当（$0.9 \leqslant K<1.1$）的组分有 $SiO_2$、$K_2O$、As、Ba、Be、F、Li、Rb、Sb、Tl、U；偏高（$1.1 \leqslant K<1.2$）的组分有 B、Mo；明显偏高（$K \geqslant 1.2$）的组分有 MgO、CaO、$Na_2O$、TC、Cl、S、Sr。

(2)且末县绿洲区土壤元素背景值与新疆土壤元素背景值相比，比值范围为 0.001~44.00。其中，明显偏低（$K<0.8$）的组分有 $Al_2O_3$、$TFe_2O_3$、OrgC、Ag、Au、Bi、Br、Cd、Co、Cr、Cu、Ga、Hg、I、Mn、Mo、N、Ni、P、S、Sc、Se、Ti、V、W、Zn；偏低（$0.8 \leqslant K<0.9$）的组分有 $K_2O$、As、Ge、Li、Sb、U、Y、Zr；相当（$0.9 \leqslant K<1.1$）的组分有 $SiO_2$、MgO、$Na_2O$、B、Ba、Be、Ce、F、La、Nb、Pb、Rb、Sn、Sr、Th；偏高（$1.1 \leqslant K<1.2$）的组分为 Tl；明显偏高（$K \geqslant 1.2$）的组分有 CaO、TC、Cl。

(3)且末县绿洲区大部分组分含量分布均匀，变异系数呈现分布均匀的土壤组分有 $SiO_2$、$Al_2O_3$、$TFe_2O_3$、MgO、CaO、$Na_2O$、$K_2O$、TC、Ag、As、Au、B、Ba、Be、Bi、Cd、Ce、Co、Cr、Cu、F、Ga、Ge、Hg、I、La、Li、Mn、Mo、Nb、Ni、P、Pb、Rb、Sb、Sc、Se、Sn、Sr、Th、Ti、Tl、U、V、W、Y、Zn、Zr；呈现分布较不均匀的土壤组分有 OrgC、Br、N、S。

(4)且末县绿洲区浅层土壤 pH 值的范围为 7.96~9.92，均值为 8.72，呈弱碱性。

## 第4章 土壤地球化学基准值与背景值

**表4-4 且末县绿洲区浅层土壤背景值**

| 组分 | 单位 | 样本数/个 | 特征值 | | | | | | 数据类型 | 中国浅层土壤(0~20 cm) | | 新疆浅层土壤(0~20 cm) | |
|---|---|---|---|---|---|---|---|---|---|---|---|---|---|
| | | | Min/Max | $\bar{X}$ | S | CV | $\bar{X}g$ | M | | $\bar{X}$ | $\bar{X}g$ | $\bar{X}$ | $\bar{X}g$ |
| $SiO_2$ | % | 758 | 37.43/76.19 | 60.01 | 6.06 | 0.1 | 59.69 | 60.31 | 正态 | 64.96 | 64.59 | 59.94 | 59.81 |
| | | 749 | 43.33/76.19 | 60.25 | 5.69 | 0.09 | 59.98 | 60.38 | | | | | |
| $Al_2O_3$ | % | 758 | 6.2/12.96 | 9.86 | 0.71 | 0.07 | 9.83 | 9.85 | 正态 | 12.96 | 12.81 | 12.46 | 12.42 |
| | | 743 | 8.07/11.65 | 9.88 | 0.62 | 0.06 | 9.86 | 9.86 | | | | | |
| $TFe_2O_3$ | % | 758 | 1.66/5.29 | 3.19 | 0.55 | 0.17 | 3.14 | 3.15 | 正态 | 4.35 | 4.13 | 4.35 | 4.3 |
| | | 756 | 1.66/4.67 | 3.18 | 0.54 | 0.17 | 3.14 | 3.15 | | | | | |
| MgO | % | 758 | 1.4/5.48 | 2.56 | 0.6 | 0.23 | 2.5 | 2.49 | 正态 | 1.46 | 1.2 | 2.48 | 2.41 |
| | | 741 | 1.4/4.08 | 2.52 | 0.52 | 0.21 | 2.47 | 2.48 | | | | | |
| CaO | % | 758 | 3.44/14.55 | 8.74 | 1.5 | 0.17 | 8.59 | 8.99 | 正态 | 2.79 | 1.47 | 5.4 | 5.21 |
| | | 734 | 5.12/12.56 | 8.86 | 1.27 | 0.14 | 8.77 | 9.04 | | | | | |
| $Na_2O$ | % | 758 | 1.59/11.09 | 2.49 | 0.91 | 0.37 | 2.39 | 2.23 | 对数正态 | 1.27 | 0.91 | 2.32 | 2.3 |
| | | 685 | 1.59/3.15 | 2.26 | 0.3 | 0.13 | 2.24 | 2.19 | | | | | |
| $K_2O$ | % | 758 | 1.78/2.89 | 2.26 | 0.12 | 0.06 | 2.26 | 2.25 | 对数正态 | 2.36 | 2.31 | 2.67 | 2.67 |
| | | 742 | 1.93/2.56 | 2.26 | 0.11 | 0.05 | 2.25 | 2.25 | | | | | |
| TC | % | 758 | 0.32/3.59 | 1.85 | 0.5 | 0.27 | 1.77 | 1.87 | 正态 | 1.54 | 1.42 | 1.41 | 1.31 |
| | | 756 | 0.48/3.22 | 1.85 | 0.49 | 0.27 | 1.77 | 1.87 | | | | | |
| OrgC | % | 758 | 0.07/1.2 | 0.29 | 0.17 | 0.61 | 0.24 | 0.25 | 非正态 | 1.07 | 0.95 | 0.6 | 0.55 |
| | | 744 | 0.07/0.73 | 0.27 | 0.15 | 0.55 | 0.23 | 0.25 | | | | | |
| pH值 | 无量纲 | 758 | 7.96/9.92 | 8.72 | 0.3 | 0.03 | 8.72 | 8.74 | 正态 | * | * | * | * |
| | | 758 | 7.96/9.92 | 8.72 | 0.3 | 0.03 | 8.72 | 8.74 | | | | | |
| Ag | mg/kg | 758 | 0.023/0.105 | 0.05 | 0.01 | 0.25 | 0.05 | 0.05 | 非正态 | 0.074 | 0.071 | 0.086 | 0.083 |
| | | 754 | 0.023/0.091 | 0.05 | 0.01 | 0.25 | 0.05 | 0.05 | | | | | |

续表4-4

| 组分 | 单位 | 样本数/个 | 特征值 | | | | | | | 数据类型 | 中国浅层土壤 (0~20 cm) | | 新疆浅层土壤 (0~20 cm) | |
|---|---|---|---|---|---|---|---|---|---|---|---|---|---|---|
| | | | Min/Max | $\bar{X}$ | S | CV | $\bar{X}g$ | M | | | $\bar{X}$ | $\bar{X}g$ | $\bar{X}$ | $\bar{X}g$ |
| As | mg/kg | 758 | 3.5/31.6 | 9.78 | 3.75 | 0.38 | 9.14 | 8.8 | 正态 | 9.1 | 8.1 | 11.3 | 11 |
| | | 749 | 3.5/19.7 | 9.61 | 3.44 | 0.36 | 9.04 | 8.7 | | | | | |
| Au | μg/kg | 758 | 0.29/1.8 | 0.74 | 0.23 | 0.31 | 0.71 | 0.7 | 正态 | 1.6 | 1.5 | 0.9 | 0.8 |
| | | 731 | 0.29/1.2 | 0.71 | 0.18 | 0.25 | 0.69 | 0.69 | | | | | |
| B | mg/kg | 758 | 23.3/299 | 63.01 | 35.78 | 0.57 | 56.73 | 51.3 | 对数正态 | 48 | 43 | 58 | 56 |
| | | 683 | 23.3/100 | 53.4 | 16.16 | 0.3 | 51.19 | 49.2 | | | | | |
| Ba | mg/kg | 758 | 242/585 | 473.26 | 37.16 | 0.08 | 471.66 | 478 | 正态 | 504 | 487 | 475 | 474 |
| | | 705 | 402/552 | 477.24 | 25.1 | 0.05 | 476.57 | 479 | | | | | |
| Be | mg/kg | 758 | 1.3/2.5 | 1.87 | 0.16 | 0.08 | 1.86 | 1.9 | 对数正态 | 2 | 2 | 2 | 2 |
| | | 752 | 1.5/2.3 | 1.87 | 0.15 | 0.08 | 1.86 | 1.9 | | | | | |
| Bi | mg/kg | 758 | 0.13/1.1 | 0.21 | 0.05 | 0.24 | 0.21 | 0.2 | 正态 | 0.33 | 0.31 | 0.28 | 0.28 |
| | | 750 | 0.13/0.31 | 0.21 | 0.04 | 0.17 | 0.21 | 0.2 | | | | | |
| Br | mg/kg | 758 | 0.13/8 | 1.45 | 1.1 | 0.76 | 1.09 | 1.2 | 对数正态 | 3.3 | 3 | 2.7 | 2.4 |
| | | 740 | 0.13/4 | 1.35 | 0.89 | 0.66 | 1.05 | 1.2 | | | | | |
| Cd | mg/kg | 758 | 0.04/0.4 | 0.11 | 0.03 | 0.26 | 0.11 | 0.11 | 正态 | 150 | 134 | 159 | 153 |
| | | 747 | 0.04/0.18 | 0.11 | 0.03 | 0.23 | 0.11 | 0.11 | | | | | |
| Ce | mg/kg | 758 | 28.3/78.4 | 49.87 | 5.93 | 0.12 | 49.51 | 50.4 | 正态 | 72 | 70 | 54 | 53 |
| | | 749 | 33.8/66.2 | 49.93 | 5.51 | 0.11 | 49.61 | 50.4 | | | | | |
| Cl | mg/kg | 758 | 90.4/133 880 | 5 380.49 | 12 251.91 | 2.28 | 1 306.16 | 1 087 | 对数正态 | 72 | 68 | 312 | 196 |
| | | 576 | 90.4/4535 | 1 094.77 | 1 149.66 | 1.05 | 622.45 | 581 | | | | | |
| Co | mg/kg | 758 | 4/13.6 | 8.02 | 1.53 | 0.19 | 7.87 | 7.8 | 非正态 | 11.7 | 10.7 | 11 | 10.9 |
| | | 755 | 4/12.4 | 7.99 | 1.5 | 0.19 | 7.85 | 7.8 | | | | | |

续表 4-4

| 组分 | 单位 | 样本数/个 | 特征值 ||||||| 数据类型 | 中国浅层土壤 (0~20 cm) || 新疆浅层土壤 (0~20 cm) ||
| --- | --- | --- | --- | --- | --- | --- | --- | --- | --- | --- | --- | --- | --- | --- |
| | | | Min/Max | $\bar{X}$ | S | CV | $\bar{X}g$ | M | | $\bar{X}$ | $\bar{X}g$ | $\bar{X}$ | $\bar{X}g$ |
| Cr | mg/kg | 758 | 19.8/70.7 | 42.37 | 6.92 | 0.16 | 41.8 | 42.1 | 正态 | 63 | 58 | 54 | 53 |
| | mg/kg | 755 | 23.4/60.5 | 42.33 | 6.75 | 0.16 | 41.79 | 42.1 | | | | | |
| Cu | mg/kg | 758 | 8.1/29.9 | 16.1 | 3.09 | 0.19 | 15.81 | 15.7 | 正态 | 23 | 21 | 28 | 27 |
| | mg/kg | 756 | 8.1/24.8 | 16.07 | 3.03 | 0.19 | 15.79 | 15.7 | | | | | |
| F | mg/kg | 758 | 310/1480 | 528.4 | 117.56 | 0.22 | 517.25 | 516 | 对数正态 | 501 | 476 | 574 | 564 |
| | mg/kg | 744 | 310/796 | 519.11 | 93.68 | 0.18 | 510.8 | 512 | | | | | |
| Ga | mg/kg | 758 | 8.8/17.2 | 12.25 | 1.05 | 0.09 | 12.21 | 12.1 | 正态 | 16.1 | 15.8 | 15.9 | 15.8 |
| | mg/kg | 746 | 9.6/15 | 12.21 | 0.95 | 0.08 | 12.17 | 12.1 | | | | | |
| Ge | mg/kg | 758 | 0.75/1.3 | 1.08 | 0.09 | 0.09 | 1.08 | 1.1 | 对数正态 | 1.4 | 1.4 | 1.3 | 1.3 |
| | mg/kg | 757 | 0.8/1.3 | 1.08 | 0.09 | 0.09 | 1.08 | 1.1 | | | | | |
| Hg | μg/kg | 758 | 0.086/0.658 | 0.018 | 0.006 | 0 | 0.017 | 0.017 | 对数正态 | 50 | 41 | 19 | 18 |
| | μg/kg | 739 | 0.086/0.318 | 0.018 | 0.005 | 0 | 0.017 | 0.017 | | | | | |
| I | mg/kg | 758 | 0.26/2.4 | 0.7 | 0.3 | 0.43 | 0.64 | 0.64 | 对数正态 | 1.8 | 1.6 | 1.8 | 1.7 |
| | mg/kg | 742 | 0.26/1.4 | 0.67 | 0.25 | 0.37 | 0.63 | 0.63 | | | | | |
| La | mg/kg | 758 | 14.2/38 | 25.92 | 3.25 | 0.13 | 25.7 | 26.2 | 对数正态 | 37 | 36 | 28 | 27 |
| | mg/kg | 750 | 16.8/34.6 | 25.97 | 3.07 | 0.12 | 25.78 | 26.2 | | | | | |
| Li | mg/kg | 758 | 16.7/67.4 | 30.67 | 8.11 | 0.26 | 29.67 | 29.9 | 非正态 | 33 | 31 | 34 | 33 |
| | mg/kg | 747 | 16.7/52 | 30.27 | 7.42 | 0.25 | 29.37 | 29.7 | | | | | |
| Mn | mg/kg | 758 | 243/729 | 476.7 | 69.85 | 0.15 | 471.39 | 475 | 正态 | 552 | 501 | 734 | 725 |
| | mg/kg | 758 | 243/729 | 476.7 | 69.85 | 0.15 | 471.39 | 475 | | | | | |
| Mo | mg/kg | 702 | 0.48/7.3 | 0.83 | 0.42 | 0.5 | 0.78 | 0.74 | 对数正态 | 0.67 | 0.62 | 1.13 | 1.1 |
| | mg/kg | | 0.48/1.1 | 0.74 | 0.12 | 0.17 | 0.74 | 0.73 | | | | | |

续表 4-4

| 组分 | 单位 | 样本数/个 | 特征值 | | | | | | 数据类型 | 中国浅层土壤 (0~20 cm) | | 新疆浅层土壤 (0~20 cm) | |
|---|---|---|---|---|---|---|---|---|---|---|---|---|---|
| | | | Min/Max | $\overline{X}$ | S | CV | $\overline{X}g$ | M | | $\overline{X}$ | $\overline{X}g$ | $\overline{X}$ | $\overline{X}g$ |
| N | mg/kg | 758 | 60.2/1140 | 284.58 | 183.88 | 0.65 | 233.68 | 241 | 正态 | 1117 | 1016 | 674 | 635 |
| | mg/kg | 741 | 60.2/744 | 270.41 | 159.27 | 0.59 | 226.58 | 232 | | | | | |
| Nb | mg/kg | 758 | 6.3/15.4 | 11 | 1.26 | 0.11 | 10.92 | 11.1 | 正态 | 15 | 15 | 11 | 11 |
| | mg/kg | 751 | 7.6/13.8 | 11.01 | 1.19 | 0.11 | 10.95 | 11.1 | | | | | |
| Ni | mg/kg | 758 | 11/34 | 20.42 | 3.42 | 0.17 | 20.13 | 20 | 正态 | 26 | 23 | 26 | 26 |
| | mg/kg | 756 | 11/30.3 | 20.39 | 3.36 | 0.16 | 20.11 | 20 | | | | | |
| P | mg/kg | 758 | 257/1758 | 593.94 | 158.06 | 0.27 | 574.35 | 572 | 对数正态 | 686 | 633 | 845 | 829 |
| | mg/kg | 753 | 257/1030 | 589.46 | 147.26 | 0.25 | 571.4 | 570.5 | | | | | |
| Pb | mg/kg | 758 | 11.7/27.4 | 16.64 | 1.79 | 0.11 | 16.55 | 16.2 | 正态 | 25 | 25 | 18 | 18 |
| | mg/kg | 747 | 11.7/21.4 | 16.56 | 1.64 | 0.1 | 16.48 | 16.2 | | | | | |
| Rb | mg/kg | 758 | 67.6/122 | 90.73 | 8.99 | 0.1 | 90.28 | 91.1 | 正态 | 99 | 98 | 89 | 89 |
| | mg/kg | 757 | 67.6/117 | 90.69 | 8.93 | 0.1 | 90.25 | 91.1 | | | | | |
| S | mg/kg | 758 | 83.6/41898.4 | 2468.79 | 4819.58 | 1.95 | 817.22 | 657 | 对数正态 | 259 | 238 | 1060 | 664 |
| | mg/kg | 578 | 83.6/2289.382 5 | 631.61 | 567.87 | 0.9 | 432 | 355 | | | | | |
| Sb | mg/kg | 758 | 0.35/2.6 | 0.8 | 0.28 | 0.35 | 0.76 | 0.73 | 正态 | 0.8 | 0.73 | 0.9 | 0.89 |
| | mg/kg | 745 | 0.35/1.5 | 0.78 | 0.25 | 0.31 | 0.75 | 0.72 | | | | | |
| Sc | mg/kg | 758 | 4.9/13 | 8.39 | 1.08 | 0.13 | 8.31 | 8.3 | 正态 | 10.5 | 10 | 11.8 | 11.7 |
| | mg/kg | 755 | 5.3/11.5 | 8.38 | 1.05 | 0.13 | 8.31 | 8.3 | | | | | |
| Se | mg/kg | 758 | 0.08/0.59 | 0.14 | 0.04 | 0.26 | 0.14 | 0.14 | 正态 | 0.22 | 0.2 | 11.8 | 11.7 |
| | mg/kg | 748 | 0.08/0.22 | 0.14 | 0.03 | 0.21 | 0.14 | 0.14 | | | | | |
| Sn | mg/kg | 758 | 1.3/3.8 | 2.38 | 0.34 | 0.14 | 2.35 | 2.4 | 正态 | 3.2 | 3.1 | 2.5 | 2.5 |
| | mg/kg | 748 | 1.5/3.3 | 2.36 | 0.31 | 0.13 | 2.34 | 2.4 | | | | | |

## 第4章 土壤地球化学基准值与背景值

续表 4-4

| 组分 | 单位 | 样本数/个 | 特征值 Min/Max | 特征值 $\overline{X}$ | 特征值 S | 特征值 CV | 特征值 $\overline{X}g$ | 特征值 M | 数据类型 | 中国浅层土壤(0~20 cm) $\overline{X}$ | 中国浅层土壤(0~20 cm) $\overline{X}g$ | 新疆浅层土壤(0~20 cm) $\overline{X}$ | 新疆浅层土壤(0~20 cm) $\overline{X}g$ |
|---|---|---|---|---|---|---|---|---|---|---|---|---|---|
| Sr | mg/kg | 758 | 182/997 | 286.8 | 96.03 | 0.33 | 276.6 | 263 | 非正态 | 148 | 122 | 273 | 269 |
|  | mg/kg | 693 | 182/377 | 263.54 | 37.87 | 0.14 | 260.93 | 260.5 |  |  |  |  |  |
| Th | mg/kg | 758 | 5.2/15.6 | 9.2 | 1.31 | 0.14 | 9.1 | 9.2 | 正态 | 11.9 | 11.5 | 9 | 9 |
|  | mg/kg | 755 | 5.4/12.6 | 9.19 | 1.27 | 0.14 | 9.1 | 9.2 |  |  |  |  |  |
| Ti | mg/kg | 758 | 1162/3596 | 2506.24 | 395.72 | 0.16 | 2473.12 | 2514 | 对数正态 | 4193 | 4048 | 3649 | 3637 |
|  | mg/kg | 756 | 1424/3596 | 2509.63 | 390.7 | 0.16 | 2477.73 | 2516 |  |  |  |  |  |
| Tl | mg/kg | 758 | 0.4/0.8 | 0.57 | 0.05 | 0.09 | 0.56 | 0.56 | 正态 | 0.6 | 0.6 | 0.5 | 0.5 |
|  | mg/kg | 752 | 0.44/0.7 | 0.57 | 0.05 | 0.08 | 0.56 | 0.56 |  |  |  |  |  |
| U | mg/kg | 758 | 1.5/6.2 | 2.33 | 0.45 | 0.19 | 2.3 | 2.3 | 对数正态 | 2.4 | 2.3 | 2.6 | 2.5 |
|  | mg/kg | 739 | 1.5/3.3 | 2.29 | 0.34 | 0.15 | 2.27 | 2.3 |  |  |  |  |  |
| V | mg/kg | 758 | 31.3/87.8 | 53.76 | 7.73 | 0.14 | 53.22 | 52.8 | 正态 | 79 | 75 | 81 | 80 |
|  | mg/kg | 755 | 31.3/74.9 | 53.65 | 7.52 | 0.14 | 53.12 | 52.8 |  |  |  |  |  |
| W | mg/kg | 758 | 0.55/2.6 | 1.19 | 0.27 | 0.23 | 1.16 | 1.2 | 对数正态 | 1.77 | 1.68 | 1.6 | 1.57 |
|  | mg/kg | 755 | 0.55/1.9 | 1.18 | 0.26 | 0.22 | 1.15 | 1.2 |  |  |  |  |  |
| Y | mg/kg | 758 | 12.6/29.4 | 20.46 | 2.36 | 0.12 | 20.32 | 20.6 | 正态 | 24.9 | 24.3 | 24.4 | 24.3 |
|  | mg/kg | 753 | 13.9/26.8 | 20.45 | 2.27 | 0.11 | 20.32 | 20.6 |  |  |  |  |  |
| Zn | mg/kg | 758 | 26.8/94.9 | 50.45 | 9.82 | 0.19 | 49.5 | 49.8 | 正态 | 67 | 63 | 75 | 73 |
|  | mg/kg | 750 | 26.8/76.8 | 50.09 | 9.24 | 0.18 | 49.22 | 49.7 |  |  |  |  |  |
| Zr | mg/kg | 758 | 78.9/356 | 160.93 | 26.72 | 0.17 | 158.72 | 162 | 非正态 | 269 | 261 | 191 | 189 |
|  | mg/kg | 745 | 91.1/229 | 159.7 | 23.44 | 0.15 | 157.89 | 162 |  |  |  |  |  |

### 4.4.3 民丰县土壤地球化学背景值

民丰县绿洲区土壤地球化学背景值特征参数统计见表4-5。民丰县土壤地球化学背景值与全国土壤背景值和新疆土壤背景值对比有如下特征。

(1)民丰县绿洲区土壤元素背景值与中国土壤元素背景值相比，比值范围为0.001~3.63。其中，明显偏低($K<0.8$)的组分有OrgC、Ag、Bi、Br、Cd、Ga、Ge、Hg、I、La、N、Pb、Se、Ti、W、Zr；偏低($0.8 \leqslant K<0.9$)的组分有$SiO_2$、$Al_2O_3$、$TFe_2O_3$、Au、B、Be、Ce、Cr、Cu、Li、Nb、Rb、Sn、Th、Tl、V、Y、Zn；相当($0.9 \leqslant K<1.1$)的组分有$K_2O$、As、Ba、Co、F、Mn、Ni、P、Sb、Sc、U；偏高($1.1 \leqslant K<1.2$)的组分有Mo、S；明显偏高($K \geqslant 1.2$)的组分有MgO、CaO、$Na_2O$、TC、Cl、Sr。

(2)民丰县绿洲区土壤元素背景值与新疆土壤元素背景值相比，比值范围为0.001~1.87。其中，明显偏低($K<0.8$)的组分有Ag、B、Bi、Br、Cd、Cl、Cu、Ga、I、Mn、Mo、N、P、S、Se、W、Zn；偏低($0.8 \leqslant K<0.9$)的组分有$Al_2O_3$、$TFe_2O_3$、$Na_2O$、$K_2O$、OrgC、As、Be、F、Li、Pb、Sc、Ti、U、V、Y、Zr；相当($0.9 \leqslant K<1.1$)的组分有$SiO_2$、MgO、Ba、Ce、Co、Cr、Ge、La、Nb、Ni、Rb、Sb、Sn、Sr、Th、Tl；偏高($1.1 \leqslant K<1.2$)的组分为Hg；明显偏高($K \geqslant 1.2$)的组分有CaO、TC、Au。

(3)民丰县绿洲区大部分组分含量分布均匀，变异系数呈现分布均匀的土壤组分有$SiO_2$、$Al_2O_3$、$TFe_2O_3$、MgO、CaO、$Na_2O$、$K_2O$、TC、Ag、As、Au、B、Ba、Be、Bi、Br、Cd、Ce、Co、Cr、Cu、F、Ga、Ge、Hg、I、La、Li、Mn、Mo、Nb、Ni、P、Pb、Rb、S、Sb、Sc、Se、Sn、Sr、Th、Ti、Tl、U、V、W、Y、Zn、Zr；呈现分布较不均匀的土壤组分有OrgC、Cl、N，呈现分布不均匀的组分有Hg、S，这可能与农业活动有关。

(4)民丰县绿洲区浅层土壤pH值的范围为7.83~9.03，均值为8.35，呈弱碱性。

### 4.4.4 于田县土壤地球化学背景值

于田县绿洲区土壤地球化学背景值特征参数统计见表4-6。于田县土壤地球化学背景值与全国土壤背景值和新疆土壤背景值对比有如下特征。

(1)于田县绿洲区土壤元素背景值与中国土壤元素背景值相比，比值范围为0.001~5.90。其中，明显偏低($K<0.8$)的组分有OrgC、Ag、Au、Bi、Br、Cd、Cr、Ge、Hg、I、N、Pb、Se、Ti、V、W、Zr；偏低($0.8 \leqslant K<0.9$)的组分有$Al_2O_3$、$TFe_2O_3$、Ce、Co、Cu、Ga、La、Nb、Sn、Th、Y、Zn；相当($0.9 \leqslant K<1.1$)的组分有$SiO_2$、$K_2O$、As、B、Ba、Be、F、Li、Mn、Ni、P、Rb、S、Sc、Tl、U；偏高($1.1 \leqslant K<1.2$)的组分有Mo；明显偏高($K \geqslant 1.2$)的组分为MgO、CaO、$Na_2O$、TC、Cl、Sb、Sr。

表 4-5 民丰县绿洲区浅层土壤背景值

| 组分 | 单位 | 样本数/个 | 特征值 ||||||| 数据类型 | 中国浅层土壤 (0~20 cm) || 新疆浅层土壤 (0~20 cm) ||
| --- | --- | --- | --- | --- | --- | --- | --- | --- | --- | --- | --- | --- | --- |
| | | | Min/Max | $\bar{X}$ | S | CV | $\bar{X}g$ | M | | $\bar{X}$ | $\bar{X}g$ | $\bar{X}$ | $\bar{X}g$ |
| $SiO_2$ | % | 85 | 50.89/62.13 | 56.99 | 2.18 | 0.04 | 56.95 | 56.66 | 正态 | 64.96 | 64.59 | 59.94 | 59.81 |
| | % | 85 | 50.89/62.13 | 56.99 | 2.18 | 0.04 | 56.95 | 56.66 | | | | | |
| $Al_2O_3$ | % | 85 | 9.22/14.12 | 10.71 | 0.67 | 0.06 | 10.69 | 10.73 | 正态 | 12.96 | 12.81 | 12.46 | 12.42 |
| | % | 83 | 9.22/12 | 10.65 | 0.52 | 0.05 | 10.64 | 10.71 | | | | | |
| $TFe_2O_3$ | % | 85 | 2.81/6.18 | 3.82 | 0.46 | 0.12 | 3.8 | 3.82 | 正态 | 4.35 | 4.13 | 4.35 | 4.3 |
| | % | 82 | 2.81/4.37 | 3.76 | 0.32 | 0.09 | 3.75 | 3.82 | | | | | |
| MgO | % | 85 | 1.96/3.4 | 2.54 | 0.24 | 0.1 | 2.53 | 2.55 | 正态 | 1.46 | 1.2 | 2.48 | 2.41 |
| | % | 84 | 1.96/3.12 | 2.53 | 0.22 | 0.09 | 2.52 | 2.55 | | | | | |
| CaO | % | 85 | 8.24/11.35 | 10.07 | 0.6 | 0.06 | 10.05 | 10.22 | 正态 | 2.79 | 1.47 | 5.4 | 5.21 |
| | % | 85 | 8.58/11.35 | 10.12 | 0.54 | 0.05 | 10.1 | 10.22 | | | | | |
| $Na_2O$ | % | 85 | 1.47/3.67 | 2 | 0.24 | 0.12 | 1.99 | 1.96 | 对数正态 | 1.27 | 0.91 | 2.32 | 2.3 |
| | % | 82 | 1.75/2.4 | 1.98 | 0.14 | 0.07 | 1.98 | 1.96 | | | | | |
| $K_2O$ | % | 85 | 1.77/2.76 | 2.15 | 0.15 | 0.07 | 2.15 | 2.18 | 正态 | 2.36 | 2.31 | 2.67 | 2.67 |
| | % | 84 | 1.77/2.53 | 2.15 | 0.13 | 0.06 | 2.14 | 2.18 | | | | | |
| TC | % | 85 | 1.6/3.65 | 2.43 | 0.38 | 0.16 | 2.4 | 2.41 | 正态 | 1.54 | 1.42 | 1.41 | 1.31 |
| | % | 84 | 1.6/3.33 | 2.42 | 0.36 | 0.15 | 2.39 | 2.41 | | | | | |
| OrgC | % | 85 | 0.17/0.98 | 0.5 | 0.22 | 0.45 | 0.45 | 0.41 | 正态 | 1.07 | 0.95 | 0.6 | 0.55 |
| | % | 85 | 0.17/0.98 | 0.5 | 0.22 | 0.45 | 0.45 | 0.41 | | | | | |
| pH值 | 无量纲 | 85 | 7.83/9.03 | 8.35 | 0.25 | 0.03 | 8.35 | 8.34 | 正态 | * | * | * | * |
| | | 85 | 7.83/9.03 | 8.35 | 0.25 | 0.03 | 8.35 | 8.34 | | | | | |
| Ag | mg/kg | 85 | 0.032/0.091 | 0.05 | 0.01 | 0.19 | 0.05 | 0.05 | 正态 | 0.074 | 0.071 | 0.086 | 0.083 |
| | | 83 | 0.032/0.074 | 0.05 | 0.01 | 0.17 | 0.05 | 0.05 | | | | | |

续表 4 - 5

| 组分 | 单位 | 样本数/个 | 特征值 | | | | | | | 数据类型 | 中国浅层土壤 (0~20 cm) | | | 新疆浅层土壤 (0~20 cm) | |
|---|---|---|---|---|---|---|---|---|---|---|---|---|---|---|---|
| | | | Min/Max | $\bar{X}$ | S | CV | $\bar{X}g$ | M | | | $\bar{X}$ | $\bar{X}g$ | | $\bar{X}$ | $\bar{X}g$ |
| As | mg/kg | 85 | 6.6/16 | 9.51 | 1.71 | 0.18 | 9.36 | 9.7 | 正态 | | 9.1 | 8.1 | | 11.3 | 11 |
| | | 84 | 6.6/13.4 | 9.43 | 1.57 | 0.17 | 9.3 | 9.6 | | | | | | | |
| Au | μg/kg | 85 | 0.52/4.1 | 1.47 | 0.6 | 0.41 | 1.37 | 1.3 | 对数正态 | | 1.6 | 1.5 | | 0.9 | 0.8 |
| | | 83 | 0.52/2.7 | 1.41 | 0.48 | 0.34 | 1.34 | 1.3 | | | | | | | |
| B | mg/kg | 85 | 31.4/86.6 | 43.12 | 6.73 | 0.16 | 42.7 | 42.6 | 正态 | | 48 | 43 | | 58 | 56 |
| | | 84 | 31.4/54.3 | 42.6 | 4.77 | 0.11 | 42.34 | 42.6 | | | | | | | |
| Ba | mg/kg | 85 | 426/564 | 479.87 | 23.67 | 0.05 | 479.29 | 483 | 正态 | | 504 | 487 | | 475 | 474 |
| | | 84 | 426/529 | 478.87 | 21.93 | 0.05 | 478.36 | 483 | | | | | | | |
| Be | mg/kg | 85 | 1.4/2 | 1.64 | 0.1 | 0.06 | 1.64 | 1.6 | 正态 | | 2 | 2 | | 2 | 2 |
| | | 84 | 1.4/1.8 | 1.64 | 0.09 | 0.06 | 1.63 | 1.6 | | | | | | | |
| Bi | mg/kg | 85 | 0.13/0.52 | 0.19 | 0.05 | 0.25 | 0.19 | 0.19 | 正态 | | 0.33 | 0.31 | | 0.28 | 0.28 |
| | | 82 | 0.13/0.24 | 0.18 | 0.02 | 0.13 | 0.18 | 0.19 | | | | | | | |
| Br | mg/kg | 85 | 0.73/3.1 | 1.51 | 0.44 | 0.29 | 1.45 | 1.4 | 正态 | | 3.3 | 3 | | 2.7 | 2.4 |
| | | 84 | 0.73/2.4 | 1.49 | 0.4 | 0.27 | 1.44 | 1.4 | | | | | | | |
| Cd | mg/kg | 85 | 0.08/0.21 | 0.14 | 0.03 | 0.2 | 0.13 | 0.13 | 正态 | | 150 | 134 | | 159 | 153 |
| | | 85 | 0.08/0.21 | 0.14 | 0.03 | 0.2 | 0.13 | 0.13 | | | | | | | |
| Ce | mg/kg | 85 | 46.4/86.5 | 58.44 | 6.64 | 0.11 | 58.1 | 57.6 | 正态 | | 72 | 70 | | 54 | 53 |
| | | 84 | 46.4/75.7 | 58.11 | 5.92 | 0.1 | 57.83 | 57.5 | | | | | | | |
| Cl | mg/kg | 85 | 68.3/16 494 | 644.03 | 1 869.99 | 2.9 | 258.52 | 202 | 非正态 | | 72 | 68 | | 312 | 196 |
| | | 72 | 68.3/445 | 196.25 | 97.35 | 0.5 | 175.25 | 168 | | | | | | | |
| Co | mg/kg | 85 | 7.8/19.2 | 10.81 | 1.56 | 0.14 | 10.71 | 10.6 | 正态 | | 11.7 | 10.7 | | 11 | 10.9 |
| | | 82 | 7.8/12.7 | 10.6 | 1.05 | 0.1 | 10.54 | 10.6 | | | | | | | |

第4章 土壤地球化学基准值与背景值

续表4-5

| 组分 | 单位 | 样本数/个 | 特征值 | | | | | | | 数据类型 | 中国浅层土壤(0~20 cm) | | 新疆浅层土壤(0~20 cm) | |
|---|---|---|---|---|---|---|---|---|---|---|---|---|---|---|
| | | | Min/Max | $\bar{X}$ | S | CV | $\bar{X}g$ | M | | | $\bar{X}$ | $\bar{X}g$ | $\bar{X}$ | $\bar{X}g$ |
| Cr | mg/kg | 85 | 36.7/94.3 | 55.02 | 7.96 | 0.14 | 54.51 | 54.8 | 正态 | 63 | 58 | 54 | 53 |
| | | 82 | 36.7/71.7 | 54.06 | 6 | 0.11 | 53.73 | 54.65 | | | | | |
| Cu | mg/kg | 85 | 15.5/40.1 | 21.07 | 3.43 | 0.16 | 20.83 | 20.7 | 正态 | 23 | 21 | 28 | 27 |
| | | 82 | 15.5/25.6 | 20.63 | 2.39 | 0.12 | 20.49 | 20.6 | | | | | |
| F | mg/kg | 85 | 323/733 | 486.87 | 72.56 | 0.15 | 481.6 | 474 | 正态 | 501 | 476 | 574 | 564 |
| | | 85 | 323/733 | 486.87 | 72.56 | 0.15 | 481.6 | 474 | | | | | |
| Ga | mg/kg | 85 | 10.9/18 | 12.78 | 1.07 | 0.08 | 12.74 | 12.7 | 正态 | 16.1 | 15.8 | 15.9 | 15.8 |
| | | 83 | 10.9/15.1 | 12.68 | 0.83 | 0.07 | 12.65 | 12.7 | | | | | |
| Ge | mg/kg | 85 | 1/1.6 | 1.19 | 0.09 | 0.08 | 1.19 | 1.2 | 正态 | 1.4 | 1.4 | 1.3 | 1.3 |
| | | 84 | 1/1.4 | 1.19 | 0.08 | 0.07 | 1.18 | 1.2 | | | | | |
| Hg | μg/kg | 85 | 7.7/81 | 22.485 | 9.562 | 0.425 | 20.945 | 23.2 | 正态 | 50 | 41 | 19 | 18 |
| | | 83 | 7.7/34.3 | 21.405 | 6.239 | 0.291 | 20.374 | 23.2 | | | | | |
| I | mg/kg | 85 | 0.3/1.2 | 0.7 | 0.22 | 0.31 | 0.67 | 0.69 | 正态 | 1.8 | 1.6 | 1.8 | 1.7 |
| | | 85 | 0.3/1.2 | 0.7 | 0.22 | 0.31 | 0.67 | 0.69 | | | | | |
| La | mg/kg | 85 | 24.4/44.7 | 29.98 | 3.15 | 0.11 | 29.83 | 29.6 | 正态 | 37 | 36 | 28 | 27 |
| | | 79 | 24.4/32.9 | 29.27 | 1.71 | 0.06 | 29.22 | 29.5 | | | | | |
| Li | mg/kg | 85 | 19.9/42.1 | 27.67 | 3.9 | 0.14 | 27.4 | 28.2 | 正态 | 33 | 31 | 34 | 33 |
| | | 84 | 19.9/35.8 | 27.5 | 3.58 | 0.13 | 27.26 | 28.15 | | | | | |
| Mn | mg/kg | 85 | 459/814 | 567.93 | 48.59 | 0.09 | 565.99 | 570 | 正态 | 552 | 501 | 734 | 725 |
| | | 82 | 459/626 | 561.83 | 35.56 | 0.06 | 560.68 | 568.5 | | | | | |
| Mo | mg/kg | 85 | 0.56/1.2 | 0.78 | 0.1 | 0.13 | 0.78 | 0.77 | 正态 | 0.67 | 0.62 | 1.13 | 1.1 |
| | | 82 | 0.56/0.94 | 0.77 | 0.08 | 0.1 | 0.77 | 0.77 | | | | | |

续表 4-5

| 组分 | 单位 | 样本数/个 | Min/Max | $\overline{X}$ | S | CV | $\overline{X}g$ | M | 数据类型 | 中国浅层土壤 (0~20 cm) $\overline{X}$ | 中国浅层土壤 (0~20 cm) $\overline{X}g$ | 新疆浅层土壤 (0~20 cm) $\overline{X}$ | 新疆浅层土壤 (0~20 cm) $\overline{X}g$ |
|---|---|---|---|---|---|---|---|---|---|---|---|---|---|
| N | mg/kg | 85 | 118/1086 | 490.85 | 273.95 | 0.56 | 410.42 | 400 | 非正态 | 1117 | 1016 | 674 | 635 |
|  | mg/kg | 85 | 118/1086 | 490.85 | 273.95 | 0.56 | 410.42 | 400 |  |  |  |  |  |
| Nb | mg/kg | 85 | 10.4/14 | 12.03 | 0.67 | 0.06 | 12.01 | 12 | 正态 | 15 | 15 | 11 | 11 |
|  | mg/kg | 85 | 10.4/14 | 12.03 | 0.67 | 0.06 | 12.01 | 12 |  |  |  |  |  |
| Ni | mg/kg | 85 | 19.3/48.4 | 27.68 | 4.19 | 0.15 | 27.39 | 27.6 | 正态 | 26 | 23 | 26 | 26 |
|  | mg/kg | 83 | 19.3/34.9 | 27.26 | 3.21 | 0.12 | 27.07 | 27.5 |  |  |  |  |  |
| P | mg/kg | 85 | 455/1198 | 641.08 | 146.33 | 0.23 | 626.99 | 581 | 对数正态 | 686 | 633 | 845 | 829 |
|  | mg/kg | 81 | 455/864 | 619.07 | 108.72 | 0.18 | 610.24 | 581 |  |  |  |  |  |
| Pb | mg/kg | 85 | 14.1/21.8 | 16.15 | 1.12 | 0.07 | 16.12 | 16.1 | 正态 | 25 | 25 | 18 | 18 |
|  | mg/kg | 84 | 14.1/18.3 | 16.09 | 0.94 | 0.06 | 16.06 | 16.1 |  |  |  |  |  |
| Rb | mg/kg | 85 | 66.6/114 | 84.5 | 7.59 | 0.09 | 84.17 | 85.5 | 正态 | 99 | 98 | 89 | 89 |
|  | mg/kg | 83 | 66.6/94.8 | 83.9 | 6.55 | 0.08 | 83.64 | 85.4 |  |  |  |  |  |
| S | mg/kg | 85 | 133/11 231 | 900.22 | 1781.17 | 1.98 | 428.18 | 337 | 非正态 | 259 | 238 | 1060 | 664 |
|  | mg/kg | 66 | 133/578 | 293.2 | 113 | 0.39 | 271.54 | 289 |  |  |  |  |  |
| Sb | mg/kg | 85 | 0.53/1.4 | 0.82 | 0.15 | 0.18 | 0.8 | 0.82 | 正态 | 0.8 | 0.73 | 0.9 | 0.89 |
|  | mg/kg | 84 | 0.53/1.1 | 0.81 | 0.14 | 0.17 | 0.8 | 0.82 |  |  |  |  |  |
| Sc | mg/kg | 85 | 8.5/16.5 | 10.63 | 1.07 | 0.1 | 10.58 | 10.6 | 正态 | 10.5 | 10 | 11.8 | 11.7 |
|  | mg/kg | 82 | 8.5/11.9 | 10.49 | 0.71 | 0.07 | 10.46 | 10.5 |  |  |  |  |  |
| Se | mg/kg | 85 | 0.11/0.25 | 0.17 | 0.03 | 0.19 | 0.17 | 0.17 | 正态 | 0.22 | 0.2 | 11.8 | 11.7 |
|  | mg/kg | 85 | 0.11/0.25 | 0.17 | 0.03 | 0.19 | 0.17 | 0.17 |  |  |  |  |  |
| Sn | mg/kg | 85 | 2.1/5.4 | 2.68 | 0.4 | 0.15 | 2.66 | 2.6 | 正态 | 3.2 | 3.1 | 2.5 | 2.5 |
|  | mg/kg | 84 | 2.1/3.4 | 2.65 | 0.27 | 0.1 | 2.63 | 2.6 |  |  |  |  |  |

## 第 4 章 土壤地球化学基准值与背景值

续表 4-5

| 组分 | 单位 | 样本数/个 | 特征值 ||||||| 数据类型 | 中国浅层土壤 (0~20 cm) || 新疆浅层土壤 (0~20 cm) ||
|---|---|---|---|---|---|---|---|---|---|---|---|---|---|---|
| | | | Min/Max | $\bar{X}$ | S | CV | $\bar{X}g$ | M | | $\bar{X}$ | $\bar{X}g$ | $\bar{X}$ | $\bar{X}g$ |
| Sr | mg/kg | 85 | 260/522 | 301.64 | 38.2 | 0.13 | 299.84 | 295 | 对数正态 | 148 | 122 | 273 | 269 |
| | mg/kg | 81 | 260/322 | 294.4 | 12.52 | 0.04 | 294.13 | 294 | | | | | |
| Th | mg/kg | 85 | 7.5/13.3 | 9.72 | 1.11 | 0.11 | 9.65 | 9.7 | 对数正态 | 11.9 | 11.5 | 9 | 9 |
| | mg/kg | 80 | 7.5/11.7 | 9.52 | 0.83 | 0.09 | 9.49 | 9.6 | | | | | |
| Ti | mg/kg | 85 | 2302/3886 | 2955.11 | 230.99 | 0.08 | 2946.25 | 2975 | 正态 | 4193 | 4048 | 3649 | 3637 |
| | mg/kg | 82 | 2521/3482 | 2959.51 | 185.22 | 0.06 | 2953.83 | 2976.5 | | | | | |
| Tl | mg/kg | 85 | 0.38/0.71 | 0.51 | 0.06 | 0.11 | 0.51 | 0.52 | 正态 | 0.6 | 0.6 | 0.5 | 0.5 |
| | mg/kg | 85 | 0.38/0.71 | 0.51 | 0.06 | 0.11 | 0.51 | 0.52 | | | | | |
| U | mg/kg | 85 | 1.6/3 | 2.21 | 0.25 | 0.11 | 2.19 | 2.2 | 正态 | 2.4 | 2.3 | 2.6 | 2.5 |
| | mg/kg | 84 | 1.6/2.7 | 2.2 | 0.24 | 0.11 | 2.18 | 2.2 | | | | | |
| V | mg/kg | 85 | 50.7/107 | 66.2 | 7.62 | 0.12 | 65.8 | 66.2 | 正态 | 79 | 75 | 81 | 80 |
| | mg/kg | 82 | 50.7/75.2 | 65.21 | 5.36 | 0.08 | 64.99 | 66.05 | | | | | |
| W | mg/kg | 85 | 0.82/1.7 | 1.22 | 0.19 | 0.15 | 1.2 | 1.2 | 正态 | 1.77 | 1.68 | 1.6 | 1.57 |
| | mg/kg | 85 | 0.82/1.7 | 1.22 | 0.19 | 0.15 | 1.2 | 1.2 | | | | | |
| Y | mg/kg | 85 | 18.6/26.8 | 21.63 | 1.39 | 0.06 | 21.59 | 21.7 | 正态 | 24.9 | 24.3 | 24.4 | 24.3 |
| | mg/kg | 83 | 18.6/24 | 21.51 | 1.16 | 0.05 | 21.48 | 21.7 | | | | | |
| Zn | mg/kg | 85 | 41/93.2 | 57.82 | 8.48 | 0.15 | 57.24 | 57.6 | 正态 | 67 | 63 | 75 | 73 |
| | mg/kg | 83 | 41/78.4 | 57.13 | 7.19 | 0.13 | 56.67 | 57.6 | | | | | |
| Zr | mg/kg | 85 | 110/323 | 177.18 | 35.03 | 0.2 | 174.26 | 171 | 对数正态 | 269 | 261 | 191 | 189 |
| | mg/kg | 79 | 110/224 | 169.58 | 20.7 | 0.12 | 168.29 | 170 | | | | | |

表4-6 于田县绿洲区浅层土壤背景值

| 组分 | 单位 | 样本数/个 | 特征值 | | | | | | 数据类型 | 中国浅层土壤 (0~20 cm) | | | 新疆浅层土壤 (0~20 cm) | | |
|---|---|---|---|---|---|---|---|---|---|---|---|---|---|---|---|
| | | | Min/Max | $\overline{X}$ | S | CV | $\overline{X}g$ | M | | $\overline{X}$ | $\overline{X}g$ | | $\overline{X}$ | $\overline{X}g$ | |
| $SiO_2$ | % | 774 | 35.63/69.16 | 58.92 | 3.01 | 0.05 | 58.84 | 59.11 | 正态 | 64.96 | 64.59 | | 59.94 | 59.81 | |
| | % | 754 | 52.62/69.16 | 59.09 | 2.29 | 0.04 | 59.04 | 59.13 | | | | | | | |
| $Al_2O_3$ | % | 774 | 6.18/13.19 | 10.37 | 0.71 | 0.07 | 10.35 | 10.39 | 正态 | 12.96 | 12.81 | | 12.46 | 12.42 | |
| | % | 763 | 8.54/12.14 | 10.4 | 0.63 | 0.06 | 10.38 | 10.4 | | | | | | | |
| $TFe_2O_3$ | % | 774 | 2.29/4.96 | 3.63 | 0.44 | 0.12 | 3.6 | 3.61 | 正态 | 4.35 | 4.13 | | 4.35 | 4.3 | |
| | % | 768 | 2.62/4.65 | 3.63 | 0.42 | 0.12 | 3.6 | 3.61 | | | | | | | |
| MgO | % | 774 | 1.75/4.81 | 2.58 | 0.28 | 0.11 | 2.57 | 2.58 | 正态 | 1.46 | 1.2 | | 2.48 | 2.41 | |
| | % | 750 | 1.98/3.18 | 2.56 | 0.21 | 0.08 | 2.55 | 2.58 | | | | | | | |
| CaO | % | 774 | 5.29/14.62 | 9.41 | 0.84 | 0.09 | 9.37 | 9.51 | 正态 | 2.79 | 1.47 | | 5.4 | 5.21 | |
| | % | 742 | 7.63/14.62 | 9.47 | 0.62 | 0.07 | 9.45 | 9.53 | | | | | | | |
| $Na_2O$ | % | 774 | 1.64/11.21 | 2.31 | 0.76 | 0.33 | 2.24 | 2.14 | 对数正态 | 1.27 | 0.91 | | 2.32 | 2.3 | |
| | % | 694 | 1.64/2.77 | 2.13 | 0.21 | 0.1 | 2.12 | 2.11 | | | | | | | |
| $K_2O$ | % | 774 | 1.6/2.69 | 2.25 | 0.11 | 0.05 | 2.25 | 2.25 | 正态 | 2.36 | 2.31 | | 2.67 | 2.67 | |
| | % | 766 | 1.98/2.53 | 2.25 | 0.1 | 0.04 | 2.25 | 2.25 | | | | | | | |
| TC | % | 774 | 0.77/3.15 | 2.1 | 0.33 | 0.16 | 2.07 | 2.08 | 正态 | 1.54 | 1.42 | | 1.41 | 1.31 | |
| | % | 760 | 1.22/3 | 2.1 | 0.3 | 0.14 | 2.08 | 2.08 | | | | | | | |
| OrgC | % | 774 | 0.06/1.4 | 0.38 | 0.22 | 0.58 | 0.32 | 0.33 | 对数正态 | 1.07 | 0.95 | | 0.6 | 0.55 | |
| | % | 761 | 0.06/0.93 | 0.37 | 0.2 | 0.54 | 0.31 | 0.33 | | | | | | | |
| pH值 | 无量纲 | 774 | 7.25/10.8 | 8.64 | 0.38 | 0.04 | 8.63 | 8.61 | 正态 | * | * | | * | * | |
| | | 759 | 7.8/9.58 | 8.62 | 0.33 | 0.04 | 8.61 | 8.6 | | | | | | | |
| Ag | mg/kg | 774 | 0.027/0.16 | 0.05 | 0.01 | 0.26 | 0.05 | 0.05 | 正态 | 0.074 | 0.071 | | 0.086 | 0.083 | |
| | mg/kg | 747 | 0.027/0.075 | 0.05 | 0.01 | 0.2 | 0.05 | 0.05 | | | | | | | |

## 第 4 章 土壤地球化学基准值与背景值

续表 4-6

| 组分 | 单位 | 样本数/个 | 特征值 Min/Max | 特征值 $\bar{X}$ | 特征值 S | 特征值 CV | 特征值 $\bar{X}g$ | 特征值 M | 数据类型 | 中国浅层土壤(0~20 cm) $\bar{X}$ | 中国浅层土壤(0~20 cm) $\bar{X}g$ | 新疆浅层土壤(0~20 cm) $\bar{X}$ | 新疆浅层土壤(0~20 cm) $\bar{X}g$ |
|---|---|---|---|---|---|---|---|---|---|---|---|---|---|
| As | mg/kg | 774 | 3.9/39.6 | 9.96 | 2.81 | 0.28 | 9.63 | 9.5 | 正态 | 9.1 | 8.1 | 11.3 | 11 |
|  |  | 763 | 3.9/16 | 9.78 | 2.29 | 0.23 | 9.52 | 9.4 |  |  |  |  |  |
| Au | μg/kg | 774 | 0.25/22.6 | 0.94 | 0.89 | 0.95 | 0.84 | 0.85 | 对数正态 | 1.6 | 1.5 | 0.9 | 0.8 |
|  |  | 746 | 0.25/1.6 | 0.85 | 0.27 | 0.32 | 0.81 | 0.84 |  |  |  |  |  |
| B | mg/kg | 774 | 12.4/878 | 59.47 | 50.98 | 0.86 | 53.38 | 50.55 | 正态 | 48 | 43 | 58 | 56 |
|  |  | 694 | 26.6/74.9 | 49.5 | 8.69 | 0.18 | 48.73 | 49.25 |  |  |  |  |  |
| Ba | mg/kg | 774 | 292/692 | 500.14 | 31.81 | 0.06 | 499.09 | 500 | 正态 | 504 | 487 | 475 | 474 |
|  |  | 716 | 446/552 | 499.74 | 17.97 | 0.04 | 499.42 | 500 |  |  |  |  |  |
| Be | mg/kg | 774 | 1.4/2.6 | 1.86 | 0.17 | 0.09 | 1.85 | 1.8 | 正态 | 2 | 2 | 2 | 2 |
|  |  | 771 | 1.4/2.3 | 1.86 | 0.16 | 0.09 | 1.85 | 1.8 |  |  |  |  |  |
| Bi | mg/kg | 774 | 0.15/0.44 | 0.22 | 0.04 | 0.16 | 0.22 | 0.22 | 正态 | 0.33 | 0.31 | 0.28 | 0.28 |
|  |  | 766 | 0.15/0.31 | 0.22 | 0.03 | 0.15 | 0.22 | 0.22 |  |  |  |  |  |
| Br | mg/kg | 774 | 0.1/27.5 | 1.7 | 1.81 | 1.06 | 1.34 | 1.3 | 非正态 | 3.3 | 3 | 2.7 | 2.4 |
|  |  | 718 | 0.1/3.1 | 1.36 | 0.6 | 0.44 | 1.21 | 1.3 |  |  |  |  |  |
| Cd | mg/kg | 774 | 0.07/0.27 | 0.13 | 0.02 | 0.19 | 0.13 | 0.13 | 正态 | 150 | 134 | 159 | 153 |
|  |  | 761 | 0.07/0.19 | 0.13 | 0.02 | 0.17 | 0.13 | 0.13 |  |  |  |  |  |
| Ce | mg/kg | 774 | 39.7/104 | 58.69 | 6.85 | 0.12 | 58.32 | 57.85 | 正态 | 72 | 70 | 54 | 53 |
|  |  | 741 | 44.1/72.7 | 57.98 | 4.93 | 0.09 | 57.78 | 57.7 |  |  |  |  |  |
| Cl | mg/kg | 774 | 89.9/75 240 | 2 870.35 | 7 342.99 | 2.56 | 688.97 | 482.5 | 正态 | 72 | 68 | 312 | 196 |
|  |  | 559 | 89.9/1500 | 425.46 | 360.13 | 0.85 | 306.71 | 285 |  |  |  |  |  |
| Co | mg/kg | 774 | 6.3/14 | 9.76 | 1.28 | 0.13 | 9.67 | 9.7 | 正态 | 11.7 | 10.7 | 11 | 10.9 |
|  |  | 772 | 6.3/13.4 | 9.75 | 1.26 | 0.13 | 9.66 | 9.7 |  |  |  |  |  |

续表 4-6

| 组分 | 单位 | 样本数/个 | 特征值 | | | | | | | 数据类型 | 中国浅层土壤 (0~20 cm) | | 新疆浅层土壤 (0~20 cm) | |
|---|---|---|---|---|---|---|---|---|---|---|---|---|---|---|
| | | | Min/Max | $\bar{X}$ | S | CV | $\bar{X}g$ | M | | | $\bar{X}$ | $\bar{X}g$ | $\bar{X}$ | $\bar{X}g$ |
| Cr | mg/kg | 774 | 27.1/97.1 | 50.02 | 7.61 | 0.15 | 49.45 | 50.1 | 正态 | 63 | 58 | 54 | 53 |
| | | 767 | 30.3/97.1 | 49.83 | 7.13 | 0.14 | 49.31 | 50.1 | | | | | |
| Cu | mg/kg | 774 | 12.3/35.5 | 18.75 | 2.86 | 0.15 | 18.54 | 18.6 | 正态 | 23 | 21 | 28 | 27 |
| | | 768 | 12.3/26.5 | 18.66 | 2.65 | 0.14 | 18.47 | 18.55 | | | | | |
| F | mg/kg | 774 | 288/886 | 542.68 | 73.45 | 0.14 | 537.74 | 536 | 正态 | 501 | 476 | 574 | 564 |
| | | 764 | 341/733 | 541.13 | 67.13 | 0.12 | 536.95 | 535 | | | | | |
| Ga | mg/kg | 774 | 9.5/16.2 | 13.26 | 1.05 | 0.08 | 13.22 | 13.2 | 正态 | 16.1 | 15.8 | 15.9 | 15.8 |
| | | 773 | 10.20/16.2 | 13.27 | 1.04 | 0.08 | 13.23 | 13.2 | | | | | |
| Ge | mg/kg | 774 | 0.81/1.6 | 1.12 | 0.12 | 0.11 | 1.11 | 1.1 | 正态 | 1.4 | 1.4 | 1.3 | 1.3 |
| | | 768 | 0.81/1.4 | 1.12 | 0.11 | 0.1 | 1.11 | 1.1 | | | | | |
| Hg | μg/kg | 774 | 7/71.8 | 18.377 | 5.763 | 0.314 | 17.599 | 17.3 | 对数正态 | 50 | 41 | 19 | 18 |
| | | 754 | 7/71.8 | 17.862 | 4.672 | 0.262 | 17.255 | 17.2 | | | | | |
| I | mg/kg | 774 | 0.31/4.2 | 0.71 | 0.29 | 0.4 | 0.68 | 0.67 | 正态 | 1.8 | 1.6 | 1.8 | 1.7 |
| | | 750 | 0.31/1.1 | 0.68 | 0.16 | 0.24 | 0.66 | 0.67 | | | | | |
| La | mg/kg | 774 | 19.9/62.3 | 30.76 | 3.71 | 0.12 | 30.57 | 30.4 | 正态 | 37 | 36 | 28 | 27 |
| | | 740 | 19.9/62.3 | 30.37 | 2.49 | 0.08 | 30.26 | 30.3 | | | | | |
| Li | mg/kg | 774 | 15.8/162 | 35.06 | 13.17 | 0.38 | 33.45 | 33.35 | 对数正态 | 33 | 31 | 34 | 33 |
| | | 732 | 15.8/52.40 | 32.62 | 6.61 | 0.2 | 31.94 | 32.6 | | | | | |
| Mn | mg/kg | 774 | 350/689 | 546.17 | 51.91 | 0.1 | 543.67 | 546.5 | 正态 | 552 | 501 | 734 | 725 |
| | | 772 | 411/689 | 546.66 | 51.07 | 0.09 | 544.26 | 547 | | | | | |
| Mo | mg/kg | 774 | 0.36/3.9 | 0.77 | 0.22 | 0.28 | 0.75 | 0.74 | 正态 | 0.67 | 0.62 | 1.13 | 1.1 |
| | | 736 | 0.44/1 | 0.74 | 0.1 | 0.13 | 0.73 | 0.73 | | | | | |

# 第4章 土壤地球化学基准值与背景值

续表 4-6

| 组分 | 单位 | 样本数/个 | Min/Max | $\bar{X}$ | S | CV | $\bar{X}g$ | M | 数据类型 | 中国浅层土壤(0~20 cm) $\bar{X}$ | $\bar{X}g$ | 新疆浅层土壤(0~20 cm) $\bar{X}$ | $\bar{X}g$ |
|---|---|---|---|---|---|---|---|---|---|---|---|---|---|
| N | mg/kg | 774 | 60.2/1444 | 414.88 | 242.29 | 0.58 | 347.09 | 362 | 对数正态 | 1117 | 1016 | 674 | 635 |
|  | mg/kg | 765 | 60.2/1080 | 405.06 | 225.74 | 0.56 | 341.91 | 361 |  |  |  |  |  |
| Nb | mg/kg | 774 | 6.3/18.1 | 12.76 | 1.25 | 0.1 | 12.7 | 12.8 | 正态 | 15 | 15 | 11 | 11 |
|  | mg/kg | 770 | 9.20/16.20 | 12.75 | 1.2 | 0.09 | 12.7 | 12.8 |  |  |  |  |  |
| Ni | mg/kg | 774 | 16.8/67.2 | 24.53 | 4.25 | 0.17 | 24.21 | 23.9 | 正态 | 26 | 23 | 26 | 26 |
|  | mg/kg | 770 | 16.8/35.2 | 24.39 | 3.65 | 0.15 | 24.12 | 23.85 |  |  |  |  |  |
| P | mg/kg | 774 | 411/1471 | 671.4 | 122.77 | 0.18 | 661.38 | 653 | 正态 | 686 | 633 | 845 | 829 |
|  | mg/kg | 764 | 411/988 | 665.02 | 108.4 | 0.16 | 656.63 | 651.5 |  |  |  |  |  |
| Pb | mg/kg | 774 | 12.5/29.7 | 17.39 | 1.43 | 0.08 | 17.33 | 17.3 | 正态 | 25 | 25 | 18 | 18 |
|  | mg/kg | 767 | 13.70/29.7 | 17.37 | 1.31 | 0.08 | 17.33 | 17.3 |  |  |  |  |  |
| Rb | mg/kg | 774 | 62.7/120 | 92 | 9.93 | 0.11 | 91.46 | 92.1 | 正态 | 99 | 98 | 89 | 89 |
|  | mg/kg | 774 | 62.7/120 | 92 | 9.93 | 0.11 | 91.46 | 92.1 |  |  |  |  |  |
| S | mg/kg | 774 | 74.4/40 347.921 | 1 100.09 | 3 012.74 | 2.74 | 427.58 | 293 | 非正态 | 259 | 238 | 1060 | 664 |
|  | mg/kg | 561 | 74.4/652 | 264.47 | 129.53 | 0.49 | 236.86 | 230 |  |  |  |  |  |
| Sb | mg/kg | 774 | 0.38/4.6 | 0.98 | 0.39 | 0.4 | 0.91 | 0.89 | 非正态 | 0.8 | 0.73 | 0.9 | 0.89 |
|  | mg/kg | 771 | 0.38/2 | 0.97 | 0.37 | 0.38 | 0.9 | 0.88 |  |  |  |  |  |
| Sc | mg/kg | 774 | 6.6/12.8 | 9.72 | 0.93 | 0.1 | 9.67 | 9.7 | 正态 | 10.5 | 10 | 11.8 | 11.7 |
|  | mg/kg | 769 | 7.5/12.20 | 9.72 | 0.9 | 0.09 | 9.67 | 9.7 |  |  |  |  |  |
| Se | mg/kg | 774 | 0.07/0.71 | 0.13 | 0.03 | 0.24 | 0.12 | 0.12 | 正态 | 0.22 | 0.2 | 11.8 | 11.7 |
|  | mg/kg | 765 | 0.07/0.18 | 0.12 | 0.02 | 0.15 | 0.12 | 0.12 |  |  |  |  |  |
| Sn | mg/kg | 774 | 1.6/3.7 | 2.66 | 0.3 | 0.11 | 2.64 | 2.6 | 正态 | 3.2 | 3.1 | 2.5 | 2.5 |
|  | mg/kg | 767 | 1.8/3.5 | 2.65 | 0.29 | 0.11 | 2.64 | 2.6 |  |  |  |  |  |

续表 4-6

| 组分 | 单位 | 样本数/个 | 特征值 | | | | | | | 数据类型 | 中国浅层土壤 (0~20 cm) | | | 新疆浅层土壤 (0~20 cm) | | |
|---|---|---|---|---|---|---|---|---|---|---|---|---|---|---|---|---|
| | | | Min/Max | $\overline{X}$ | S | CV | $\overline{X}g$ | M | | | $\overline{X}$ | $\overline{X}g$ | | $\overline{X}$ | $\overline{X}g$ | |
| Sr | mg/kg | 774 | 195/1385 | 273.13 | 55.51 | 0.2 | 270.06 | 265 | | 对数正态 | 148 | 122 | | 273 | 269 | |
| | | 733 | 207/331 | 265.27 | 22.03 | 0.08 | 264.37 | 263 | | | | | | | | |
| Th | mg/kg | 774 | 6.8/19.2 | 10.72 | 1.25 | 0.12 | 10.65 | 10.6 | | 正态 | 11.9 | 11.5 | | 9 | 9 | |
| | | 741 | 8/13.1 | 10.58 | 0.89 | 0.08 | 10.54 | 10.6 | | | | | | | | |
| Ti | mg/kg | 774 | 1359/6079 | 2932.58 | 357.03 | 0.12 | 2912.02 | 2939 | | 正态 | 4193 | 4048 | | 3649 | 3637 | |
| | | 763 | 2116/3636 | 2926.59 | 279.85 | 0.1 | 2912.86 | 2939 | | | | | | | | |
| Tl | mg/kg | 774 | 0.39/0.73 | 0.56 | 0.05 | 0.09 | 0.56 | 0.56 | | 正态 | 0.6 | 0.6 | | 0.5 | 0.5 | |
| | | 772 | 0.43/0.69 | 0.56 | 0.05 | 0.09 | 0.56 | 0.56 | | | | | | | | |
| U | mg/kg | 774 | 1.8/6.6 | 2.58 | 0.34 | 0.13 | 2.56 | 2.6 | | 正态 | 2.4 | 2.3 | | 2.6 | 2.5 | |
| | | 752 | 1.9/3.2 | 2.55 | 0.24 | 0.09 | 2.53 | 2.5 | | | | | | | | |
| V | mg/kg | 774 | 42.5/96.2 | 62.81 | 6.82 | 0.11 | 62.44 | 62.4 | | 正态 | 79 | 75 | | 81 | 80 | |
| | | 770 | 43/82.30 | 62.73 | 6.58 | 0.1 | 62.39 | 62.35 | | | | | | | | |
| W | mg/kg | 774 | 0.43/5.3 | 1.35 | 0.32 | 0.24 | 1.31 | 1.3 | | 正态 | 1.77 | 1.68 | | 1.6 | 1.57 | |
| | | 758 | 0.65/2 | 1.32 | 0.24 | 0.18 | 1.3 | 1.3 | | | | | | | | |
| Y | mg/kg | 774 | 15.4/31 | 22.13 | 1.9 | 0.09 | 22.05 | 22.1 | | 正态 | 24.9 | 24.3 | | 24.4 | 24.3 | |
| | | 765 | 17.40/27.20 | 22.1 | 1.75 | 0.08 | 22.03 | 22.1 | | | | | | | | |
| Zn | mg/kg | 774 | 36.9/93.8 | 55.05 | 8.18 | 0.15 | 54.45 | 54.4 | | 正态 | 67 | 63 | | 75 | 73 | |
| | | 767 | 36.9/93.8 | 54.77 | 7.67 | 0.14 | 54.23 | 54.4 | | | | | | | | |
| Zr | mg/kg | 774 | 96.4/476 | 197.85 | 32.45 | 0.16 | 195.58 | 194 | | 正态 | 269 | 261 | | 191 | 189 | |
| | | 744 | 133/259 | 194.31 | 21.6 | 0.11 | 193.1 | 193 | | | | | | | | |

## 第 4 章　土壤地球化学基准值与背景值

(2) 于田县绿洲区土壤元素背景值与新疆土壤元素背景值相比，比值范围为 0.001～1.75。其中，明显偏低（$K<0.8$）的组分有 OrgC、Ag、Bi、Br、Cd、Cu、I、Mn、Mo、N、P、S、Se、V、Zn；偏低（$0.8 \leqslant K<0.9$）的组分有 $Al_2O_3$、$TFe_2O_3$、$K_2O$、As、B、Co、Ga、Ge、Sc、Ti、W；相当（$0.9 \leqslant K<1.1$）的组分有 $SiO_2$、MgO、$Na_2O$、Au、Ba、Be、Ce、Cr、F、Hg、La、Li、Ni、Pb、Rb、Sb、Sn、Sr、U、Y、Zr；偏高（$1.1 \leqslant K<1.2$）的组分有 Nb、Th、Tl；明显偏高（$K \geqslant 1.2$）的组分有 CaO、TC、Cl。

(3) 于田县绿洲区大部分组分含量分布均匀。变异系数呈现分布均匀的土壤组分有 $SiO_2$、$Al_2O_3$、$TFe_2O_3$、MgO、CaO、$Na_2O$、$K_2O$、TC、Ag、As、Au、B、Ba、Be、Bi、Cd、Ce、Co、Cr、Cu、F、Ga、Ge、Hg、I、La、Li、Mn、Mo、Nb、Ni、P、Pb、Rb、Sb、Sc、Se、Sn、Sr、Th、Ti、Tl、U、V、W、Y、Zn、Zr；呈现分布较不均匀的土壤组分有 OrgC、Br、Cl、N、S。

(4) 于田县绿洲区浅层土壤 pH 值的范围为 7.8～9.58，均值为 8.62，呈弱碱性。

# 第5章 区域土壤地球化学特征

区域土壤地球化学特征是一个复杂而多样的研究领域，涉及土壤中元素的富集与贫化、分异特征、主要地质单元元素地球化学特征，以及影响因素分析等多个方面。研究这些特征对于深入了解土壤的发生、演变规律，以及指导相关领域的实践活动具有重要意义。本章主要从土壤元素富集和元素组合特征出发，以行政单元为界限，探究塔里木盆地南缘绿洲区土壤地球化学特征。

## 5.1 深层土壤与表层土壤地球化学特征值对比

为了更直观地分析研究区表层（0~20 cm）土壤中元素含量相对于该区深层（180~200 cm）土壤的差异，本研究根据表层土壤元素（氧化物）含量与深层土壤元素（氧化物）含量（土壤表层元素（氧化物）富集系数）比值的大小，将研究区各县市、各检测项目分为表生贫化、表深层相当、表生弱富集、表生富集和表生强富集5类，见表5-1（庞绪贵等，2014）。从表中可以看出，36团土壤中I、Cr、Hg、P、Ni、TC、$TFe_2O_3$、As、Sb、Cu、U、Co、Cd等呈现为表生富集；S、Cl、Se、Ag、OrgC、N、Br等呈现为表生强富集。土壤Se的表生强富集有利于36团发展富硒红枣产业，但要关注土壤As、Cr、Hg、Ni、Cu、U、Co、Cd等的表生富集问题。若羌县土壤中N和Br呈现为表生富集；OrgC、S、Cl等呈现为表生强富集。且末县土壤中Br为表生富集；OrgC、S、Cl为表生强富集。民丰县土壤中N和OrgC为表生富集；S和Cl为表生强富集。于田县土壤中S和Cl为表生强富集。综合来看，研究区表层土壤中N和OrgC呈现为表生富集；S、Cl、Br呈现为表生强富集。

表5-1 研究区各县市各检测项目表生富集系数

| 县、团场 | 分布类型 | 表层土壤含量/深层土壤含量 | 检测项目 |
| --- | --- | --- | --- |
| 若羌县 | 表生贫化 | <0.85 | — |
| | 表深层相当 | 0.85~1.00 | Ba、$SiO_2$、$Al_2O_3$、$K_2O$、Ge、Y、Th、Ce、Tl、Be、Rb、Zr、La |
| | | 1.00~1.15 | V、F、Cr、Mn、Ni、Pb、$TFe_2O_3$、Sb、W、Se、Sn、Zn、CaO、MgO、$Na_2O$、U、Ti、Sc、Co、Mo、Bi、Nb、Sr、Ga |
| | 表生弱富集 | 1.15~1.50 | I、Hg、Au、P、B、TC、As、Cu、Ag、Li、Cd |
| | 表生富集 | 1.50~2.00 | N、Br |
| | 表生强富集 | 2.00~3.00 | OrgC |
| | | >3.00 | S、Cl |

续表 5-1

| 县、团场 | 分布类型 | 表层土壤含量/深层土壤含量 | 检测项目 |
|---|---|---|---|
| 且末县 | 表生贫化 | <0.85 | — |
| | 表深层相当 | 0.85~1.00 | Ba、I、SiO$_2$、V、F、Cr、Mn、Al$_2$O$_3$、K$_2$O、Ag、Ge、Ce、Tl、Bi、Be、Rb、Ga |
| | | 1.00~1.15 | Hg、Au、P、Ni、Pb、TC、TFe$_2$O$_3$、As、Sb、Cu、W、Se、Sn、Zn、CaO、MgO、Na$_2$O、U、OrgC、Y、Th、Ti、Sc、Co、Mo、Nb、Li、Zr、Sr、Cd、La |
| | 表生弱富集 | 1.15~1.50 | N、B |
| | 表生富集 | 1.50~2.00 | Br |
| | 表生强富集 | 2.00~3.00 | — |
| | | >3.00 | S、Cl |
| 民丰县 | 表生贫化 | <0.85 | — |
| | 表深层相当 | 0.85~1.00 | I、SiO$_2$、V、F、Cr、Hg、Mn、Ni、Al$_2$O$_3$、TFe$_2$O$_3$、Sb、Cu、CaO、Ag、Ge、Ti、Sc、Co、Ce、Bi、Be、Sr、Ga |
| | | 1.00~1.15 | Ba、P、B、Pb、TC、As、W、Se、Sn、Zn、K$_2$O、MgO、Na$_2$O、Y、Th、Mo、Tl、Nb、Rb、Li、La |
| | 表生弱富集 | 1.15~1.50 | Au、U、Br、Zr、Cd |
| | 表生富集 | 1.50~2.00 | N、OrgC |
| | 表生强富集 | 2.00~3.00 | — |
| | | >3.00 | S、Cl |
| 于田县 | 表生贫化 | <0.85 | — |
| | 表深层相当 | 0.85~1.00 | Ba、I、SiO$_2$、Mn、Al$_2$O$_3$、Sb、Sn、Y、Th、Ce、Bi、Rb、Zr、Sr、La |
| | | 1.00~1.15 | V、F、Cr、Hg、Au、P、Ni、B、Pb、C、TFe$_2$O$_3$、As、Cu、W、Se、Zn、CaO、K$_2$O、MgO、Na$_2$O、Ag、U、Ge、Br、Ti、Sc、Co、Mo、Tl、Nb、Be、Li、Cd、Ga |
| | 表生弱富集 | 1.15~1.50 | N、OrgC |
| | 表生富集 | 1.50~2.00 | — |
| | 表生强富集 | 2.00~3.00 | S |
| | | >3.00 | Cl |

续表 5-1

| 县、团场 | 分布类型 | 表层土壤含量/深层土壤含量 | 检测项目 |
|---|---|---|---|
| 36团 | 表生贫化 | <0.85 | $SiO_2$、$Na_2O$ |
| | 表深层相当 | 0.85~1.00 | Ba、Zr |
| | | 1.00~1.15 | F、Pb、$K_2O$、Ge |
| | 表生弱富集 | 1.15~1.50 | V、Au、Mn、B、$Al_2O_3$、W、Sn、Zn、CaO、MgO、Y、Th、Ti、Sc、Mo、Ce、Tl、Bi、Nb、Be、Rb、Li、Sr、Ga、La |
| | 表生富集 | 1.50~2.00 | I、Cr、Hg、P、Ni、TC、$TFe_2O_3$、As、Sb、Cu、U、Co、Cd |
| | 表生强富集 | 2.00~3.00 | S、Cl、Se、Ag、OrgC |
| | | >3.00 | N、Br |
| 研究区 | 表生贫化 | <0.85 | — |
| | 表深层相当 | 0.85~1.00 | Ba、$SiO_2$、$Al_2O_3$、Ge、Ce、Be |
| | | 1.00~1.15 | I、V、F、Cr、Hg、P、Mn、Ni、Pb、TC、$TFe_2O_3$、As、Sb、Cu、W、Se、Sn、Zn、CaO、$K_2O$、MgO、$Na_2O$、Ag、U、Y、Th、Ti、Sc、Co、Mo、Tl、Bi、Nb、Rb、Li、Zr、Sr、Cd、Ga、La |
| | 表生弱富集 | 1.15~1.50 | Au、B |
| | 表生富集 | 1.50~2.00 | N、OrgC |
| | 表生强富集 | 2.00~3.00 | — |
| | | >3.00 | S、Cl、Br |

注："—"表示检测项目中表生富集系数无此类分布类型。

## 5.2 表层土壤元素组合特征

土壤元素组合特征是指土壤中不同元素在空间和时间上的分布、迁移、转化和相互作用所表现出的规律性。在长期的自然营力和人类活动影响下，土壤元素发生了迁移、分散和富集作用，一些地球化学元素呈有规律的组合。这些元素组合往往表现出良好的共同消长关系和较好的相关性、聚集性。聚类分析就是研究土壤元素组合特征的有效方法，因此本研究依据研究区表层土壤中54项元素/指标之间的相关系数对东部地区表层土壤元素/指标进行聚类分析，聚类谱见图5-1~图5-5。

从图5-1中可以看出，对36团表层土壤全量元素（氧化物）R型聚类，可将54个元素/指标分为5个组合簇群：第1类，pH值、S、Cl、B、Se、$Na_2O$、U、Br、Mo、Sr；第2类，Ba、$SiO_2$、Ge、Zr；第3类，N、I、V、F、Hg、Au、P、Mn、Ni、TC、$TFe_2O_3$、As、Sb、Cu、Zn、CaO、MgO、Ag、OrgC、Sc、Co、Li、Cd；第4类，Cr、Pb、$Al_2O_3$、Sn、$K_2O$、Th、Ti、Ce、Tl、Bi、Nb、Be、Rb、Ga、La；第5类，W、Y。由聚类结果可知，碱性土壤有利于Se和Mo的富集；高$SiO_2$的土壤有利于Ge的富集。

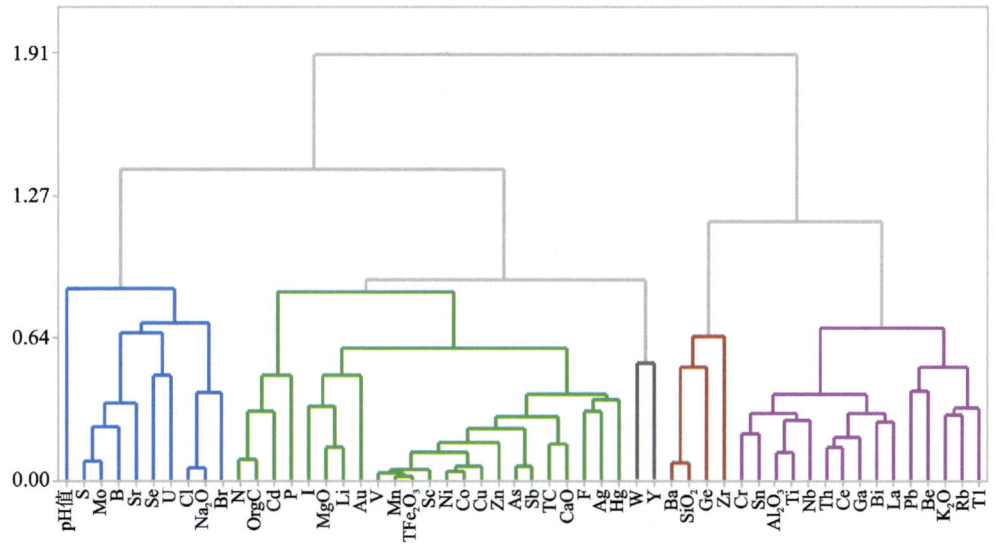

图 5-1 36 团表层土壤元素/指标聚类谱系图

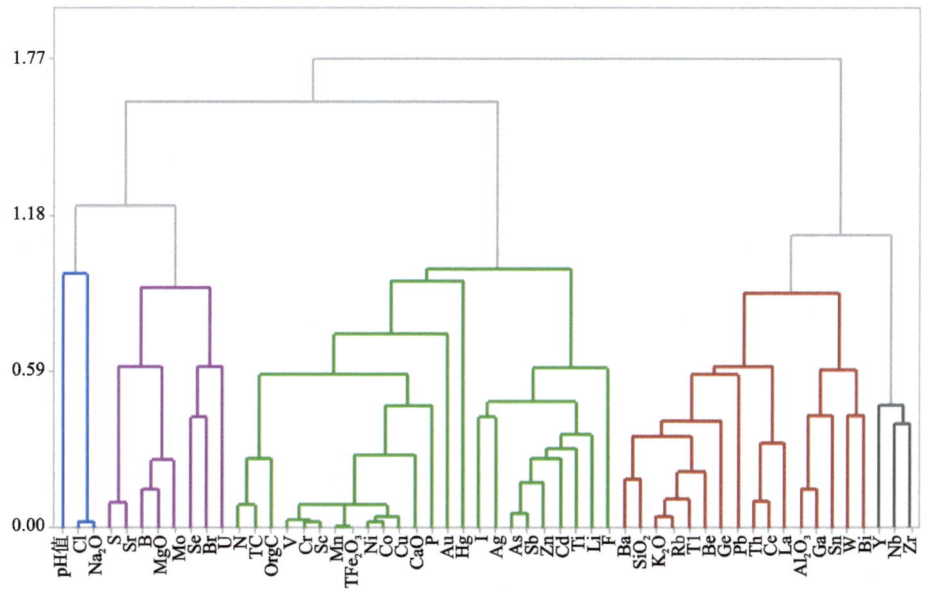

图 5-2 若羌县表层土壤元素/指标聚类谱系图

从图 5-2 中可以看出，对若羌县表层土壤全量元素（氧化物）R 型聚类，可将 54 个元素/指标分为 5 个组合簇群：第 1 类，pH 值、Cl、$Na_2O$；第 2 类，Ba、$SiO_2$、Pb、$Al_2O_3$、W、Sn、$K_2O$、Ge、Th、Ce、Tl、Bi、Be、Rb、Ga、La；第 3 类，N、I、V、F、Cr、Hg、Au、P、Mn、Ni、TC、$TFe_2O_3$、As、Sb、Cu、Zn、CaO、Ag、OrgC、Ti、Sc、Co、Li、Cd；第 4 类，S、B、Se、MgO、U、Br、Mo、Sr；第 5 类，Y、Nb、Zr。由聚类结果可知，土壤中 $SiO_2$、$Al_2O_3$ 和 $K_2O$ 高，有利于 Ge 的富集；土壤中 S、B、MgO、Br 等有利于 Se 和 Mo 的富集。

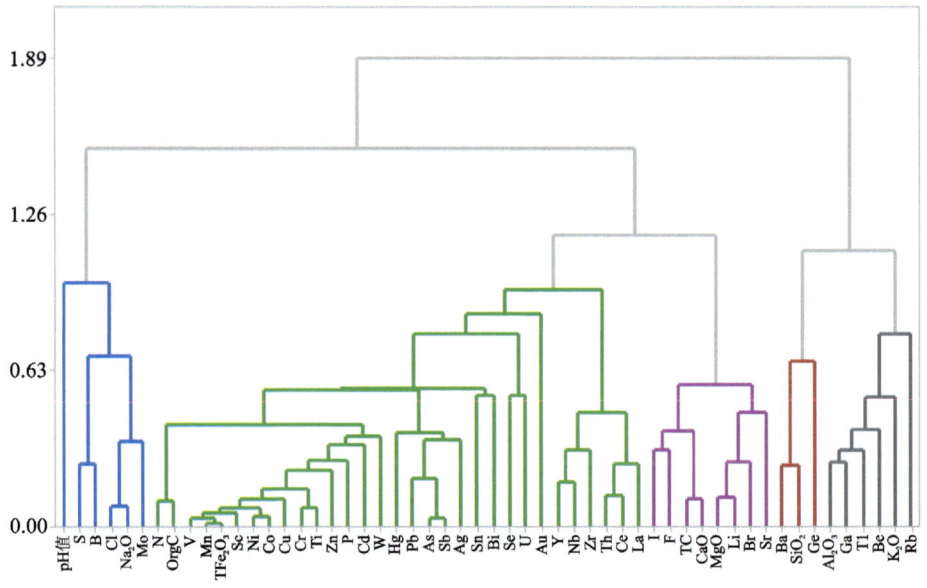

图 5-3　若羌县表层土壤元素/指标聚类谱系图

从图 5-3 中可以看出，对且末县表层土壤全量元素（氧化物）R 型聚类，可将 54 个元素/指标分为 5 个组合簇群：第 1 类，pH 值、S、Cl、B、$Na_2O$、Mo；第 2 类，Ba、$SiO_2$、Ge；第 3 类，N、V、Cr、Hg、Au、P、Mn、Ni、Pb、$TFe_2O_3$、As、Sb、Cu、W、Se、Sn、Zn、Ag、U、OrgC、Y、Th、Ti、Sc、Co、Ce、Bi、Nb、Zr、Cd、La；第 4 类，I、F、TC、CaO、MgO、Br、Li、Sr；第 5 类，$Al_2O_3$、$K_2O$、Tl、Be、Rb、Ga。由聚类结果可知，碱性土壤、$Na_2O$ 有利于 Mo 的富集；$SiO_2$ 有利于 Ge 的富集；N、P、$TFe_2O_3$、OrgC 等有利于 Se 的富集，但要关注 Cr、Hg、Ni、Pb、As 的不利影响。

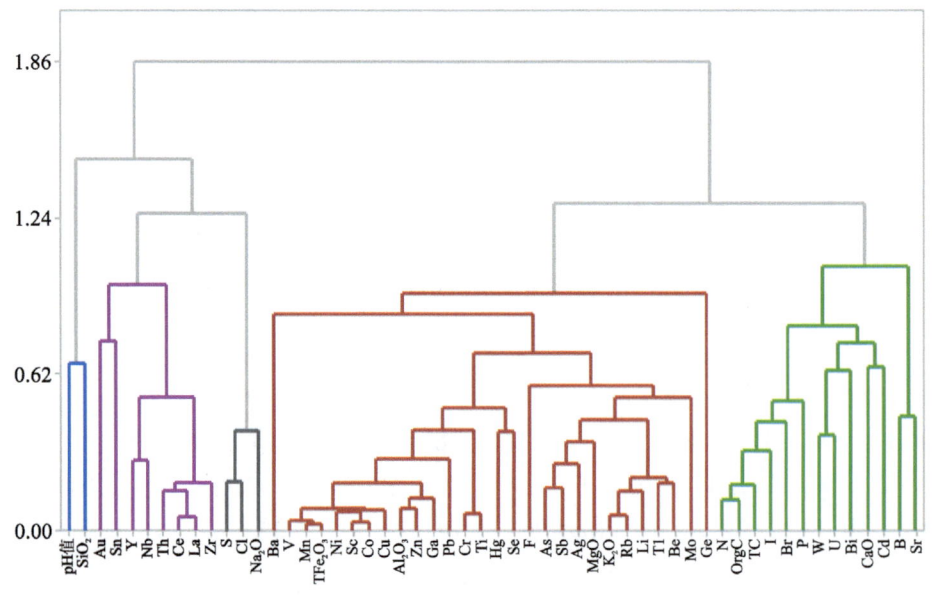

图 5-4　民丰县表层土壤元素/指标聚类谱系图

从图 5-4 中可以看出，对民丰县表层土壤全量元素（氧化物）R 型聚类，可将 54 个元素/指标分为 5 个组合簇群：第 1 类，pH 值、$SiO_2$；第 2 类，Ba、V、F、Cr、Hg、Mn、Ni、Pb、$Al_2O_3$、$TFe_2O_3$、As、Sb、Cu、Se、Zn、$K_2O$、MgO、Ag、Ge、Ti、Sc、Co、Mo、Tl、Be、Rb、Li、Ga；第 3 类，N、I、P、B、TC、W、CaO、U、OrgC、Br、Bi、Sr、Cd；第 4 类，Au、Sn、Y、Th、Ce、Nb、Zr、La；第 5 类，S、Cl、$Na_2O$。由聚类结果可知，土壤中的 $Al_2O_3$、$Fe_2O_3$、$K_2O$ 和 MgO 有利于 Se、Ge 和 Mo 的富集，但同时要关注 Cr、Hg、Ni、Pb 和 As 的不利影响。

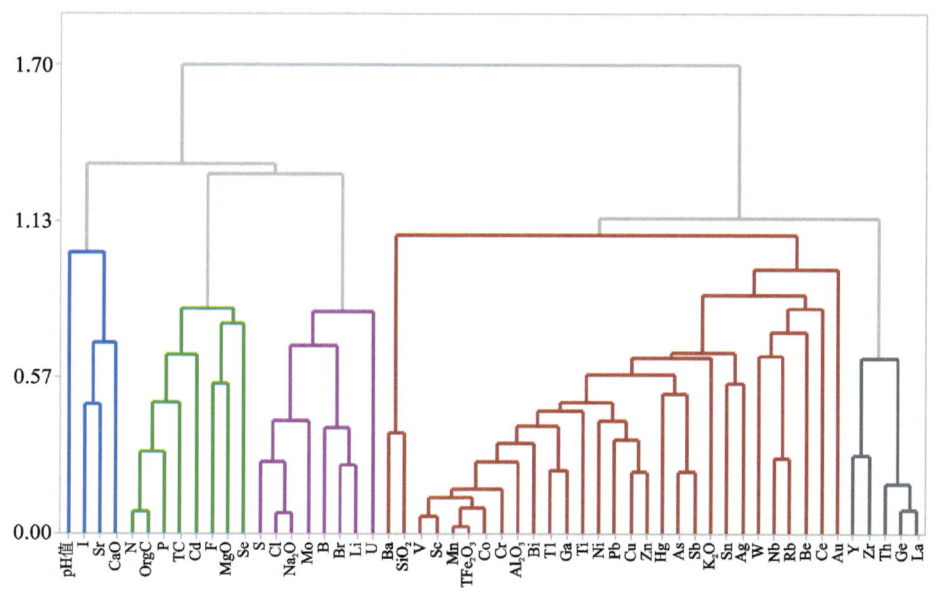

图 5-5　于田县表层土壤元素/指标聚类谱系图

从图 5-5 中可以看出，对于田县表层土壤全量元素（氧化物）R 型聚类，可将 54 个指标分为 5 个组合簇群：第 1 类，pH 值、I、Sr、CaO；第 2 类，Ba、$SiO_2$、V、Cr、Hg、Au、Mn、Ni、Pb、$Al_2O_3$、$TFe_2O_3$、As、Sb、Cu、W、Sn、Zn、$K_2O$、Ag、Ge、Ti、Sc、Co、Tl、Bi、Nb、Be、Rb、Ga；第 3 类，N、F、P、TC、Se、MgO、OrgC、Cd；第 4 类，S、Cl、B、$Na_2O$、U、Br、Mo、Li；第 5 类，Y、Th、Ce、Zr、La。由聚类结果可知，土壤中的 N、P、MgO、OrgC 有利于 Se 的富集，但要关注 F 和 Cd 的不利影响；土壤中的 $SiO_2$、$Al_2O_3$、$Fe_2O_3$、$K_2O$ 有利于 Ge 的富集，但要关注 Cr、Hg、Ni、Pb、As 的不利影响；土壤中的 S、Cl、B、$Na_2O$、Br 有利于 Mo 的富集。

## 5.3　土壤特征元素（氧化物）筛选

土壤元素（氧化物）特征数据库是推断未知土壤来源的基础（Aitkenhead et al.，2014；郭洪玲，2019），而筛选土壤特征元素（氧化物）是建立土壤元素（氧化物）特征数据库的重要环节。由于土壤特征元素（氧化物）复杂多样、查阅烦琐（周珊珊等，2012），因此，国内外学者已经开展了相关研究,并建立了相关数据库,用于法庭科学检验和现场调查(赵艺,2011;Bong et al.,2012;周珊珊,2014)。目前,各地土壤元素特征数据库有待建立或完善,而在于田—若羌绿洲带的相关研究较少,所以,为严格贯彻落实新疆总目标,在当地逐步建立完善土壤元素特征数据库,对新疆社会稳定、人民安居有着深远的现实意义。本书基于新疆地质矿产勘查开发局第二水文地质工程地质大队和新疆农业大学于2016—2018年展开的"新疆和田—若羌绿洲带1∶25万土地质量地球化学调查",通过研究筛选出于田—若羌绿洲带用于刑侦搜查的土壤特征元素,为该地区建立完善土壤元素特征数据库提供参考,进而为搜寻案件线索、圈定犯罪范围及查找嫌疑人踪迹提供佐证依据,提高刑侦搜查效率。

### 5.3.1 数据处理与方法

#### 5.3.1.1 独立样本 $t$ 检验

$t$ 检验是利用 $t$ 分布理论来推论两个样本具有差异性的概率,从而比较两组数据的平均数的差异是否具有统计学意义,它能够直观地体现两个地区同种元素的差异性。本书依据独立样本 $t$ 检验,分析4个地区的土壤元素(氧化物)含量的统计学差异。独立样本 $t$ 检验统计量为

$$t = \frac{\bar{x}_1 - \bar{x}_2}{\sqrt{\frac{(n_1-1)s_1^2 + (n_2-1)s_2^2}{n_1+n_2-2}\left(\frac{1}{n_1}+\frac{1}{n_2}\right)}} = \frac{\bar{x}_1 - \bar{x}_2}{\sqrt{\left(\frac{1}{n_1}+\frac{1}{n_2}\right)s^2}} \tag{5-1}$$

式中,$\bar{x}_1$、$\bar{x}_2$ 分别为两样本均值;$s_1$、$s_2$ 分别为两样本标准差;$s^2$ 为两样本的汇合方差;$n_1$、$n_2$ 分别为两样本的观测数目。

#### 5.3.1.2 主成分分析

主成分分析是多元统计分析中的一种降维处理方法,通过数学上的线性变换将具有一定相关性的初始变量重新组合成一组不相关的指标(杜强等,2014),新指标能综合反映原指标所包含的大部分信息(周游等,2019)。本书借助SPSS 19.0软件对研究区土壤特征元素的信息降维,并作可视化分析。

### 5.3.2 土壤地球化学特征元素(氧化物)

#### 5.3.2.1 不同土壤类型下的土壤特征元素(氧化物)对比

研究区土壤类型主要包括风沙土、灌淤土、林灌草甸土、盐土、棕漠土、其他土6个类型。本次研究选取研究区浅层土壤常量元素(氧化物)$SiO_2$、$CaO$、$MgO$、$Na_2O$、$Ba$、$N$、$S$、$Cl$、$Zr$、$Sr$ 和微量元素 $I$、$Cr$、$Hg$、$B$、$As$、$Cu$、$Zn$、$Br$、$Sc$、$Li$ 等20种元素(氧化物)[本书将含量>0.01%划分为常量元素(氧化物),≤0.01%划分为微量元素]。

从表 5-2 和表 5-3 可以看出，常量氧化物 $SiO_2$ 在盐土中的含量相对其他类型的土壤较低，说明盐土中的颗粒相对其他土壤较细；常量氧化物 $Na_2O$ 在林灌草甸土和盐土中的含量相对较高；常量元素 N 在各类土壤中的含量分布不均，说明土壤可能受成土母质和人为因素等共同影响，其中各类土壤中的 N 含量差异较大；常量元素 S、Cl 在林灌草甸土和盐土中呈两个极端的分布，在林灌草甸土中含量极高，在盐土中含量极低，分布极其不均；常量元素 Sr 在盐土中的含量分布较高；常量元素（氧化物）CaO、MgO、Ba、Zr 和微量元素 I、Cr、Hg、B、As、Cu、Zn、Br、Sc、Li 等在研究区各类土壤中的含量比较近似。

综上所述，微量元素对土壤类型的区分度并不高，而多数常量元素（氧化物）对土壤类型都有一定的区分度，但是将任何一种常量元素（氧化物）作为单因子来区分土壤类型都不能将其完全区分开，因此需要结合微量元素共同对土壤进行区分。

表 5-2 研究区土壤中 10 种常量元素（氧化物）平均含量

| 土壤类型 | $SiO_2$ | CaO | MgO | $Na_2O$ | Ba | N | S | Cl | Zr | Sr |
|---|---|---|---|---|---|---|---|---|---|---|
| 风沙土 | 61 | 8.27 | 2.23 | 3.02 | 484 | 155 | 1782 | 8397 | 173 | 272 |
| 灌淤土 | 58 | 9.32 | 2.76 | 2.36 | 483 | 386 | 1764 | 3736 | 178 | 283 |
| 林灌草甸土 | 55 | 8.64 | 2.73 | 4.06 | 438 | 232 | 5589 | 20 884 | 169 | 325 |
| 盐土 | 45 | 10.40 | 3.60 | 4.38 | 367 | 200 | 20 | 34 | 145 | 565 |
| 棕漠土 | 58 | 9.53 | 2.41 | 2.29 | 489 | 133 | 1742 | 839 | 261 | 338 |
| 其他土 | 59 | 9.26 | 2.75 | 2.25 | 482 | 521 | 1172 | 2633 | 169 | 256 |
| 水域 | 60 | 8.42 | 2.56 | 2.82 | 475 | 236 | 2461 | 7182 | 191 | 274 |

注：氧化物单位为%，其他为 mg/kg，后同。

表 5-3 研究区土壤中 10 种微量元素平均含量

| 土壤类型 | I | Cr | Hg | B | As | Cu | Zn | Br | Sc | Li |
|---|---|---|---|---|---|---|---|---|---|---|
| 风沙土 | 0.54 | 40 | 13 | 46 | 7.60 | 15 | 44 | 0.99 | 8.11 | 24 |
| 灌淤土 | 0.76 | 48 | 18 | 61 | 10.02 | 18 | 54 | 1.61 | 9.29 | 33 |
| 林灌草甸土 | 0.64 | 39 | 14 | 76 | 7.86 | 15 | 47 | 1.50 | 8.16 | 29 |
| 盐土 | 1.18 | 44 | 12 | 85 | 9.85 | 18 | 53 | 2.29 | 8.41 | 33 |
| 棕漠土 | 0.61 | 45 | 13 | 41 | 7.34 | 16 | 44 | 0.78 | 8.87 | 23 |
| 其他土 | 0.80 | 54 | 22 | 54 | 11.13 | 21 | 60 | 1.45 | 10.03 | 33 |
| 水域 | 0.64 | 46 | 17 | 65 | 9.20 | 16 | 49 | 1.44 | 8.78 | 31 |

#### 5.3.2.2 不同地貌的土壤特征元素（氧化物）对比

于田—若羌绿洲带 4 个地貌分区可明显划分为 4 个地球化学分区：一区为绿洲带南侧一带的冲洪积砾质平原地球化学分区；二区为绿洲带中部的冲积细土平原，呈片状分布；三区受风蚀风积作用影响，主要为风积沙漠地球化学分区大面积分布于研究区内；四区为盐漠平原，主要分布在 36 团—若羌县城区—瓦石峡乡一带西北侧。

从图 5-6 可以看出，MgO、$Na_2O$、Zr、Cr、Zn、Li、Sc 等在各地貌条件下含量相对差异较小，说明 MgO、$Na_2O$、Zr、Cr、Zn、Li、Sc 等的含量在研究区土壤中较为稳定；I、Br、B、Li、As、Cu、N 的含量在各类地貌中的起伏波动相似，说明在土壤形成过程中，它

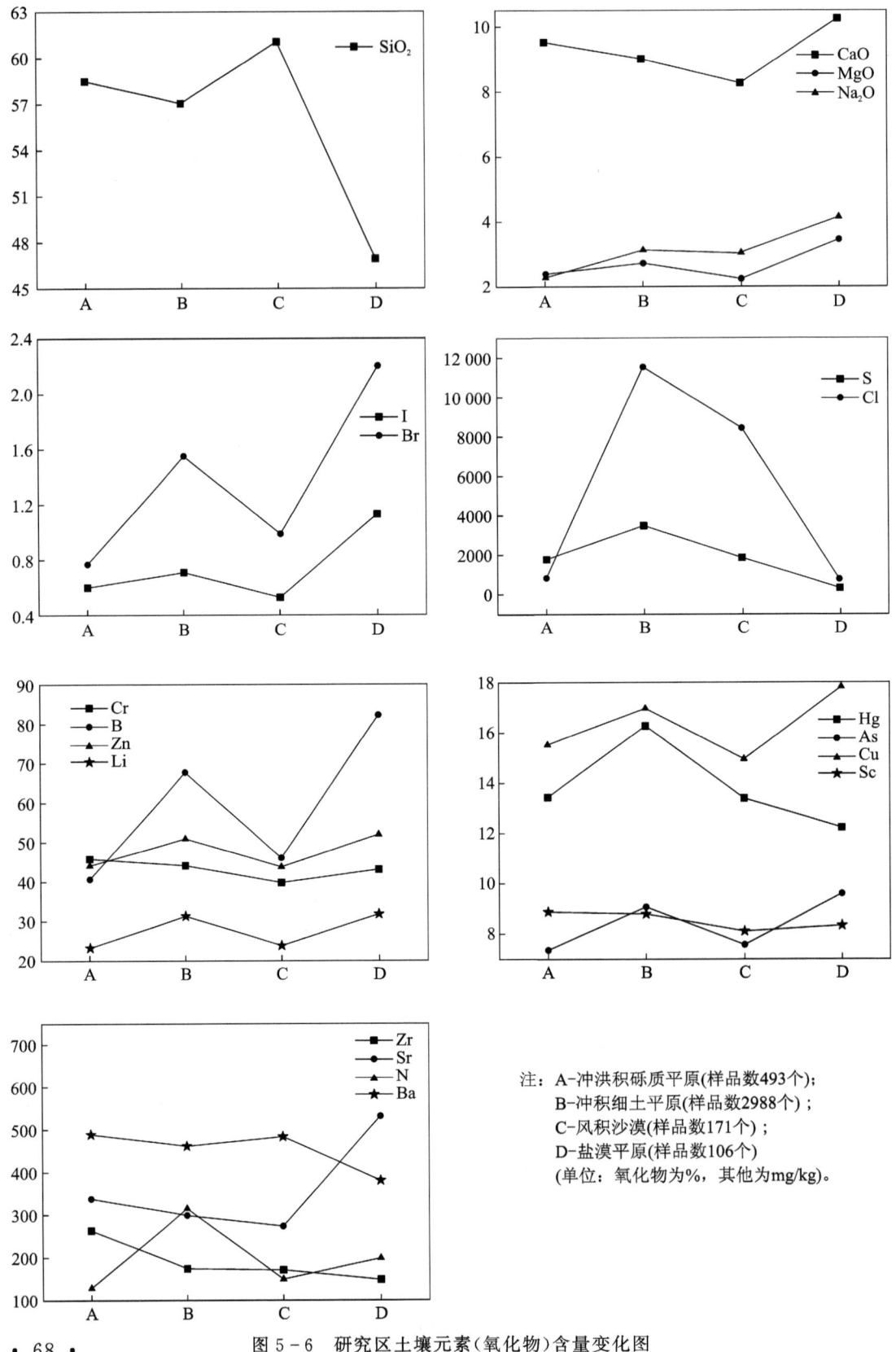

图 5-6 研究区土壤元素（氧化物）含量变化图

们的共生性较强；CaO、Sr 的含量变化在各地貌中先小幅下降,最后在风积沙漠中大幅上升,说明它们受地貌影响的变化规律一致；Hg、S、Cl 等的含量变化近似,但是 S、Cl 在各地貌单元中的含量差异过大,前文提到,S、Cl 在林灌草甸土和盐土中的含量亦差异过大,说明不同地貌和不同土壤类型对 S、Cl 含量分布有极强的影响。$SiO_2$ 和 Ba 在研究区不同地貌中的含量变化波动相似,但 $SiO_2$ 含量变化波动较大,$SiO_2$ 受外界因素的影响不好判断。

综上数据分析,由于 N、S、Cl 在各类土壤中的含量分布不均和 $SiO_2$ 在研究区不同地貌中的含量变化波动较大,不将 N、S、Cl 和 $SiO_2$ 作为土壤特征元素(氧化物),进一步确定了常量元素(氧化物)CaO、MgO、$Na_2O$、Ba、Zr、Sr 和微量元素 I、Cr、Hg、B、As、Cu、Zn、Br、Sc、Li 等 16 种元素作为土壤特征元素(氧化物)。

## 5.3.3 各地区土壤特征元素(氧化物)含量对比分析

通过在不同土壤、地貌类型中的土壤特征元素(氧化物)初筛选后,对得到的常量元素(氧化物)CaO、MgO、$Na_2O$、Ba、Zr、Sr 和微量元素 I、Cr、Hg、B、As、Cu、Zn、Br、Sc、Li 16 种特征元素进一步筛选。表 5-4 的 $t$ 检验结果显示,研究区土壤常量元素(氧化物)中,CaO 和 Sr 含量在于田县和若羌县具有显著差异($P<0.05$,下同)；MgO 和 Zr 含量在各个地区皆有显著差异；$Na_2O$ 含量在于田县和民丰县具有显著差异；Ba 含量在于田县和且末县具有显著差异。土壤中微量元素 $t$ 检验结果见表 5-5。

表 5-4　研究区土壤常量元素(氧化物)平均含量对比

| 地区 | CaO | MgO | $Na_2O$ | Ba | Zr | Sr |
| --- | --- | --- | --- | --- | --- | --- |
| 于田县 | 9.48[bcd] | 2.54[bcd] | 2.37[bcd] | 501.84[bcd] | 212.02[bcd] | 281.54[bcd] |
| 民丰县 | 8.74[ad] | 2.48[acd] | 4.28[acd] | 437.45[ac] | 184.21[acd] | 303.24[ad] |
| 且末县 | 8.59[ad] | 2.62[abd] | 3.16[ab] | 457.01[abd] | 170.66[abd] | 307.77[ad] |
| 若羌县 | 9.95[abc] | 3.58[abc] | 2.94[ab] | 429.93[ac] | 161.57[abc] | 406.98[abc] |

注：a~d 依次表示与于田县—若羌县地区其他县两两相互比较,$t$ 检验结果有显著性差异($P<0.05$),后同。

表 5-5　研究区土壤微量元素(氧化物)含量对比

| 地区 | I | Cr | Hg | B | As |
| --- | --- | --- | --- | --- | --- |
| 于田县 | 0.68[bcd] | 47.71[bc] | 16.93[bcd] | 56.93[cd] | 9.19[bcd] |
| 民丰县 | 0.61[acd] | 42.93[acd] | 13.67[ac] | 53.43[cd] | 8.89[ac] |
| 且末县 | 0.65[abd] | 40.69[abd] | 16.29[abd] | 69.54[ab] | 8.37[ab] |
| 若羌县 | 0.99[abc] | 45.87[bc] | 12.51[ac] | 74.54[ab] | 8.75[a] |

| 地区 | Cu | Zn | Br | Sc | Li |
| --- | --- | --- | --- | --- | --- |
| 于田县 | 17.83[bc] | 52.21[bc] | 1.53[c] | 9.46[bcd] | 32.48[bc] |
| 民丰县 | 16.56[acd] | 49.01[acd] | 1.53[c] | 8.84[ac] | 26.47[acd] |
| 且末县 | 15.36[abd] | 47.59[abd] | 1.31[abd] | 8.14[abd] | 29.19[acd] |
| 若羌县 | 17.90[bc] | 52.22[bc] | 1.53[c] | 8.77[ac] | 31.39[bc] |

由于选取的元素(氧化物)是研究区内相对稳定、受影响较小或有相似特征的元素(氧化物),造成此差异的影响可能是外界因素。根据前人研究,结合 $t$ 检验结果,Cu、Zn 等在于田县和若羌县地区土壤中呈中等变异(曾妍妍等,2018;陈云飞等,2019),在于田县和若羌县与其他地区对比时,Cu、Zn 作为非必要参考指标;Cr、Hg 在于田县地区土壤中呈中等变异,Cr、Hg 作为于田县与其他地区对比时的非必要参考指标;且末县地区土壤 Sc 基本均匀分布(低变异程度),将 Sc 列为且末县和其他地区对比时的重要参考指标(张峰玮等,2021)。根据 $t$ 检验结果,B 的含量在各个地区中未呈现较高的显著差异,因此,建议将 B 列为非必要参考指标。总体而言,除 B 外,研究区其他土壤特征元素(氧化物)在各个地区有较明显的差异,其中 MgO、Zr、I 在研究区尤为突出,即各地区的 MgO、Zr、I 含量都有显著差异,可将土壤中的 MgO、Zr、I 作为重要参考指标。

### 5.3.4 土壤特征元素(氧化物)可视化分析

根据主成分分析结果,进行 KMO 和 Bartlett 球形检验,得 KMO 为 0.791,大于 0.5,显著性 $P$ 小于 0.05,表明数据适合作主成分分析(何立新等,2021),对前 4 个主成分进行提取,其方差贡献率分别为 33.87%、21.49%、10.32% 和 6.56%,累计方差贡献率为 72.24%,降维效果较好,能够解释土壤特征元素的大部分信息,说明研究区 16 种土壤特征元素(氧化物)的含量信息可以为主成分分析提供合理基础。根据表 5-6,对于第一主成分而言,$Na_2O$ 拥有与其他元素(氧化物)相反的载荷,说明 $Na_2O$ 的分布与其他元素(氧化物)存在较大差异,结合 $t$ 检验结果,可将 $Na_2O$ 作为于田县、民丰县和其他地区对比时的重要参考指标。

表 5-6 主成分的载荷

| 指标 | 主成分 1 | 主成分 2 | 主成分 3 | 主成分 4 |
| --- | --- | --- | --- | --- |
| CaO | 0.604 | 0.061 | 0.67 | 0.012 |
| MgO | 0.564 | 0.602 | 0.199 | −0.043 |
| $Na_2O$ | −0.308 | 0.591 | −0.52 | 0.379 |
| Ba | 0.055 | −0.79 | 0.101 | −0.275 |
| Zr | 0.103 | −0.287 | 0.362 | 0.803 |
| Sr | 0.098 | 0.544 | 0.636 | −0.133 |
| I | 0.61 | 0.367 | 0.119 | −0.172 |
| Cr | 0.784 | −0.448 | 0.028 | 0.165 |
| Hg | 0.47 | −0.231 | −0.338 | −0.17 |
| B | 0.231 | 0.736 | 0.054 | −0.025 |
| As | 0.779 | −0.078 | −0.235 | −0.074 |
| Cu | 0.873 | −0.196 | −0.14 | 0.022 |
| Zn | 0.875 | −0.076 | −0.175 | −0.052 |

续表 5-6

| 指标 | 主成分1 | 主成分2 | 主成分3 | 主成分4 |
|---|---|---|---|---|
| Br | 0.382 | 0.596 | −0.244 | 0.158 |
| Sc | 0.817 | −0.41 | −0.05 | 0.215 |
| Li | 0.641 | 0.464 | −0.214 | −0.019 |

本研究通过对比于田—若羌绿洲带4个地区不同土壤类型和地形地貌下的土壤元素(氧化物)特征，得出常量元素(氧化物)CaO、MgO、$Na_2O$、Ba、Zr、Sr和微量元素 I、Cr、Hg、B、As、Cu、Zn、Br、Sc、Li等16种土壤特征元素(氧化物)，使用 $t$ 检验法进行对比分析，并结合主成分分析法对其信息降维，进行可视化分析。研究结果表明其含量信息在各个地区有较为显著的差异，可以用于区分于田—若羌绿洲带4个地区不同土壤的特征。在对比筛选过程中，发现了一些含量特征差异显著和具有较明显差异的元素(氧化物)，将它们分别归类为重要参考指标和非必要参考指标，具体表现如下。

(1)在于田县与其他地区对比时，Cu、Zn、Cr、Hg等作为非必要参考指标；若羌县与其他地区对比时，Cu、Zn等作为非必要参考指标；且末县和其他地区对比时，Sc作为重要参考指标；B在各个地区之间差异性不高，将其列为非必要参考指标。

(2)土壤元素(氧化物)MgO、Zr和I含量在各地区都有显著差异，可将土壤元素(氧化物)MgO、Zr和I作为各地区对比时的重要参考指标。

(3)$Na_2O$的载荷与其他元素相反，其分布与其他元素(氧化物)存在较大差异，可将$Na_2O$作为于田县、民丰县和其他地区对比时的重要参考指标。

基于此结论，可将本研究所采集的土壤类型信息、地形地貌信息、地理坐标信息及特征元素信息等作为于田—若羌绿洲带土壤元素特征数据库建立的参考依据，进而为搜寻案件线索、圈定犯罪范围以及查找嫌疑人踪迹提供佐证依据，提高刑侦搜查效率。

## 5.4 稀土元素地球化学特征

稀土元素(rare earth element，REE)是土壤重要的组成部分，一定含量的稀土元素可以对农作物起到很好的作用，但是过量的稀土元素可能对人和动物产生毒性危害(丁士明等，2004；陈祖义等，2008)。稀土元素在土壤中的富集同时受到自然营力与人类活动的共同影响，多数学者都认为其含量与成土母岩具有高度相关性(王中刚，1989)，也有很多学者发现表层土壤的稀土元素含量与成土的地质作用、大气降尘有一定联系，深层土壤中的稀土元素含量可以反映其原始的沉积环境(王立军等，1997；黄成敏等，2000)。前人围绕塔里木盆地东南缘的土壤地球化学进行了很多工作和研究，在重金属的时空分布与风险评价上产生了很多认识(陈云飞等，2019；范薇等，2019)。虽然有部分学者作过稀土元素地球化学方面的分析，但主要面向成矿预测和造山带方向(张永生等，2007；温元凯，2018)，王丹等(2018)将且末地区作为中亚黄土风积区的一部分进行过稀土元素的比较研究，但对于绿洲区土地的稀土元素研究偏少，对于研究区还没有开展过系统的土壤稀土元素的地球化学研究。

### 5.4.1 土壤中 4 种稀土元素地球化学含量特征

研究区 4 种稀土元素的地球化学含量特征参数见表 5-7。剔除异常数据之后的浅层与深层的钪(Sc)、钇(Y)、镧(La)、铈(Ce)平均值均低于中国土壤平均值,其中 La 元素的含量偏低最多。浅层土壤与深层土壤中 4 种稀土元素的变异系数均小于 20%,基本属于均匀分布。从不同深度土壤的变异系数特点来看,Sc、La、Ce 元素的浅层土壤的变异系数大于深层土壤;Y 元素的深层土壤变异系数大于浅层土壤。在剔除异常值之后,Y、La 两种元素的浅层土壤值略高于深层土壤值,Sc、Ce 两种元素的深层土壤值略高于浅层土壤值,但是浅层土壤含量与深层土壤含量之间的差异性不大。

表 5-7 研究区绿洲土壤 4 种稀土元素地球化学含量特征

| 土壤层位 | 元素 | 样品数 | 最小值/($\mu g \cdot g^{-1}$) | 最大值/($\mu g \cdot g^{-1}$) | $\overline{X}$/($\mu g \cdot g^{-1}$) | S/($\mu g \cdot g^{-1}$) | CV/% | 数据类型 | 中国平均值/($\mu g \cdot g^{-1}$) |
|---|---|---|---|---|---|---|---|---|---|
| 浅层≤20 cm | Sc | 656 | 4.9 | 13 | 8.46 | 1.12 | 13.2 | 对数正态 | 11.1 |
| | | 550 | 7 | 9.9 | 8.43 | 0.75 | 8.9 | | |
| | Y | 656 | 12.6 | 29.4 | 20.72 | 2.33 | 11.2 | 对数正态 | 22.9 |
| | | 550 | 17.9 | 24.1 | 20.98 | 1.57 | 7.5 | | |
| | La | 656 | 14.2 | 38 | 26.05 | 3.36 | 12.9 | 对数正态 | 39.7 |
| | | 489 | 23.2 | 30 | 26.63 | 1.73 | 6.5 | | |
| | Ce | 656 | 28.3 | 78.4 | 50.21 | 6.11 | 12.2 | 对数正态 | 69.4 |
| | | 510 | 44.6 | 58.3 | 51.47 | 3.44 | 6.7 | | |
| 深层≥150 cm | Sc | 178 | 5.3 | 14.4 | 8.54 | 1.17 | 13.7 | 对数正态 | 11.1 |
| | | 104 | 8 | 9.2 | 8.59 | 0.33 | 3.8 | | |
| | Y | 178 | 12.6 | 27.8 | 20.29 | 2.72 | 13.4 | 对数正态 | 22.9 |
| | | 158 | 16.3 | 24.5 | 20.42 | 2.06 | 10.1 | | |
| | La | 178 | 15 | 38.9 | 25.58 | 3.05 | 11.9 | 对数正态 | 39.7 |
| | | 147 | 22.6 | 29 | 25.81 | 1.63 | 6.3 | | |
| | Ce | 178 | 31 | 79.1 | 51.61 | 6.1 | 11.8 | 对数正态 | 69.4 |
| | | 127 | 47.2 | 56.7 | 52.01 | 2.47 | 4.7 | | |

注:样本数和特征值栏中一个组分对应两组数据,其中上行数据为剔除异常值前的数据,下行数据为剔除异常值后的数据。

### 5.4.2 不同土壤成因类型下 4 种稀土元素含量特征

浅层土壤中 5 种不同的土壤成因类型下土壤稀土元素的平均含量见表 5-8。因为冲积洪积物绿洲区表层土壤样品只有 1 个,Sc 含量为 6.8 $\mu g/g$、Y 含量为 17.8 $\mu g/g$、La 含量为 19.6 $\mu g/g$、Ce 含量为 38.4 $\mu g/g$,没有变异系数,不具有对比分析价值,所以不进行对比分析。其他 4 种土壤成因中 Sc 的平均含量大小关系为沼泽沉积物>冲积物>洪积物>风积物，Sc 的变异系数关系大小为沼泽沉积物＞冲积物＞洪积物＞风积物；Y 的平均含量大小关系为沼泽沉积物＞冲积物＞洪积物＞风积物，Y 的变异系数关系大小为风积物＞洪积物＞冲积物＞沼泽沉积物；La 的平均含量大小关系为沼泽沉积物＞洪积物＞冲积物＞风积物，La 的变异系数关系大小为风积物＞洪积物＞冲积物＞沼泽沉积物；Ce 的平均含量大小关系为沼泽沉积物＞冲积物＞洪积物＞风积物，Ce 的变异系数关系大小为风积物＞洪积物＞冲积物＞沼泽沉积物。

表 5-8　不同土壤成因类型的绿洲区地表层土壤 4 种稀土元素的含量特征

| 土地成因 | 元素 | 样品数 | 最小值/($\mu g \cdot g^{-1}$) | 最大值/($\mu g \cdot g^{-1}$) | $\overline{X}$/($\mu g \cdot g^{-1}$) | $S$/($\mu g \cdot g^{-1}$) | CV/% | $M$/($\mu g \cdot g^{-1}$) |
|---|---|---|---|---|---|---|---|---|
| 冲积物 | Sc | 465 | 5.5 | 13 | 8.71 | 1.04 | 11.9 | 8.6 |
|  | Y | 465 | 14.2 | 29.4 | 21.03 | 2.09 | 9.9 | 21.2 |
|  | La | 465 | 15.1 | 38 | 26.59 | 2.81 | 10.6 | 26.7 |
|  | Ce | 465 | 30.9 | 78.4 | 51.29 | 5.28 | 10.3 | 51.7 |
| 风积物 | Sc | 168 | 4.9 | 10.9 | 7.81 | 1.13 | 14.5 | 7.9 |
|  | Y | 168 | 12.6 | 27.7 | 19.87 | 2.71 | 13.6 | 19.85 |
|  | La | 168 | 14.2 | 32.6 | 24.42 | 4.04 | 16.5 | 24.75 |
|  | Ce | 168 | 28.3 | 66.2 | 47.36 | 7.07 | 14.9 | 48.1 |
| 洪积物 | Sc | 19 | 7.1 | 9.7 | 8.19 | 0.71 | 8.7 | 8.2 |
|  | Y | 19 | 16.6 | 26.3 | 20.81 | 2.41 | 11.6 | 20.6 |
|  | La | 19 | 19.9 | 34.3 | 27.03 | 4.14 | 15.3 | 26.6 |
|  | Ce | 19 | 37.8 | 60.5 | 48.78 | 6.33 | 13 | 49.7 |
| 沼泽沉积物 | Sc | 3 | 8.7 | 9.6 | 9.1 | 0.37 | 4.1 | 9 |
|  | Y | 3 | 20.9 | 22.4 | 21.6 | 0.62 | 2.9 | 21.5 |
|  | La | 3 | 25.6 | 30 | 28.3 | 1.93 | 6.8 | 29.3 |
|  | Ce | 3 | 49.8 | 61.6 | 57.37 | 5.36 | 9.3 | 60.7 |
| 冲积洪积物 | Sc | 1 | — | — | 6.8 | — | — | — |
|  | Y | 1 | — | — | 17.8 | — | — | — |
|  | La | 1 | — | — | 19.6 | — | — | — |
|  | Ce | 1 | — | — | 38.4 | — | — | — |

## 5.4.3　不同土地利用类型下绿洲区表层土壤 4 种稀土元素的含量特征

研究区的土地利用类型比较复杂，有 16 种不同的土地利用类型，4 种稀土元素的平均含量对比浅层土壤中 16 种不同的土地利用类型下土壤稀土元素的平均含量见表 5-9。16 种土地利用类型中 Sc 的平均含量大小关系为高覆盖草地＞果园林地＞灌林地＞旱田＞水田＝河渠＞工业区＞水库、坑塘＞中覆盖草地＞滩涂地＞疏林地＞未利用地＞低覆盖草地＞沙滩地＞其他林地＞城镇居民点，Y 的平均含量大小关系为水库、坑塘＞水田＞工业区＞高覆盖草地＞中覆盖草地＞旱田＞滩涂地＞果园林地＞低覆盖草地＞灌林地＞其他林地＞疏林地＞

沙滩地＞河渠＞未利用地＞城镇居民点；La 的平均含量大小关系为水田＞水库、坑塘＞旱田＞高覆盖草地＞灌林地＞果园林地＞工业区＞滩涂地＞中覆盖草地＞河渠＞沙滩地＞低覆盖草地＞疏林地＞其他林地＞未利用地＞城镇居民点；Ce 的平均含量大小关系为水库、坑塘＞高覆盖草地＞灌林地＞果园林地＞滩涂地＞水田＞工业区＞旱田＞河渠＞中覆盖草地＞沙滩地＞疏林地＞低覆盖草地＞其他林地＞未利用地＞城镇居民点。

**表 5-9 不同土地利用类型下绿洲区表层土壤 4 种稀土元素的含量特征**

| 元素 | 水田($n=2$) | | 旱田($n=289$) | | 果园林地($n=107$) | | 灌林地($n=16$) | |
|---|---|---|---|---|---|---|---|---|
| | $\overline{X}/(\mu g \cdot g^{-1})$ | CV/% | $\overline{X}/(\mu g \cdot g^{-1})$ | CV/% | $\overline{X}/(\mu g \cdot g^{-1})$ | CV/% | $\overline{X}/(\mu g \cdot g^{-1})$ | CV/% |
| Sc | 8.35 | 2.5 | 8.66 | 10.6 | 9.06 | 12.5 | 9.01 | 16.9 |
| Y | 22.3 | 5.1 | 21.03 | 9 | 20.59 | 11.1 | 20.28 | 9.2 |
| La | 27.65 | 3.3 | 26.86 | 11.2 | 26.55 | 10.4 | 26.67 | 10.8 |
| Ce | 51.95 | 3.7 | 51.21 | 10.2 | 52.14 | 10.4 | 52.28 | 11.1 |

| 元素 | 疏林地($n=11$) | | 其他林地($n=5$) | | 高覆盖草地($n=11$) | | 中覆盖草地($n=79$) | |
|---|---|---|---|---|---|---|---|---|
| | $\overline{X}/(\mu g \cdot g^{-1})$ | CV/% | $\overline{X}/(\mu g \cdot g^{-1})$ | CV/% | $\overline{X}/(\mu g \cdot g^{-1})$ | CV/% | $\overline{X}/(\mu g \cdot g^{-1})$ | CV/% |
| Sc | 7.9 | 18.1 | 7.44 | 6.9 | 9.11 | 14.9 | 8.15 | 11.3 |
| Y | 19.39 | 13.5 | 19.96 | 6.3 | 21.92 | 7.6 | 21.19 | 11.9 |
| La | 23.65 | 17.8 | 23.32 | 16.3 | 26.69 | 4.8 | 25.36 | 11.8 |
| Ce | 47.964 | 18 | 45.72 | 15.6 | 52.66 | 5.9 | 48.68 | 11.5 |

| 元素 | 低覆盖草地($n=77$) | | 工业区($n=3$) | | 城镇居民点($n=2$) | | 滩涂地($n=10$) | |
|---|---|---|---|---|---|---|---|---|
| | $\overline{X}/(\mu g \cdot g^{-1})$ | CV/% | $\overline{X}/(\mu g \cdot g^{-1})$ | CV/% | $\overline{X}/(\mu g \cdot g^{-1})$ | CV/% | $\overline{X}/(\mu g \cdot g^{-1})$ | CV/% |
| Sc | 7.62 | 12.2 | 8.27 | 17.2 | 6.8 | 14.6 | 7.97 | 13.7 |
| Y | 20.52 | 14.3 | 22.1 | 1.6 | 16.45 | 4.7 | 21.03 | 12.9 |
| La | 24.28 | 16 | 26.33 | 7.2 | 21.75 | 23.7 | 26.25 | 19.9 |
| Ce | 46.77 | 14 | 51.87 | 6.7 | 43.8 | 22.6 | 52.02 | 19.7 |

| 元素 | 沙滩地($n=23$) | | 河渠($n=2$) | | 水库、坑塘($n=1$) | | 未利用地($n=18$) | |
|---|---|---|---|---|---|---|---|---|
| | $\overline{X}/(\mu g \cdot g^{-1})$ | CV/% | $\overline{X}/(\mu g \cdot g^{-1})$ | CV/% | $\overline{X}/(\mu g \cdot g^{-1})$ | CV/% | $\overline{X}/(\mu g \cdot g^{-1})$ | CV/% |
| Sc | 7.6 | 12.2 | 8.35 | 14.4 | 8.2 | — | 7.88 | 20.2 |
| Y | 19.02 | 15.5 | 18.8 | 0.8 | 23.3 | — | 18.12 | 11.8 |
| La | 25.01 | 17.2 | 25.25 | 4.8 | 27.1 | — | 23.23 | 17.6 |
| Ce | 48.03 | 16.1 | 49.95 | 10.3 | 52.8 | — | 45.32 | 17.2 |

## 5.4.4　4 种稀土元素含量与土壤常规理化指标的关系

选取分析的土壤常规理化指标中，$Al_2O_3$、$SiO_2$ 含量与成土母质有直接联系；$TFe_2O_3$ 含量与 Sc 这类亲氧的稀土元素含量相关；TOC 含量间接反映了土壤吸附能力，而 pH 值则直接影响稀土元素的分馏作用(符颖等，2014)。对浅层土壤与深层土壤 4 种稀土元素含量与土壤常规指标的相关系数分别进行计算，从结果可以看出(表 5-10、表 5-11)，浅层土壤与深层土壤中，4 种稀土元素含量之间的相关性密切，4 种稀土元素的含量与 $Al_2O_3$ 与

$TFe_2O_3$ 的含量都呈极显著相关；Sc、La、Ce 稀土元素与 pH 值呈明显负相关。浅层土壤中 4 种稀土元素与 $SiO_2$ 含量呈极显著负相关，与 TOC 含量呈极显著正相关。浅层土壤中的 Y 的含量与 $Al_2O_3$、$TFe_2O_3$ 含量呈极显著的负相关，深层土壤中的 Y 的含量与 $Al_2O_3$、$TFe_2O_3$ 含量则呈极显著的正相关。利用统计出的深层土壤与浅层土壤的含量平均值计算富集系数 $R$（表层土壤平均值/深层土壤平均值），计算得到 $R(Sc)$ 为 0.98，$R(Y)$ 为 1.03，$R(La)$ 为 1.03，$R(Ce)$ 为 0.99，富集系数均为相接近（0.9～1.1），这说明浅层土壤基本都继承了深层土壤的含量特征，稀土元素分馏作用表现较弱。根据土壤成因类型统计得到的数据，4 种表层稀土元素在沼泽沉积物中含量较高，这反映了水在稀土元素运移中发挥的载体作用，洪积物与冲积物土壤在表层土壤的分布和占比很大，是本区表层土壤稀土元素含量的主要贡献者，同时也反映本区表层土壤受河流的侵蚀搬运作用的影响强烈。4 种稀土元素在各类成因土壤中的变异系数均小于 20%，属于较均匀分布。风积物成因土壤稀土元素含量变异系数略高于其他成因，这主要是由风积作用自身地形、地面物质和水分多重因素影响的特点决定的，同时反映了本区表层土壤是风积作用和河流沉积作用的综合产物。

表 5-10 浅层土壤 4 种稀土元素含量与土壤常规理化指标的相关系数（$n=656$）

| 指标 | Sc | Y | La | Ce | TOC | $Al_2O_3$ | $SiO_2$ | $TFe_2O_3$ | pH 值 |
| --- | --- | --- | --- | --- | --- | --- | --- | --- | --- |
| Sc | 1 | 0.460** | 0.675** | 0.786** | 0.665** | 0.549** | −0.396** | 0.956** | −0.121** |
| Y | | 1 | 0.535** | 0.518** | 0.277** | −0.158** | −0.593** | −0.405** | −0.013 |
| La | | | 1 | 0.809** | 0.389** | 0.266** | −0.291** | 0.665** | −0.097* |
| Ce | | | | 1 | 0.440** | 0.319** | −0.296** | 0.741** | −0.094* |
| TOC | | | | | 1 | −0.388** | −0.395** | 0.702** | −0.191** |
| $Al_2O_3$ | | | | | | 1 | 0.376** | 0.602** | −0.146 |
| $SiO_2$ | | | | | | | 1 | −0.361** | 0.004 |
| $TFe_2O_3$ | | | | | | | | 1 | −0.116** |
| pH 值 | | | | | | | | | 1 |

注：** 表示极显著相关（$P \leqslant 0.01$），* 表示显著相关（$0.01 < P \leqslant 0.05$）。

表 5-11 深层土壤 4 种稀土元素含量与土壤常规理化指标的相关系数（$n=178$）

| 指标 | Sc | Y | La | Ce | TOC | $Al_2O_3$ | $SiO_2$ | $TFe_2O_3$ | pH 值 |
| --- | --- | --- | --- | --- | --- | --- | --- | --- | --- |
| Sc | 1 | 0.466** | 0.733** | 0.759** | 0.346** | 0.556** | −0.475** | 0.960** | −0.203** |
| Y | | 1 | 0.730** | 0.634** | −0.1 | 0.357** | −0.096 | 0.408** | −0.186* |
| La | | | 1 | 0.963 | 0.159* | 0.330** | −0.310** | 0.685** | −0.242** |
| Ce | | | | 1 | 0.257** | 0.291** | −0.327** | 0.701** | −0.286** |
| TOC | | | | | 1 | −0.107 | −0.506** | 0.387** | −0.227** |
| $Al_2O_3$ | | | | | | 1 | 0.300** | 0.534** | 0.051 |
| $SiO_2$ | | | | | | | 1 | −0.526** | 0.293** |
| $TFe_2O_3$ | | | | | | | | 1 | −0.216** |
| pH 值 | | | | | | | | | 1 |

注：** 表示极显著相关（$P < 0.01$），* 表示显著相关（$0.01 < P \leqslant 0.05$）。

土壤利用类型统计得到的数据显示，La、Y、Ce 的含量在水库、坑塘，高覆盖草地，灌林地较高，在其他林地、未利用地和城镇居民点较低。这反映了表层土壤的稀土元素含量亦受到人为活动与自然活动的双重影响，且人为影响较小。浅层土壤与深层土壤 4 种稀土元素含量与土壤常量理化指标的相关系数计算结果表明，浅层土壤与深层土壤中的 4 种稀土元素含量之间相关性强，这反映了稀土元素物理化学性质的相似性；浅层土壤和深层土壤中 4 种稀土元素的含量与 $SiO_2$ 含量呈显著的负相关，这说明富含石英的成土母岩在风化过程中很难产生稀土元素，同时富含石英的砂质土壤很难吸附和固结稀土元素；浅层土壤和深层土壤中 4 种稀土元素的含量与 $Al_2O_3$ 含量显著相关，这说明含有稀土元素的母岩中可能也富含云母、长石、高岭石这类造岩矿物；Sc、La 和 Ce 含量与 TOC 含量和 $TFe_2O_3$ 含量显著正相关，反映了有机质与铁锰氧化物对稀土元素的吸附特性；浅层土壤中的 Y 的含量与 $Al_2O_3$、$TFe_2O_3$ 含量呈极显著的负相关，这可能与 Y 对氧具有极高的亲和力有关。4 种稀土元素含量与 pH 值呈负相关性，反映了在碱性条件下，稀土元素可能形成氢氧化物胶体，土壤稀土元素的含量可能随 pH 值的增高而降低。

前人总结了稀土元素吸持、迁移的特点，发现土壤中的稀土含量与成土母质、气候条件以及土壤中有机质含量、黏粒组分等其他因素有很多联系（唐南奇，2002；周国华等，2002）。母岩经过复杂的地质作用最终形成土壤的过程，化学成分、矿物组分都发生了变化，在这些物理作用和化学作用中，稀土元素也随之发生分馏，部分稀土元素富集、部分稀土元素匮乏。前人对全国各地的稀土元素含量进行过统计，云南、江西、厦门、贵州、广西的团黏粒含量和有机质含量比较高，稀土总量较高；青海、内蒙古、甘肃等地土壤质地较粗，稀土总量较低；我国稀土元素的含量在全国范围呈从南到北逐渐减少的分布趋势（冉勇等，1994）。研究区统计得到的浅层土壤和深层土壤 4 种稀土元素的含量平均值均低于中国土壤平均值，这说明研究区的稀土元素并不富集，主要原因可能是研究区干燥少雨的气候和碱性的土壤环境，当 pH 值＞8 时，稀土元素可能形成氢氧化物胶体而沉淀，干燥少雨的气候也不利于稀土元素的解吸和搬运，这些因素相互影响，共同造成了土壤中 4 种稀土元素含量值偏低。冲积物是在流动的水体中以机械方式沉积的碎屑物，一般发育在河流的中下游，分选性较好，磨圆度较好，成层性较清楚，具韵律性及流水成因的沉积构造。相比之下风积物的颗粒细小，几乎没有层理，磨圆很差但是分选性很好，堆积地点主要由地形和风力共同决定。研究区表层土壤样品中，土壤成因类型为冲积物与风积物的数量占比最大，这客观反映了研究区表层土壤的成土母质的多源性和搬运动力的多样性。

研究区内土地利用类型很多，Ce 与 Y 的平均含量最大值出现在水库、坑塘这种土地利用类型的土壤中，La 的平均含量最大值出现在土地利用类型为水田的土壤中，土壤成因类型统计显示 4 种表层稀土元素在沼泽沉积物中含量都较高，这都客观反映了水对稀土元素含量的影响（冯晓静等，2019）。水中溶解态的稀土元素含量是很低的，相比较来说悬浮物中稀土元素的含量很高，水系沉积物与悬浮物的稀土含量相近，而两者含量主要受流域岩石风化与土壤物理侵蚀产物的影响。因此研究区内的土壤中 4 种稀土元素的含量可能是多个成土母质来源经过流水和风的多次搬运的结果。

在表生环境下岩石风化与土壤形成的过程中，各种造岩矿物也在发生变化，石英抗风化能力很强，其碎屑物随流水和风搬运的过程中，成分基本不改变，仍然以 $SiO_2$ 为主；而长石类矿物和云母类矿物较容易风化，形成富含 $Al_2O_3$ 的黏土类矿物；碳酸盐岩风化过程中会形成大量的碳，岩石风化表面往往呈黄褐色，富含大量的铁，因此成土母质为碳酸盐岩风化物的土壤中 TOC 和 $TFe_2O_3$ 含量与成土母质具有直接关系，而 $SiO_2$ 与 $Al_2O_3$ 的含量又对土壤 pH 值有一定影响。研究区内浅层土壤与深层土壤中 4 种稀土元素含量与 $Al_2O_3$、$SiO_2$、$TFe_2O_3$、TOC 含量之间有着显著的相关性，且研究区 4 种稀土元素富集系数为 0.9~1.1，变异系数均小于 20%，人为活动影响并不强烈，因此推断，土壤中的 4 种稀土元素的含量应该与成土母质及其搬运形式有很大关系。

研究区内取样点的土壤成因类型统计中，冲积物的数量最多，因此研究区内的部分土壤母质可能来源于上游岩层的风化剥蚀物，南部阿尔金山裸露的石炭纪和二叠纪灰岩、砂岩、白云母片岩、英安岩等岩石的松散风化物受到河流的侵蚀搬运作用，会形成大量的松散物质，这些物质也是研究区土壤中稀土元素最初来源。

在研究区内取样点的土壤成因类型统计中，风积物的数量次之，这说明研究区内土壤中元素的含量受到风积作用的影响也很大。对比前人在相邻地区的土壤地球化学研究成果，研究区 La、Ce 轻稀土元素的含量特征介于风积黄土和砂质表土之间，但是与风积砂和降尘有较大差别，结合研究区地表土壤成因以冲积物和风积物为主且稀土元素分馏作用表现较弱的特点，这说明研究区土壤中的稀土元素含量在继承母岩的同时也接受了外源风积物的补给。但研究区 La、Ce 轻稀土元素的含量与邻区砂质表土相近，这说明研究区内成土母质存在原地风化的可能。因此推测本区的稀土地球化学含量特征是在干燥少雨的气候条件下，由多个物源区的物质，经历多次流水与风的搬运，在多次物理分选与多种地质作用的综合影响下形成的。

# 第6章 土地环境质量评价

在农用地表层土壤污染风险评价方面,我国是世界上土壤资源利用强度最大的国家之一,由于化学工业生产、重金属农药、污水灌溉和化肥施用等广泛的重金属污染来源,土壤重金属污染日益严重,土壤中重金属含量直接影响土壤环境质量。重金属的种类及其在土壤中含量不同,对农作物产量和品质的影响也不同。土壤中的重金属元素等通过土壤在农作物中富集,经过食物链最终危害人体健康。因此,开展土壤环境质量评价,对于防止土壤和农产品重金属污染,保障人们的身体健康具有重要意义。

本章对研究区土壤主要化学元素进行含量统计分析及土壤环境地球化学评价,查明土壤环境质量现状,同时也评价了红枣种植地土壤环境质量和污染状况,为当地红枣等特色农产品质量安全和林果业可持续发展提供科学依据,为新疆其他农产品产地土壤重金属环境质量评价提供范例。

## 6.1 农用地表层土壤污染风险评价

### 6.1.1 评价标准

评价标准为《土壤环境质量 农用地土壤污染风险管控标准(试行)》(GB 15618—2018),见表6-1。研究区农用地土壤pH值均大于7.5,选用pH值>7.5的限值。

表6-1 农用地表层土壤污染风险评价标准　　　　　　　　　　　　单位:mg/kg

| 项目 | Cd | Hg | As | Pb | Cr | Cu | Ni | Zn |
|---|---|---|---|---|---|---|---|---|
| 风险筛选值 | 0.6 | 3.4 | 25 | 170 | 250 | 100 | 190 | 300 |

### 6.1.2 评价方法

通过单因子指数法评价单一污染物对土壤的污染程度,评价采用最新颁布的、2018年8月1日起实施的《土壤环境质量 农用地土壤污染风险管控标准(试行)》(GB 15618—2018)中的农用地土壤污染风险筛选值作为评价标准;内梅罗综合指数法是一种通过单因子污染指数得出综合污染指数的方法,该方法能够综合反映多种污染物对土壤的污染状况程度。

单因子指数法的计算公式为

$$P_i = C_i / S_i \tag{6-1}$$

式中,$P_i$为污染物$i$的单因子指数,若$P_i<1.0$,表示土壤未受到人为污染,若$P_i \geq 1.0$,

表示受到人为污染;$C_i$ 为污染物 $i$ 的实测含量,mg/kg;$S_i$ 为污染物 $i$ 的评价标准,采用《土壤环境质量 农用地土壤污染风险管控标准(试行)》风险筛选值(选用 pH 值>7.5 的限值),mg/kg。

内梅罗综合指数法的计算公式为

$$P=\sqrt{\frac{(P_{i(\text{ave})})^2+(P_{i(\text{max})})^2}{2}} \qquad (6-2)$$

式中,$P$ 为土壤综合污染指数;$P_{i(\text{ave})}$ 为土壤元素中污染指数的平均值;$P_{i(\text{max})}$ 为土壤元素中污染指数的最大值。土壤综合污染程度的分级标准见表 6-2。

表 6-2 土壤综合污染程度的分级标准

| 污染等级 | 1 | 2 | 3 | 4 | 5 |
| --- | --- | --- | --- | --- | --- |
| 综合污染指数 | <0.7 | 0.7~1.0 | 1.0~2.0 | 2.0~3.0 | >3.0 |
| 污染程度 | 安全 | 警戒 | 轻污染 | 中污染 | 重污染 |

## 6.1.3 评价结果

由研究区东部地区农田土壤重(类)金属单因子指数和内梅罗综合指数评价结果(表 6-3)和农用地表层土壤污染风险评价分区图(图 6-1)可知:

(1)在于田县 774 个农田土壤取样点中,单因子指数($P_i$)大于 1.0 的取样点有 3 个(占 0.4%),项目为 As,其余项目的单因子指数($P_i$)均小于 1.0,表明只有 As 在研究区土壤中存在富集现象。各项重(类)金属单因子污染指数均值由高到低依次为 As>Cd>Cr>Cu>Zn>Ni>Pb>Hg。内梅罗综合指数评价结果表明,土壤中 As 的内梅罗综合指数为 1.15,属于轻污染状态,土壤中其余各项重(类)金属元素的内梅罗综合指数在 0.02~0.35 之间,属于安全状态。

表 6-3 农田土壤重(类)金属单因子指数和内梅罗综合指数评价结果

| 县域 | 项目 | 超标率/% | 单因子指数 | | | 内梅罗综合指数($P$) | 污染程度 |
| --- | --- | --- | --- | --- | --- | --- | --- |
| | | | 最大值 | 最小值 | 平均值 | | |
| 于田县($n=774$) | Cd | 0 | 0.45 | 0.12 | 0.22 | 0.35 | 安全 |
| | Hg | 0 | 0.02 | 0 | 0.01 | 0.02 | 安全 |
| | As | 0.4 | 1.58 | 0.16 | 0.40 | 1.15 | 轻污染 |
| | Pb | 0 | 0.17 | 0.07 | 0.10 | 0.14 | 安全 |
| | Cr | 0 | 0.39 | 0.11 | 0.20 | 0.31 | 安全 |
| | Cu | 0 | 0.36 | 0.12 | 0.19 | 0.28 | 安全 |
| | Ni | 0 | 0.35 | 0.09 | 0.13 | 0.27 | 安全 |
| | Zn | 0 | 0.31 | 0.12 | 0.18 | 0.26 | 安全 |

续表 6-3

| 县域 | 项目 | 超标率/% | 单因子指数 | | | 内梅罗综合指数($P$) | 污染程度 |
|---|---|---|---|---|---|---|---|
| | | | 最大值 | 最小值 | 平均值 | | |
| 民丰县($n=85$) | Cd | 0 | 0.35 | 0.13 | 0.23 | 0.30 | 安全 |
| | Hg | 0 | 0.02 | 0 | 0.01 | 0.02 | 安全 |
| | As | 0 | 0.64 | 0.26 | 0.38 | 0.53 | 安全 |
| | Pb | 0 | 0.13 | 0.08 | 0.10 | 0.11 | 安全 |
| | Cr | 0 | 0.38 | 0.15 | 0.22 | 0.31 | 安全 |
| | Cu | 0 | 0.40 | 0.16 | 0.21 | 0.32 | 安全 |
| | Ni | 0 | 0.25 | 0.10 | 0.15 | 0.21 | 安全 |
| | Zn | 0 | 0.31 | 0.14 | 0.19 | 0.26 | 安全 |
| 且末县($n=755$) | Cd | 0 | 0.67 | 0.07 | 0.19 | 0.49 | 安全 |
| | Hg | 0 | 0.02 | 0 | 0.01 | 0.01 | 安全 |
| | As | 0.3 | 1.26 | 0.14 | 0.39 | 0.94 | 警戒 |
| | Pb | 0 | 0.16 | 0.07 | 0.10 | 0.13 | 安全 |
| | Cr | 0 | 0.28 | 0.08 | 0.17 | 0.23 | 安全 |
| | Cu | 0 | 0.30 | 0.08 | 0.16 | 0.24 | 安全 |
| | Ni | 0 | 0.18 | 0.06 | 0.11 | 0.15 | 安全 |
| | Zn | 0 | 0.32 | 0.09 | 0.17 | 0.25 | 安全 |
| 若羌县($n=147$) | Cd | 0 | 0.35 | 0.05 | 0.21 | 0.29 | 安全 |
| | Hg | 0 | 0.06 | 0 | 0 | 0.04 | 安全 |
| | As | 0 | 0.66 | 0.12 | 0.37 | 0.54 | 安全 |
| | Pb | 0 | 0.13 | 0.05 | 0.09 | 0.11 | 安全 |
| | Cr | 0 | 0.43 | 0.06 | 0.22 | 0.34 | 安全 |
| | Cu | 0 | 0.50 | 0.09 | 0.22 | 0.38 | 安全 |
| | Ni | 0 | 0.23 | 0.06 | 0.12 | 0.19 | 安全 |
| | Zn | 0 | 0.30 | 0.11 | 0.19 | 0.25 | 安全 |
| 36团($n=89$) | Cd | 0 | 0.32 | 0.05 | 0.18 | 0.26 | 安全 |
| | Hg | 0 | 0.01 | 0 | 0 | 0.01 | 安全 |
| | As | 0 | 0.75 | 0.18 | 0.39 | 0.60 | 安全 |
| | Pb | 0 | 0.15 | 0.06 | 0.08 | 0.12 | 安全 |
| | Cr | 0 | 0.32 | 0.08 | 0.19 | 0.26 | 安全 |
| | Cu | 0 | 0.33 | 0.10 | 0.19 | 0.26 | 安全 |
| | Ni | 0 | 0.19 | 0.06 | 0.11 | 0.16 | 安全 |
| | Zn | 0 | 0.29 | 0.10 | 0.18 | 0.24 | 安全 |

# 第6章 土地环境质量评价

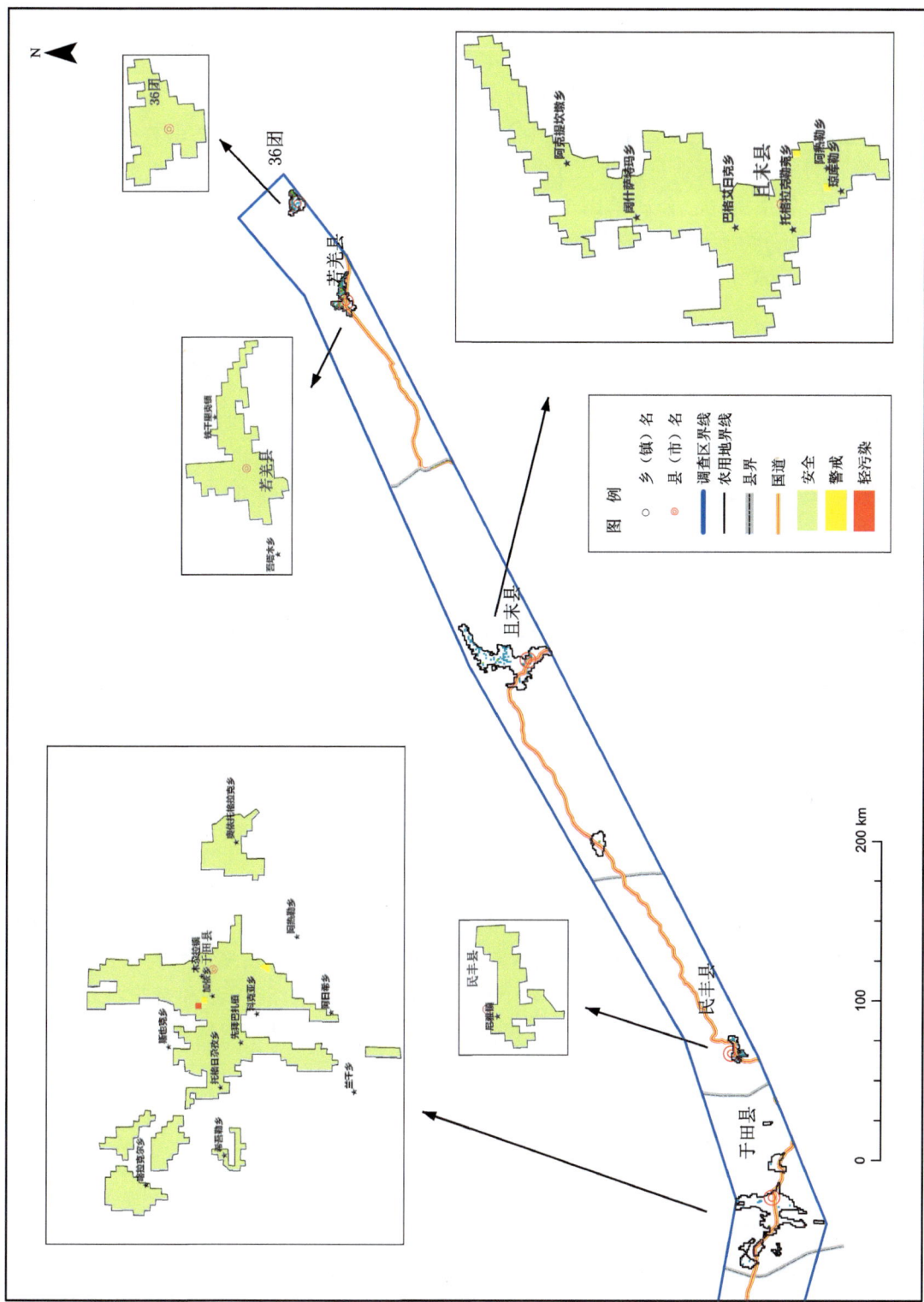

图 6-1 东部地区农用地表层土壤污染风险评价分布

(2)在民丰县85个农田土壤取样点中,无单因子指数($P_i$)大于1.0的点,表明各项重(类)金属元素在研究区土壤中不存在富集现象,各项重(类)金属单因子污染指数均值由高到低依次为As>Cd>Cr>Cu>Zn>Ni>Pb>Hg。内梅罗综合指数评价结果表明,土壤中各项重(类)金属元素的内梅罗综合指数在0.02~0.53之间,属于安全状态。

(3)在且末县755个农田土壤取样点中,单因子指数($P_i$)大于1.0的取样点有2个(占0.3%),项目为As,其余项目的单因子指数($P_i$)均小于1.0,表明只有As在研究区土壤中存在富集现象。各项重(类)金属单因子污染指数均值由高到低依次为As>Cd>Zn=Cr>Cu>Ni>Pb>Hg。内梅罗综合指数评价结果表明,土壤中As的内梅罗综合指数为0.94,属于警戒状态,土壤中其余各项重(类)金属元素的内梅罗综合指数在0.01~0.49之间,属于安全状态。

(4)在若羌县147个农田土壤取样点中,无单因子指数($P_i$)大于1.0的点,表明各项重(类)金属元素在研究区土壤中不存在富集现象,各项重(类)金属单因子污染指数均值由高到低依次为As>Cu=Cr>Cd>Zn>Ni>Pb>Hg。内梅罗综合指数评价结果表明,土壤中各项重(类)金属元素的内梅罗综合指数在0.01~0.94之间,属于安全状态。

(5)在36团89个农田土壤取样点中,无单因子指数($P_i$)大于1.0的点,表明各项重(类)金属元素在研究区土壤中不存在富集现象,各项重(类)金属单因子污染指数均值由高到低依次为As>Cu=Cr>Cd>Zn>Ni>Pb>Hg。内梅罗综合指数评价结果表明,土壤中各项重(类)金属元素的内梅罗综合指数在0.01~0.6之间,属于安全状态。

综上所述,东部地区农用地表层土壤总体呈现安全状态,于田县和且末县存在As超《土壤环境质量 农用地土壤污染风险管控标准(试行)》风险筛选值的采样点,为警戒和轻污染状态,呈点状分布,在土壤中存在富集现象,土壤可能受到人为污染。

## 6.2 研究区红枣产地土壤重(类)金属污染现状

土壤中的重(类)金属元素主要有具有生物毒性显著的Hg、Cd、Pb、As等元素,也包括有一定毒性的Zn、Cu、Cr、Ni等常见元素。新疆36团、若羌县和且末县是研究区灰枣的主要种植基地之一。随着若羌—且末地区红枣产业的逐渐扩大与发展,农药以及化肥的广泛使用会导致土壤环境退化,土地生产率下降。因此对36团、若羌县和且末县的土壤重(类)金属污染现状进行评价具有重要的意义,针对土壤改善提出建议,能保证土地的良好质量和可持续利用。

### 6.2.1 新疆36团土壤重(类)金属污染现状

#### 6.2.1.1 评价方法

鉴于前人的研究成果,本书主要采用地累积指数法对研究区土壤进行重(类)金属污染现状评价,并以新疆土壤背景值为参比值。地累积指数($I_{geo}$)不仅考虑地质过程对背景值的影响,而且也将人为活动对重(类)金属污染的影响列入考虑范围内。计算公式为

$$I_{\text{geo}}=\log_2[C_n/(1.5\times B_n)] \tag{6-3}$$

式中，$I_{\text{geo}}$为地积累指数；$C_n$为土壤中元素含量的实际测量值；$B_n$为土壤元素的背景值。本书中土壤元素背景值以新疆土壤元素背景值作为参考。地积累指数法的分级标准有5个等级，分别为：Ⅰ级，$I_{\text{geo}}\leqslant 0$，为无污染；Ⅱ级，$0<I_{\text{geo}}\leqslant 1$，为轻度污染；Ⅲ级，$1<I_{\text{geo}}\leqslant 2$，为中度污染；Ⅳ级，$2<I_{\text{geo}}\leqslant 3$，为重度污染；Ⅴ级，$3<I_{\text{geo}}\leqslant 4$，为强度污染。

#### 6.2.1.2 新疆36团土壤重（类）金属污染现状评价结果

(1) 浅层土壤重（类）金属污染现状评价结果。

地累积指数法的计算结果如表6-4所示。从重（类）金属不同污染级别样本数占样本总数的比例来看，污染指数均处于无污染等级及轻度污染等级，处于无污染的等级占绝大部分比例。其中重金属元素Pb、Hg所有样本都属于无污染等级；As、Zn、Ni、Cd 4种重（类）金属元素处于无污染等级的样本所占比例分别为98.85%、97.70%、96.55%和96.55%，处于轻度污染等级的样本所占比例分别为1.15%、2.30%、3.45%和3.45%，由此可知研究区这4种重（类）金属元素绝大部分处于无污染等级；重金属元素Cr、Cu处于无污染等级所占比例分别为94.25%和91.95%，处于轻度污染等级的样本所占比例分别为5.75%和8.05%。从以上分析可知研究区浅层土壤中的重（类）金属元素污染程度较轻，环境较为清洁。

表6-4 浅层土壤不同污染级别（$I_{\text{geo}}$）样本数占样本总数的比例

| 重（类）金属 | 等级 | 均值 | 不同污染级别样本数占比 | | | | |
|---|---|---|---|---|---|---|---|
| | | | 无 | 轻度 | 中度 | 重度 | 强度 |
| Cr | Ⅰ | 46.82 | 94.25% | 5.75% | 0 | 0 | 0 |
| Hg | Ⅰ | 14.37 | 100.00% | 0 | 0 | 0 | 0 |
| Ni | Ⅰ | 20.37 | 96.55% | 3.45% | 0 | 0 | 0 |
| Pb | Ⅰ | 13.90 | 100.00% | 0 | 0 | 0 | 0 |
| As | Ⅰ | 9.72 | 98.85% | 1.15% | 0 | 0 | 0 |
| Cu | Ⅰ | 18.57 | 91.95% | 8.05% | 0 | 0 | 0 |
| Zn | Ⅰ | 53.79 | 97.70% | 2.30% | 0 | 0 | 0 |
| Cd | Ⅰ | 0.11 | 96.55% | 3.45% | 0 | 0 | 0 |

浅层土壤中8种重（类）金属污染不严重，其中Hg、Pb两种重（类）金属均处于一级环境标准—无污染等级下，其余6种重（类）金属在研究区分布中绝大部分面积的土壤处于无污染等级，只有小面积的土壤处于轻度污染等级（图6-2）。Cr、Ni、As、Cu和Cd这5种重（类）金属均在研究区西北部有小面积的轻度污染等级的土壤，表明该区受人为因素干扰严重，有重（类）金属超标现象。浅层土壤中有小面积轻度污染等级的Zn分布在研究区中心部分，而其余部分均为无污染等级的土壤。总体来说，重（类）金属污染程度在研究区浅层土壤很低，绝大部分面积的土壤处于无污染等级状态，土壤环境质量良好。

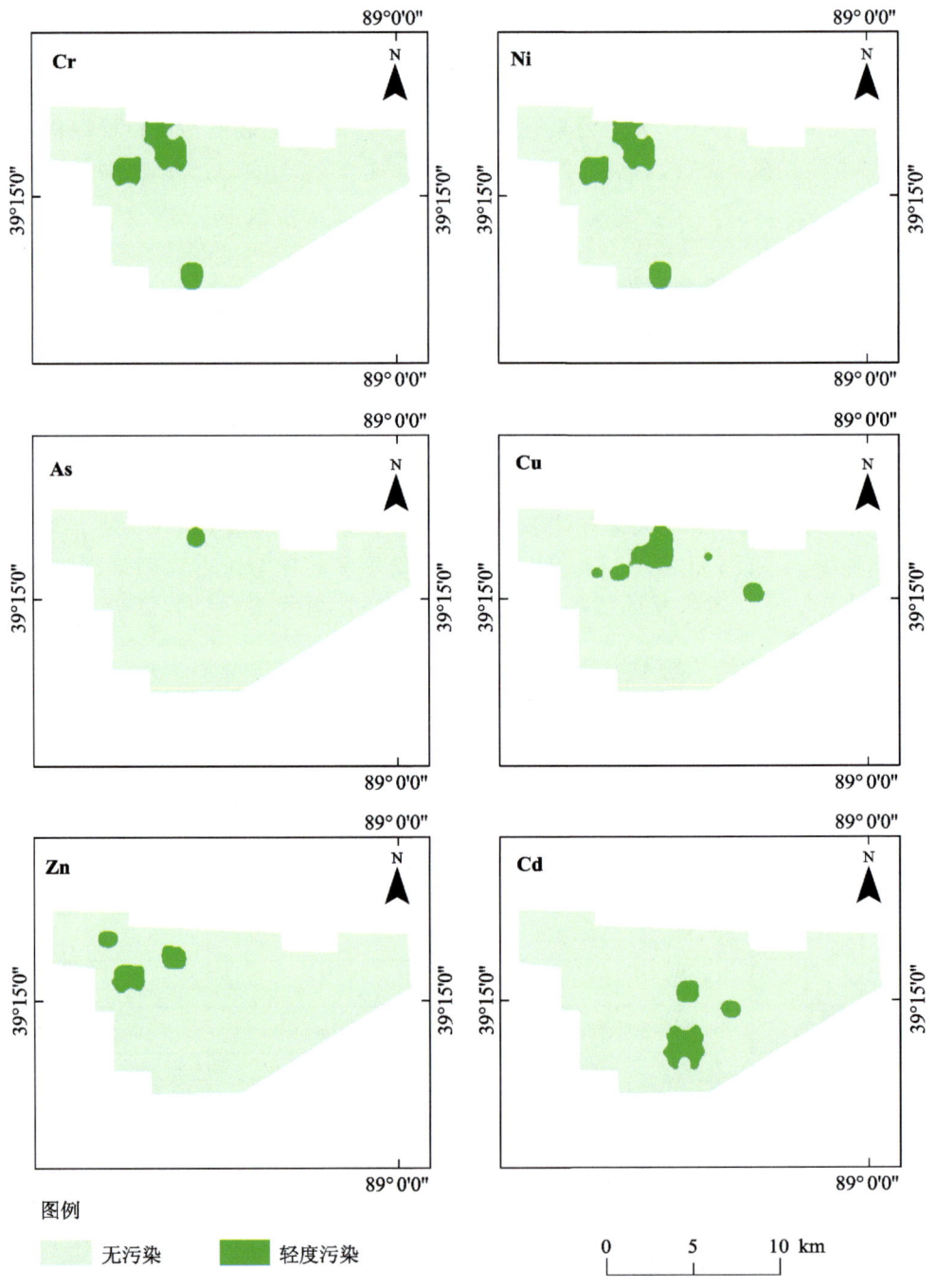

图 6-2 浅层土壤中 6 种重金属污染现状等级图

(2)深层土壤重(类)金属污染现状评价结果。

36 团深层土壤重金属含量如表 6-5 所示。研究区深层土壤中 6 种重金属均处于无污染等级，Cr、As 两元素无污染采样点占总体的 90.91% 和 95.45%，轻度污染等级采样点占 9.09% 和 4.55%。综上所述研究区深层土壤总体呈现无污染等级状态，土壤环境良好。

表 6-5 深层土壤不同污染级别（$I_{geo}$）样本数占样本总数的比例

| 重(类)金属 | 等级 | 均值 | 不同污染级别样本数占比 | | | | |
|---|---|---|---|---|---|---|---|
| | | | 无 | 轻度 | 中度 | 重度 | 强度 |
| Cr | I | 45.18 | 90.91% | 9.09% | 0 | 0 | 0 |
| Hg | I | 12.15 | 100.00% | 0 | 0 | 0 | 0 |
| Ni | I | 0.35 | 100.00% | 0 | 0 | 0 | 0 |
| Pb | I | 13.04 | 100.00% | 0 | 0 | 0 | 0 |
| As | I | 8.91 | 95.45% | 4.55% | 0 | 0 | 0 |
| Cu | I | 16.72 | 100.00% | 0 | 0 | 0 | 0 |
| Zn | I | 45.78 | 100.00% | 0 | 0 | 0 | 0 |
| Cd | I | 0.09 | 100.00% | 0 | 0 | 0 | 0 |

## 6.2.2 新疆若羌县土壤重(类)金属污染现状

### 6.2.2.1 评价方法

采用单因子指数法和综合污染指数法评价农田土壤重(类)金属污染状况。单因子指数法以土壤元素背景值(基准值)为评价标准来评价某种重(类)金属元素的累积污染程度，可以反映单一污染物的污染程度；综合污染指数法是一种通过单因子污染指数得出综合污染指数的方法，能够较全面地评判污染区受多种重(类)金属的污染程度。评价标准采用《土壤环境质量 农用地土壤污染风险管控标准(试行)》农用地土壤污染风险筛选值(pH值>7.5)。土壤污染指数分为5个等级，见表6-2。

### 6.2.2.2 新疆若羌县浅层土壤重(类)金属污染现状评价结果

对447个土壤点位样品的检测结果进行分析，若羌县农业区及非农业区各污染物指标评价结果分别见表6-6和表6-7。8项指标中Cr、Hg、Pb、Cu、Zn、Cd 6项均在标准范围内，达标率为100%。447个采样点中共有4个样点存在超标，超标率为0.9%。

若羌县农业区土壤147个采样点中Cr、Hg、Pb、As、Cu、Zn、Cd无污染；只有1个Ni超标样点，超标率为0.7%，污染程度达到警戒限；非农业区土壤300个采样点中有1个Ni超标样点，2个As超标样点，超标率分别为0.3%和0.7%，污染程度均达到警戒限，其余元素含量均处于安全级别，表明土壤总体未受到这8种元素污染。从表6-6和表6-7可以看出，若羌县土壤中8项指标平均值均为农业区高于非农业区。

从土地利用类型来看，研究区林果地土壤点位超标率为0.9%，覆盖面积为1 km²，耕地土壤和草地土壤均无超标点。2014年4月环境保护部与国土资源部发布的《全国土壤污染状况调查公报》和2015年6月中国地质调查局发布的《中国耕地地球化学调查报告》显示，全国土壤总点位超标率是16.1%，耕地、林地和草地土壤点位超标率分别为19.4%、10.0%和10.4%。重金属中—重度污染或超标的点位比例为2.5%，覆盖面积为2.325 3×10⁴ km²；轻微—轻度污染或超标的点位比例为5.7%，覆盖面积为5.266 0×10⁴ km²。由此得出若羌

表 6-6 若羌县农业区土壤污染物评价统计表

| 项目 | 平均值/<br>(mg·kg$^{-1}$) | 最大值/<br>(mg·kg$^{-1}$) | 最小值/<br>(mg·kg$^{-1}$) | $P_i \leqslant 0.7$ 样点数/个 | $0.7 < P_i \leqslant 1.0$ 样点数/个 | 超标率/% |
|---|---|---|---|---|---|---|
| Cr | 53.98 | 107 | 16.1 | 147 | 0 | 0.0 |
| Hg | 12.87 | 202 | 6.5 | 147 | 0 | 0.0 |
| Ni | 23.59 | 44.5 | 11.1 | 146 | 1 | 0.7 |
| Pb | 15.39 | 22.5 | 8.4 | 147 | 0 | 0.0 |
| As | 9.37 | 16.6 | 3.1 | 147 | 0 | 0.0 |
| Cu | 21.97 | 49.5 | 8.5 | 147 | 0 | 0.0 |
| Zn | 57.86 | 88.7 | 32.4 | 147 | 0 | 0.0 |
| Cd | 0.13 | 0.21 | 0.03 | 147 | 0 | 0.0 |

注：总样本数 147 个。

表 6-7 若羌县非农业区土壤污染物评价统计表

| 项目 | 平均值/<br>(mg·kg$^{-1}$) | 最大值/<br>(mg·kg$^{-1}$) | 最小值/<br>(mg·kg$^{-1}$) | $P_i \leqslant 0.7$ 样点数/个 | $0.7 < P_i \leqslant 1.0$ 样点数/个 | 超标率/% |
|---|---|---|---|---|---|---|
| Cr | 40.54 | 81.3 | 10.4 | 300 | 0 | 0.0 |
| Hg | 11.48 | 40.6 | 7.1 | 300 | 0 | 0.0 |
| Ni | 18.53 | 44 | 7.9 | 299 | 1 | 0.3 |
| Pb | 14.67 | 28.6 | 7.2 | 300 | 0 | 0.0 |
| As | 7.94 | 18.4 | 3.3 | 298 | 2 | 0.7 |
| Cu | 15.23 | 46.9 | 8.4 | 300 | 0 | 0.0 |
| Zn | 48 | 86.4 | 24.2 | 300 | 0 | 0.0 |
| Cd | 0.1 | 0.24 | 0.03 | 300 | 0 | 0.0 |

注：总样本数 300 个。

县土壤重(类)金属环境质量优于全国水平。

农田表层土壤单项污染指数 $P_i$ 平均值为 0.93，变化范围为 0.64~1.09，污染程度由高到低依次为 Cr＞Cd＞Ni＞As＞Zn＞Cu＞Pb＞Hg，147 组表层土壤综合污染指数 $P_z$ 平均值为 1.11，污染程度属于轻污染等级；农田深层土壤单项污染指数 $P_i$ 平均值为 0.51，变化范围为 0.12~0.81，污染程度由高到低依次为 Cr＞Pb＞Ni＞Cu＞As＞Zn＞Cd＞Hg，7 组深层土壤综合污染指数 $P_z$ 平均值为 0.73，污染程度属于警戒等级，说明研究区农田表层土壤受重(类)金属污染程度高于深层土壤。

由于研究区农田表层土壤受重(类)金属污染程度高于深层土壤，且深层土壤重(类)金属的污染程度仅为警戒等级，因此本节仅对表层土壤重(类)金属来源进行分析。相关性分析和因子分析常用来进行来源分析。

重(类)金属间的相关系数可表明其来源途径的相似程度，一般重(类)金属间相关系数较高的具有依存关系，有相似的来源途径。由表 6-8 可知，Hg 与 Cr、Pb、Cd、Ni、As 相关性弱，Pb 与 Cr、Cd、Cu、Zn 相关性弱，均未达到显著水平，其余 6 种重(类)金属两两之间均达到显著或极显著正相关，表明研究区农田表层土壤中这 6 种重(类)金属来源相似；Cr、Cd、Cu、Zn、Ni、As 与土壤有机质(SOM)之间为极显著正相关，表明这些元素可能来源于成土母质，而 Hg 和 Pb 为其他来源。

表 6-8　农田表层土壤重(类)金属各元素含量间的相关系数矩阵

| 组分 | pH 值 | SOM | Cr | Pb | Cd | Cu | Zn | Ni | As | Hg |
|---|---|---|---|---|---|---|---|---|---|---|
| pH 值 | 1 | | | | | | | | | |
| SOM | 0.186* | 1 | | | | | | | | |
| Cr | 0.337** | 0.512** | 1 | | | | | | | |
| Pb | −0.03 | −0.163* | −0.136 | 1 | | | | | | |
| Cd | 0.128 | 0.481** | 0.638** | −0.029 | 1 | | | | | |
| Cu | 0.271** | 0.594** | 0.940** | −0.157 | 0.692** | 1 | | | | |
| Zn | 0.002 | 0.576** | 0.715** | −0.118 | 0.781** | 0.809** | 1 | | | |
| Ni | 0.240** | 0.619** | 0.912** | −0.218 | 0.776** | 0.953** | 0.861** | 1 | | |
| As | 0.132 | 0.626** | 0.710** | −0.237** | 0.756** | 0.811** | 0.856** | 0.882** | 1 | |
| Hg | −0.153 | 0.075 | 0.142 | −0.06 | 0.105 | 0.164* | 0.177* | 0.159 | 0.115 | 1 |

因子分析是将多个实测的变量简化为较少变量的方法，可以用来进一步判别土壤中重(类)金属的来源。书中对农田表层土壤的 8 种重(类)金属进行因子分析，其中因子提取方法采用主成分分析法，提取的 2 个因子解释了总方差的 76.53%。因子 1 主要包括 Cr、Cd、Cu、Zn、Ni、As 等(表 6-9)，这些元素与土壤有机质显著相关(表 6-8)，说明成土母质对这 6 种重(类)金属含量的影响很大，因此将因子 1 作为"自然源因子"。因子 2 主要包括 Pb 和 Hg，前人研究表明 Pb 主要来源于含铅废水灌溉、有机肥施用及汽车尾气排放等复合污染源；Hg 主要来源于燃煤造成的大气沉降、含汞农药和有机肥施用及污水灌溉等，故将因子 2 作为"人为源因子"。

表 6-9　因子负荷

| 元素 | 旋转变换前因子 | | 旋转变换后因子 | | 元素 | 旋转变换前因子 | | 旋转变换后因子 | |
|---|---|---|---|---|---|---|---|---|---|
| | 1 | 2 | 1 | 2 | | 1 | 2 | 1 | 2 |
| Cr | 0.895 | 0.04 | 0.888 | 0.121 | Zn | 0.912 | 0.067 | 0.909 | 0.098 |
| Pb | −0.206 | 0.823 | −0.055 | −0.846 | Ni | 0.982 | −0.003 | 0.966 | 0.18 |
| Cd | 0.833 | 0.202 | 0.855 | −0.049 | As | 0.914 | −0.013 | 0.897 | 0.177 |
| Cu | 0.949 | 0.027 | 0.938 | 0.144 | Hg | 0.196 | −0.539 | 0.096 | 0.566 |

## 6.2.3　新疆且末县土壤重(类)金属污染现状

在单因子污染指数法评价的基础上，常结合内梅罗综合污染指数法对土壤重(类)金属环境质量进行深度评价，该方法能更加全面地反映多种污染物的整体污染水平。

单因子污染指数评价结果(表 6-10)表明，研究区不同重(类)金属元素的单因子污染指数均值大小依次为 As>Cd>Zn=Cr>Cu>Ni>Pb>Hg，其中 As 元素污染严重，采样点中 As 的超标率最高(为 0.3%)，超标率由高到低依次为 As>Zn=Cd=Cr=Cu=Ni=Pb=Hg。内梅罗综合指数均值表明，632 组采样点污染程度属于安全，其中污染程度为安全的样点数占 99.7%，污染程度为警戒的样点数占 0.3%；从污染评价分级结果来看，农田土壤内梅罗综合指数最大值为 0.926，最小值为 0.117，平均值为 0.324。

表 6-10　且末县农用地土壤 8 种重(类)金属元素污染评价结果

| 项目 | 单因子污染指数 | | | | | | | | 内梅罗综合指数 |
|---|---|---|---|---|---|---|---|---|---|
| | Cd | Hg | As | Pb | Cr | Cu | Ni | Zn | |
| 最大值/(mg·kg$^{-1}$) | 0.667 | 0.019 | 1.264 | 0.161 | 0.283 | 0.299 | 0.179 | 0.316 | 0.926 |
| 最小值/(mg·kg$^{-1}$) | 0.067 | 0.003 | 0.14 | 0.069 | 0.079 | 0.081 | 0.058 | 0.089 | 0.117 |
| 平均值/(mg·kg$^{-1}$) | 0.191 | 0.006 | 0.411 | 0.099 | 0.172 | 0.164 | 0.109 | 0.172 | 0.324 |
| 超标率/% | 0 | 0 | 0.3 | 0 | 0 | 0 | 0 | 0 | 0 |

## 6.3　地下水环境质量与污染评价

### 6.3.1　评价方法

根据熵权的贝叶斯水质评价法(EWQI)评价水质。采用 EWQI 对水质指标的熵值进行计算，当指标熵值越小时，离散程度越大，其权重越大，以此可以削弱权重计算过程中的主观影响，故该方法客观性较强。通过 EWQI 确定评价指标的权重，将地下水水质数据转化为可以代表水质状况的值(刘楠等，2024)，并根据表 6-11 对水质进行等级划分。

表 6-11　EWQI 水质分级

| EWQI | 等级 | 级别描述 |
|---|---|---|
| <25 | Ⅰ | 极好 |
| 25～50 | Ⅱ | 好 |
| 50～100 | Ⅲ | 中等 |
| 100～150 | Ⅳ | 差 |
| >150 | Ⅴ | 极差 |

(1) 建立无机指标浓度矩阵 $X$，由式(6-4)对矩阵 $X$ 进行标准化处理得到矩阵 $Y$ 的矩阵元素 $y_{ij}$：

$$y_{ij}=\frac{(x_{ij})_{\max}-x_{ij}}{(x_{ij})_{\max}-(x_{ij})_{\min}}+0.0001 \tag{6-4}$$

(2) 由式(6-5)计算获得概率矩阵 $P$ 的矩阵元素 $p_{ij}$：

$$p_{ij}=\frac{y_{ij}}{\sum_{i=1}^{m}y_{ij}} \tag{6-5}$$

(3) 由式(6-6)和式(6-7)分别对指标 $j$ 的信息熵和熵权进行计算：

$$e_j = -\frac{p_{ij} \times \ln p_{ij}}{\ln m} \quad (6-6)$$

$$W_j = \frac{1-e_j}{\sum_{j=1}^{n}(1-e_j)} \quad (6-7)$$

式中，$m$ 为样本个数；$n$ 为无机指标个数。

(4) 由式(6-8)计算各指标的定量分级数 $q_{ij}$：

$$q_{ij} = \frac{C_{ij}}{S_j} \times 100 \quad (6-8)$$

(5) 由式(6-9)计算 EWQI 值：

$$\text{EWQI} = \sum_{j=1}^{n}\left(W_j \frac{C_{ij}}{S_j} \times 100\right) \quad (6-9)$$

式中，$n$ 为地下水指标数；$W_j$ 为第 $j$ 个指标的评估参数权重；$C_{ij}$ 为地下水第 $j$ 个指标的实测浓度，mg/L；$S_j$ 为指标 $j$ 相对应的标准离子浓度，mg/L。

### 6.3.2 评价结果

根据评价指标，首先对研究区 160 组地下水数据进行熵权计算，得出 11 个水质指标对整体水质的贡献率，其中 $K^+$、$Na^+$、$Ca^{2+}$、$Mg^{2+}$、$Cl^-$、$SO_4^{2-}$、$HCO_3^-$、$F^-$、pH 值、TDS 和 TH 的贡献率分别为 11.85%、12.46%、5.69%、10.99%、12.58%、10.42%、5.68%、4.17%、11.71%、10.27% 和 4.19%。将《地下水质量标准》(GB/T 14848—2017) 中各指标限值及 WHO 饮用水水质标准进行处理，得到模型评价指标的标准值，对数据进行贝叶斯水质评价法计算，并结合各指标熵权值得到各点先验概率，最大先验概率对应的水质等级即为该点的水质等级。经分析计算得出(表 6-12)，研究区地下水Ⅱ类水占采样总体的 9.4%，Ⅲ类水占 26.2%，Ⅳ类水占 21.3%，Ⅴ类水占比最多，为 43.1%，未得到评价结果为Ⅰ类水的样品，图 6-3 反映出研究区Ⅳ类、Ⅴ类水主要以片状分布于于田县西部、民丰县与且末县接壤处和且末县中部，以条带状分布于若羌县。根据《地下水质量标准》(GB/T 14848—2017)，Ⅰ类和Ⅱ类水为适合各种用途的水，Ⅲ类水代表基本适用的水，Ⅳ类水则为需要适当处理后才可以饮用的水，而Ⅴ类水则表示不适合饮用的水。由此说明研究区地下水水体总体偏差，须查明主控因素。

表 6-12 研究区地下水水质评价结果表

| 编号 | 县域 | EWQI | 水质等级 | 编号 | 县域 | EWQI | 水质等级 |
| --- | --- | --- | --- | --- | --- | --- | --- |
| S1 | 于田县 | 161.05 | Ⅴ | S81 | 且末县 | 30.8 | Ⅱ |
| S2 | 于田县 | 706.16 | Ⅴ | S82 | 且末县 | 2 129.74 | Ⅴ |
| S3 | 于田县 | 774.08 | Ⅴ | S83 | 且末县 | 2 129.74 | Ⅴ |
| S4 | 于田县 | 71.06 | Ⅲ | S84 | 且末县 | 39.57 | Ⅱ |
| S5 | 于田县 | 129.36 | Ⅳ | S85 | 且末县 | 47.19 | Ⅱ |

续表 6-12

| 编号 | 县域 | EWQI | 水质等级 | 编号 | 县域 | EWQI | 水质等级 |
|---|---|---|---|---|---|---|---|
| S6 | 于田县 | 243.59 | V | S86 | 且末县 | 104.15 | IV |
| S7 | 于田县 | 286.63 | V | S87 | 且末县 | 104.15 | IV |
| S8 | 于田县 | 403.67 | V | S88 | 且末县 | 118.66 | IV |
| S9 | 于田县 | 115.71 | IV | S89 | 且末县 | 1 111.13 | V |
| S10 | 于田县 | 30.08 | II | S90 | 且末县 | 95.11 | III |
| S11 | 于田县 | 51.41 | III | S91 | 且末县 | 83.04 | III |
| S12 | 于田县 | 193.06 | V | S92 | 且末县 | 82.15 | III |
| S13 | 于田县 | 171.5 | V | S93 | 且末县 | 94.56 | III |
| S14 | 于田县 | 148.52 | IV | S94 | 且末县 | 94.97 | III |
| S15 | 于田县 | 142.62 | IV | S95 | 且末县 | 120.21 | IV |
| S16 | 于田县 | 104.73 | IV | S96 | 且末县 | 73.48 | III |
| S17 | 于田县 | 220.93 | V | S97 | 且末县 | 79.73 | III |
| S18 | 于田县 | 215.27 | V | S98 | 且末县 | 89.91 | III |
| S19 | 于田县 | 88.27 | III | S99 | 且末县 | 237.23 | V |
| S20 | 于田县 | 203.45 | V | S100 | 且末县 | 178 | V |
| S21 | 于田县 | 67.57 | III | S101 | 且末县 | 51.28 | III |
| S22 | 于田县 | 103.25 | IV | S102 | 且末县 | 52.85 | III |
| S23 | 于田县 | 48.91 | II | S103 | 且末县 | 844.5 | V |
| S24 | 于田县 | 357.93 | V | S104 | 且末县 | 50.43 | III |
| S25 | 于田县 | 76.01 | III | S105 | 且末县 | 332.87 | V |
| S26 | 于田县 | 116.2 | IV | S106 | 且末县 | 151.58 | V |
| S27 | 于田县 | 52.22 | III | S107 | 且末县 | 1 531.55 | V |
| S28 | 于田县 | 52.44 | III | S108 | 且末县 | 586.71 | V |
| S29 | 于田县 | 107.93 | IV | S109 | 若羌县 | 716.53 | V |
| S30 | 于田县 | 83.8 | III | S110 | 且末县 | 127.62 | IV |
| S31 | 于田县 | 79.71 | III | S111 | 且末县 | 211.92 | V |
| S32 | 于田县 | 82.8 | III | S112 | 且末县 | 36.1 | II |
| S33 | 民丰县 | 40.66 | II | S113 | 若羌县 | 106.02 | IV |
| S34 | 民丰县 | 58.26 | III | S114 | 若羌县 | 203.02 | V |
| S35 | 民丰县 | 137.01 | IV | S115 | 若羌县 | 123.71 | IV |
| S36 | 民丰县 | 98.82 | III | S116 | 若羌县 | 45.99 | II |
| S37 | 民丰县 | 56.95 | III | S117 | 若羌县 | 115.67 | IV |
| S38 | 民丰县 | 71.43 | III | S118 | 若羌县 | 4 111.59 | V |
| S39 | 民丰县 | 98.08 | III | S119 | 若羌县 | 107.05 | IV |
| S40 | 民丰县 | 56.32 | III | S120 | 若羌县 | 84.31 | III |
| S41 | 民丰县 | 94.64 | III | S121 | 若羌县 | 98.56 | III |

续表 6-12

| 编号 | 县域 | EWQI | 水质等级 | 编号 | 县域 | EWQI | 水质等级 |
|---|---|---|---|---|---|---|---|
| S42 | 民丰县 | 47.56 | Ⅱ | S122 | 若羌县 | 200.88 | Ⅴ |
| S43 | 民丰县 | 198.72 | Ⅴ | S123 | 若羌县 | 5 075.08 | Ⅴ |
| S44 | 民丰县 | 1 365.28 | Ⅴ | S124 | 若羌县 | 15 549.62 | Ⅴ |
| S45 | 民丰县 | 186.23 | Ⅴ | S125 | 若羌县 | 97 | Ⅲ |
| S46 | 民丰县 | 459.94 | Ⅴ | S126 | 若羌县 | 103.76 | Ⅳ |
| S47 | 民丰县 | 97.65 | Ⅲ | S127 | 若羌县 | 82.88 | Ⅲ |
| S48 | 民丰县 | 378.03 | Ⅴ | S128 | 若羌县 | 116.26 | Ⅳ |
| S49 | 民丰县 | 841.2 | Ⅴ | S129 | 若羌县 | 532.12 | Ⅴ |
| S50 | 民丰县 | 214.44 | Ⅴ | S130 | 若羌县 | 205.63 | Ⅴ |
| S51 | 民丰县 | 72.96 | Ⅲ | S131 | 若羌县 | 580.93 | Ⅴ |
| S52 | 民丰县 | 99.85 | Ⅲ | S132 | 若羌县 | 69.53 | Ⅲ |
| S53 | 民丰县 | 253.29 | Ⅴ | S133 | 若羌县 | 133.02 | Ⅳ |
| S54 | 民丰县 | 47.58 | Ⅱ | S134 | 若羌县 | 133.85 | Ⅳ |
| S55 | 民丰县 | 46.54 | Ⅱ | S135 | 若羌县 | 151.21 | Ⅴ |
| S56 | 民丰县 | 2 135.48 | Ⅴ | S136 | 若羌县 | 136.79 | Ⅳ |
| S57 | 民丰县 | 34.55 | Ⅱ | S137 | 若羌县 | 8 226.86 | Ⅴ |
| S58 | 民丰县 | 1 851.33 | Ⅴ | S138 | 若羌县 | 468.94 | Ⅴ |
| S59 | 民丰县 | 143.32 | Ⅳ | S139 | 若羌县 | 116.29 | Ⅳ |
| S60 | 民丰县 | 128.8 | Ⅳ | S140 | 若羌县 | 1 449.95 | Ⅴ |
| S61 | 民丰县 | 122.75 | Ⅳ | S141 | 若羌县 | 15 260.65 | Ⅴ |
| S62 | 民丰县 | 124.47 | Ⅳ | S142 | 若羌县 | 79.69 | Ⅲ |
| S63 | 民丰县 | 1 349.9 | Ⅴ | S143 | 若羌县 | 126.32 | Ⅳ |
| S64 | 民丰县 | 91.4 | Ⅲ | S144 | 若羌县 | 286.82 | Ⅴ |
| S65 | 民丰县 | 2 782.19 | Ⅴ | S145 | 若羌县 | 35 504.84 | Ⅴ |
| S66 | 民丰县 | 76.14 | Ⅲ | S146 | 若羌县 | 14 475.57 | Ⅴ |
| S67 | 民丰县 | 146.45 | Ⅳ | S147 | 若羌县 | 3 721.35 | Ⅴ |
| S68 | 民丰县 | 150.08 | Ⅴ | S148 | 若羌县 | 14 628.47 | Ⅴ |
| S69 | 民丰县 | 60.95 | Ⅲ | S149 | 若羌县 | 6 976.31 | Ⅴ |
| S70 | 民丰县 | 195.5 | Ⅴ | S150 | 若羌县 | 27 505.72 | Ⅴ |
| S71 | 民丰县 | 3 134.22 | Ⅴ | S151 | 若羌县 | 2 552.65 | Ⅴ |
| S72 | 民丰县 | 156.95 | Ⅴ | S152 | 若羌县 | 177.09 | Ⅴ |
| S73 | 民丰县 | 148.35 | Ⅳ | S153 | 若羌县 | 14 974.36 | Ⅴ |
| S74 | 民丰县 | 226.71 | Ⅴ | S154 | 若羌县 | 134.82 | Ⅳ |
| S75 | 且末县 | 37.88 | Ⅱ | S155 | 若羌县 | 72.79 | Ⅲ |
| S76 | 且末县 | 37.87 | Ⅱ | S156 | 若羌县 | 76.43 | Ⅲ |
| S77 | 且末县 | 192.21 | Ⅴ | S157 | 若羌县 | 15 081.89 | Ⅴ |
| S78 | 且末县 | 192.21 | Ⅴ | S158 | 若羌县 | 127.99 | Ⅳ |
| S79 | 且末县 | 209.61 | Ⅴ | S159 | 若羌县 | 14 945.14 | Ⅴ |

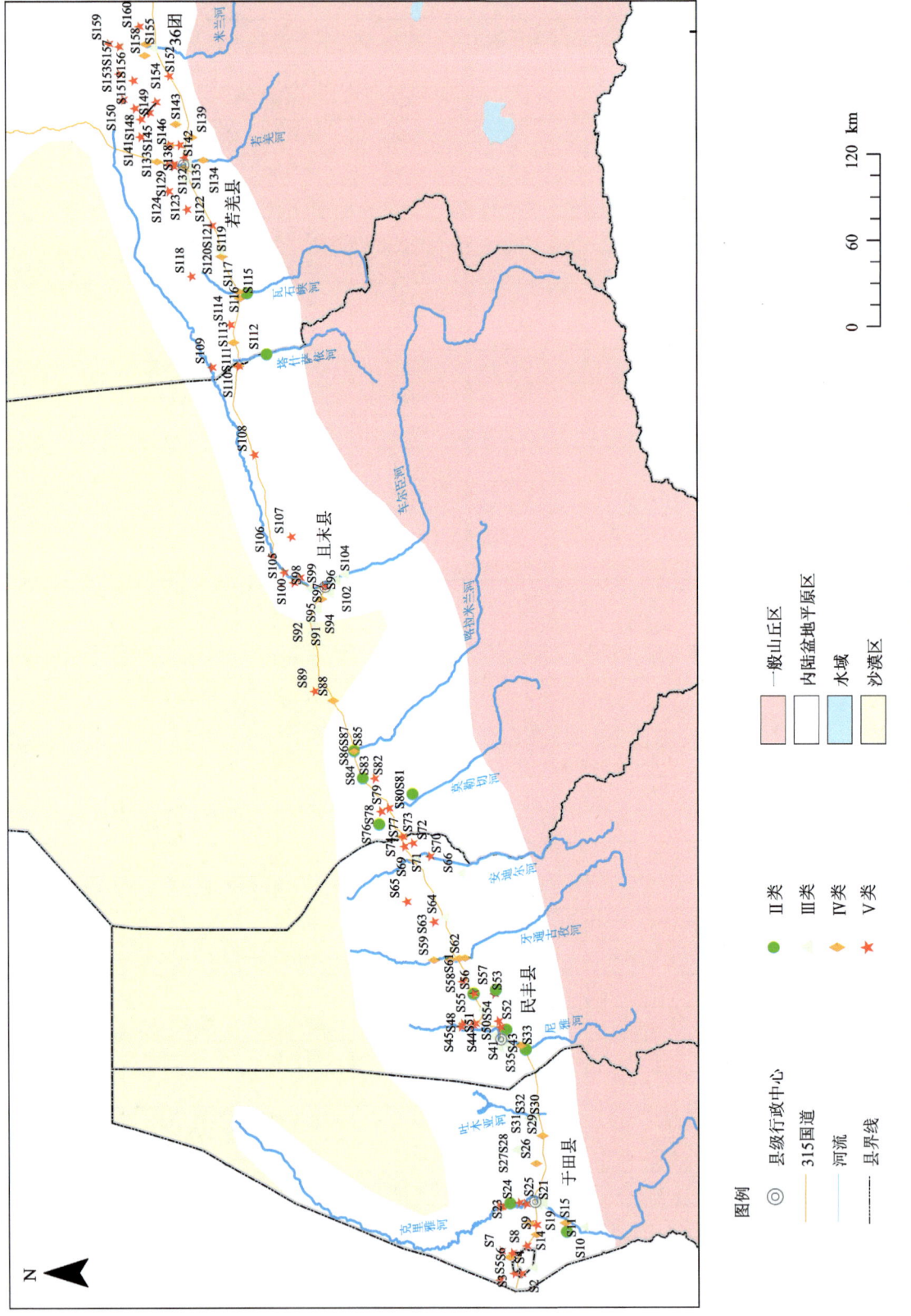

图 6-3 研究区地下水质量分布图

## 6.4 红枣种植园土壤肥力评价

### 6.4.1 土壤肥力指标相关性研究

本书通过相关性分析来研究土壤 pH 值、有机质、CEC 分别与全氮、全磷、全钾的含量之间的相关关系(表 6-13)。由表 6-13 得知,研究区土壤 pH 值与全磷成显著负相关,与全氮和全钾的含量无明显相关关系;土壤有机质、CEC 与全氮成极显著正相关,说明土壤 N 的富集受土壤有机质、CEC 影响较大;土壤有机质、CEC 与全磷、全钾无明显相关关系;此外,土壤有机质和 CEC 成极显著正相关。

表 6-13 土壤肥力指标间的相关性

| 指标 | pH 值 | 有机质 | CEC | 全氮 | 全磷 | 全钾 |
| --- | --- | --- | --- | --- | --- | --- |
| pH 值 | 1.000 | −0.214 | −0.107 | −0.120 | −0.260* | −0.045 |
| 有机质 | | 1.000 | 0.676** | 0.696** | 0.200 | 0.229 |
| CEC | | | 1.000 | 0.358** | 0.240 | 0.186 |
| 全氮 | | | | 1.000 | 0.217 | 0.103 |
| 全磷 | | | | | 1.000 | 0.161 |
| 全钾 | | | | | | 1.000 |

注:* 表示呈显著相关($0.01 \leqslant P < 0.05$),** 表示呈极显著相关($0.05 \leqslant P < 0.01$)。

### 6.4.2 基于改进的内梅罗土壤综合肥力评价

利用改进的内梅罗综合土壤肥力评价法,选取土壤 pH 值、有机质、CEC、全氮、全磷、全钾 6 个指标对研究区土壤肥力进行定量化的综合评价(表 6-14)。由表 6-14 得知,研究区总体土壤肥力为Ⅲ级,各县域土壤综合肥力系数($F$)大小顺序:民丰县(0.96)>若羌县(0.95)>且末县(0.93)>36 团(0.83)。

表 6-14 研究区土壤肥力内梅罗综合指数

| 区域 | 分肥力系数 $F_i$ | | | | | | 综合土壤肥力($F$) | 土壤肥力分级 |
| --- | --- | --- | --- | --- | --- | --- | --- | --- |
| | pH 值 | 有机质 | CEC | 全氮 | 全磷 | 全钾 | | |
| 民丰县 | 1.28 | 1.08 | 1.02 | 0.95 | 1.86 | 1.82 | 0.96 | Ⅲ |
| 且末县 | 1.03 | 1.10 | 1.08 | 0.86 | 1.71 | 2.11 | 0.93 | Ⅲ |
| 若羌县 | 1.13 | 1.07 | 1.14 | 0.88 | 1.99 | 1.93 | 0.95 | Ⅲ |
| 36 团 | 1.17 | 0.93 | 1.20 | 0.66 | 1.59 | 1.89 | 0.83 | Ⅳ |
| 全部取样点 | 1.13 | 1.06 | 1.12 | 0.84 | 1.83 | 1.94 | 0.92 | Ⅲ |

### 6.4.3　土壤质量状况及肥料选择

#### 6.4.3.1　土壤质量现状及存在问题

土壤化学特征的描述在一定程度上体现了土壤质量的整体状况，对各肥力指标的含量特征进行分析，并结合近年研究结果(王利娜等，2022；2023)得知：研究区各县存在土壤 pH 值过高的情况，其土壤盐碱化严重；从各县土壤 CEC 水平来看，土壤 CEC 较低，保水和保肥能力较差；与前人研究相似，土壤有机质、土全氮含量在研究区属于较为缺乏的水平，等级分别为Ⅳ～Ⅴ级和Ⅳ～Ⅵ级，说明研究区土壤有机质和全氮缺乏的问题尚未得到较好的改善；全磷和全钾含量等级分别为Ⅰ～Ⅳ级和Ⅱ～Ⅲ级，较为适宜，需对其采取合理的管理措施。

变异系数是衡量离散程度的标准，可以反映外界对土壤化学组成的影响程度(王婕等，2020)。由各肥力指标的变异性得知，研究区总体土壤 pH 值呈弱变异性，说明其土壤过碱可能是一个普遍性的问题；总体土壤有机质、CEC、全氮、全磷和全钾为中等变异，可能受外界因素影响，分布较为不均匀，其中土壤 CEC、全氮和全磷变异系数均为 25.0% 左右，说明土壤 CEC、全氮和全磷受外界影响比较相似，可能具有相似来源(王岩等，2013)。

土壤 pH 值、有机质和 CEC 是土壤重要的理化参数，其含量与土壤养分含量可能有着密切关系(田伟等，2020)，由本书相关性分析得知，研究区土壤 pH 值与全磷呈显著负相关，说明当土壤 pH 值升高时，影响了土壤全磷的形态分布，使得全磷含量呈现下降趋势(郭雄飞，2019)；土壤有机质、CEC 与全氮呈极显著正相关，土壤有机质、CEC 对土壤 N 的富集影响较大，且可能具有相同的来源(姚智等，2016；李永福等，2021)；另外，土壤有机质和 CEC 呈极显著正相关，说明土壤有机质含量的提高有益于提高土壤保水和保肥能力，具体体现在有机质是疏松多孔的亲水胶体，对水分和阳离子有较强的吸持能力，进而提高土壤保水和保肥能力(杨崛园等，2022)。

根据上述分析与讨论，研究区土壤质量存在以下问题：研究区土壤 pH 值过高且普遍分布于研究区，枣树虽然是耐碱性植物，但土壤 pH 值过高，依然会对土壤肥力及作物生长造成不良影响；研究区土壤 CEC 及有机质、全氮的含量水平较低，土壤 CEC 及有机质含量水平低不利于土壤对水分和阳离子的吸持，削弱了土壤保水和保肥能力，进而可能对 N 的富集造成了影响。

#### 6.4.3.2　肥料选择

研究区土壤 pH 值过高，CEC 及有机质、全氮等含量较低，可能造成其土壤养分活化度降低，养分流失较快，建议在肥料选择上，可以适当增施有机肥料和菌肥，从而提高土壤保水和保肥能力，利于土壤 N 富集，除此之外，还应注重配施磷酸二铵、过磷酸钙、硫酸钾等生理酸性肥料，调整土壤 pH 值(吴小芳等，2021；陈红玉等，2022)。

### 6.4.4 土壤肥力状况及土壤养分管理

土壤肥力水平是由众多理化性质和养分共同决定的综合指标,它是衡量土壤质量和作物生长潜力的重要标准,直接影响着作物的生长状况。在农业生产中,提高土壤肥力质量是促进作物生长的关键措施之一。根据土壤综合肥力评价,得知研究区总体土壤肥力为中等水平,各县综合土壤肥力系数 $F$ 变化范围为 0.83~0.96,未发现土壤 pH 值、有机质、CEC 和全氮的分肥力系数($F_i$)达到肥沃水平的区域,其中最小分肥力系数($F_i$)均为全氮,且只有分肥力全氮的 $F_i$ 出现小于 0.9 的情况,其余分肥力皆大于 0.9,全氮并未达到其余分肥力的平均水平。根据前人研究(周伟等,2018),推断全氮是限制土壤综合肥力的主要因子。因此,根据上述讨论和相关性分析中土壤有机质、CEC 与全氮呈极显著相关,在塔里木盆地东南缘红枣种植园的施肥过程中,建议注意土壤酸碱度的改良,并通过适当补施氮肥等养分来改善土壤肥力。

监测红枣种植园土壤肥力状况,查明主控因素,并提供科学合理的改良方案是促进土壤质量提升和红枣品质提高的重要手段。因此,优化果园土壤养分管理,减少土壤养分流失尤为重要(Kai et al.,2021)。塔里木盆地东南缘红枣种植园土壤分肥力系数 $F_i$ 处于中等水平(Ⅲ级),因此在土壤养分管理中,要加强其Ⅲ级水平的土壤管理,努力将其改良为Ⅰ、Ⅱ级水平;另外,根据实际情况,对于Ⅳ级水平的土壤中一些已经不适宜种植的园区,因地制宜实施"还林还草"等措施。

## 6.5 水土质量综合评价

### 6.5.1 评价方法

运用模糊层次分析法(FAHP)(姬东朝等,2006)建立水土质量综合评价体系,用软件计算各项系数并进行检验,方法如下。

采用层次法由上到下构建指标体系,分别为目标层、方面层和基底层,同层级 $n$ 个指标的模糊互判断矩阵($\boldsymbol{R}$)表达式为

$$\boldsymbol{R} = \begin{bmatrix} r_{11} & r_{12} & \cdots & r_{1n} \\ r_{21} & r_{22} & \cdots & r_{2n} \\ \vdots & \vdots & & \vdots \\ r_{n1} & r_{n2} & \cdots & r_{nn} \end{bmatrix} \tag{6-10}$$

根据目标层和基底层模糊互判断矩阵($\boldsymbol{R}$)计算同层级 $n$ 个指标在本层级的相对权重向量 $\boldsymbol{W}=(w_1, w_2, \cdots, w_n)$,并做一致性检验,$\rho<0.1$,则认为通过一致性检验。$w_i$ 计算表达式为

$$w_i = \frac{\sum_{j=1}^{n} r_{ij} + \frac{n}{2} - 1}{n(n-1)}, \quad i=1, 2, \cdots, n \tag{6-11}$$

式中，$r_{ij}$ 为模糊判断矩阵 $\boldsymbol{R}$ 的元素。

用绝对隶属和模糊隶属两种方式对基底层指标隶属度等级进行评判，计算出基底层的隶属度矩阵 $\boldsymbol{Q}=(q_1, q_2, \cdots, q_n)$，而后计算出方面层模糊评判向量 $\boldsymbol{Z}=\boldsymbol{WQ}$，最后根据得分矩阵 $\boldsymbol{D}=(d_1, d_2, \cdots, d_n)$ 计算出方面层得分 $\boldsymbol{ZD}^\mathrm{T}$ 及评价等级。目标层模糊评判向量是基于方面层模糊评判向量建立的，得分及评价等级计算方法与方面层相同。

### 6.5.2 指标体系建立

研究区水土质量综合评价体系的建立根据层次法，由上至下依次分为 3 层：目标层、方面层和基底层。其中，研究区综合水土质量为目标层，是评价的最终结果；方面层是目标层下面的几个主要分支，是影响研究区水土质量的主要因素；基底层是对方面层的进一步细化。本书所用的指标体系分为目标层的水土质量综合评价，方面层（包括地表水环境状况、地下水环境状况、土壤重（类）金属污染状况和土壤肥力状况），基底层指标为前文选取的各项评价指标与结果。

### 6.5.3 水土质量综合评价结果

#### 6.5.3.1 模糊评判向量方面层评价等级

(1) 方面层模糊评判向量计算：将方面层指标权重向量（$\boldsymbol{W}_i$）与隶属度矩阵（$\boldsymbol{Q}_i$）相乘，即 $\boldsymbol{Z}_i=\boldsymbol{W}_i\boldsymbol{Q}_i(i=1,2,3,4)$，得到方面层模糊评判向量，分别记为 $\boldsymbol{Z}_1$（地表水环境状况）、$\boldsymbol{Z}_2$（地下水环境状况）、$\boldsymbol{Z}_3$（土壤重（类）金属污染状况）和 $\boldsymbol{Z}_4$（土壤肥力状况）。

$$\boldsymbol{Z}_1 = [0.24 \quad 0.24 \quad 0.14 \quad 0.41] \tag{6-12}$$

$$\boldsymbol{Z}_2 = [0.15 \quad 0.17 \quad 0.12 \quad 0.56] \tag{6-13}$$

$$\boldsymbol{Z}_3 = [0.84 \quad 0.14 \quad 0.02 \quad 0.00] \tag{6-14}$$

$$\boldsymbol{Z}_4 = [0.09 \quad 0.10 \quad 0.64 \quad 0.17] \tag{6-15}$$

(2) 方面层评价等级：将评价得分矩阵列为 $\boldsymbol{D}=(d_1, d_2, d_3, d_4)$，并设 $d_1=4$，$d_2=3$，$d_3=2$，$d_4=1$。则方面层的质量评价得分为 $\boldsymbol{Z}_i\boldsymbol{D}^\mathrm{T}(i=1,2,3,4)$，评价等级划分如下：$3.25 \leqslant \boldsymbol{Z}_i\boldsymbol{D}^\mathrm{T} \leqslant 4$，等级为极好；$2.5 \leqslant \boldsymbol{Z}_i\boldsymbol{D}^\mathrm{T} < 3.25$，等级为好；$1.75 \leqslant \boldsymbol{Z}_i\boldsymbol{D}^\mathrm{T} < 2.5$，等级为中等；$1 \leqslant \boldsymbol{Z}_i\boldsymbol{D}^\mathrm{T} < 1.75$，等级为差。由表 6-15 得知，研究区地表水环境状况、地下水环境状况和土壤肥力状况为中等水平，土壤重（类）金属污染状况呈极好状态（无污染），评价等级与前文基本一致。

表 6-15 方面层评价得分及等级

| 项目 | 地表水环境状况 | 地下水环境状况 | 土壤重（类）金属污染状况 | 土壤肥力状况 |
|---|---|---|---|---|
| $\boldsymbol{Z}_i\boldsymbol{D}^\mathrm{T}$ | 2.28 | 1.91 | 3.82 | 2.11 |
| 等级 | 中等 | 中等 | 极好 | 中等 |

#### 6.5.3.2 目标层评价等级

(1) 目标层综合矩阵：目标层综合矩阵由方面层模糊评判向量（$\boldsymbol{Z}_1$、$\boldsymbol{Z}_2$、$\boldsymbol{Z}_3$ 和 $\boldsymbol{Z}_4$）按行

由上至下依次排列，得到 $\boldsymbol{Z}=(\boldsymbol{Z}_1,\boldsymbol{Z}_2,\boldsymbol{Z}_3,\boldsymbol{Z}_4)^\mathrm{T}$，即

$$\boldsymbol{Z}=\begin{bmatrix} 0.24 & 0.21 & 0.14 & 0.41 \\ 0.15 & 0.17 & 0.12 & 0.56 \\ 0.84 & 0.14 & 0.02 & 0.00 \\ 0.09 & 0.10 & 0.64 & 0.17 \end{bmatrix} \qquad (6-16)$$

（2）目标层模糊评判向量计算：目标层模糊评判向量为目标层权重向量（$\boldsymbol{W}$）与目标层综合矩阵（$\boldsymbol{Z}$）相乘，即 $\boldsymbol{H}=\boldsymbol{W}\boldsymbol{Z}$，得：

$$\boldsymbol{H}=[0.29 \quad 0.15 \quad 0.26 \quad 0.30] \qquad (6-17)$$

（3）目标层评价等级：将目标层模糊评判向量 $\boldsymbol{W}$ 与评价得分矩阵的逆矩阵 $\boldsymbol{D}^\mathrm{T}$ 相乘，得到目标层的质量评价得分 $\boldsymbol{HD}^\mathrm{T}=2.43$，说明研究区水土质量综合评价为中等水平。

### 6.5.4 水土质量状况主控因素分析

通过目标层和方面层的评价结果得知，研究区水土质量综合评级等级为中等，其中，土壤重（类）金属污染状况等级为极好（无污染），地表水环境状况、地下水环境状况和土壤肥力状况评价等级为中等，仅为合格的水平，说明研究区地表水环境状况、地下水环境状况和土壤肥力状况有待改善。

对于地表水与地下水环境状况，根据前文 EWQI 水质评价结果，地表水和地下水Ⅳ类与Ⅴ类水之和分别占采样数的 36.0% 和 64.4%。方面层隶属度矩阵 $\boldsymbol{Q}_1$（地表水环境状况）和 $\boldsymbol{Q}_2$（地下水环境状况）处于第Ⅳ等级中的 $HCO_3^-$ 的权重占比最大，分别为 0.96 和 0.85，说明 $HCO_3^-$ 的质量影响了研究区地表水和地下水环境质量状况；另外隶属度矩阵 $\boldsymbol{Q}_2$（地下水环境状况）处于第Ⅳ等级中的 $Na^+$、$SO_4^{2-}$、$Cl^-$、TDS 和 TH 的权重占比也较大，分别为 0.66、0.67、0.77、0.72 和 0.65，也是影响地下水环境质量的重要因素。

对于土壤肥力状况，方面层隶属度矩阵 $\boldsymbol{Q}_3$（土壤肥力状况）处于中第Ⅳ等级中的土壤全氮的权重占比较大，为 0.61，是限制研究区土壤肥力质量的主要因素；另外，处于中第Ⅲ等级中的土壤 pH 值、有机质和 CEC 的权重占比较大，为 1、0.71 和 0.89，说明其质量状况对土壤肥力状况为中等水平贡献较大。各个方面层的评价结果与前文结论基本相符，说明该评价体系可靠性较高。

## 6.6 红枣产地土壤重（类）金属健康风险评价

红枣因其较高的营养及药用价值，具有增加国民经济和保护生态环境的双重效益，是新疆重要的特色林果之一。新疆红枣种植区主要分布在新疆南部的阿克苏地区、喀什地区、和田地区和巴州，以及新疆东部的哈密地区等五大主产区。塔里木盆地东南缘的红枣种植区位于和田地区和巴州，其种植面积为 874 km²，占新疆总种植面积的 24.15%。目前关于新疆红枣的研究主要围绕在种植技术、优化品质等方面（刘孟军等，2015；何伟忠等，2021），而对于新疆红枣重（类）金属方面的研究较少；关于新疆红枣产地土壤重（类）金属污染状况和在土壤-红枣系统中的富集程度，及其对人体的健康风险缺乏综合研究。本节以塔里木盆地东

南缘红枣产地为研究区,在红枣成熟期,采集红枣及对应的根系土壤样品,对Cr、Hg、As、Pb、Cr、Cu、Ni、Zn 8种重(类)金属元素在土壤—红枣系统中的富集特征和健康风险进行探讨,以期为新疆红枣产地土壤重(类)金属污染防控和绿色农产品开发提供科学依据,同时为农产品提质增效、乡村振兴提供技术支撑。

### 6.6.1 评价方法

土壤—红枣—人体的非致癌健康风险评价公式(U. S. EPA,2011)为

$$\mathrm{ADI}_i = \frac{C_i}{C_k} \times \frac{\mathrm{R}_i}{\mathrm{BW}} \times \frac{\mathrm{EF} \times \mathrm{ED}}{\mathrm{AT}} \times C_k \quad (6-18)$$

式中,$\mathrm{ADI}_i$为土壤重(类)金属元素通过经口摄入的暴露途径的人体单位体重的日平均暴露量,mg/(d·kg);$C_i$为红枣中第$i$种重(类)金属元素含量实测值,mg/kg;$C_k$为土壤中第$k$种重(类)金属元素含量实测值,mg/kg;$C_i/C_k$为重(类)金属元素从土壤到红枣可食部分中的富集情况,即富集系数;$R_i$为人体对红枣的经口摄入的暴露途径的日平均暴露量,kg/d;BW为平均体重,kg;EF为暴露频率,d/a;ED为暴露年限,a;AT为总平均暴露时间,a。

非致癌重(类)金属元素在经口摄入的暴露途径下的单项风险指数:

$$\mathrm{HQ}_i = \frac{\mathrm{ADI}_i}{\mathrm{RfD}_i} \quad (6-19)$$

式中,$\mathrm{HQ}_i$为第$i$种非致癌重(类)金属元素在经口摄入的暴露途径下的单项风险指数;$\mathrm{RfD}_i$为第$i$种非致癌重(类)金属元素在经口摄入的暴露途径的参考剂量,mg/(kg·d),Cd、Hg、As、Pb、Cr、Cu、Ni、Zn 8种重(类)金属的取值分别为0.001、0.3×10$^{-3}$、0.3×10$^{-3}$、3.5×10$^{-3}$、0.003、0.04、0.02、0.3(Lei et al.,2015)。

多种非致癌重(类)金属元素通过经口摄入的暴露途径的健康风险综合指数:

$$\mathrm{HI} = \sum_{i=1}^{8} \mathrm{HQ}_i \quad (6-20)$$

式中,HI为多种非致癌重(类)金属元素通过经口摄入的暴露途径的健康风险综合指数。当$\mathrm{HQ}_i$或HI<1时,表示健康风险属于可接受风险水平;当$\mathrm{HQ}_i$或HI>1时,表示存在健康风险,$\mathrm{HQ}_i$或HI越大,健康风险就越大。

致癌重(类)金属的单项致癌风险指数:

$$\mathrm{CR}_i = \mathrm{ADI}_i \times \mathrm{SF}_i \quad (6-21)$$

式中,$\mathrm{CR}_i$为第$i$种致癌重(类)金属的单项致癌风险指数;$\mathrm{SF}_i$为第$i$种致癌重(类)金属的斜率因子,mg/(kg·d),As和Cd的取值分别为1.5和0.38(Gu et al.,2016)。

多种重(类)金属通过特定暴露途径所致的总致癌风险指数:

$$\mathrm{TCR} = \sum_{i=1}^{2} \mathrm{CR}_i \quad (6-22)$$

式中,TCR为多种重(类)金属通过特定暴露途径所致的总致癌风险指数。当$\mathrm{CR}_i$或TCR≤10$^{-6}$时,表示无致癌风险;当10$^{-6}$<$\mathrm{CR}_i$或TCR≤10$^{-4}$时,表示属于人体可耐受的致癌风险;当$\mathrm{CR}_i$或TCR>10$^{-4}$时,表示属于人体不可耐受的致癌风险。借助Crystal Ball软件计

算蒙特卡罗不确定性下的红枣各重(类)金属元素的日暴露剂量,从而进一步进行健康风险评价。

## 6.6.2 评价结果

土壤—农作物—食物是人类摄取重(类)金属的重要途径。健康风险评价是判断因环境污染引起的人体健康危害程度的方法,它广泛应用于各种环境。健康风险评价模型有非致癌风险模型和致癌风险模型,具体计算见式(6-18)～(6-22)。但是由于缺乏对污染物暴露的机理性认识导致评价过程中存在不确定性。蒙特卡罗不确定性模拟与确定性方法相比,基于蒙特卡罗不确定性模拟的区间估计可以增强对污染物环境行为的理解并定量显示不确定性(Schuhmacher et al.,2001;Saha et al.,2017;Chen et al.,2019)。该模拟方法主要步骤如下:①定义变量的分布函数;②从上述变量分布中随机抽样;③使用随机选择的参数序列进行重复模拟,输出模拟结果的概率分布。土壤—红枣—人体健康风险评价模型参数见表6-16。

表6-16 健康风险评价中的模型参数

| 变量 | 符号 | 单位 | 分布类型 | 分布参数 | $P_{K-S}$ |
|---|---|---|---|---|---|
| 土壤($n=73$) | $C_k$ | mg/kg | 正态分布 | | |
| Cd | | | | (0.149, 0.278) | 0.124 |
| Hg | | | | (0.023, 0.009) | 0.133 |
| As | | | | (13.268, 4.087) | 0.179 |
| Pb | | | | (19.208, 1.853) | 0.087 |
| Cr | | | | (61.257, 15.634) | 0.124 |
| Cu | | | | (25.403, 7.219) | 0.088 |
| Ni | | | | (29.120, 5.373) | 0.101 |
| Zn | | | | (63.486, 9.434) | 0.115 |
| 红枣可食部分($n=73$) | $C_i$ | mg/kg | 正态分布 | | |
| Cd | | | | (0.002, 0.001) | 0.300 |
| Hg | | | | (0.001, 0.001) | 0.438 |
| As | | | | (0.023, 0.009) | 0.108 |
| Pb | | | | (0.048, 0.014) | 0.231 |
| Cr | | | | (0.102, 0.046) | 0.334 |
| Cu | | | | (2.807, 0.429) | 0.079 |
| Ni | | | | (0.337, 0.077) | 0.080 |
| Zn | | | | (5.405, 1.291) | 0.142 |
| 人体对红枣的经口摄入的暴露途径的日平均暴露量 | $R_i$ | kg/d | 点分布 | 0.05 | |
| 人体体重 | BW | kg | 对数正态分布 | (67.52, 12.22) | |
| 暴露频率 | EF | d/a | 三角分布 | 350(335, 365) | — |
| 暴露年限 | ED | a | 点分布 | 70 | |
| 总平均暴露时间 | AT | d | 点分布 | 25 550 | — |

注:* 数据来源于实地访问调查;** 数据来源于《中国人群暴露参数手册》(成人卷)。

通过对土壤和红枣中 8 种重(类)金属元素含量进行 K-S 正态性检验,从表 6-16 可以看出研究区土壤和红枣重金属元素含量均属于正态分布[$P_{K\text{-}S}>0.05$]。利用 Crystal Ball 软件进行 10 000 次随机模拟试验,结果见表 6-17。研究区重金属元素 Cd、Hg、As、Pb、Cr、Cu、Ni、Zn 通过经口摄入的暴露途径的人体单位体重的日平均暴露量分别为 $2.55\times10^{-5}$ mg/(kg·d)、$1.83\times10^{-4}$ mg/(kg·d)、$1.30\times10^{-4}$ mg/(kg·d)、$2.77\times10^{-5}$ mg/(kg·d)、$5.63\times10^{-5}$ mg/(kg·d)、$6.67\times10^{-3}$ mg/(kg·d)、$1.59\times10^{-4}$ mg/(kg·d)、$1.22\times10^{-3}$ mg/(kg·d)。非致癌风险评价结果表明,8 种重(类)金属元素非致癌单项风险指数从大到小表现为 Cu、Zn、Hg、Ni、As、Cr、Pb、Cd;非致癌健康综合指数为 0.01(HI<1),说明重金属元素通过经口摄入的暴露途径不存在非致癌风险,与 Zhu 等(2014)研究结果一致。致癌风险评价结果表明,研究区致癌因子 As 的致癌风险指数要高于 Hg,但两者均在人体可耐受的致癌风险范围之内,研究区重(类)金属总致癌风险指数为 $6.80\times10^{-8}$,说明研究区重(类)金属元素通过饮食的途径对人体没有构成致癌威胁。

表 6-17 研究区土壤重(类)金属元素非致癌和致癌风险指数

| 元素 | $RfD_i$ | $ADI_i$ | $HQ_i$ | $SF_i$ | $CR_i$ |
| --- | --- | --- | --- | --- | --- |
| Cd | 0.001 | $2.55\times10^{-8}$ | $2.55\times10^{-5}$ | 0.38 | $9.69\times10^{-9}$ |
| Hg | 0.000 3 | $5.49\times10^{-8}$ | $1.83\times10^{-4}$ | — | — |
| As | 0.000 3 | $3.89\times10^{-8}$ | $1.30\times10^{-4}$ | 1.5 | $5.84\times10^{-8}$ |
| Pb | 0.003 5 | $9.69\times10^{-8}$ | $2.77\times10^{-5}$ | — | — |
| Cr | 0.003 | $1.60\times10^{-7}$ | $5.63\times10^{-5}$ | — | — |
| Cu | 0.04 | $2.67\times10^{-4}$ | $6.67\times10^{-3}$ | — | — |
| Ni | 0.02 | $3.19\times10^{-6}$ | $1.59\times10^{-4}$ | — | — |
| Zn | 0.3 | $3.67\times10^{-4}$ | $1.22\times10^{-3}$ | — | — |

注:"—"表示非致癌,无 SF 数据。各数据单位同前。

根据蒙特卡罗不确定性模拟的结果,应进行灵敏度分析,来判断输入变量对风险评估的重要性(李想等,2017)。本书通过每个重(类)金属元素变量的灵敏度分析,提取了前两位排名的变量(图 6-4)。综合来看,8 种重(类)金属元素对风险评价结果的敏感变量为 $C_i$ 和 $C_k$,其中 Cd 在土壤中的含量对在经口摄入的暴露途径下的健康风险有影响,其余 7 种重(类)金属元素在红枣可食部分中的含量是影响各个元素在经口摄入的暴露途径下的健康风险程度的主要因子。

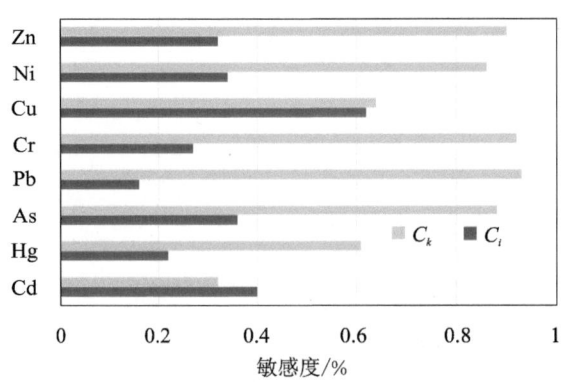

图 6-4 研究区 8 种重(类)金属元素敏感度分析

# 第7章 典型绿洲区土壤地球化学环境综合研究

## 7.1 和田地区地下水-土壤-农作物系统中F的迁移与转化研究

F普遍存在于各种介质中，如水体、土壤、空气、植物及动物等，具有较高的生物活性和非生物降解性，土壤中不同形态的F在一定条件下可以相互转化，并通过生物富集和食物链对人体造成毒害。已有研究表明，新疆和田地区地下水中F含量较高，且由于原生地质原因富含有丰富的氟矿石，为当地土壤和地下水提供了丰富的氟源。因此，开展和田地区地下水—土壤—农作物中氟的迁移转化研究具有重要意义。

### 7.1.1 地下水-土壤-作物系统中F的分布规律

近年来，经济社会的发展地下水、土壤等环境污染问题日益突出，对周边居民的健康造成极大影响。因此，本节展开对新疆和田地区F污染现状的调查，主要以该区的地下水、土壤及农作物为研究对象，对其进行含量的测定，从而查明F的污染状况及积累情况，并讨论它在水平和垂直方向上的分布特征及影响因素，为土壤F污染防治和修复提供理论基础。由于表层土壤F含量对氟在土壤-农作物系统中的迁移转化具有直接影响，因此本节对表层土壤F含量的影响因素进行了着重分析。

#### 7.1.1.1 地下水水化学特征及F含量水平

根据和田地区2018年地下水中主要水化学参数(表7-1)，pH值范围为7.01~9.63，均值为8.05，总体呈弱碱性；TDS变化范围为414.91~41 282.7 mg/L，均值为2 279.7 mg/L，主体为微咸水；阳离子质量浓度大小为$Na^+>Ca^{2+}>Mg^{2+}>K^+$，阴离子质量浓度大小为$Cl^->SO_4^{2-}>HCO_3^-$。pH值变异系数较小，空间分布变化不大；主要离子中除$Ca^{2+}$外，其余离子质量浓度变异系数大，空间分布极不均匀。

根据Piper三线图(图7-1)可知，研究区潜水及浅层承压水水样阳离子都集中在右下角，即$Na^+$起主导作用，阴离子主要分布在中间偏右部位，主要为$Cl^-$和$SO_4^{2-}$，少部分区域$HCO_3^-$起主要作用，表明研究区浅层地下水主要受蒸发岩盐风化作用影响。潜水水化学类型以$Cl \cdot SO_4-Na \cdot Ca$型、$Cl \cdot SO_4-Na \cdot Mg$型、$Cl \cdot SO_4-Na$型为主，浅层承压水水化学类型以$Cl \cdot SO_4-Na \cdot Mg$型、$SO_4-Na \cdot Mg$型、$Cl-Na$型为主。

表 7-1 和田地区地下水中主要水化学参数统计（$n=119$，2018 年）

| 类型 | 项目 | pH值 | TDS | $K^+$ | $Na^+$ | $Ca^{2+}$ | $Mg^{2+}$ | $Cl^-$ | $SO_4^{2-}$ | $HCO_3^-$ | $F^-$ |
|---|---|---|---|---|---|---|---|---|---|---|---|
| 潜水（$n=111$） | 最小值 | 7.01 | 414.9 | 7.0 | 32.0 | 11.6 | 12.4 | 92.1 | 19.0 | 36.6 | 0.10 |
| | 最大值 | 9.63 | 41 282.7 | 578.3 | 13 582.1 | 401.1 | 760.5 | 14 348.6 | 9 889.7 | 3 954.0 | 16.95 |
| | 平均值 | 8.04 | 2 006.6 | 32.2 | 477.1 | 90.8 | 84.1 | 600.2 | 533.4 | 343.6 | 1.23 |
| | 标准差 | 0.46 | 4 251.8 | 63.7 | 1 387.4 | 61.0 | 111.3 | 1 501.9 | 1 058.5 | 402.6 | 1.84 |
| | 变异系数 | 5.7 | 211.9 | 197.8 | 290.8 | 67.2 | 132.3 | 250.2 | 198.4 | 117.2 | 149.6 |
| | 偏度 | 0.1 | 7.7 | 6.8 | 8.2 | 2.5 | 3.7 | 7.6 | 6.8 | 7.0 | 6.3 |
| 浅层承压水（$n=8$） | 最小值 | 7.86 | 536.2 | 9.5 | 65.3 | 32.1 | 29.1 | 99.2 | 146.4 | 85.5 | 0.44 |
| | 最大值 | 8.48 | 25 818.2 | 710.0 | 8 848.9 | 377.6 | 690.7 | 12 364.6 | 3 607.6 | 1 933.1 | 16.20 |
| | 平均值 | 8.18 | 6 068.8 | 143.3 | 1 674.1 | 146.0 | 191.8 | 2 312.8 | 1 330.4 | 490.1 | 3.56 |
| | 标准差 | 0.19 | 8 039.7 | 222.0 | 2 790.0 | 109.8 | 200.2 | 3 906.6 | 1 168.9 | 567.1 | 4.93 |
| | 变异系数 | 2.3 | 132.5 | 154.9 | 166.7 | 75.2 | 104.4 | 168.9 | 87.9 | 115.7 | 138.5 |
| | 偏度 | 0.3 | 2.2 | 2.5 | 2.5 | 1.1 | 2.2 | 2.6 | 1.0 | 2.4 | 2.5 |
| 全水样（$n=119$） | 最小值 | 7.01 | 414.9 | 7.0 | 32.1 | 11.6 | 12.4 | 92.1 | 19.0 | 36.6 | 0.05 |
| | 最大值 | 9.63 | 41 282.7 | 710.0 | 13 582.1 | 401.1 | 760.5 | 14 348.6 | 9 889.7 | 3 954.0 | 16.95 |
| | 平均值 | 8.05 | 2 279.7 | 39.7 | 557.6 | 94.5 | 91.4 | 715.3 | 587.0 | 353.5 | 1.38 |
| | 标准差 | 0.45 | 4 716.2 | 88.7 | 1 552.0 | 66.9 | 122.4 | 1 820.5 | 1 084.8 | 417.3 | 2.27 |
| | 变异系数 | 5.6 | 206.9 | 223.4 | 278.3 | 70.8 | 133.9 | 254.5 | 184.8 | 118.0 | 164.5 |
| | 偏度 | 0.1 | 6.2 | 6.0 | 6.7 | 2.4 | 3.5 | 6.1 | 6.0 | 6.3 | 5.4 |

注：pH值为无量纲，变异系数单位为％，其余指标含量单位为 mg/L。

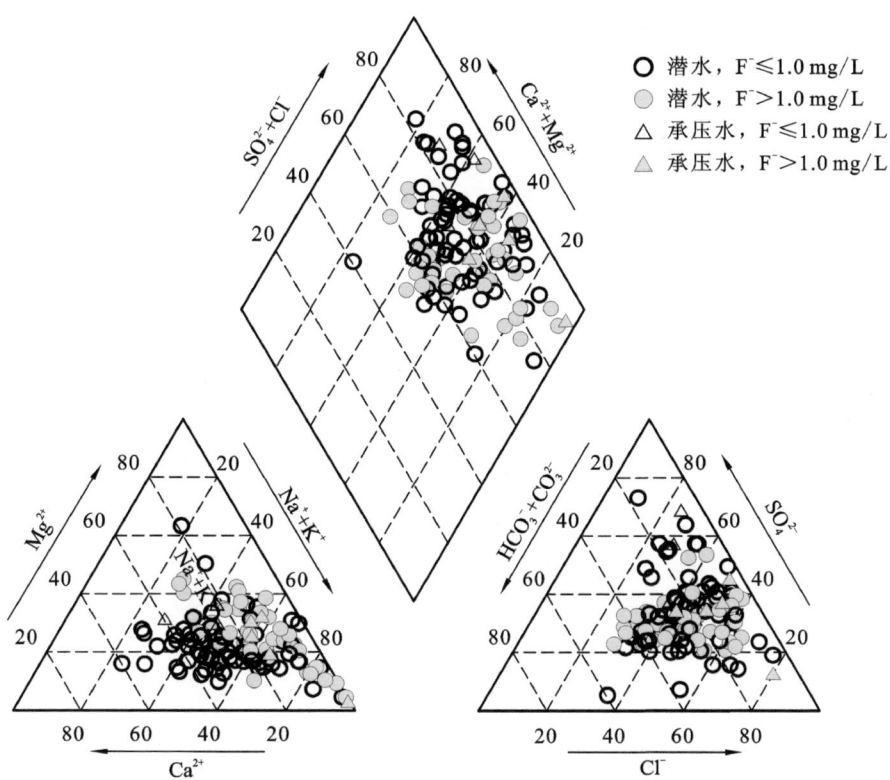

图 7-1 和田地区地下水 Piper 三线图（$n=119$）

和田地区地下水中氟的变化范围为 0.05～16.95 mg/L，均值为 1.38 mg/L，超过我国《生活饮用水卫生标准》(GB 5749—2022)中 F 的限值 1.0 mg/L，变异系数为 164.7%，表明和田地区地下水中 F 的分布极不均匀；地下水中 F 含量>1.0 mg/L 的高氟水共计 43 组，超标率高达 36.1%。从表 7-2 可知，潜水中 $HCO_3 \cdot Cl \cdot SO_4 - Na \cdot Ca$ 型水的 F 含量最低，均值为 0.59 mg/L，$Cl - Na$ 型水的 F 含量最高，均值为 2.60 mg/L；浅层承压水中 $SO_4 - Na \cdot Mg$ 型的水 F 含量最低，均值为 0.44 mg/L，$Cl \cdot SO_4 - Na \cdot Mg$ 型水的 F 含量最高，均值为 6.68 mg/L；潜水中 F 含量由高到低的水化学类型特点为矿化度较高，弱酸根离子质量浓度大于强酸根离子，承压水中强酸根离子质量浓度大于弱酸根离子。这表明地下水中 F 的迁移、富集受多种因素影响，主要为蒸发浓缩、离子交替吸附作用（毛萌等，2020）。

表 7-2 水化学类型与 $\bar{\rho}(F^-)$ 的关系（$n=119$）

| 地下水类型 | 水化学类型 | $\bar{\rho}(F^-)/(mg \cdot L^{-1})$ |
|---|---|---|
| 潜水（$n=111$） | $HCO_3 \cdot Cl \cdot SO_4 - Na \cdot Ca$ | 0.59 |
|  | $HCO_3 \cdot Cl \cdot SO_4 - Na \cdot Ca \cdot Mg$ | 0.92 |
|  | $Cl \cdot SO_4 - Na \cdot Ca$ | 0.68 |
|  | $Cl \cdot SO_4 - Na \cdot Mg$ | 1.31 |
|  | $Cl \cdot SO_4 - Na$ | 1.61 |
|  | $Cl - Na$ | 2.60 |

续表 7-2

| 地下水类型 | 水化学类型 | $\bar{\rho}(F^-)/(mg \cdot L)$ |
|---|---|---|
| 浅层承压水($n=8$) | $HCO_3 \cdot Cl \cdot SO_4 - Na \cdot Mg$ | 0.95 |
| | $SO_4 - Na \cdot Mg$ | 0.44 |
| | $Cl \cdot SO_4 - Na \cdot Ca \cdot Mg$ | 0.59 |
| | $Cl \cdot SO_4 - Na \cdot Mg$ | 6.68 |
| | $Cl \cdot SO_4 - Na$ | 2.18 |
| | $Cl - Na$ | 4.31 |

#### 7.1.1.2 地下水中F的空间分布特征

(1)水平分布。

和田地区2018年地下水中F含量空间分布如图7-2所示，该区以F含量<1.0 mg/L地下水为主，高氟地下水呈小范围零星分布。潜水中F含量高值区每个县市均有分布，但民丰县、于田县、洛浦县、和田市及墨玉县F含量较高，分布范围较大；F含量<1.0 mg/L的潜水主要分布于南部河流出山口附近，由于该处的含水层介质颗粒相对较大，地下水流速较快，且受地貌岩相带控制，水位埋深大，蒸发作用小，加之该区地表水(F含量为0.5～0.7 mg/L)的径流补给对地下水中的$F^-$起到了稀释作用，使得F含量较低。浅层承压水中F含量高值区主要分布于民丰县，于田县有少量分布；F含量<1.0 mg/L的浅层承压水主要分布于承压水区中部。总体来看，和田地区高氟地下水主要分布于地下水弱径流区。

对比分析和田地区2018年各县市地下水中的F含量(表7-3)，潜水中策勒县F含量最大值及平均值均为各县市中最小，墨玉县及和田县F含量相差不大，且平均值均<1.0 mg/L，和田市、洛浦县、于田县及民丰县F含量高值较高，且平均值均>1.0 mg/L；浅层承压水中民丰县F含量高于于田县，且两者均超过F含量限值。总体而言，和田地区各县市地下水中F含量相近，仅民丰县地下水中氟含量偏高。

对比分析和田地区2018年各县市地下水F含量和土壤F含量(表7-4)，研究区表层土壤和深层土壤F含量均处于较高水平，各县市中地下水F含量及土壤F含量(表层和深层)均较高的为和田市、洛浦县、于田县和民丰县，可能是由成土母质本身富集造成的；地下水F含量较低但土壤F含量(表层和深层)较高的为墨玉县、和田县和策勒县，可能是由于人类活动造成F在表层土壤中出现不同程度的积累。

(2)垂直分布。

2018年研究区潜水中F含量变幅较大，F含量为0.10～16.95 mg/L，平均值为1.23 mg/L，超标点个数为38个，超标率为34.2%；浅层承压水中F含量变幅较大，F含量介于0.44～16.20 mg/L之间，超标点个数为5个，超标率为62.5%。研究区地下水由潜水至浅层承压水F含量超标率呈逐渐增加的趋势。

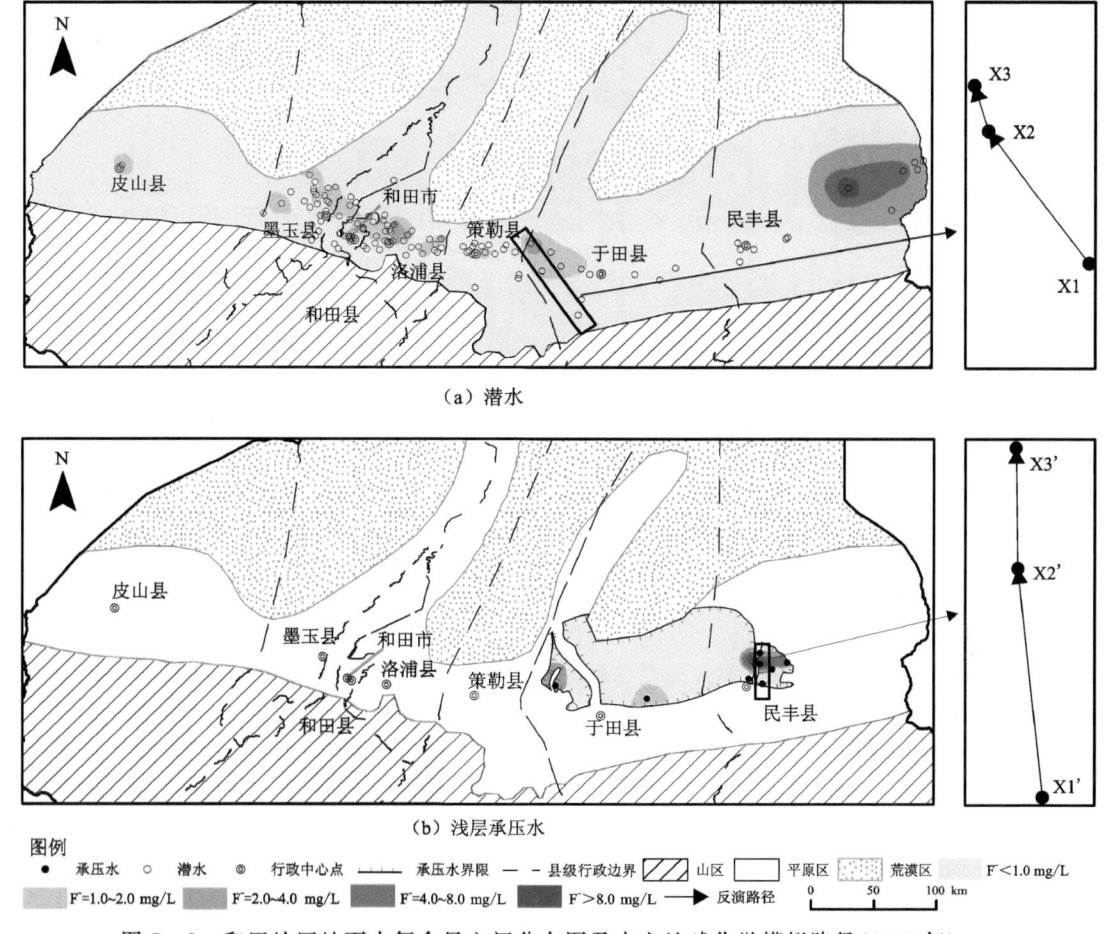

图 7-2 和田地区地下水氟含量空间分布图及水文地球化学模拟路径(2018年)

地下水中 $F^-$ 含量与井深存在一定的相关性(图 7-3),潜水中 $F^-$ 含量最高,高氟地下水主要分布在 10~40 m 井深内,80~100 m 井深内也有部分点 F 含量>1.0 mg/L;浅层承压水中高氟地下水主要分布在 10~40 m 井深内。总体来看,随着井深的增加,地下水中的 F 含量呈先增加后减少的趋势,高氟地下水主要分布在 10~40 m 井深内,但 40~100 m 井深中也有少部分点氟含量>1.0 mg/L,表明两个含水层间的地下水存在一定的水力联系,可能是上部潜水越流补给浅层承压水所致。

### 7.1.1.3　地下水中 F 的年际变化特征

为阐明和田地区地下水中 F 含量年际变化特征,选取 2002 年、2011 年和 2014 年 7 组(潜水)同一井位的 F 含量数据(表 7-5)进行对比分析,结果表明研究区有 5 组潜水(X1、X2、X3、X5 和 X7)F 含量呈增加趋势,其中 3 组(X1、X5 和 X7)增幅较大且有 1 组(X5)F 含量超过了 1.0 mg/L;1 组(X4)F 含量呈减小趋势;1 组(X6)F 含量呈先增大后减小的趋势,表明部分地区地下水有氟化物污染的风险。

表7-3 和田地区各县市2018年地下水中F含量对比表（n=118）

单位：mg/L

| 类型 | 项目 | 墨玉县(n=24) | 和田县(n=9) | 和田市(n=9) | 洛浦县(n=28) | 策勒县(n=17) | 于田县(n=13) | 民丰县(n=18) |
|---|---|---|---|---|---|---|---|---|
| 潜水 | 最大值 | 1.96 | 1.19 | 5.06 | 4.65 | 1.06 | 3.88 | 16.95 |
| | 最小值 | 0.24 | <0.05 | 0.49 | 0.10 | 0.30 | 0.36 | 0.28 |
| | 平均值 | 0.92 | 0.66 | 1.55 | 1.14 | 0.62 | 1.07 | 3.10 |
| 浅层承压水 | 最大值 | — | — | — | — | — | 2.83 | 16.20 |
| | 最小值 | — | — | — | — | — | 1.01 | 0.44 |
| | 平均值 | — | — | — | — | — | 1.92 | 4.11 |

注：皮山县只有1个潜水取样点，F含量为1.61 mg/L，皮山县由于取样点较少不作分析；"—"表示无承压水样点。

表7-4 和田地区各县市地下水F含量和土壤F含量对比表（2018年）

| 类型 | 项目 | 墨玉县 | 和田县 | 和田市 | 洛浦县 | 策勒县 | 于田县 | 民丰县 |
|---|---|---|---|---|---|---|---|---|
| 地下水 | 最大值 | 1.96 | 1.19 | 5.06 | 4.65 | 1.06 | 3.88 | 16.95 |
| | 最小值 | 0.24 | <0.05 | 0.49 | 0.10 | 0.30 | 0.36 | 0.28 |
| | 平均值 | 0.92 | 0.66 | 1.55 | 1.14 | 0.62 | 1.20 | 3.44 |
| | 样品数 | 24 | 9 | 9 | 28 | 17 | 13 | 18 |
| 土壤 | 表层(0~20 cm) 最大值 | 820 | 790 | 676 | 888 | 660 | 820 | 629 |
| | 最小值 | 507 | 486 | 642 | 570 | 485 | 295 | 488 |
| | 平均值 | 645.28 | 661.56 | 658.17 | 698.89 | 649.89 | 598.65 | 581.00 |
| | 样品数 | 65 | 25 | 12 | 9 | 18 | 20 | 10 |
| | 深层(80~100 cm) 最大值 | 599 | — | 1312 | — | 574 | 585 | — |
| | 最小值 | 525 | — | 1312 | — | 574 | 585 | — |
| | 平均值 | 572.4 | — | 1 312.0 | — | 574.0 | 585.0 | — |
| | 样品数 | 5 | — | 1 | — | 1 | 1 | — |

注：地下水F含量单位为mg/L，土壤F含量单位为mg/kg。"—"表示未在该县取深层土壤样品。

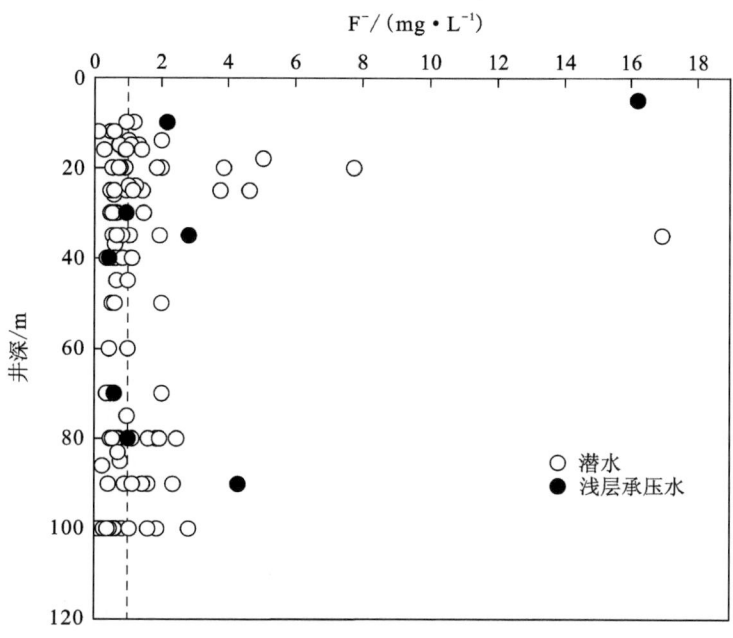

图 7-3 地下水中 F 含量与调查井深关系图($n=119$)

表 7-5 不同年份地下水中 F 含量对比统计表

| 取样点编号 | 位置 | F 含量/(mg·L$^{-1}$) | | |
|---|---|---|---|---|
| | | 2002 年 | 2011 年 | 2014 年 |
| X1 | 和田县古江巴格乡古勒巴格村 | 0.48 | 0.89 | — |
| X2 | 民丰县若克雅乡纳喀西村 | 0.33 | 0.38 | — |
| X3 | 皮山县固玛镇尼向达村 | — | 0.44 | 0.46 |
| X4 | 于田县加依乡吾斯塘吾其村 | — | 0.31 | 0.16 |
| X5 | 洛浦县多鲁乡加朗村 | — | 0.79 | 1.50 |
| X6 | 墨玉县芒来乡吾依巴格村 | 0.37 | 0.70 | 0.40 |
| X7 | 皮山县藏桂乡英吾斯塘村 | 0.22 | 0.27 | 0.60 |

注:"—"表示本年度未取样。

### 7.1.1.4 地下水中 F$^-$ 与水化学环境的关系

地下水中 F$^-$ 含量与水化学环境关系密切,水中不同化学组分含量对 F$^-$ 的赋存及演化具有一定影响,各离子间的相关性分析是推测其同源性或地球化学过程的重要依据。由 2018 年地下水各离子间的 Pearson 相关关系(表 7-6)及 F$^-$ 与各离子间相关关系图(图 7-4)可知,F$^-$ 除与 Ca$^{2+}$ 相关性不显著,与 pH 值在 0.05 水平上显著相关外,与其他离子都为 0.01 水平上显著相关。研究表明,高碱度和 HCO$_3^-$ 浓度会增加氟化物在地下水中的溶解度

表 7-6 各离子间 Pearson 相关关系表（$n=119$）

| 指标 | pH | TDS | $K^+$ | $Na^+$ | $Ca^{2+}$ | $Mg^{2+}$ | $Cl^-$ | $SO_4^{2-}$ | $HCO_3^-$ | $F^-$ |
| --- | --- | --- | --- | --- | --- | --- | --- | --- | --- | --- |
| pH 值 | 1.000 | | | | | | | | | |
| TDS | 0.229* | 1.000 | | | | | | | | |
| $K^+$ | 0.248** | 0.942** | 1.000 | | | | | | | |
| $Na^+$ | 0.245** | 0.991** | 0.946** | 1.000 | | | | | | |
| $Ca^{2+}$ | −0.197* | 0.150 | 0.072 | 0.037 | 1.000 | | | | | |
| $Mg^{2+}$ | 0.118 | 0.696** | 0.562** | 0.598** | 0.546** | 1.000 | | | | |
| $Cl^-$ | 0.225* | 0.984** | 0.977** | 0.988** | 0.079 | 0.602** | 1.000 | | | |
| $SO_4^{2-}$ | 0.198* | 0.932** | 0.782** | 0.887** | 0.343** | 0.854** | 0.857** | 1.000 | | |
| $HCO_3^-$ | 0.258** | 0.921** | 0.857** | 0.933** | −0.041 | 0.565** | 0.900** | 0.833** | 1.000 | |
| $F^-$ | 0.202* | 0.411** | 0.450** | 0.392** | 0.073 | 0.367** | 0.397** | 0.400** | 0.383** | 1.000 |

注：** 在 0.01 水平（双尾），相关性显著；* 在 0.05 水平（双尾），相关性显著。

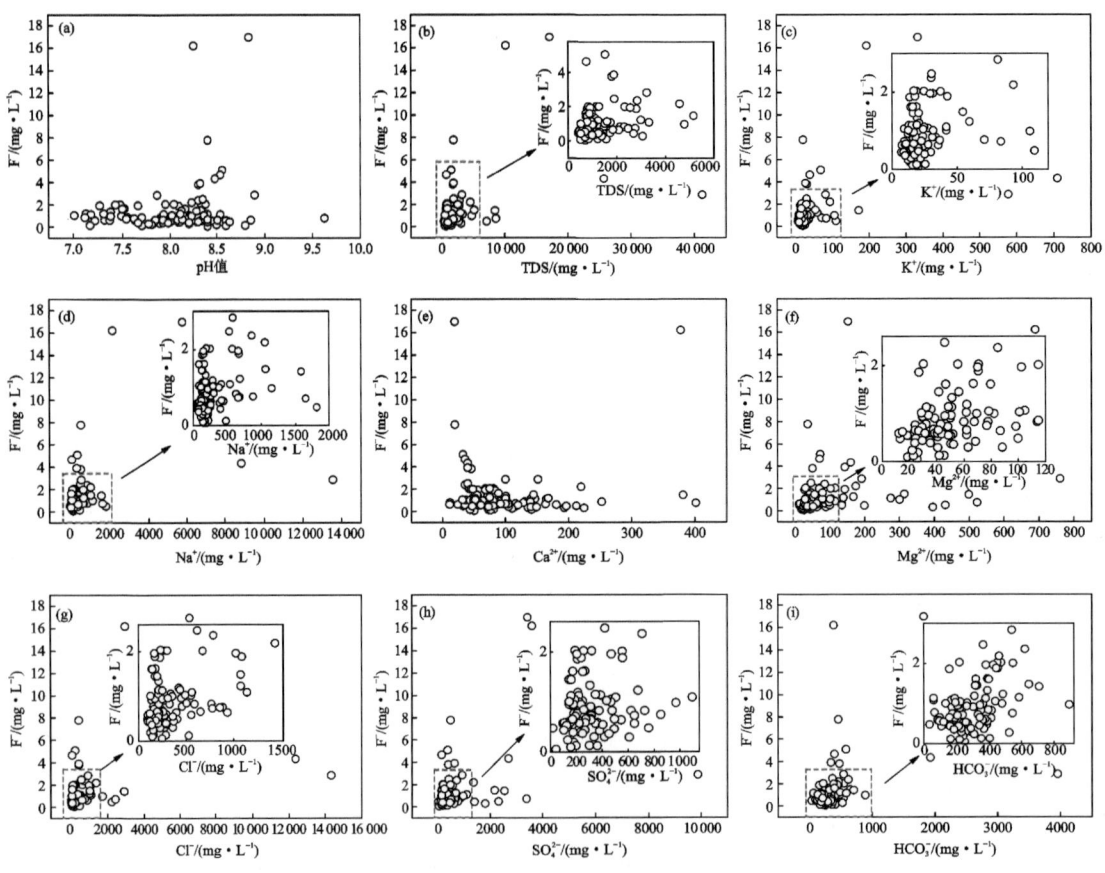

图 7-4 地下水中 F 含量与各离子间相关关系图（$n=119$）

(Ali et al.，2016；Saxena et al.，2001）。研究区高氟地下水的 pH 值分布在 7.01~9.63 之间[图 7-4(a)]，表明高氟地下水主要赋存于中性至碱性环境中，并且随着 pH 值的增加 $F^-$ 浓度出现增加趋势。此外，随着地下水环境中 $HCO_3^-$ 浓度的增加，$HCO_3^-$、$OH^-$、$CO_3^{2-}$ 会与 $F^-$ 间发生竞争性吸附，使沉积物中的 $F^-$ 释放到地下水中。高 TDS 可以增加离子强度使得 $F^-$ 在地下水中的溶解度增大（Rafique et al.，2009）。研究区 TDS<4000 mg/L 时[图 7-4(b)]，$F^-$ 与 TDS 间成正相关，TDS 较高时相关性则不明显。$F^-$ 与 $K^+$、$Na^+$、$Cl^-$、$SO_4^{2-}$、$Mg^{2+}$ 间的关系与 TDS 相似[图 7-4(c~d，f~h)]，在一定范围内，$K^+$、$Na^+$、$Cl^-$、$SO_4^{2-}$、$Mg^{2+}$ 的浓度较高时 $F^-$ 的浓度也较高，表明盐效应对地下水中 $F^-$ 的分布和富集具有一定影响。$F^-$ 与 $Ca^{2+}$ 间的关系在不同地区有所不同，研究区 $F^-$ 与 $Ca^{2+}$ 间相关性不显著[图 7-4(e)]，表明有其他因素或过程使得 $F^-$ 进入地下水中，造成两离子间负相关关系不显著。

#### 7.1.1.5 高氟地下水的成因

（1）蒸发浓缩作用。

吉布斯图是一种半对数坐标系图，可以直观显示地下水的离子特征和成因。由图 7-5 可知，研究区地下水水样的 TDS 值均大于 100 mg/L，且主要分布在 ECD 及 RWD 范围内，APD 区不存在水样点，表明该区地下水主要受水-岩相互作用及蒸发浓缩作用影响，大气降水作用不是影响地下水离子浓度的主要控制因素，这与该区干燥、降雨稀少的气候条件是一致的。

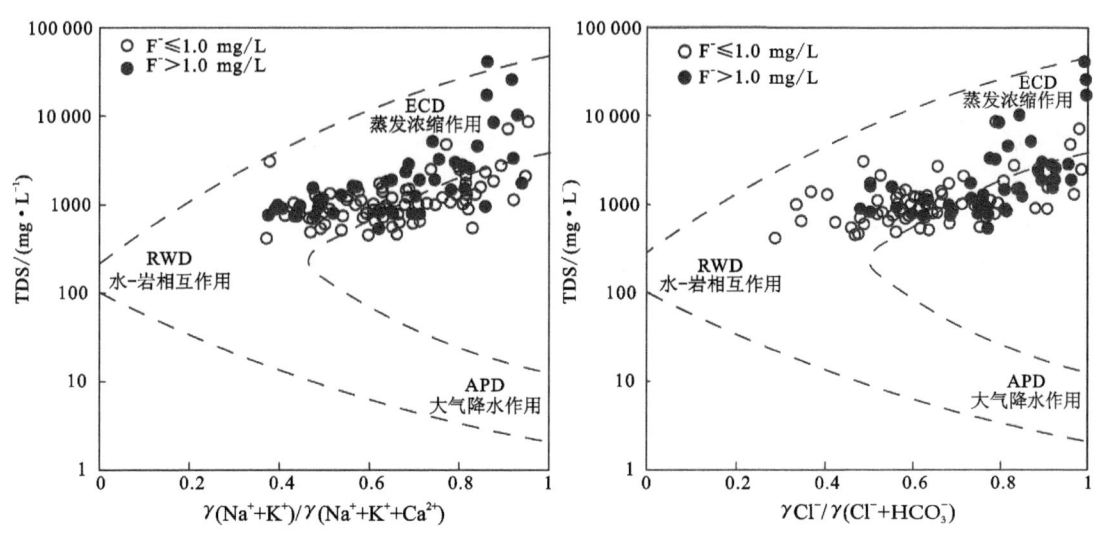

图 7-5 和田地区地下水吉布斯图（$n=119$）

（2）阳离子交替吸附作用。

阳离子交替吸附作用会引起地下水中主要阳离子含量的变化，促进含氟化物中的 $F^-$ 向地下水环境释放（Rashid et al.，2018）。该作用可通过氯碱指数（CAI）来反映离子交换过程，CAI-1 和 CAI-2 均为正，表示地下水中的 $Na^+$ 和 $K^+$ 与含水层中的 $Ca^{2+}$ 和 $Mg^{2+}$ 发生了离子交换；若均为负，表示地下水中的 $Ca^{2+}$ 和 $Mg^{2+}$ 与含水层中的 $Na^+$ 和 $K^+$ 发生了离子交换；均为 0 则表示没有发生离子交换。CAI 指数的绝对值越大，地下水中阳离子交换作用越强（Wu et al.，2018）。由图 7-6 可以看出，研究区大部分水样的 CAI 为负值，且绝对值较大，表明地下水中的 $Ca^{2+}$ 和 $Mg^{2+}$ 与含水层中的 $Na^+$ 和 $K^+$ 发生了离子交换，该过程有助于氟化物的溶解。

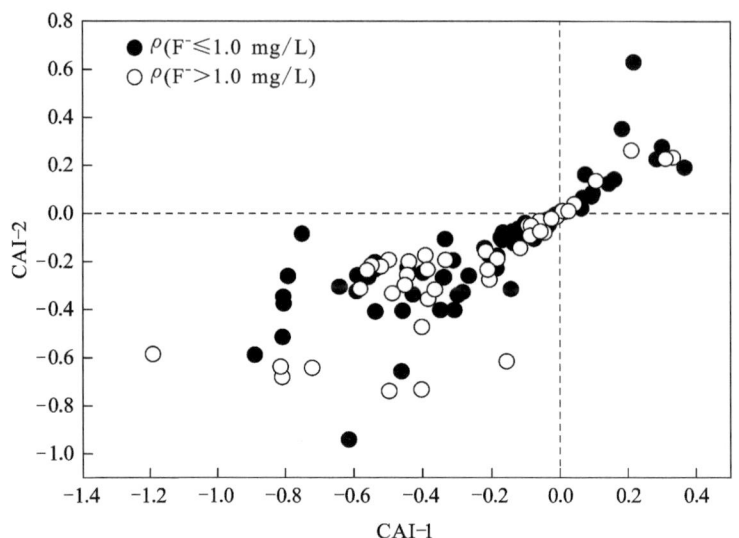

图 7-6 地下水氯碱指数（CAI）关系图（$n=119$）

#### 7.1.1.6 水文地球化学模拟

(1) 组分分布模型。

组分分布模型又称离子络合模型，该模型用于研究水中氟化物浓度的热力学控制，并计算出各物质的平衡状态（Keesari et al.，2016）。该过程可用各矿物的地下水饱和指数（SI）表示，当 SI>0，矿物处于过饱和状态；当 SI<0，矿物处于非饱和状态；当 SI=0，矿物处于平衡状态（吴初等，2018）。由图 7-7 可知，研究区大部分地下水样点集中分布在白云石和方解石的饱和带，表明地下水与碳酸盐矿物间具有有效的相互作用，且绝大部分地下水，相对于方解石（99.2%）和白云石（99.2%）均达到饱和状态，具有形成沉淀的趋势，有利于 $F^-$ 的富集；相对于石膏（100%）和萤石（98.3%）均处于非饱和状态，$F^-$ 在适宜条件下随水迁移富集，这也与上述分析中 $Ca^{2+}$ 与 $F^-$ 不具有明显负相关性相吻合。总体来说，尽管萤石溶解度较低，但方解石等沉淀是萤石溶解的驱动力[式（7-1）、式（7-2）]，这也与（Su et al.，2013；2015）的研究结果一致。

$$CaF_2 + 2NaHCO_3 \longrightarrow CaCO_3 + 2F^- + 2Na^+ + H_2O + CO_2(g) \tag{7-1}$$

$$CaF_2 + H_2O + CO_2(g) \longrightarrow CaCO_3 + 2F^- + 2H^- \tag{7-2}$$

(2) 反向路径模型。

利用 ArcGIS 软件绘制地下水 $F^-$ 含量空间分布图（图 7-2），颜色由浅至深表明 $F^-$ 含量逐渐增大，并根据地下水径流方向总体为由南向北流动，确定出两条模拟路径（图 7-3），路径上各点的水化学分析数据见表 7-7。结合表 7-6 并考虑地下水中常见的矿物相，选择

# 第7章 典型绿洲区土壤地球化学环境综合研究

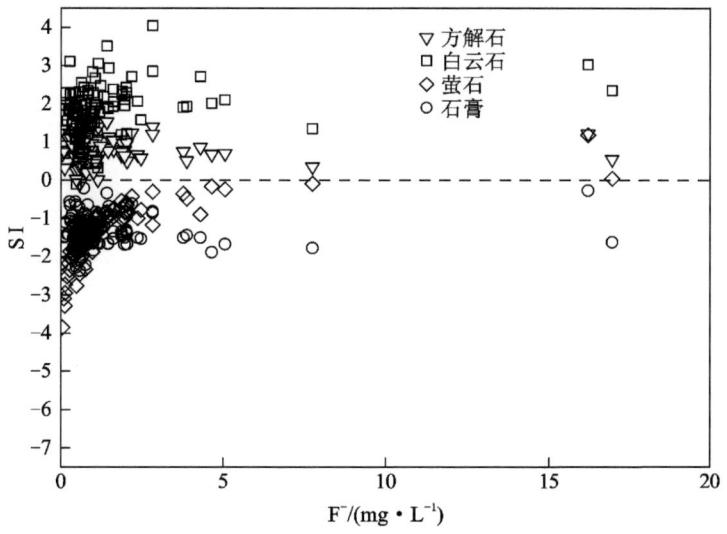

图 7-7 地下水中 F⁻ 含量与 SI 关系图（$n=119$）

硬石膏、方解石、白云石、萤石、石膏、岩盐、$CO_2$ 为可能矿物相，NaX 和 $CaX_2$ 为阳离子交换。

表 7-7 各路径水文点分析数据

| 离子及相关参数 | 潜水（路径Ⅰ） | | | 浅层承压水（路径Ⅱ） | | |
|---|---|---|---|---|---|---|
| | X1（起点） | X2 | X3（终点） | X1'（起点） | X2' | X3'（终点） |
| pH 值 | 8.64 | 8.28 | 8.32 | 8 | 8.25 | 8.23 |
| TDS | 535.5 | 8 465.29 | 1 895.74 | 2 702.63 | 10 249.74 | 4 578.02 |
| $K^+$ | 8.89 | 171.68 | 27.31 | 29.87 | 193.70 | 93.65 |
| $Na^+$ | 81.90 | 1 584.61 | 369.62 | 413.79 | 2 170.10 | 1 057.59 |
| $Ca^{2+}$ | 47.34 | 381.14 | 40.12 | 196.82 | 377.58 | 220.66 |
| $Mg^{2+}$ | 29.69 | 498.85 | 143.57 | 199.78 | 690.70 | 175.21 |
| $Cl^-$ | 120.46 | 2 905.16 | 488.92 | 371.29 | 2 976.01 | 1 417.15 |
| $SO_4^{2-}$ | 105.37 | 2 543.81 | 635.46 | 1 391.14 | 3 607.56 | 1 361.67 |
| $HCO_3^-$ | 214.92 | 708.26 | 341.92 | 162.35 | 390.61 | 464.03 |
| $F^-$ | 0.44 | 1.42 | 3.88 | 0.44 | 16.2 | 2.18 |

注：pH 值无量纲，其余指标单位为 mg/L。

由反向水文地球化学模拟结果（表 7-8）可知，潜水路径 X1—X3 中，硬石膏及方解石为沉淀状态，其余矿物为溶解状态，NaX 解吸，$CaX_2$ 被吸附，石膏的大量溶解增加了潜水中 $SO_4^{2-}$ 及 $Ca^{2+}$ 的含量，萤石的溶解增加了 $F^-$ 的含量，大气中的 $CO_2$ 溶解进入潜水并与含钙矿物发生反应也增加了 $Ca^{2+}$ 的溶解度。承压水路径 X1'—X3' 模拟结果与潜水大体相同，矿物的溶解均导致 $Ca^{2+}$、$SO_4^{2-}$、$Cl^-$ 和 $F^-$ 增加，$HCO_3^-$ 增加主要是由于白云石及大气中

$CO_2$ 的溶解(刘海等，2019)。总体来说，研究区地下水演化过程主要为硬石膏、方解石的沉淀，白云石、萤石、石膏等矿物的溶解，这也与上述饱和指数计算显示方解石沉淀是萤石溶解的驱动力相一致，反向模拟中白云石的溶解与饱和指数计算为饱和状态相悖可能是地下水在径流过程中空气中的 $CO_2$ 溶解进入其中使白云石继续溶解，以及沉淀滞后导致的(刘海等，2019)。

表 7-8 反向水文地球化学模拟结果表　　　　　　　　　　单位：mol/L

| 指标 | 潜水 | | | 浅层承压水 | | |
|---|---|---|---|---|---|---|
| 路径 | X1—X2 | X2—X3 | 总和 | X1'—X2' | X2'—X3' | 总和 |
| NaX | $2.008 \times 10^{-3}$ | $4.594 \times 10^{-3}$ | $6.602 \times 10^{-3}$ | $8.190 \times 10^{-3}$ | $1.308 \times 10^{-2}$ | $2.127 \times 10^{-2}$ |
| $CaX_2$ | $-1.044 \times 10^{-3}$ | $-2.297 \times 10^{-3}$ | $-3.341 \times 10^{-3}$ | $-4.095 \times 10^{-3}$ | $-5.189 \times 10^{-3}$ | $-9.284 \times 10^{-3}$ |
| $CO_2(g)$ | $6.278 \times 10^{-3}$ | $3.207 \times 10^{-3}$ | $9.485 \times 10^{-3}$ | $3.459 \times 10^{-3}$ | $4.332 \times 10^{-3}$ | $7.781 \times 10^{-3}$ |
| 硬石膏 | $-2.773 \times 10^{1}$ | $-2.775 \times 10^{1}$ | $-5.548 \times 10^{1}$ | $-2.772 \times 10^{1}$ | $-2.774 \times 10^{1}$ | $-5.546 \times 10^{1}$ |
| 方解石 | $-3.426 \times 10^{-2}$ | $-9.609 \times 10^{-3}$ | $-4.207 \times 10^{-2}$ | $-5.347 \times 10^{-2}$ | $-1.039 \times 10^{-2}$ | $-6.386 \times 10^{-2}$ |
| 白云石 | $2.070 \times 10^{-2}$ | $6.509 \times 10^{-3}$ | $2.721 \times 10^{-2}$ | $2.871 \times 10^{-2}$ | $7.526 \times 10^{-3}$ | $3.624 \times 10^{-2}$ |
| 萤石 | $3.770 \times 10^{-5}$ | $1.023 \times 10^{-4}$ | $1.400 \times 10^{-4}$ | $4.308 \times 10^{-4}$ | $5.765 \times 10^{-5}$ | $4.885 \times 10^{-4}$ |
| 石膏 | $2.776 \times 10^{1}$ | $2.775 \times 10^{1}$ | $5.551 \times 10^{1}$ | $2.775 \times 10^{1}$ | $2.776 \times 10^{1}$ | $5.551 \times 10^{1}$ |
| 岩盐 | $7.440 \times 10^{-2}$ | $1.313 \times 10^{-2}$ | $8.753 \times 10^{-2}$ | $8.483 \times 10^{-2}$ | $3.816 \times 10^{-2}$ | $1.230 \times 10^{-1}$ |

## 7.1.2 土壤中 F 的分布特征及影响因素

### 7.1.2.1 土壤基本理化性质与元素含量统计

受成土母质、气候、水盐运移规律和人类活动等因素的综合作用，干旱区绿洲土壤总体呈现出高 pH 值、高碳酸盐和低有机质的特点(南忠仁等，2011)。土壤基本理化性质及元素含量统计见表 7-9，研究区耕作层土壤 pH 值介于 8.36~8.86 之间，平均值为 8.55，剖面土壤 pH 值介于 7.85~9.02 之间，平均值为 8.64，具有强碱性；耕作层土壤有机碳(SOC)含量在 0.37%~1.49% 之间，均值为 0.91%，剖面土壤有机碳含量在 0.08~2.20 之间，均值为 0.55%，均小于 1%，含量较低；耕作层土壤 CEC 介于 2.04~6.20 cmol(+)/kg 之间，平均值为 4.10 cmol(+)/kg，剖面土壤 CEC 介于 0.76~5.77 cmol(+)/kg 之间，平均值为 3.06 cmol(+)/kg，土壤保肥能力相对较弱。

新疆土壤 As 背景值(BV)为 11.20 mg/kg，研究区耕作层土壤 As 含量平均值为 11.94，高于新疆 As 背景值，剖面土壤 As 含量平均值为 9.78，未超过背景值；新疆土壤 Zn 背景值为 68.80 mg/kg，研究区耕作层土壤及剖面土壤均未超过背景值。其余土壤(耕作层土壤和剖面土壤)元素及主成分中除 CaO、K 和 P 含量超过中国土壤化学元素平均值 3.2%、1.86% 和 520 mg/kg 外，剩余元素含量均未超过中国土壤平均含量(迟清华等，2007)。

表7-9 供试土壤理化性质及元素(氧化物)含量

| 指标 | 耕作层土壤($n=9$) | | 剖面土壤($n=48$) | |
|---|---|---|---|---|
| | 范围 | 均值 | 范围 | 均值 |
| pH 值 | 8.36~8.86 | 8.55 | 7.85~9.02 | 8.64 |
| SOC/% | 0.37~1.49 | 0.91 | 0.08~2.20 | 0.55 |
| CEC/(cmol(+)·kg$^{-1}$) | 2.04~6.20 | 4.10 | 0.76~5.77 | 3.06 |
| $Al_2O_3$/% | 10.44~11.90 | 11.01 | 9.82~11.58 | 10.76 |
| CaO/% | 7.90~10.52 | 9.46 | 6.20~10.91 | 8.80 |
| Fe/% | 2.38~2.82 | 2.64 | 2.24~2.78 | 2.53 |
| K/% | 1.77~2.19 | 1.96 | 1.71~2.16 | 1.93 |
| N/% | 0.039~0.140 | 0.084 | 0.014~0.160 | 0.056 |
| As/(mg·kg$^{-1}$) | 9.24~15.40 | 11.94 | 4.24~15.80 | 9.78 |
| B/(mg·kg$^{-1}$) | 31.00~47.50 | 37.44 | 23.20~48.60 | 35.69 |
| Mn/(mg·kg$^{-1}$) | 532~630 | 591.44 | 491~690 | 570.63 |
| P/(mg·kg$^{-1}$) | 678~1120 | 905.22 | 569~1250 | 794.38 |
| Zn/(mg·kg$^{-1}$) | 54.90~72.00 | 65.12 | 48.20~74.70 | 61.80 |

#### 7.1.2.2 土壤中不同形态 F 含量测定

(1)试剂制备。

总离子强度缓冲液(TISAB):称取 58.8 g 二水柠檬酸钠($Na_3C_6H_5O_7·2H_2O$),再称取 85 g 硝酸钠,溶于去离子水中,用盐酸调节溶液 pH 值为 5~6,稀释至 1000 mL。

氟标准溶液:称取 2.21 g 经 95~105 ℃干燥 4 h 的冷 NaF 溶于水,移入 1 L 容量瓶中,加去离子水至标线,摇匀,储存于聚乙烯瓶中,并置于冰箱保存。此溶液 $F^-$ 为 1.0 g/L。实验所用各浓度氟溶液均由标准液稀释得到。

(2)土壤中总氟的测定。

土壤总氟采用氢氧化钠碱熔浸取-离子选择电极法进行测定(刘金华等,2017)。

试液的制备:称取过 0.149 mm 筛的土壤样品 0.2 g(精确至 0.000 2 g)于 50 mL 镍坩埚中,加入 2 g 氢氧化钠,在马弗炉中加热,由低温逐渐缓缓加热至 550~570 ℃后,保温 20 min。取出冷却,用 50 mL 煮沸的水逐次浸取,直到熔块完全溶解,转入 100 mL 容量瓶中,加入 5 mL 1:1 盐酸,混匀。冷却后加去离子水至标线,摇匀,放置澄清,待测。所有处理均做 3 组平行实验,结果取平均值。

样品的测定:取上清液 10 mL 于 50 mL 容量瓶中,加 1~2 滴溴甲酚紫指示剂,边摇边逐滴加入 1:1 盐酸,直到溶液刚由蓝紫色变为黄色。加入 15 mL TISAB,用去离子水稀释至标线,摇匀,用氟离子选择电极法测定 F 含量。

(3)土壤中各形态氟连续提取方法。

土壤中不同形态 F 含量测定采用连续分级浸提法(阿丽莉等,2013;易春瑶等,2013),称取风干土壤样品 10 g 于 250 mL 具塞三角瓶中,按照表 7-10 中的步骤进行逐步提取,土液比为 1:5。每一级形态氟浸提完成后,用称重法测出残留液体积,计算时扣除该部分氟量。

表 7-10 土壤中不同形态氟的连续分级浸提法

| 形态 | 提取液 | 操作条件 |
| --- | --- | --- |
| 水溶态氟(Ws-F) | 去离子水 | 70 ℃振荡 0.5 h |
| 可交换态氟(Ex-F) | 1 mol/L MgCl$_2$(pH=7.0) | 25 ℃振荡 1 h |
| 铁锰结合态氟(Fe/Mn-F) | 0.04 mol/L NH$_2$OH·HCL 溶于 25%(V/V)(体积分数)醋酸溶液 | 60 ℃振荡 1 h |
| 有机束缚态氟(Or-F) | 0.02 mol/L HNO$_3$+30% H$_2$O$_2$ 处理后,再加入 3.2 mol/L NH$_4$AC 溶液 | 25 ℃振荡 0.5 h |
| 残余态氟(Res-F) | 总氟(T-F)与前四种形态氟的差值 | |

#### 7.1.2.3 耕作层土壤 F 的分布特征及影响因素

(1)耕作层土壤 F 的赋存形态及分布特征。

新疆和田高氟区耕作层土壤各形态氟含量如图 7-8 及表 7-11(可用来衡量土壤供氟能力大小)所示,区内土壤总氟含量变化范围为 552~761 mg/kg,平均含量为 628.67 mg/kg,明显高于中国土壤 F 含量背景值为 453 mg/kg,但低于中国地氟病区土壤 F 含量均值 800 mg/kg,表明该区土壤受到一定程度的氟污染。其中 H9 和 H10 两点土壤 F 含量较高,分别达到 721 mg/kg 和 761 mg/kg。从图 7-8 可以看出采样点土壤中各形态氟含量占土壤全氟含量百分比由大到小依次为残余态氟≫有机束缚态氟>水溶态氟>铁锰结合态氟>可交换态氟。这与孟昱等(2019)调查林地土壤 F 的赋存形态结果一致,但与其他地区所得结果具有一定差异,浙江省表层土壤中 F 的赋存形态表现为残余态≫可交换态>水溶态>有机态>无定形氧化铁态(吴卫红等,2002),贵州省高氟病区表层土壤 F 的化学形态分布由大到小依次为残余态≫有机束缚态>铁锰结合态>水溶态>可交换态(秦樊鑫等,2014)。由此可知残余态氟为土壤中 F 的主要存在形式,与其他地区的不同在于,除残余态氟外,其他 4 种形态 F 含量的高低有所不同。

水溶态氟是指以去离子水作为溶剂浸提出来的氟,可以反映自然条件下水对土壤 F 浸提的影响,主要以离子或络合物形式存在,如 $F^-$、$HF_2^-$、$H_2F_3^-$、$H_3F_4^-$、$AlF_6^{3-}$、$FeF_6^{3-}$ 等,生物有效性较高,容易被作物根系吸收并参与食物链中氟的积累(梁秀娟等,2010;易春瑶等,2013;孟昱等,2019)。研究显示,土壤中水溶态氟对地下水中氟的富集具有重要作用(李亮等,2014)。研究区耕作层土壤中水溶态氟含量平均值为 4.35 mg/kg,占总氟含量的 0.7%,显著高于世界未污染土壤表层水溶态氟含量 0.5 mg/kg,高于中国地氟病区土壤表层水溶态氟本底值 2.5 mg/kg(朱亚群,2021)。其中 H15 和 H16 两点水溶态氟含量最高,分别约为 6.08 mg/kg 和 5.89 mg/kg,均占总氟含量的 1.0%。土壤水溶态氟对地氟病影响较大,小于 0.5 mg/kg 时,土壤缺氟导致龋齿;大于 2.5 mg/kg 时,土壤污染导致地氟病(邵小宇等,2021)。研究区耕作层土壤水溶态氟含量处于较高水平,表明该区土壤受到一定程度的氟污染。

可交换态氟是指通过静电引力吸附于黏粒、水合氧化物和有机质颗粒的可交换性 $F^-$(刘征原等,2007),极易与其他阴离子发生置换,可移动性和生物有效性较强。研究区耕作层土壤中可交换态氟含量为各形态氟含量中的最低值,变化范围约为 0.13~0.50 mg/kg,平均值为 0.34 mg/kg,占总氟含量的 0.1%,明显低于水溶态氟含量。其中 H12~H16 采样点土壤可交换态氟含量较高,均超过平均含量,表明土壤潜在可给氟能力较大,当静电引

# 第7章 典型绿洲区土壤地球化学环境综合研究

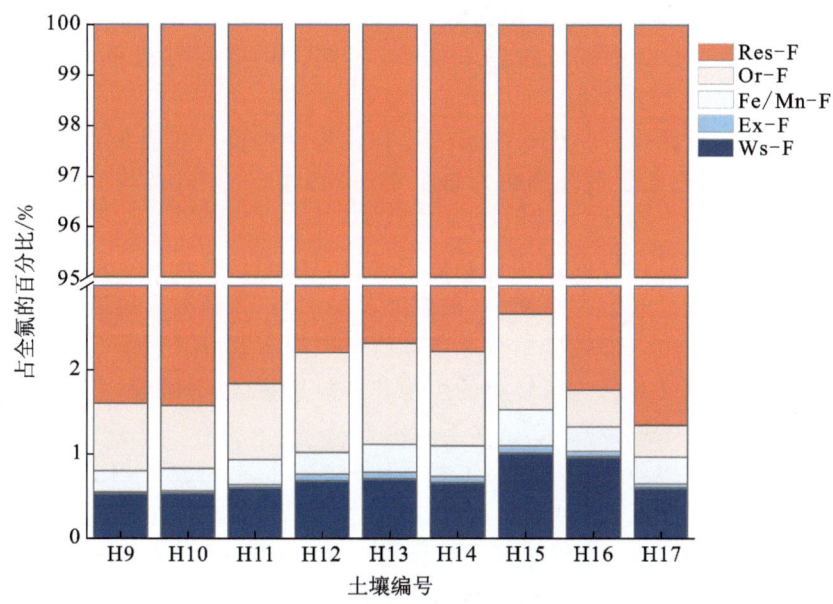

图 7-8 各形态氟含量占土壤全氟含量的百分比

表 7-11 耕作层土壤中各形态 F 含量　　　　　　　　单位：mg/kg

| 样品编号 | T-F | Ws-F | Ex-F | Fe/Mn-F | Or-F | Res-F |
| --- | --- | --- | --- | --- | --- | --- |
| H9 | 721±21.959ab | 3.806±0.054c | 0.125±0.010e | 1.824±0.190cd | 5.788±0.157bc | 709.457±21.793ab |
| H10 | 761±0.000a | 4.063±0.335bc | 0.164±0.013de | 2.082±0.045b | 5.658±0.495bc | 749.033±0.000a |
| H11 | 552±125.268c | 3.322±0.079d | 0.183±0.002d | 1.651±0.022de | 4.974±0.211c | 541.870±125.525c |
| H12 | 590±70.791bc | 4.029±0.071bc | 0.473±0.017a | 1.515±0.122e | 6.987±1.757ab | 576.997±71.276bc |
| H13 | 604±35.956abc | 4.263±0.072b | 0.485±0.009a | 1.998±0.078bc | 7.272±0.994a | 589.984±36.755abc |
| H14 | 590±51.272bc | 3.901±0.130c | 0.429±0.009b | 2.160±0.022b | 6.622±0.255ab | 576.888±51.378bc |
| H15 | 580±15.773bc | 5.885±0.318a | 0.496±0.013a | 2.489±0.103a | 6.612±0.341ab | 564.518±15.658bc |
| H16 | 627±42.281abc | 6.083±0.083a | 0.419±0.052b | 1.811±0.137cd | 2.712±0.198d | 615.975±42.278abc |
| H17 | 633±167.982abc | 3.809±0.059c | 0.287±0.009c | 2.029±0.020b | 2.386±0.065d | 624.488±167.937abc |

注：同一列的不同小写字母表示差异达显著水平（$P<0.05$）。

力变小时这部分氟的生物有效性将会增强，易被作物吸收或随水进入地下水系统。

铁锰结合态氟是指土壤中可与 Fe、Mn 及 Al 的氧化物、氢氧化物和水合氧化物进行吸附或共沉淀的氟，是用较强的离子键结合的化学形态，当环境中的氧化—还原电位降低或缺氧时，就会被氧化—还原出来成为游离态氟（李张伟等，2011）。研究区耕作层土壤中铁锰结合态氟的变化范围约为 1.52～2.49 mg/kg，均值为 1.95 mg/kg，占土壤总氟的 0.3%，其含量分布较为均匀。

有机束缚态氟是指土壤中可与有机质起络合或螯合作用的氟，有机质含量较高会降低土壤氟的生物有效性(阿丽莉等,2013)。研究区有机束缚态氟含量变幅约为 2.39~7.27 mg/kg,均值为 5.45 mg/kg,占土壤总氟含量的 0.9%,不同采样点间有机束缚态氟含量有显著差异。

残余态氟是指通常以原生或次生矿物形式存在,移动性及生物有效性最差的氟(李张伟等,2011)。研究区残余态氟含量范围约为 541.87~749.03 mg/kg,均值为 616.58 mg/kg,占土壤总氟含量的 98.1%。

水溶态氟和可交换态氟是可以直接被动植物吸收利用的自由态氟,是高度有效的,也被称为生物有效态氟,两者处于动态平衡中(朱亚群,2021)。铁锰结合态氟、有机束缚态氟和残余态氟为土壤非有效态氟,但铁锰结合态氟和有机束缚态氟可通过解吸作用再次进入土壤溶液成为有效态氟,因此又被称为可转化的生物非有效态氟(梁秀娟等,2010)。

(2)各形态 F 间的相关性分析。

对研究区耕作层土壤中各形态氟进行了相关性分析,结果如表 7-12 所示。土壤总氟与残余态氟呈极显著正相关关系($r=0.996$,$P<0.01$);水溶态氟与可交换态氟呈显著正相关关系($r=0.600$,$P<0.05$);可交换态氟与水溶态氟及有机束缚态氟呈显著正相关关系($r=0.583$,$P<0.05$);而铁锰结合态氟与其他形态的氟无显著相关性。由此可以看出,水溶态氟与可交换态氟在一定条件下可以相互转化,这也验证了两者处于动态平衡的结论;可交换态氟在土壤各形态 F 相互转化过程中起桥梁作用,这也与刘金华等(2017)的研究结果一致。已有研究表明,当土壤性质发生改变时,氟会与土壤固相和液相物质间发生复杂的物理化学反应,将会使不同形态 F 间发生相互转化(孟昱等,2019)。邹红建等(2012)发现添加外源水溶性有机质可降低土壤水溶态和有效态氟含量,提高铁锰结合态和有机束缚态氟含量,降低 F 的生物可利用性。此外,低分子有机酸可通过改变土壤表面性质或与 F 发生竞争作用对土壤中 F 的形态分布产生影响(刘春丽等,2009)。由此可见,土壤中不同形态的 F 在一定条件下可以相互转化。

表 7-12 F 的赋存形态间的相关性($n=9$)

|  | T-F | Ws-F | Ex-F | Fe/Mn-F | Or-F | Res-F |
| --- | --- | --- | --- | --- | --- | --- |
| T-F | 1 |  |  |  |  |  |
| Ws-F | 0.059 | 1 |  |  |  |  |
| Ex-F | −0.577 | 0.600* | 1 |  |  |  |
| Fe/Mn-F | 0.109 | 0.267 | 0.233 | 1 |  |  |
| Or-F | −0.293 | 0.200 | 0.583* | 0.067 | 1 |  |
| Res-F | 0.996** | 0.067 | −0.567 | 0.050 | −0.283 | 1 |

注:* 表示显著水平 $P<0.05$,** 表示显著水平 $P<0.01$;后同。

(3)各形态 F 与土壤性质、其他元素间的相关性分析。

研究区耕作层土壤中各形态 F 与土壤性质及其他元素间的相关分析结果如表 7-13 所示。结果表明,可交换态氟与 B 呈极显著负相关,与 CaO 呈显著正相关,与 K 呈显著负相关。铁锰结合态氟与土壤有机碳(SOC)及 N 呈显著正相关。残余态氟与 $Al_2O_3$、K 和 Zn 呈极显著正相关,与 CaO 呈极显著负相关,此外,还与 Fe、As 和 B 呈显著正相关。研究发现,水溶态氟及有机束缚态氟与土壤性质及其他元素间无显著相关性,这与许多研究(吴卫红等，2002；Loganathan et al.，2006；刘金华等，2017；Moirana et al.，2021）发现水溶态氟含量与土壤 pH 值间具有显著相关的结果具有一定差异，但与黄春雷等（2007）、张永航（2007）及薛粟尹等（2012）的研究结果一致，可能是由于研究区小麦田土壤 pH 值（7.85～9.02）呈碱性且范围较窄，以及水溶态氟含量所占比例较低。研究表明，土壤 pH 值＞7.5 时，土壤水溶态氟与 pH 值并无显著相关性（袁连新等，2011），也说明水溶态氟可能是由土壤理化性质联合控制而不仅仅受控于土壤 pH 值。

表 7-13 F 的赋存形态与土壤理化性质及各元素（氧化物）的相关性（$n=17$）

| 指标 | T-F | Ws-F | Ex-F | Fe/Mn-F | Or-F | Res-F |
| --- | --- | --- | --- | --- | --- | --- |
| pH 值 | 0.000 | 0.517 | −0.050 | 0.300 | −0.317 | −0.033 |
| SOC | 0.494 | −0.167 | −0.233 | 0.683* | 0.000 | 0.433 |
| CEC | 0.577 | −0.267 | −0.267 | 0.383 | 0.050 | 0.533 |
| $Al_2O_3$ | 0.971** | 0.100 | −0.550 | 0.300 | −0.333 | 0.950** |
| CaO | −0.824** | 0.084 | 0.644* | −0.276 | 0.469 | −0.803** |
| Fe | 0.697* | 0.008 | −0.109 | 0.176 | 0.176 | 0.695* |
| K | 0.845** | 0.033 | −0.611* | 0.444 | −0.510 | 0.812** |
| N | 0.508 | −0.201 | −0.184 | 0.636* | 0.033 | 0.452 |
| As | 0.695* | 0.067 | −0.533 | −0.300 | 0.083 | 0.700* |
| B | 0.586* | −0.200 | −0.800** | −0.500 | −0.433 | 0.617* |
| Mn | 0.544 | 0.150 | 0.083 | 0.133 | 0.083 | 0.550 |
| P | 0.577 | −0.283 | −0.300 | 0.517 | 0.117 | 0.533 |
| Zn | 0.820** | −0.167 | −0.400 | 0.183 | −0.050 | 0.800** |

（4）各形态 F 与土壤性质间的逐步回归分析。

影响土壤中 F 含量的因素有很多，且土壤性质及不同元素间也会相互干扰，因此对供试土壤的理化性质及土壤元素进行相关分析（表 7-14），发现除 pH 值、B 及 Zn 外，其他因子间大多具有相关性，表明各因子间存在多重共线性。为进一步消除不显著因素的影响，探明主要影响因素，利用 SPSS 软件进行逐步回归分析，拟合的回归方程如表 7-15 所示，可以看出影响总氟和残余态氟含量的主要因素为 $Al_2O_3$，影响可交换态氟含量的主要因素为 B，其余因子并没有作为影响参数进入回归方程，对土壤 F 的赋存形态影响较小。由于土壤溶液中的 F 可与铝离子形成 Al-F（$AlF_2^+$，$AlF^{2+}$，$AlF_3$，$AlF_4^-$，$AlF_5^{2-}$ 和 $AlF_6^{3-}$）络合物，从而带有一定量的正电荷，这些正电荷通过与黏土矿物上的阳离子交换实现吸附，使得土壤中生物非有效态氟含量增加；B 对可交换态氟含量的影响与此类似，F 可与 B⁻ 形成 B-F（$BF_3$，$BF_4^-$ 等）络合物，容易被土壤胶体吸持，降低了土壤中水溶性氟含量，减少了 F 在土壤溶液中的可移动性和生物有效性。

表 7-14 土壤理化性质及元素（氧化物）间的相关性（$n=17$）

| | pH 值 | SOC | CEC | $Al_2O_3$ | CaO | Fe | K | N | As | B | Mn | P | Zn |
|---|---|---|---|---|---|---|---|---|---|---|---|---|---|
| pH 值 | 1 | | | | | | | | | | | | |
| SOC | −0.133 | 1 | | | | | | | | | | | |
| CEC | −0.400 | 0.867** | 1 | | | | | | | | | | |
| $Al_2O_3$ | 0.133 | 0.600* | 0.583* | 1 | | | | | | | | | |
| CaO | −0.084 | −0.678* | −0.569 | −0.854** | 1 | | | | | | | | |
| Fe | −0.418 | 0.444 | 0.678* | 0.653* | −0.303 | 1 | | | | | | | |
| K | 0.301 | 0.653* | 0.494 | 0.929** | −0.924** | 0.382 | 1 | | | | | | |
| N | −0.268 | 0.962** | 0.946** | 0.586* | −0.580 | 0.609* | 0.571 | 1 | | | | | |
| As | 0.117 | 0.133 | 0.233 | 0.617* | −0.477 | 0.360 | 0.444 | 0.084 | 1 | | | | |
| B | 0.150 | −0.150 | −0.117 | 0.500 | −0.527 | 0.033 | 0.477 | −0.234 | 0.733* | 1 | | | |
| Mn | −0.383 | 0.267 | 0.600* | 0.467 | −0.159 | 0.879** | 0.209 | 0.485 | 0.117 | −0.150 | 1 | | |
| P | −0.350 | 0.950** | 0.900** | 0.633* | −0.653* | 0.611* | 0.603* | 0.946** | 0.267 | −0.033 | 0.367 | 1 | |
| Zn | −0.367 | 0.683* | 0.783** | 0.817** | −0.636* | 0.854** | 0.644* | 0.745* | 0.500 | 0.250 | 0.600* | 0.817** | 1 |

表 7-15　土壤氟的赋存形态与土壤理化性质及元素间的逐步回归方程（$n=17$）

| 赋存形态 | 逐步回归方程 | $R^2$ | $F^*$ | 标准回归系数 |
| --- | --- | --- | --- | --- |
| T-F | T-F$=128.345\,Al_2O_3-784.555\,(P=0.000)$ | 0.921 | 81.326 | $Al_2O_3$：0.960 |
| Ex-F | Ex-F$=-0.017B+0.968\,(P=0.047)$ | 0.454 | 5.818 | B：$-0.674$ |
| Res-F | Res-F$=129.632\,Al_2O_3-810.808\,(P=0.000)$ | 0.928 | 89.928 | $Al_2O_3$：0.963 |

注：$F^*$ 为显著性检验 $F$ 检验的概率。

(5) 各形态 F 与土壤性质间的冗余分析。

为进一步探究土壤性质及土壤元素对不同形态 F 的影响程度，进行冗余分析并绘制排序（图 7-9），通过变量的正向选择，共有 8 个变量（CaO、K、$Al_2O_3$、B、Zn、As、SOC 和 P）被最终选择为 RDA 模型的解释变量，前 2 个排序轴对土壤 F 赋存形态的解释率为 99.98%，其中第一轴为 99.93%，第二轴为 0.05%，说明由前两个排序轴构成的二维线性关系能够充分反映土壤 F 赋存形态与环境因子（土壤性质及土壤元素）间的响应关系。环境因子箭头的长度反映了环境因子对响应变量的解释量，可以看出 $Al_2O_3$、K、CaO 对土壤 F 的赋存形态的影响作用最为强烈；箭头的夹角可以反映出环境因子与不同形态氟间的相关性，可以看出水溶态氟、可交换态氟和有机束缚态氟与 CaO 具有较大的正向关系，铁锰结合态氟与 SOC 和 P 具有较大的正向关系，总氟和残余态氟与 K、$Al_2O_3$、B、Zn、As、SOC 具有较大的正向关系，表明随着 CaO 含量的增加，K、$Al_2O_3$、B、Zn、As、SOC 含量的减少，水溶态氟、可交换态氟和有机束缚态氟含量呈增加趋势，总氟和残余态氟含量呈减少趋势，随着 P 和 SOC 含量的增加，铁锰结合态氟呈增加趋势。样点间的距离反映了各样点间土壤中不同形态氟含量的相近程度，可以看出大部分样点受 $Al_2O_3$、B 等含量的影响分布在第 1 排序轴周围，表明 $Al_2O_3$、B 含量在土壤中不同形态 F 含量变化过程中起主导作用。

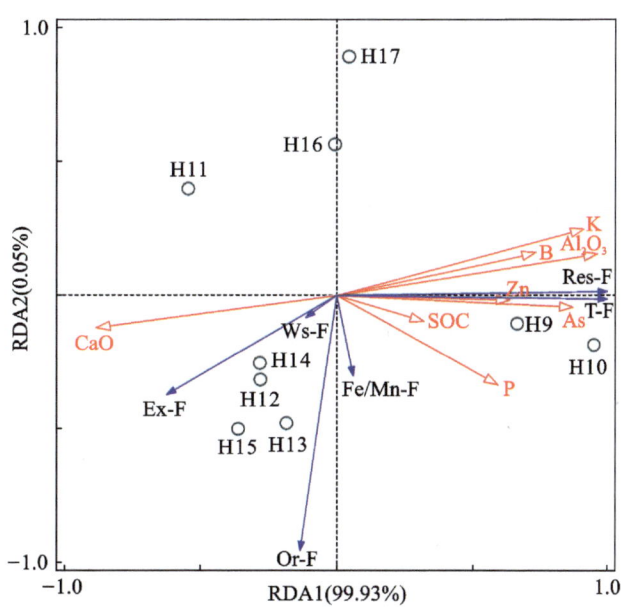

图 7-9　不同形态 F 与土壤性质及土壤元素间的 RDA 分析

#### 7.1.2.4 土壤剖面各形态 F 的分布特征

土壤垂直剖面中不同形态 F 的分布特征显示（图 7-10），研究区各剖面中总氟的垂向空间变化不显著，其中 H01、H02、H03、H06、H07 和 H08 剖面总氟变异系数介于 3.92%～11.79%之间，垂向空间变异程度较小；H04 和 H05 剖面中总氟存在轻微幅度变化，变异系数为 40.10%和 32.36%，属中等变异程度。除 H04 和 H06 剖面在底层出现 F 含量最大值外，其余剖面均为表层 F 含量最高。

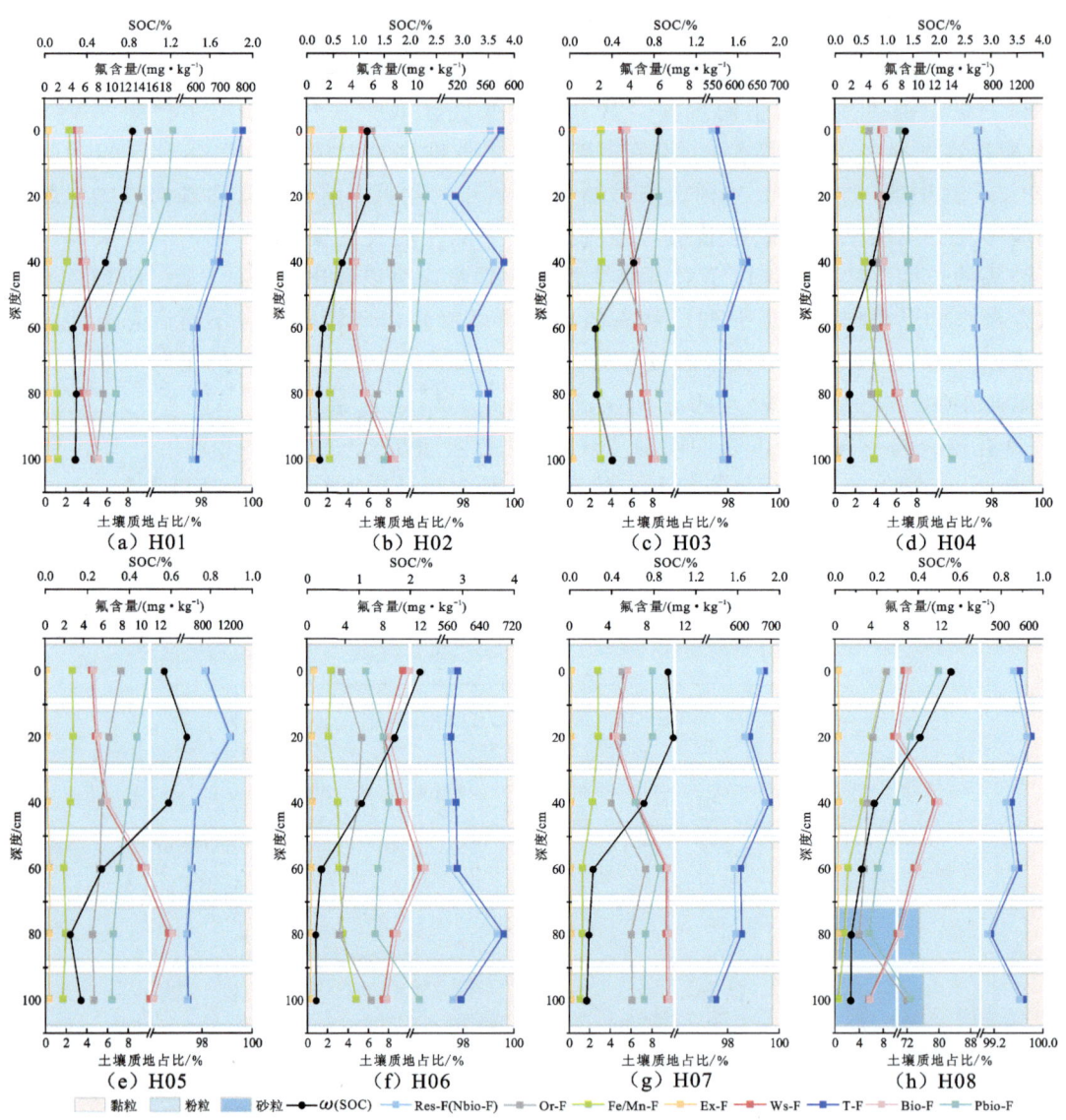

图 7-10 剖面土壤各形态 F 含量

除 H06 和 H08 剖面外，其余剖面 Ws-F 含量均随土层深度的增加呈增加趋势，0～100 cm 土层 Ws-F 含量均值分别为 5.94 mg/kg、5.34 mg/kg、6.71 mg/kg、7.74 mg/kg、7.77 mg/kg、7.83 mg/kg。Ex-F 含量为所有形态 F 中的最低值，其垂向空间变化不显著。

Fe/Mn-F 在土壤剖面中的分布较为均匀可以看出该形态 F 受气候、人为等因素的影响较小。Or-F 在 H04、H06 和 H08 剖面底层含量显著高于上部层位，H01、H02 和 H05 剖面表层含量较高，H03 和 H07 剖面在 60 cm 处 Or-F 呈突增现象。在土壤 F 的赋存形态中，Res-F 含量所占比例最大，其变化趋势也与总氟相同。

为表述土壤 F 的垂向迁移能力，将表层 F 含量高于中深层的定义为"表聚型"，中部 F 含量高于两端的定义为"弱迁移型"，底部 F 含量高于中上部的定义为"强迁移型"。土壤生物有效态氟(Bio-F)除 H06 和 H08 剖面为弱迁移型外，其余剖面均为强迁移型；可转化的生物非有效态氟(Pbio-F)在 H01、H05 和 H08 剖面为表聚型，H02、H03 和 H07 剖面为弱迁移型，H04 和 H06 剖面为强迁移型；生物非有效态氟(Nbio-F)在大部分剖面都呈现表层富集的趋势，只有 H03 剖面为弱迁移型，H04 和 H06 剖面为强迁移型。从生物有效态氟(Bio-F)的角度来看，8 个剖面中进入环境中的 F 的垂向迁移能力较强，说明在农业区受到耕种翻土、灌溉/降水等影响而发生迁移。

研究区包气带岩性结构简单，粉粒含量高，除 H08 剖面 80～100 cm 土层为砂土外，其余土层均为粉土。由 H08 剖面可以看出，随着剖面岩性由粉土过渡为砂土，土壤有效态氟含量呈降低趋势。SOC 表现为表层富集，除 H05 剖面外，其余剖面 60～100 cm 土层 Fe/Mn-F 与 SOC 分布模式一致。受土壤黏粒、有机质等吸附作用的影响，土壤中含黏土矿物和非晶质矿物越多，吸附能力越强。

### 7.1.2.5 土壤有效态氟与地下水 F 含量的关系

土壤和地下水中的氟化物含量均与岩石和沉积物中含氟矿物的风化和淋滤作用有关。土壤有效态氟的水溶性较好，具有较强的迁移性，会通过淋滤作用进入浅层地下水，但在干旱盐碱地区，日照强烈，土壤的蒸发作用较强，淋滤作用较弱，浅层地下水中的 F 会随土壤水分由下层向表层迁移，使得表层土壤 F 含量较高(Chen et al., 2020)。因此，浅层地下水中的 F 与土壤中的有效态氟会在一定程度上相互影响。

和田地区土壤 F 含量高值区采集的小麦农田根系土壤中有效态氟含量与附近水井中的浅层地下水 F 含量间的关系如图 7-11 所示。由图可知，研究区土壤中有效态氟含量($y$)与地

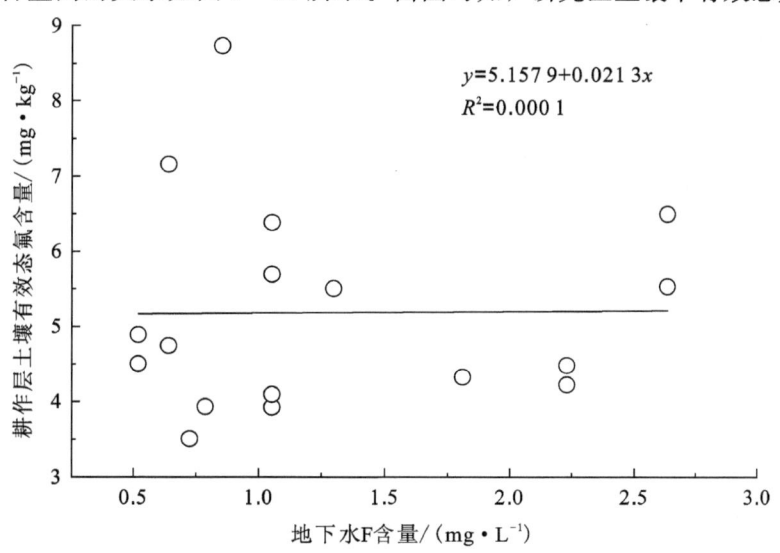

图 7-11 土壤有效态氟含量与地下水 F 含量的关系

下水中 F 含量($x$)间相关性并不明显,与之前的研究具有一定差异。研究区小麦农田根系土壤中有效态氟含量在 3.51~8.74 mg/kg 之间,相应的浅层地下水 F 含量在 0.52~2.64 mg/L 之间,含量均较高。研究区中部平原区在构造上跨越东南坳陷与和田坳陷两个构造单元,主要出露新近系和第四系,坳陷中沉积了巨厚的第四系松散堆积物。由于第四系形成时间较短,未经受强烈的变质作用,其沉积时的状态保存良好,有效态氟含量相对较高。而地下水中的 F 含量根据前文的分析可以看出,干燥的气候条件、强烈的蒸发浓缩作用、阳离子交替吸附,由径流过程中水-岩相互作用引起的矿物溶解或沉淀共同导致了地下水中 F 的富集。由此可以看出,原生地质条件对于土壤和地下水中 F 的富集具有重要影响。

### 7.1.3 农作物中 F 的分布特征及影响因素

#### 7.1.3.1 F 在小麦中的累积分布

小麦是和田地区主要的粮食作物,我们将它作为农作物代表。研究区小麦籽粒 F 含量如图 7-12 所示,小麦籽粒 F 的含量范围为 ND(未检出)~1.0 mg/kg,平均值为 0.65 mg/kg,变异系数为 36.4%。其中,于田县 1 件小麦籽粒样品 F 含量为 1.0 mg/kg,为区域内最高值。与国内其他农业区相比,和田地区小麦 F 累计水平显著偏低,如王成(2013)报道了长三角地区小麦籽实 F 含量为 0.68~3.35 mg/kg,平均值为 1.14 mg/kg,超标率达 46.7%,其中 6.7% 的样品 F 含量在最大允许浓度的两倍以上;而在白银城郊东大沟流域小麦籽粒中 F 含量范围为 3.99~12.01 mg/kg,平均值为 7.22 mg/kg,在西大沟流域小麦籽粒中 F 含量范围为 3.67~8.86 mg/kg,平均值为 6.02 mg/kg(李业朴,2018)。相比之下,研究区小麦籽粒中 F 含量要明显低于长三角地区和白银市。

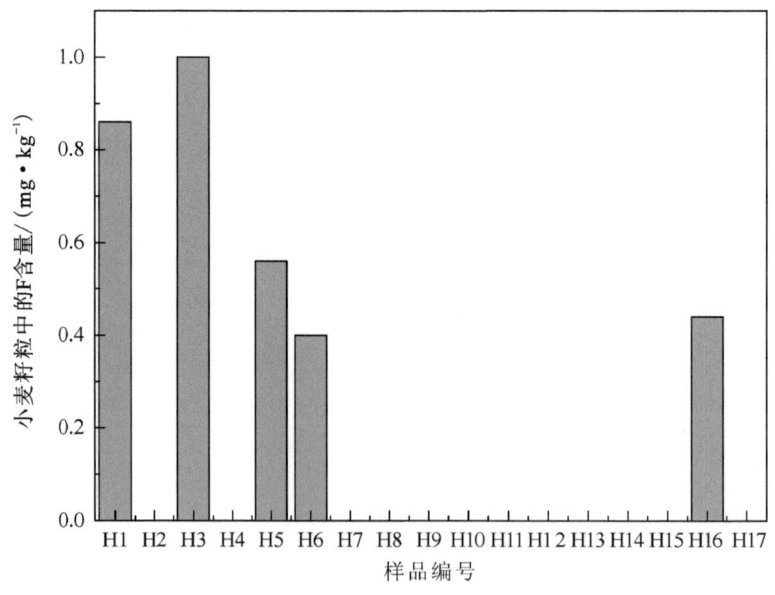

图 7-12 小麦籽粒 F 含量
(H2、H4、H7~H15 和 H17 小麦籽粒中氟含量未检出)

### 7.1.3.2 土壤中 F 含量与小麦 F 含量的关系

在大气 F 污染不严重的地区,作物中的 F 主要来源于土壤;当大气 F 污染比较严重时,作物中的 F 则不同程度地来自大气。本研究样品采自和田地区,不能排除大气 F 污染的可能性,但由于缺乏准确的大气 F 监测数据,也没有对研究区大气 F 含量进行采集测定,因此很难准确地讨论作物中的 F 含量受大气 F 含量的影响程度,以及它与土壤中 F 含量的关系。米吉提·依明(2005)的研究结果表明,和田地区的空气污染物主要为总悬浮颗粒物和自然沉降。这意味着研究区不存在严重的大气 F 污染,因此对于作物中 F 含量与土壤中 F 含量间的关系的讨论依然是有必要的。

土壤中各形态 F 含量与小麦 F 含量相关性如表 7-16 所示,结果表明,小麦籽粒 F 含量与不同形态土壤 F 含量间的相关性不明显。从理论上来讲,作物中的 F 主要来源于土壤有效态氟,土壤有效态氟含量应与作物 F 含量具有一定相关性(徐为霞,2006)。本研究结果与此结论不符,但与李业朴(2018)和 Wang 等(2012)的研究结果一致。朱法华等(2001)通过分析徐州粮食中 F 含量与土壤中水溶性氟含量的关系,认为 F 不在粮食作物结的果实中富集。研究区土壤中不同形态 F 含量与小麦籽粒中 F 含量相关性较差可能有以下两个原因:一是由于作物对土壤 $F^-$ 的吸收通过根—茎—叶向上运输,作物中 F 含量也普遍呈现出逐级递减的趋势;二是作物会不同程度地吸收大气中的 F,从而影响作物中 F 含量与土壤中 F 含量的关系。

表 7-16 土壤中 F 形态与小麦 F 含量相关性

| 指标 | T-F | Ws-F | Ex-F | Fe/Mn-F | Or-F | Res-F |
| --- | --- | --- | --- | --- | --- | --- |
| 小麦籽粒 F 含量/(mg·kg$^{-1}$) | -0.102 | -0.867 | -0.263 | 0.377 | 0.343 | -0.103 |

通过前文分析可以看出,地下水 F、土壤 F、农作物 F 间的相关性较弱,主要是由于研究区土壤为粉土和砂土,有机质贫乏,阳离子交换量较低,使得土壤的黏聚力、保水性和保肥性差,植物截留量少,加之当地气温高,蒸发量大对 F 的迁移与转化也具有一定影响。因此,在后续的分析中将分为地下水—土壤中 F 的迁移与转化和土壤—农作物中 F 的迁移与转化两部分进行论述。

### 7.1.4 地下水-土壤系统中 F 的迁移转化

在土壤和水体中,溶解—沉淀和吸附—解吸平衡是影响 F 迁移转化的主要因素。为探讨和田地区 F 在地下水-土壤系统中的迁移转化能力,选取盐土、灌淤土、棕漠土、草甸土 4 种平原区分布较为广泛的土壤类型作为研究对象,通过土壤 F 吸附动力学实验、等温吸附/解吸实验和吸附热力学实验,分析研究区土壤中 F 的静态吸附规律,旨在探讨 F 在地下水—土壤中的迁移转化机理。

#### 7.1.4.1 吸附动力学特征

(1)实验结果。

吸附过程的动力学研究主要是用来描述吸附剂吸附溶质的速率快慢和机理(于晓英,

2009）。土壤对 F 的吸附主要包括颗粒外扩散、颗粒内扩散和表面吸附 3 个基本过程。选取 4 种典型土壤样品进行吸附动力学实验，测定不同时间、不同初始含量条件下土壤 F 的吸附量，分别以 $t$ 和 $Q_e$ 为横、纵坐标考察吸附时间增加时吸附量的变化情况，结果见图 7-13～图 7-17。

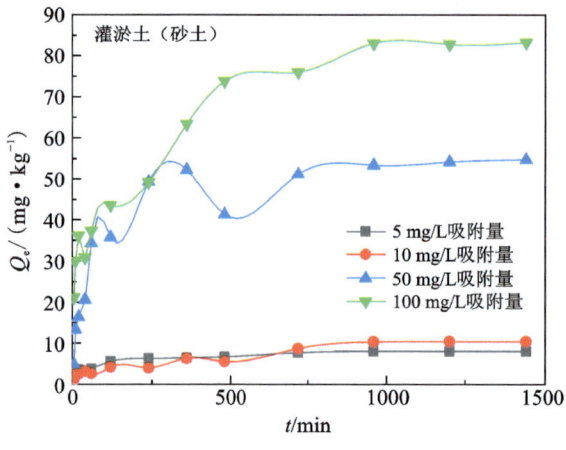

图 7-13　灌淤土（砂土）的氟吸附动力学曲线

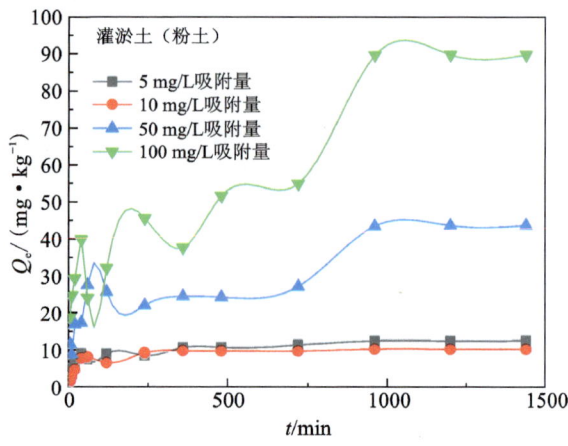

图 7-14　灌淤土（粉土）的氟吸附动力学曲线

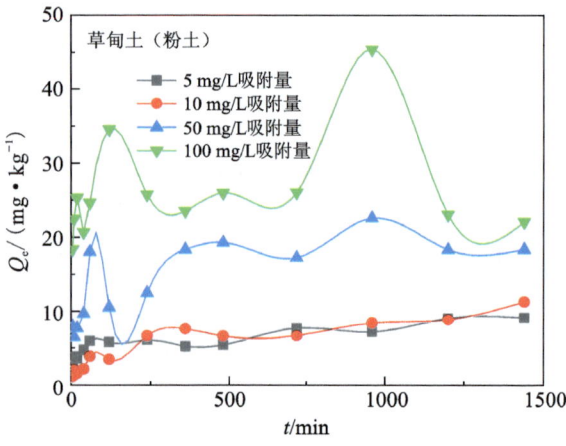

图 7-15　草甸土（粉土）的氟吸附动力学曲线

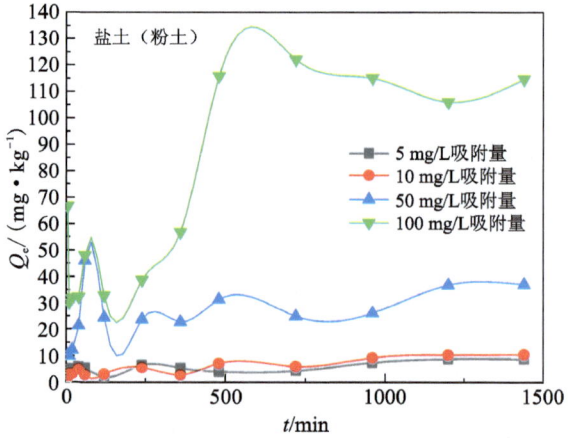

图 7-16　盐土（粉土）的氟吸附动力学曲线

已有研究表明，土壤对 F 的吸附平衡时间约为 24 h（易春瑶等，2013）。本次研究共分 13 个时间点进行测定，研究结果表明灌淤土（砂土）的吸附量随着初始含量的增大而增大，吸附过程是非线性的，吸附时间越长吸附速率越小，最后趋于平衡。在不同初始含量条件下，均呈现正向吸附，即土壤在从溶液中吸收 $F^-$。初始含量为 5 mg/L 时，吸附量在 2 h 内的变化较为明显，之后吸附速率逐渐降低，吸附量随时间缓慢增加。初始含量为 10 mg/L 时，吸附量在前 12 h 内具有一定的波动性，之后逐渐趋于稳定。当初始含量较大时（50 mg/L 和 100 mg/L），2 h 内土壤对 F 的吸附速率很大，吸附量随时间增加也明显增加；2～12 h 土壤对 F 的吸附速率逐渐降低，吸附量随时间缓慢增加；12 h 之后逐渐达到吸附平衡。

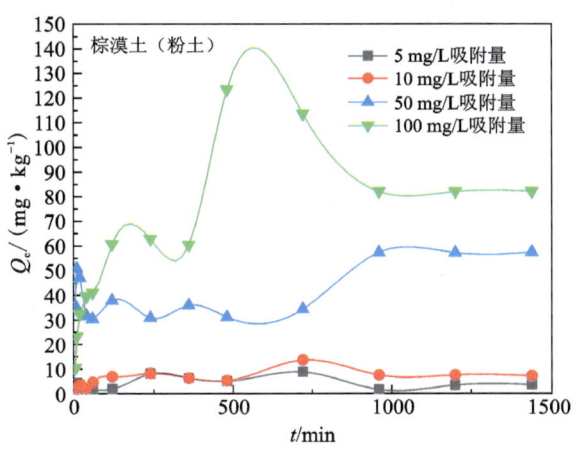

图 7-17 棕漠土(粉土)的氟吸附动力学曲线

随着初始含量的增加,灌淤土(粉土)的吸附量逐渐增加,最终可达到吸附的动态平衡。所有初始含量均呈现正向吸附。当初始含量较小(5 mg/L 和 10 mg/L)时,前 2 h 内,灌淤土(粉土)对 F 的吸附速率较大,之后随着时间的增加表现出较为平缓的增长趋势。当初始含量较大(50 mg/L 和 100 mg/L)时,前 16 h 内灌淤土(粉土)对 F 的吸附随吸附时间的增加呈快速增加趋势,且起伏较大,16 h 之后,吸附速率降低,逐渐达到吸附平衡。

草甸土(粉土)的吸附量随着初始含量的增大而增大。所有初始含量均呈现正向吸附。当初始含量为 5 mg/L 时,吸附量在 1 h 内的变化较为明显,之后吸附速率逐渐降低,吸附量随时间缓慢增加。初始含量为 10 mg/L 时,吸附量在前 4 h 具有一定的波动性,之后逐渐趋于稳定。当初始含量为 50 mg/L 时,吸附量在前 4 h 具有一定的波动性,之后波动较小,逐渐趋于稳定。初始含量为 100 mg/L 时,吸附量整体波动较大,20 h 之后趋于稳定。

盐土(粉土)的吸附量随着初始含量的增大而增大。吸附过程是非线性的,吸附时间越长吸附速率越小,最后趋于平衡。在不同初始含量条件下,均呈现正向吸附。当初始含量较小(5 mg/L 和 10 mg/L)时,吸附平衡时间约为 8 h。当初始含量为 50 mg/L 时,吸附量在前 2 h具有一定的波动性,之后波动较小,逐渐趋于稳定。初始含量为 100 mg/L 时,吸附量整体波动较大,12 h 之后趋于稳定。

棕漠土(粉土)的吸附量随着初始含量的增大而增大。当初始含量较小(5 mg/L 和 10 mg/L)时,吸附量在 8 h 内的变化较为明显,之后吸附速率逐渐降低,吸附量随时间缓慢增加。当初始含量为 50 mg/L 时,吸附量呈先减少后增加最后趋于稳定的趋势,吸附平衡时间为 8 h。初始含量为 100 mg/L 时,吸附量在 8 h 达到峰值后逐渐降低,16 h 达到吸附平衡。

总体来看,在反应的初级阶段,溶液中 $F^-$ 含量相对较大,同时土壤颗粒表面也存在大量的吸附位点,因此溶液中的 $F^-$ 在吸附进行的前期阶段很快黏附到了土壤颗粒表面,使得 $F^-$ 吸附量呈现快速上升趋势。吸附后期土壤颗粒表面的吸附位点逐渐减少,$F^-$ 从土壤颗粒表面进入内部孔隙,使得吸附量与前期相比大大降低趋近于平衡状态。对比分析 4 种不同类型土壤可知,当初始含量较低(5 mg/L 和 10 mg/L)时,吸附量由大到小依次为草甸土>灌淤土＞盐土＞棕漠土；当初始含量较高(50 mg/L 和 100 mg/L)时，吸附量由大到小依次为盐土＞棕漠土＞灌淤土＞草甸土。对比分析不同土壤质地可知，粉土的吸附量总体高于砂土。

(2) 吸附动力学模型。

为了解土壤对 F 的吸附特性及其速率控制步骤和机理，采用 4 种较为常见的吸附动力学模型进行拟合。准一级动力学模型和内扩散动力学模型主要研究物理吸附过程，准二级动力学模型和 Elovich(叶洛维奇)模型主要研究化学吸附过程，计算公式如下(胡莺，2019)。

准一级动力学模型：

$$Q_t = Q_{e,1}(1 - e^{-k_1 t}) \tag{7-3}$$

准二级动力学模型：

$$Q_t = \frac{k_2 Q_{e,2}^2 t}{(1 + k_2 Q_{e,2} t)} \tag{7-4}$$

内扩散动力学模型：

$$Q_t = k_i t^{1/2} + A_i \tag{7-5}$$

Elovich 模型：

$$Q_t = a \ln t + b \tag{7-6}$$

式中，$Q_t$ 为 $t$ 时刻土壤吸附量，mg/kg；$Q_{e,1}$ 和 $Q_{e,2}$ 分别为准一级动力学模型和准二级动力学模型的土壤平衡吸附量，mg/kg；$k_i$ 为内扩散吸附速率常数，mg/(kg·min$^{0.5}$)；$A_i$ 为边界层数，mg/kg；$k_1$ 为准一级吸附速率常数，min$^{-1}$；$k_2$ 为准二级吸附速率常数，kg/(mg·min)；$t$ 为吸附时间，min；$a$，$b$ 为模型参数。

4 种不同类型土壤对 F$^-$ 的吸附动力学拟合曲线及各个模型的拟合参数如图 7-18～图 7-21 和表 7-17～表 7-21 所示。结果表明，当初始含量为 5 mg/L 时，灌淤土(砂土)对 4 种模型的拟合值 $R^2$ 在 0.893 8～0.995 8 之间，灌淤土(粉土)的 $R^2$ 在 0.796 4～0.995 1 之间，草甸土(粉土)的 $R^2$ 在 0.680 2～0.952 4 之间，盐土(粉土)的 $R^2$ 在 0.289 8～0.800 8 之间，棕漠土(粉土)的 $R^2$ 在 0.101 1～0.684 0 之间，综合 4 种方程的决定系数 $R^2$，准二级动力学方程最适合描述初始 F 含量为 5 mg/L 条件下各土壤的吸附动力学行为。

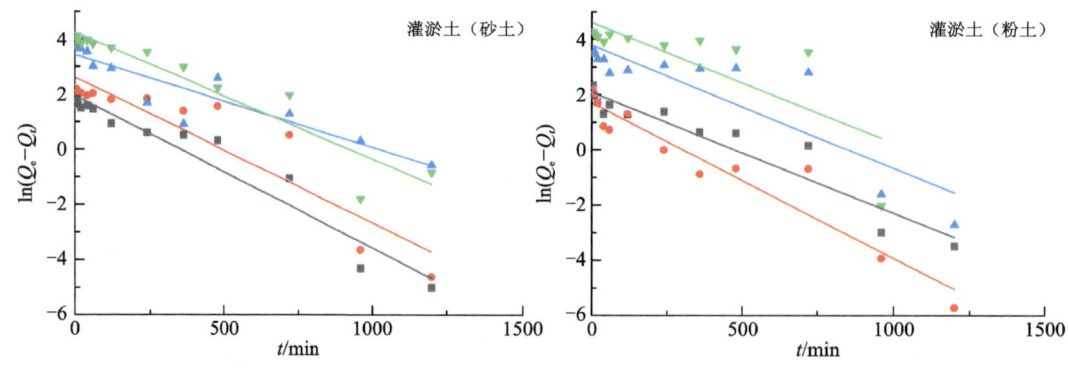

图 7-18 不同初始含量条件下不同类型土壤 F 吸附准一级动力学方程拟合

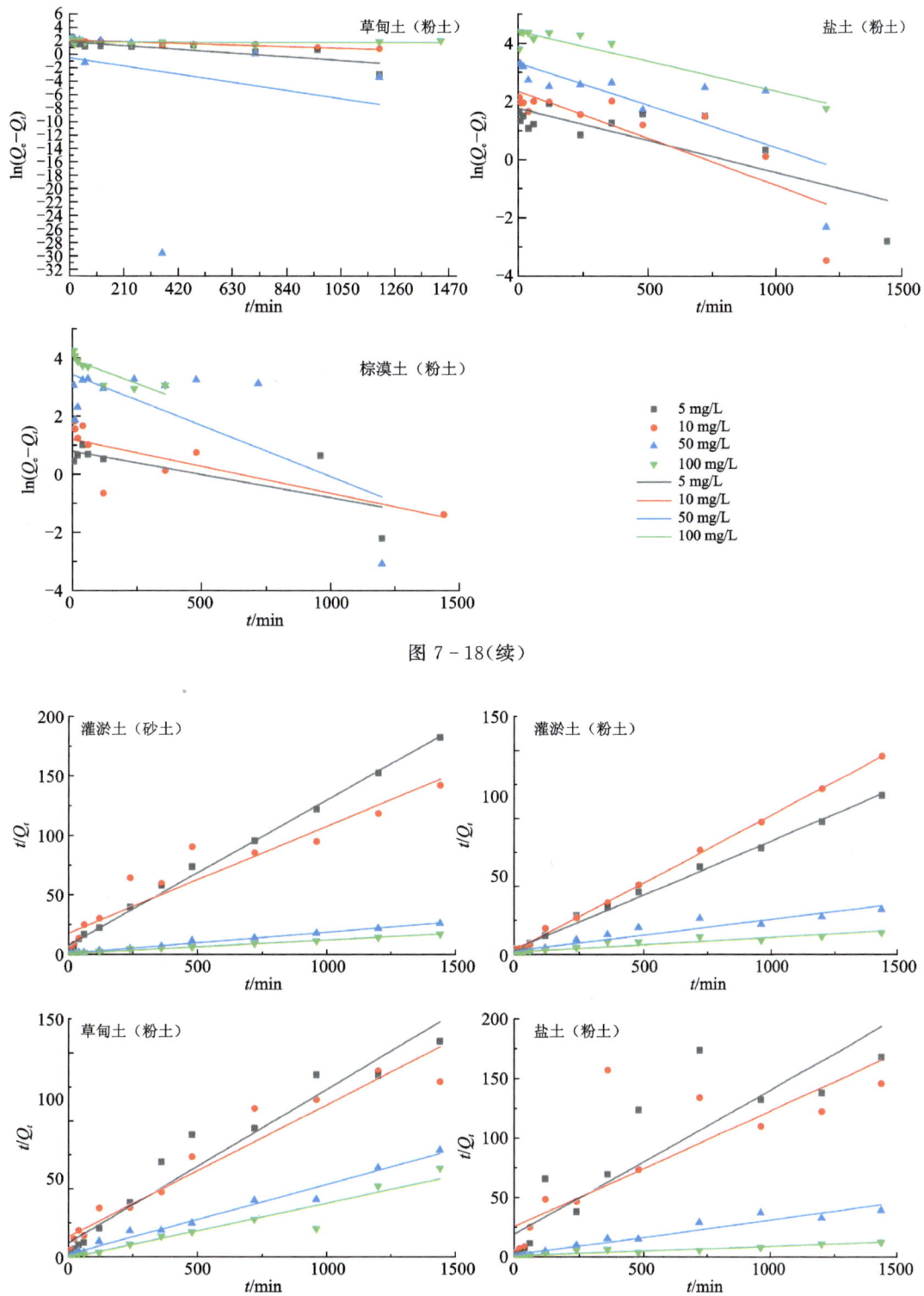

图 7-18（续）

图 7-19　不同初始含量条件下不同类型土壤 F 吸附准二级动力学方程拟合

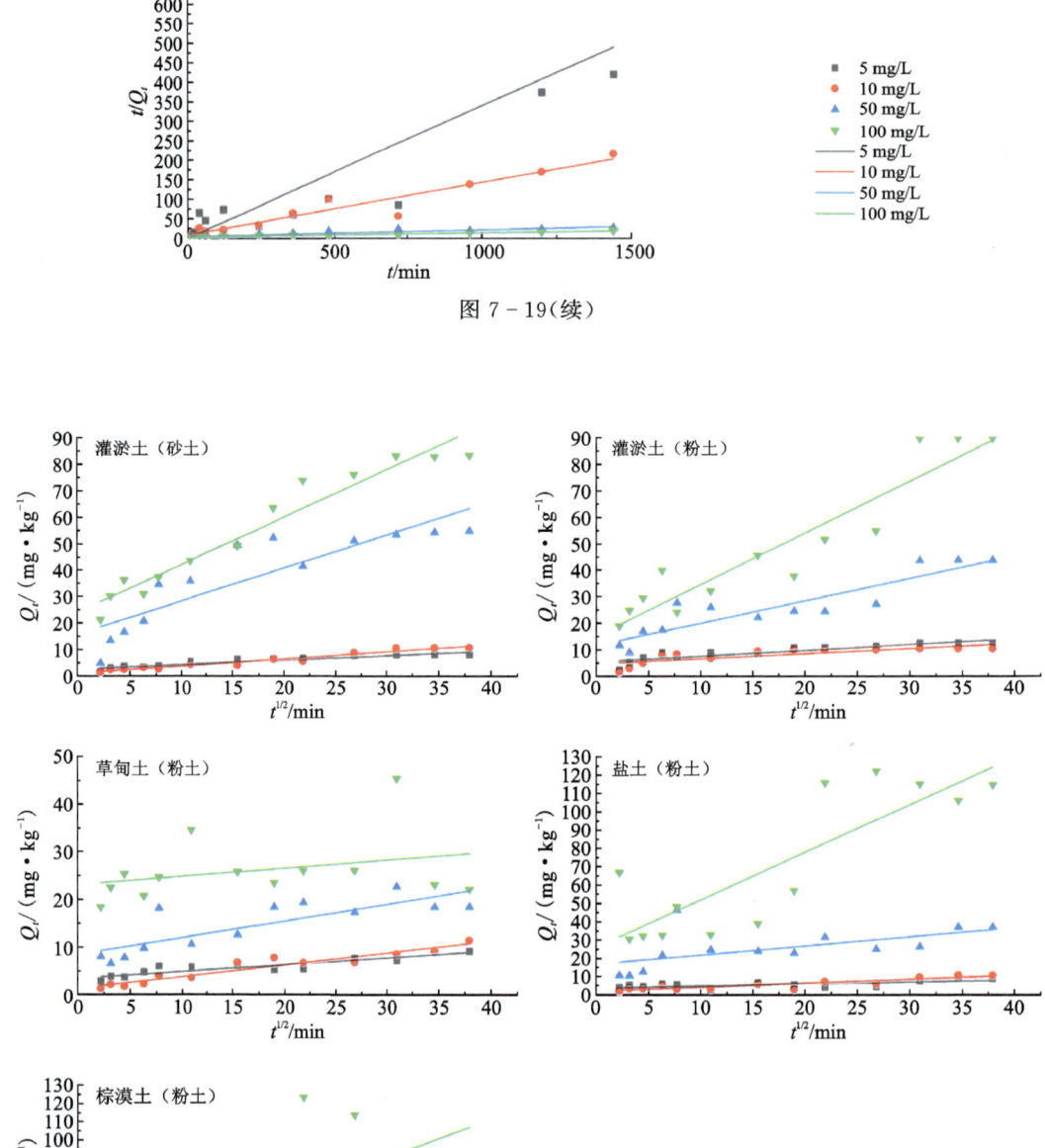

图 7-19(续)

图 7-20 不同初始含量条件下不同类型土壤 F 吸附内扩散动力学方程拟合

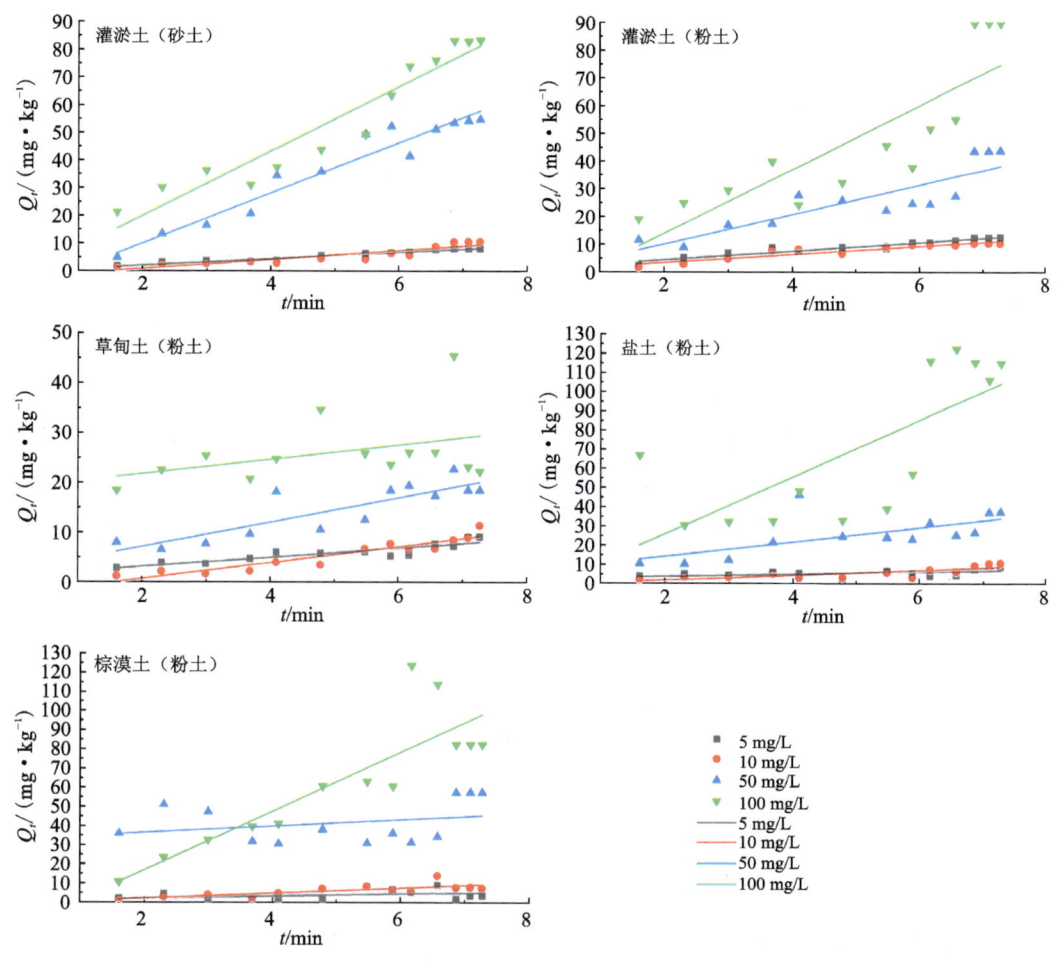

图 7-21 不同初始含量条件下不同类型土壤 F 吸附 Elovich 方程拟合

当初始含量为 10 mg/L 时,对于灌淤土(砂土)和盐土(粉土)来说,拟合效果最好的是内扩散动力学模型,决定系数 $R^2$ 分别为 0.955 6 和 0.805 7,对于灌淤土(粉土)、草甸土(粉土)和棕漠土(粉土)来说,准二级动力学模型的拟合效果最好,决定系数 $R^2$ 分别为 0.998 9、0.936 2 和 0.937 2,因此,内扩散动力学模型最适合描述初始 F 含量为 10 mg/L 条件下灌淤土(砂土)和盐土(粉土)的吸附动力学行为,准二级动力学模型最适合描述初始 F 含量为 10 mg/L 条件下灌淤土(粉土)、草甸土(粉土)和棕漠土(粉土)的吸附动力学行为。

当初始 F 含量为 50 mg/L 时,灌淤土(砂土)对 4 种模型的拟合值 $R^2$ 在 0.775 0~0.994 3 之间,灌淤土(粉土)的 $R^2$ 在 0.757 3~0.908 0 之间,草甸土(粉土)的 $R^2$ 在 0.053 7~0.982 0 之间,盐土(粉土)的 $R^2$ 在 0.333 1~0.940 9 之间,棕漠土(粉土)的 $R^2$ 在 0.082 1~0.901 8 之间,综合 4 种方程的决定系数 $R^2$,准二级动力学方程最适合描述初始 F 含量为 50 mg/L 条件下各土壤的吸附动力学行为。

表 7-17 灌淤土（砂土）吸附 F⁻ 动力学参数

| 初始含量 | 准一级动力学模型 | | | | 准二级动力学模型 | | | | 内扩散动力学模型 | | | | Elovich模型 | | | |
|---|---|---|---|---|---|---|---|---|---|---|---|---|---|---|---|---|
| | 样本数 | $Q_{e,1}$ | $k_1$ | $R^2$ | 样本数 | $Q_{e,2}$ | $k_2$ | $R^2$ | 样本数 | $k_i$ | $A_i$ | $R^2$ | 样本数 | $a$ | $b$ | $R^2$ |
| mg/L | 个 | mg/kg | min⁻¹ | | 个 | mg/kg | kg/(mg·min) | | 个 | mg/(kg·min⁰·⁵) | mg/kg | | 个 | | | |
| 5 | 12 | 6.87 | 0.005 5 | 0.938 4 | 13 | 8.18 | 2.031 5×10⁻³ | 0.995 8 | 13 | 0.169 3 | 2.494 2 | 0.893 8 | 13 | 1.158 1 | −0.394 7 | 0.965 8 |
| 10 | 12 | 13.87 | 0.005 3 | 0.850 8 | 13 | 11.13 | 4.432 6×10⁻⁴ | 0.910 6 | 13 | 0.262 3 | 0.791 3 | 0.955 6 | 13 | 1.611 2 | −2.771 5 | 0.832 5 |
| 50 | 12 | 30.82 | 0.003 4 | 0.845 4 | 13 | 56.09 | 3.044 7×10⁻⁴ | 0.994 0 | 13 | 1.250 5 | 15.535 0 | 0.775 0 | 13 | 9.067 2 | −8.356 7 | 0.940 6 |
| 100 | 11 | 68.94 | 0.004 6 | 0.896 9 | 13 | 86.73 | 1.473 2×10⁻⁴ | 0.990 4 | 13 | 1.795 5 | 23.819 9 | 0.945 7 | 13 | 11.642 3 | −3.621 0 | 0.917 8 |

表 7-18 灌淤土（粉土）吸附 F⁻ 动力学参数

| 初始含量 | 准一级动力学模型 | | | | 准二级动力学模型 | | | | 内扩散动力学模型 | | | | Elovich模型 | | | |
|---|---|---|---|---|---|---|---|---|---|---|---|---|---|---|---|---|
| | 样本数 | $Q_{e,1}$ | $k_1$ | $R^2$ | 样本数 | $Q_{e,2}$ | $k_2$ | $R^2$ | 样本数 | $k_i$ | $A_i$ | $R^2$ | 样本数 | $a$ | $b$ | $R^2$ |
| mg/L | 个 | mg/kg | min⁻¹ | | 个 | mg/kg | kg/(mg·min) | | 个 | mg/(kg·min⁰·⁵) | mg/kg | | 个 | | | |
| 5 | 12 | 7.93 | 0.002 6 | 0.680 2 | 13 | 12.60 | 1.653 6×10⁻³ | 0.995 1 | 13 | 0.218 9 | 5.231 5 | 0.796 4 | 13 | 1.550 8 | 1.229 9 | 0.922 9 |
| 10 | 12 | 5.62 | 0.005 6 | 0.920 9 | 13 | 10.07 | 2.932 7×10⁻³ | 0.998 9 | 13 | 0.192 3 | 4.092 8 | 0.657 3 | 13 | 1.464 6 | 0.067 9 | 0.880 3 |
| 50 | 12 | 53.06 | 0.003 4 | 0.767 2 | 13 | 43.80 | 1.768 5×10⁻⁴ | 0.908 0 | 13 | 0.842 6 | 11.303 9 | 0.821 3 | 13 | 5.325 7 | −0.886 0 | 0.757 3 |
| 100 | 12 | 100.43 | 0.004 3 | 0.600 9 | 13 | 93.46 | 5.768 9×10⁻⁵ | 0.873 8 | 13 | 1.948 7 | 14.825 5 | 0.887 1 | 13 | 11.543 1 | −9.508 7 | 0.718 4 |

表 7-19 草甸土（粉土）吸附 F⁻ 动力学参数

| 初始含量 | 准一级动力学模型 | | | | 准二级动力学模型 | | | | 内扩散动力学模型 | | | | Elovich模型 | | | |
|---|---|---|---|---|---|---|---|---|---|---|---|---|---|---|---|---|
| | 样本数 | $Q_{e,1}$ | $k_1$ | $R^2$ | 样本数 | $Q_{e,2}$ | $k_2$ | $R^2$ | 样本数 | $k_i$ | $A_i$ | $R^2$ | 样本数 | $a$ | $b$ | $R^2$ |
| mg/L | 个 | mg/kg | min⁻¹ | | 个 | mg/kg | kg/(mg·min) | | 个 | mg/(kg·min⁰·⁵) | mg/kg | | 个 | | | |
| 5 | 12 | 6.16 | 0.002 6 | 0.680 2 | 13 | 8.84 | 1.357 4×10⁻³ | 0.952 4 | 13 | 0.144 9 | 3.360 2 | 0.842 0 | 13 | 0.934 4 | 1.171 8 | 0.807 9 |
| 10 | 12 | 8.48 | 0.001 1 | 0.840 4 | 13 | 10.31 | 6.153 9×10⁻⁴ | 0.936 2 | 13 | 0.248 1 | 1.052 6 | 0.916 4 | 13 | 1.605 0 | −2.720 1 | 0.884 9 |

续表 7-19

| 初始含量 mg/L | 样本数 个 | 准一级动力学模型 $Q_{e,1}$ mg/kg | $k_1$ min⁻¹ | $R^2$ | 准二级动力学模型 $Q_{e,2}$ mg/kg | $k_2$ kg/(mg·min) | $R^2$ | 样本数 个 | 内扩散动力学模型 $k_i$ mg/(kg·min$^{0.5}$) | $A_i$ mg/kg | $R^2$ | 样本数 个 | Elovich模型 $a$ | $b$ | $R^2$ |
|---|---|---|---|---|---|---|---|---|---|---|---|---|---|---|---|
| 50 | 10 | 0.62 | 0.005 8 | 0.053 7 | 19.38 | 1.364 5×10⁻³ | 0.982 0 | 13 | 0.350 6 | 8.323 9 | 0.661 3 | 13 | 2.438 4 | 2.143 0 | 0.738 3 |
| 100 | 11 | 6.45 | 3.430 5×10⁻⁵ | 0.002 4 | 24.57 | −2.014 2×10⁻³ | 0.928 2 | 13 | 0.170 8 | 22.970 3 | 0.094 2 | 13 | 1.430 8 | 18.747 2 | 0.152 7 |

表 7-20 盐土（粉土）吸附 F⁻ 动力学参数

| 初始含量 mg/L | 样本数 个 | 准一级动力学模型 $Q_{e,1}$ mg/kg | $k_1$ min⁻¹ | $R^2$ | 准二级动力学模型 $Q_{e,2}$ mg/kg | $k_2$ kg/(mg·min) | $R^2$ | 样本数 个 | 内扩散动力学模型 $k_i$ mg/(kg·min$^{0.5}$) | $A_i$ mg/kg | $R^2$ | 样本数 个 | Elovich模型 $a$ | $b$ | $R^2$ |
|---|---|---|---|---|---|---|---|---|---|---|---|---|---|---|---|
| 5 | 12 | 5.79 | 0.002 2 | 0.644 8 | 8.27 | 7.623 7×10⁻⁴ | 0.800 8 | 13 | 0.104 8 | 3.578 7 | 0.439 0 | 13 | 0.560 4 | 2.571 2 | 0.289 8 |
| 10 | 12 | 10.58 | 0.003 2 | 0.702 7 | 10.32 | 3.580 6×10⁻⁴ | 0.667 0 | 13 | 0.215 3 | 1.228 2 | 0.805 7 | 13 | 1.266 4 | −1.415 9 | 0.643 5 |
| 50 | 11 | 27.71 | 0.002 9 | 0.588 8 | 34.17 | 4.254 9×10⁻⁴ | 0.940 9 | 13 | 0.496 9 | 16.398 4 | 0.333 1 | 13 | 3.697 4 | 6.433 9 | 0.425 7 |
| 100 | 9 | 83.27 | 0.002 1 | 0.878 0 | 125.47 | 4.791 2×10⁻⁵ | 0.890 9 | 13 | 2.593 6 | 25.515 8 | 0.717 1 | 13 | 14.828 4 | −4.204 0 | 0.541 0 |

表 7-21 棕漠土（粉土）吸附 F⁻ 动力学参数

| 初始含量 mg/L | 样本数 个 | 准一级动力学模型 $Q_{e,1}$ mg/kg | $k_1$ min⁻¹ | $R^2$ | 准二级动力学模型 $Q_{e,2}$ mg/kg | $k_2$ kg/(mg·min) | $R^2$ | 样本数 个 | 内扩散动力学模型 $k_i$ mg/(kg·min$^{0.5}$) | $A_i$ mg/kg | $R^2$ | 样本数 个 | Elovich模型 $a$ | $b$ | $R^2$ |
|---|---|---|---|---|---|---|---|---|---|---|---|---|---|---|---|
| 5 | 7 | 2.19 | 0.001 6 | 0.545 3 | 2.95 | −0.398 4 | 0.684 0 | 13 | 0.066 5 | 2.457 1 | 0.101 1 | 13 | 0.552 1 | 0.837 4 | 0.160 9 |
| 10 | 9 | 3.34 | 0.001 9 | 0.608 1 | 7.41 | 3.409 1×10⁻³ | 0.937 2 | 13 | 0.177 5 | 2.501 1 | 0.469 7 | 13 | 1.308 4 | −0.996 5 | 0.588 9 |
| 50 | 11 | 31.04 | 0.003 5 | 0.503 9 | 56.12 | 1.699 3×10⁻³ | 0.901 8 | 13 | 0.440 6 | 33.557 9 | 0.254 7 | 13 | 1.647 2 | 32.857 6 | 0.082 1 |
| 100 | 8 | 52.12 | 0.003 3 | 0.706 3 | 87.11 | 3.257 2×10⁻⁴ | 0.967 0 | 13 | 2.117 1 | 26.156 7 | 0.582 1 | 13 | 15.365 6 | −14.367 9 | 0.750 1 |

当初始氟含量为 100 mg/L 时，对于灌淤土（粉土）来说，拟合效果最好的是内扩散动力学模型，决定系数 $R^2$ 为 0.887 1。其余土壤拟合效果最好的是准二级动力学模型，灌淤土（砂土）、草甸土（粉土）、盐土（粉土）和棕漠土（粉土）的决定系数 $R^2$ 分别为 0.990 4、0.928 2、0.890 9 和 0.967 3，因此，内扩散动力学模型最适合描述初始 F 含量为 100 mg/L 条件下灌淤土（粉土）的吸附动力学行为，准二级动力学模型最适合描述初始 F 含量为 100 mg/L 条件下灌淤土（砂土）、草甸土（粉土）、盐土（粉土）和棕漠土（粉土）的吸附动力学行为。

综合以上分析，灌淤土（砂土）在初始含量为 5 mg/L、50 mg/L 和 100 mg/L 时的理论吸附量分别为 8.18 mg/kg、56.09 mg/kg 和 86.73 mg/kg；灌淤土（粉土）在初始含量为 5 mg/L、10 mg/L 和 50 mg/L 时的理论吸附量分别为 12.60 mg/kg、10.07 mg/kg 和 43.80 mg/kg；草甸土（粉土）在初始含量为 5 mg/L、10 mg/L、50 mg/L 和 100 mg/L 时的理论吸附量分别为 8.84 mg/kg、10.31 mg/kg、19.38 mg/kg 和 24.57 mg/kg；盐土（粉土）在初始含量为 5 mg/L、50 mg/L 和 100 mg/L 时的理论吸附量分别为 8.27 mg/kg、34.17 mg/kg、125.47 mg/kg；棕漠土（粉土）在初始含量为 5 mg/L、10mg/L、50 mg/L 和 100 mg/L 时的理论吸附量分别为 2.95 mg/kg、7.41 mg/kg、56.12 mg/kg 和 87.11 mg/kg，它通过计算获得的理论吸附量也较为接近平衡时实际测得的吸附量。平衡吸附量随着初始 F 含量的增大而增大。

#### 7.1.4.2 等温吸附/解吸特征

（1）实验结果。

在特定的温度条件下，当 $F^-$（初始 $F^-$ 浓度）与土壤样品一定时，液相含量与固相含量之间达到吸附（交换）平衡时存在一定的关系，这种数学关系式称为吸附模式，绘制出的曲线称为吸附等温线。选取 4 种典型土壤样品进行等温吸附/解吸实验。采用初始 F 含量为 0.1～100 mg/L 的 11 组不同含量值进行测定，其等温吸附/解吸特性见表 7-22，从中可以看出，在初始 F 含量较低的情况下（0.1～1.0 mg/L），4 种不同类型土壤均呈现负吸附，即土壤向溶液释放 $F^-$，可能是研究区土壤中水溶态氟含量较高所致。由此可以看出，在初始 F 含量较低的情况下，土壤背景 F 含量会影响土壤对氟的吸附。

表 7-22 实验土壤基本理化性质

| 土壤编号 | 取样地点 | 土壤类型 | 土壤质地 | pH 值 | 有机质/<br>($g \cdot kg^{-1}$) | 土壤质地 | | | CEC/<br>[$cmol(+) \cdot kg^{-1}$] |
|---|---|---|---|---|---|---|---|---|---|
| | | | | | | 砂粒/% | 粉粒/% | 黏粒/% | |
| H8 | 墨玉县 | 灌淤土 | 砂土 | 8.82 | 1.33 | — | — | — | 0.76 |
| H10 | 洛浦县 | 灌淤土 | 粉土 | 8.66 | 15.00 | 0 | 99.74 | 0.26 | 4.24 |
| H2 | 墨玉县 | 草甸土 | 粉土 | 8.58 | 20.00 | 0 | 99.61 | 0.39 | 4.62 |
| H4 | 和田市 | 盐土 | 粉土 | 8.62 | 17.07 | 0 | 99.61 | 0.39 | 3.99 |
| H11 | 于田县 | 棕漠土 | 粉土 | 8.59 | 6.38 | 0 | 99.74 | 0.26 | 2.04 |

注："—"为砂粒含量太高，未检测。

从图 7-22 可以看出，土壤对 $F^-$ 的等温吸附是非线性的，相同条件下，4 种不同类型土壤对 $F^-$ 的吸附量均随初始 F 含量的增加而增加，吸附平衡后溶液中 $F^-$ 含量也随之增高。

当初始 F 含量为 3~100 mg/L 时，土壤吸附 $F^-$。但在相同的平衡含量下，它们的吸附量又有一定差异，当初始 F 含量为 3~15 mg/L 时，不同类型土壤对 F 的吸附量差异很小。因此，当初始 F 含量较低时，不同类型土壤对 F 的吸附能力差异不明显。而当初始 F 含量为 15~100 mg/L，不同类型土壤对氟的吸附量差异明显，其中盐土（粉土）的吸附量最大，灌淤土（粉土）次之，灌淤土（砂土）和棕漠土（粉土）吸附量基本相同，草甸土（粉土）最小。从土壤类型来看，吸附规律表现为盐土（粉土）＞灌淤土＞棕漠土（粉土）＞草甸土（粉土）；从土壤质地来看，吸附规律表现为粉土＞砂土，这与土壤的基本理化性质、氧化物含量、黏土矿物组成及胶体表面类型等因素密切相关。由表 7-22 土壤基本理化性质可知，土壤黏粒含量大小依次为盐土（粉土）、草甸土（粉土）＞灌淤土（粉土）、棕漠土（粉土）＞灌淤土（砂土），该规律与土壤 F 的吸附能力具有一定差异，其中草甸土（粉土）吸附量最低；对比分析土壤有机质含量和阳离子交换量发现，有机质含量和阳离子交换量越大的土壤对 F 的吸附能力越强。实验结果中草甸土（粉土）吸附量最低，与以上规律具有一定差异，可能还受到氧化物含量、土壤胶体表面类型等因素的影响。

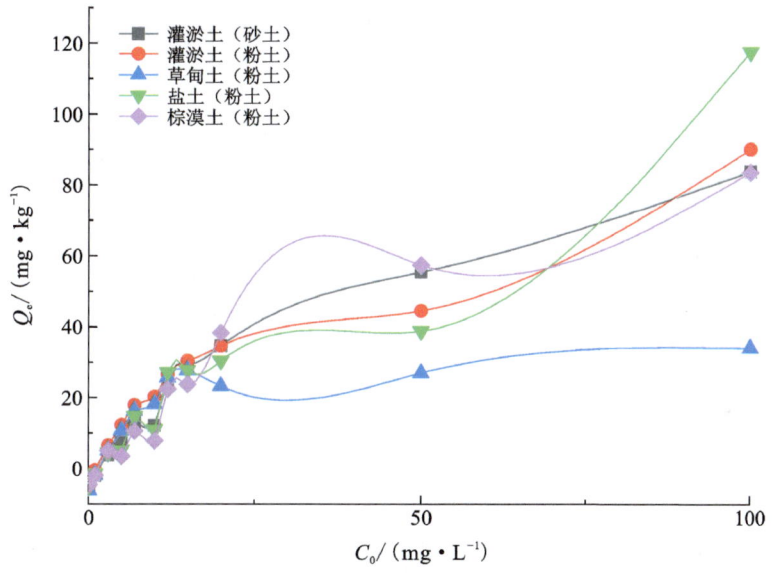

图 7-22 初始氟含量对土壤氟吸附能力的影响

从整体上看，吸附可以分为快速吸附阶段和吸附平衡阶段，当平衡含量小于 20 mg/L 时，平衡含量增加平衡吸附量明显增加；大于 20 mg/L 时，平衡含量增加平衡吸附量缓慢增加。这是因为 $F^-$ 初始含量的增加导致它与土壤颗粒表面的吸附位点发生碰撞的概率增加，使得吸附量不断增加；随着初始含量的继续增加，由于土壤颗粒表面具有有限个吸附位点，吸附几乎达到饱和，因此土壤基本不再继续吸附 $F^-$，吸附趋于平衡。

解吸为吸附的逆过程，能在一定程度上反映土壤与 $F^-$ 结合的紧密程度。$F^-$ 的解吸作用是 F 从土壤迁移到水溶液的必要过程，同时也是 F 在水-土系统中迁移转化的基础。由表 7-23 可知，灌淤土（砂土）、灌淤土（粉土）、草甸土（粉土）、盐土（粉土）及棕漠土（粉土）对 $F^-$ 解吸量的最小值分别为 0.87 mg/kg、0.91 mg/kg、1.17 mg/kg、0.62 mg/kg 和 0.10 mg/kg，

表 7-23 土壤 F 等温吸附/解吸特性

| 初始氟含量/(mg·L$^{-1}$) | 灌淤土(砂土)(n=8) | | | 灌淤土(粉土)(n=10) | | | | 草甸土(粉土)(n=2) | | | | 盐土(粉土)(n=4) | | | | 棕漠土(粉土)(n=11) | | | |
|---|---|---|---|---|---|---|---|---|---|---|---|---|---|---|---|---|---|---|---|
| | 吸附量/(mg·kg$^{-1}$) | 解吸量/(mg·kg$^{-1}$) | 解吸率/% | 平衡液pH值 | 吸附量/(mg·kg$^{-1}$) | 解吸量/(mg·kg$^{-1}$) | 解吸率/% | 平衡液pH值 | 吸附量/(mg·kg$^{-1}$) | 解吸量/(mg·kg$^{-1}$) | 解吸率/% | 平衡液pH值 | 吸附量/(mg·kg$^{-1}$) | 解吸量/(mg·kg$^{-1}$) | 解吸率/% | 平衡液pH值 | 吸附量/(mg·kg$^{-1}$) | 解吸量/(mg·kg$^{-1}$) | 解吸率/% | 平衡液pH值 |
| 0.1 | -5.52 | 2.76 | -49.9 | 8.48 | -5.14 | 1.12 | -21.9 | 8.40 | -6.35 | 1.96 | -30.9 | 8.57 | -5.25 | 0.57 | -10.8 | 8.26 | -4.90 | 1.21 | -24.6 | 8.03 |
| 1 | -2.15 | 2.11 | -98.2 | 8.48 | -0.84 | 1.67 | -197.8 | 8.57 | -1.95 | 2.71 | -138.9 | 8.61 | -1.79 | 1.13 | -63.1 | 8.35 | -2.24 | 1.00 | -44.5 | 8.32 |
| 3 | 3.76 | 0.87 | 23.2 | 8.49 | 6.21 | 1.11 | 17.8 | 8.52 | 4.86 | 2.04 | 42.0 | 8.74 | 4.23 | 0.62 | 14.7 | 8.31 | 4.76 | 0.87 | 18.3 | 8.39 |
| 5 | 7.35 | 1.43 | 19.5 | 8.50 | 12.05 | 0.91 | 7.5 | 8.89 | 10.48 | 1.17 | 11.1 | 8.86 | 5.06 | 0.64 | 12.7 | 8.42 | 3.25 | 0.22 | 6.8 | 8.63 |
| 7 | 12.99 | 4.43 | 34.1 | 8.50 | 17.57 | 3.17 | 18.1 | 8.32 | 16.10 | 4.08 | 25.3 | 8.54 | 14.54 | 1.80 | 12.4 | 8.18 | 10.37 | 1.71 | 16.4 | 8.27 |
| 10 | 12.05 | 6.89 | 57.2 | 8.53 | 19.92 | 5.57 | 28.0 | 9.43 | 17.95 | 4.69 | 26.1 | 9.36 | 10.87 | 0.89 | 8.2 | 8.27 | 7.56 | 1.45 | 19.2 | 8.51 |
| 12 | 24.96 | 9.56 | 38.3 | 8.50 | 26.14 | 6.90 | 26.4 | 8.35 | 25.43 | 2.56 | 10.1 | 8.48 | 26.85 | 3.01 | 11.2 | 8.29 | 22.13 | 3.53 | 16.0 | 8.23 |
| 15 | 29.37 | 7.22 | 24.6 | 8.49 | 30.08 | 8.50 | 28.2 | 8.24 | 27.48 | 6.69 | 24.3 | 8.42 | 27.48 | 3.64 | 13.2 | 7.50 | 23.46 | 2.25 | 9.6 | 8.28 |
| 20 | 34.41 | 10.01 | 29.1 | 8.49 | 34.25 | 5.11 | 14.9 | 8.24 | 22.99 | 3.72 | 16.2 | 8.38 | 30.08 | 3.42 | 11.4 | 8.158 | 38.03 | 0.85 | 2.2 | 8.18 |
| 50 | 55.28 | 14.75 | 26.7 | 8.53 | 44.25 | 13.32 | 30.1 | 9.48 | 26.69 | 4.99 | 18.7 | 9.60 | 38.50 | 4.90 | 12.7 | 9.157 | 57.09 | 0.10 | 0.2 | 9.56 |
| 100 | 83.70 | 23.76 | 28.4 | 8.50 | 89.69 | 20.11 | 22.4 | 8.40 | 33.86 | 9.03 | 26.7 | 8.75 | 117.32 | 8.16 | 7.0 | 8.38 | 83.23 | 13.67 | 16.4 | 8.48 |

最大值分别为 23.76 mg/kg、20.11 mg/kg、9.03 mg/kg、8.16 mg/kg 和 13.67 mg/kg。从图 7-23 可以看出，土壤对 $F^-$ 的解吸量随着初始 F 含量的增大而增大，不同类型土壤对 $F^-$ 的解吸量存在较大差异，灌淤土（砂土）的解吸量最大，其余依次为灌淤土（粉土）、棕漠土（粉土）及草甸土（粉土），盐土（粉土）的解吸量最小。解吸量还随着吸附量的增加呈增加趋势，解吸率变化较大。

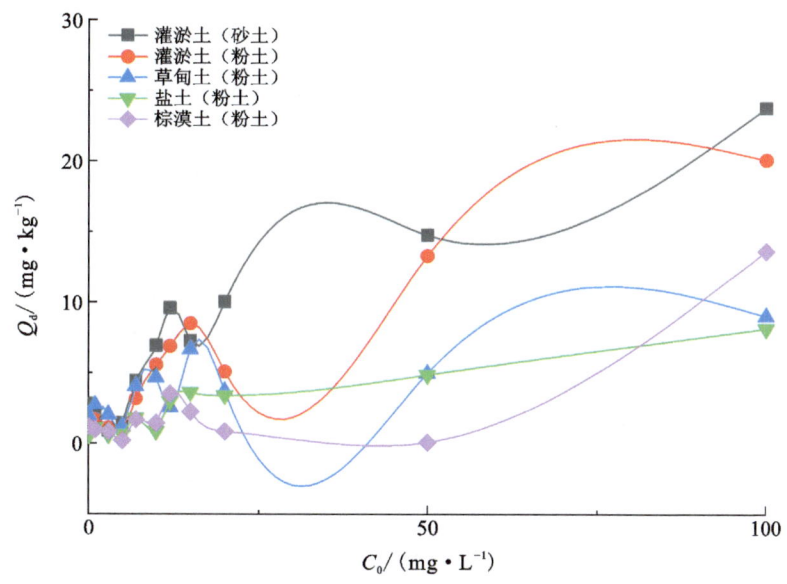

图 7-23　初始氟含量对土壤氟解吸能力的影响

(2) 等温吸附模型。

吸附机制主要包括与化学键的形成相对应的化学吸附、与范德华力相关的物理吸附，以及离子交换。了解吸附机制对于设计吸附剂和吸附系统至关重要。通过对吸附平衡数据建模、吸附前后吸附剂表征、分子动力学研究和密度泛函理论计算可以研究吸附机制。在这些方法中，等温吸附模型对吸附数据进行建模是最方便和最广泛使用的方法（Wang et al., 2020）。目前，Langmuir 模型、Freundlich 模型、Henry 模型常被用来描述最大吸附量、吸附的线性相关度和牢固性等吸附特性（余莉，2018）。等温吸附方程的拟合程度取决于吸附本质，可以反映出吸附过程中能量的变化（易春瑶等，2013）。目前最常采用的吸附模式主要有以下 3 种（蒋煜峰等，2018；姚莹雷，2021）。

Henry 模型（线性吸附模式）：

$$Q_e = K_d \times C_e \tag{7-7}$$

式中，$Q_e$ 为平衡吸附量，mg/kg；$K_d$ 为分配系数，L/kg；$C_e$ 为溶液平衡含量，mg/L。

Freundlich 模型（指数吸附模式）：

$$Q_e = K_f \times C_e^{\frac{1}{n}} \tag{7-8}$$

式中，$K_f$ 为吸附系数，L/kg；$n$ 为反映公式非线性度的指数。对式（7-7）取对数并进行线性拟合，就可以得到 $K_f$ 与 $1/n$ 的值。

Langmuir 模型（渐近线型吸附模式）：

$$Q_e = \frac{Q_m \times K_a \times C_e}{1 + K_a \times C_e} \quad (7-9)$$

式中，$Q_m$ 为最大吸附量，mg/kg；$K_a$ 为吸附平衡常数，L/mg。对式(7-9)取倒数并进行线性拟合，就可以得到 $Q_m$ 与 $K_a$ 的值。

对试验结果分别采用 Henry 模型、Freundlich 模型和 Langmuir 模型进行拟合，可以得出土壤对 $F^-$ 的等温吸附拟合模型(图 7-24)及各个模型的拟合参数(表 7-24)。由表 7-24 可知，等温吸附模型拟合 4 种不同类型土壤对 F 的吸附过程，Henry 模型和 Freundlich 模型与 Langmuir 模型相比具有较好的拟合效果。从整体来看，土壤对 $F^-$ 的吸附更符合 Freundlich 等温吸附模型，相关性 $R^2$ 范围在 0.668 0～0.931 0 之间；用 Henry 等温吸附模型的拟合效果次之，相关性 $R^2$ 范围在 0.436 1～0.919 3 之间；用 Langmuir 等温吸附模型的拟合效果最差，相关性 $R^2$ 范围在 0.274 4～0.380 6 之间。

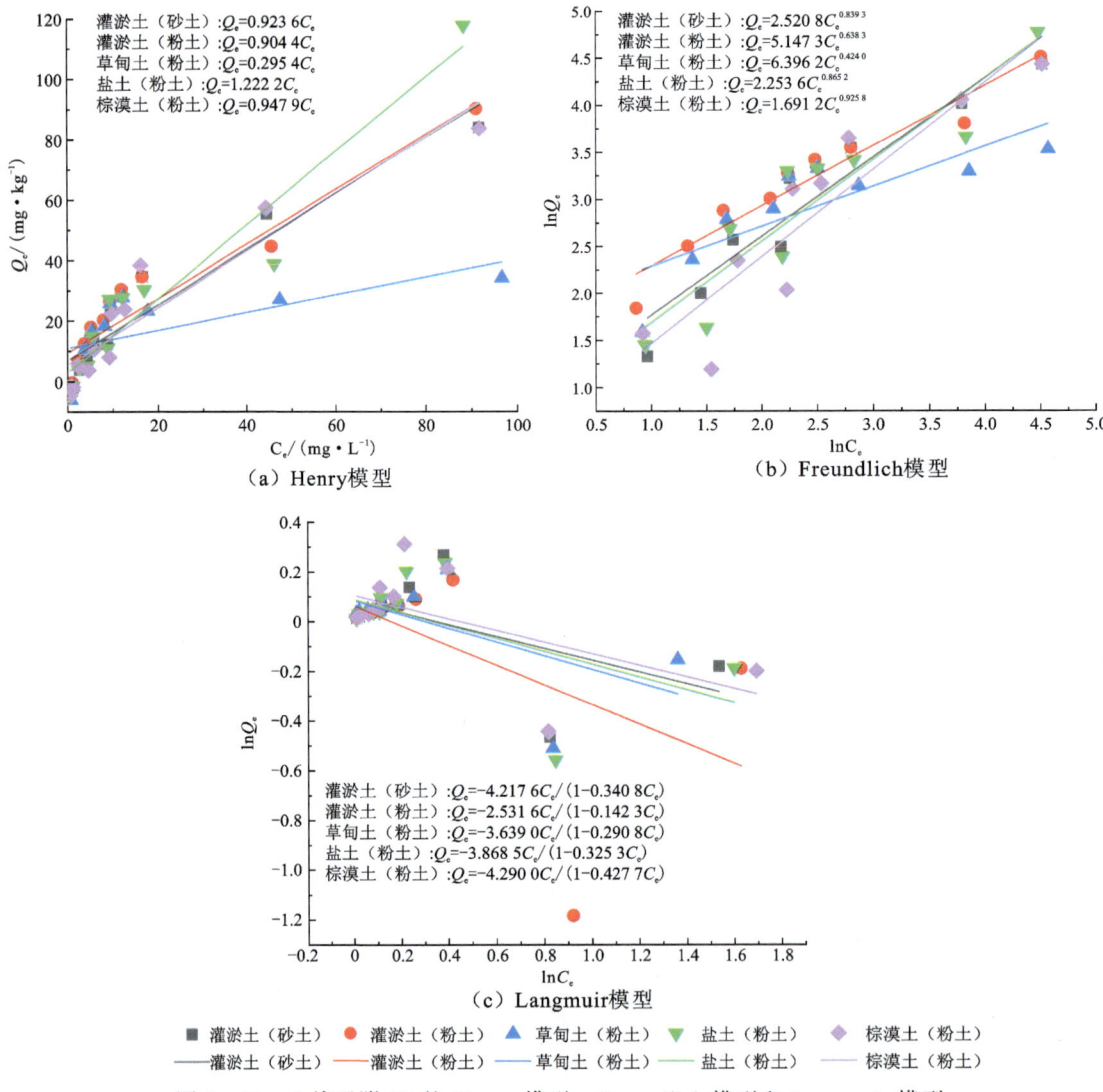

图 7-24 土壤吸附 $F^-$ 的 Henry 模型、Freundlich 模型和 Langmuir 模型

表 7-24 等温吸附模型

| 类型 | Henry 模型($n=11$) | | Freundlich 模型($n=9$) | | | Langmuir 模型($n=11$) | | |
|---|---|---|---|---|---|---|---|---|
| | $K_d$ | $R^2$ | $K_f$ | $n$ | $R^2$ | $1/(Q_m \times K_a)$ | $1/Q_m$ | $R^2$ |
| 灌淤土（砂土） | 0.923 6 | 0.888 1 | 2.520 8 | 1.191 4 | 0.904 6 | −0.237 1 | 0.080 8 | 0.341 1 |
| 灌淤土（粉土） | 0.904 4 | 0.896 5 | 5.147 3 | 1.566 7 | 0.931 0 | −0.395 0 | 0.056 2 | 0.274 4 |
| 草甸土（粉土） | 0.295 4 | 0.436 1 | 6.396 2 | 2.358 7 | 0.668 0 | −0.274 8 | 0.079 9 | 0.380 6 |
| 盐土（粉土） | 1.222 2 | 0.919 3 | 2.253 6 | 1.155 7 | 0.863 0 | −0.258 5 | 0.084 1 | 0.339 5 |
| 棕漠土（粉土） | 0.947 9 | 0.886 4 | 1.691 2 | 1.080 2 | 0.838 2 | −0.233 1 | 0.099 7 | 0.345 1 |

Freundlich 模型中 $K_f$ 值表示土壤对 $F^-$ 吸附能力的大小，$K_f$ 值越大，吸附能力越强，流动性越差，土壤对 $F^-$ 的滞留作用越明显，受 F 污染的潜在危害越大。4 种不同类型土壤对 $F^-$ 的吸附系数 $K_f$ 范围为 1.691 2～6.396 2，说明不同类型土壤对 $F^-$ 的吸附能力存在一定差异。4 种不同类型土壤对 $F^-$ 的吸附能力顺序为草甸土（粉土）＞灌淤土＞盐土（粉土）＞棕漠土（粉土），两种不同质地土壤对 $F^-$ 的吸附能力顺序为灌淤土（粉土）＞灌淤土（砂土）。因此，草甸土（粉土）与其他类型土壤相比会更容易受到 $F^-$ 残留的污染。通过对土壤理化性质的初步分析发现，草甸土（粉土）的有机质含量最高（表 7-24），这有可能是该土壤更容易受到 $F^-$ 残留污染的重要原因。

Freundlich 模型中的 $1/n$ 为经验吸附常数，表示等温吸附曲线的非线性程度和吸附过程的强烈程度（胥亚庆等，2020）。由 Freundlich 等温吸附模型计算可得 $n=1.080\ 2\sim2.358\ 7$，$1/n=0.424\ 0\sim0.925\ 8$，均不等于 1，表明 4 种不同类型土壤的等温吸附曲线均为非线性。根据 Freundlich 理论，当 $1/n=0\sim1$ 时，表明 $F^-$ 在土壤上的吸附是有利的（Zhang et al.，2013；Li et al.，2020）；$n=2\sim10$ 时，容易吸附；$n>1$，为优惠吸附（马宏飞等，2013）。由此可知研究区 $F^-$ 在 4 种不同类型土壤上的吸附是有利的，且除草甸土（粉土）对 $F^-$ 的吸附为容易吸附外，其余土壤对 $F^-$ 的吸附均属于优惠吸附。

由图 7-24 可知，3 个方程都不存在直线段的负截距，均符合参数的物理意义。拟合曲线的拟合程度也验证了表 7-24 所得结果。易春遥等（2013）研究表明华北平原 3 种不同质地土壤（粉质壤土、壤土和砂质壤土）对氟的吸附规律符合 Freundlich 方程，Langmuir 方程的拟合结果不符合参数的物理意义。杨军耀等（1997）的研究结果也表明北方弱碱性土壤对碱性高氟水的 F 吸附不符合 Langmuir 方程，而符合线性等温吸附方程、Freundlich 方程和 Dubinin-Radushkevich 方程。阮建云等（2001）研究表明，茶园土壤 F 的吸附可由 Freundlich 方程描述，Langmuir 方程只在低含量（初始 F 含量为 0.5～2.0 mmol/L）时适用，且拟合程度不如 Freundlich 方程，Temkin 方程则不适用。其他学者也认为只有在 F 含量较低（＜0.6～1.0 mmol/L）时才能用 Langmuir 方程描述土壤对 F 的吸附特性（谢正苗等，1999）。Langmuir 模型拟合效果较差，可能是由于 Langmuir 模型适用于描述单分子层的化学吸附，而 Henry 模型适用于描述极稀溶液中的吸附过程，Freundlich 模型对于不均匀表面的多分子层吸附更加适合（王贝贝等，2019），研究区土壤对 $F^-$ 的吸附均为不均匀表面的多分子层对极稀溶液的吸附，该吸附过程会造成 $F^-$ 在土壤中较长久的残留。

#### 7.1.4.3 吸附热力学特征

温度对吸附过程的影响可以通过吸附热力学实验进行研究，该过程主要通过研究吸附热力学参数的变化进行，主要包括吉布斯自由能变化（$\Delta G$）、标准焓变（$\Delta H$）和标准熵变（$\Delta S$）等。吸附热力学研究可以进一步了解吸附过程的驱动力、程度和趋势，对于探究土壤吸附$F^-$过程的特点、规律、类型及吸附机理有重要意义。

选取 4 种典型土壤样品进行土壤 F 吸附热力学实验。采用的初始 F 含量为 10 mg/L，共分为 3 组不同温度（298K、308K 和 318K）进行测定。不同温度条件下 F 吸附量随时间的变化如图 7-25～图 7-29 所示，当温度分别为 298K、308K 和 318K 时，灌淤土（砂土）的吸附容量分别为 10.57 mg/kg、8.79 mg/kg 和 8.36 mg/kg；灌淤土（粉土）的吸附容量分别为 17.83 mg/kg、15.93 mg/kg 和 15.44 mg/kg；草甸土（粉土）的吸附容量分别为 26.34 mg/kg、22.73 mg/kg 和 16.83 mg/kg；盐土（粉土）的吸附容量分别为 14.37 mg/kg、11.132 mg/kg 和 9.25 mg/kg；棕漠土（粉土）的吸附容量分别为 11.71 mg/kg、11.04 mg/kg 和 11.00 mg/kg。显然，在 24 h 内，吸附温度不同，不同类型土壤对 $F^-$ 的吸附量也不相同，但从整体来看，当达到吸附平衡状态时，$F^-$ 吸附量随着温度的升高有所降低，表明温度升高不利于反应的进行，即土壤对 $F^-$ 的吸附反应为放热反应。

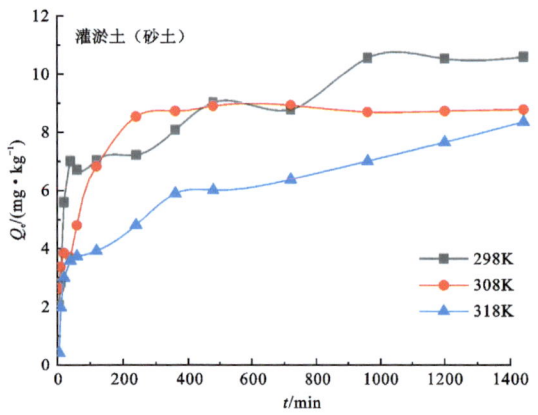

图 7-25 灌淤土（砂土）的 F 吸附热力学曲线

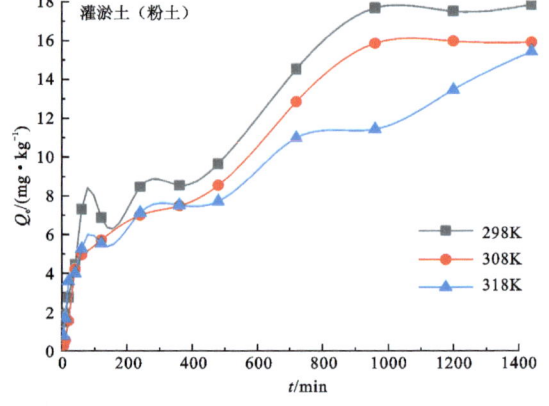

图 7-26 灌淤土（粉土）的 F 吸附热力学曲线

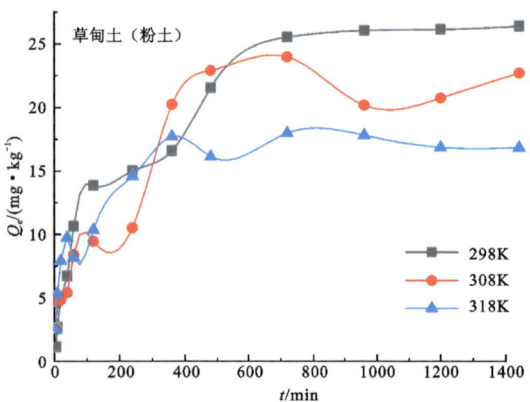

图 7-27 草甸土（粉土）的 F 吸附热力学曲线

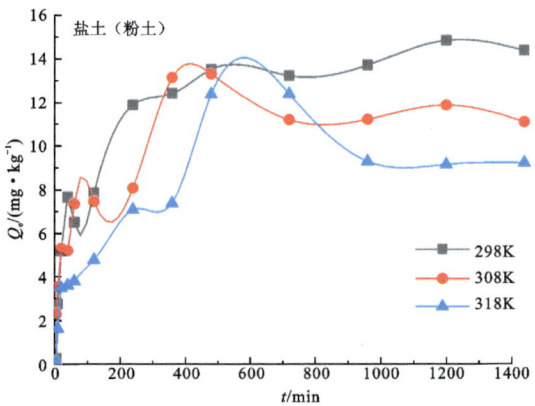

图 7-28 盐土（粉土）的 F 吸附热力学曲线

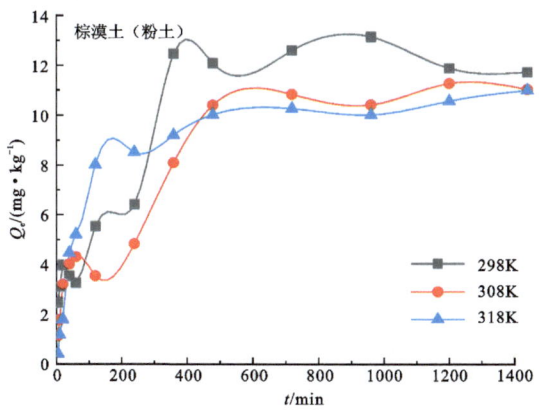

图 7-29 棕漠土(粉土)的 F 吸附热力学曲线

4 种不同类型土壤吸附 $F^-$ 的相关热力学参数如表 7-25 所示，可以看出，灌淤土(砂土)在 298K 的温度条件下，$\Delta G<0$，在 308K 和 318K 的温度条件下，$\Delta G>0$，$\Delta G$ 的范围为 $-1\sim1$ kJ/mol，表明灌淤土(砂土)对 $F^-$ 的吸附反应是自发进行的物理吸附过程(Kavak et al., 2015；宋豆豆等，2021)，随着温度的升高，$\Delta G$ 增大，反应的自发性逐渐减弱；灌淤土(粉土)、草甸土(粉土)、盐土(粉土)及棕漠土(粉土)的 $\Delta G$ 均小于 0，$\Delta G$ 的范围为 $-4\sim0$ kJ/mol，表明反应均为自发进行的物理吸附过程，范德华力为吸附过程中的主要作用力(姜传东等，2021)，随着温度的升高，$\Delta G$ 均逐渐增大，但均小于 0。总体来看，温度升高不利于土壤对 $F^-$ 的吸附。4 种不同类型土壤的焓变值 $\Delta H<0$，且在 $0\sim-30$ 之间，表明吸附过程是放热反应，属于化学吸附，吸附效果及吸附速率随着温度的升高而下降

表 7-25 土壤对 $F^-$ 的吸附热力学参数

| 土壤类型 | $T$/K | $\Delta G$/(kJ·mol$^{-1}$) | $\Delta H$/(kJ·mol$^{-1}$) | $\Delta S$/(J·mol$^{-1}$·K$^{-1}$) |
| --- | --- | --- | --- | --- |
| 灌淤土(砂土) | 298 | -0.413 6 | -10.256 0 | -33.217 7 |
|  | 308 | 0.095 7 |  |  |
|  | 318 | 0.242 9 |  |  |
| 灌淤土(粉土) | 298 | -1.919 9 | -6.837 7 | -16.628 8 |
|  | 308 | -1.635 6 |  |  |
|  | 318 | -1.592 6 |  |  |
| 草甸土(粉土) | 298 | -3.156 5 | -22.342 7 | -64.119 1 |
|  | 308 | -2.762 2 |  |  |
|  | 318 | -1.863 2 |  |  |
| 盐土(粉土) | 298 | -1.282 3 | -19.687 0 | -61.853 7 |
|  | 308 | -0.576 9 |  |  |
|  | 318 | -0.049 1 |  |  |
| 棕漠土(粉土) | 298 | -0.700 1 | -2.797 3 | -7.118 9 |
|  | 308 | -0.552 8 |  |  |
|  | 318 | -0.561 1 |  |  |

(Ali et al., 2020；张桂芳等, 2021)。4 种不同类型土壤的熵变值 $\Delta S < 0$，表明土壤对 $F^-$ 的吸附过程为熵减过程，即在吸附过程中固液面之间的有序度增加，混乱度减小，也反映了土壤与 $F^-$ 间的亲和力较低(宋艳晖等, 2020)。综上所述，不同类型土壤对 $F^-$ 的吸附过程是一种自发进行的熵减放热反应，高温会对吸附反应产生一定的抑制作用，并且土壤对 $F^-$ 的吸附是包含物理吸附与化学吸附的综合吸附过程。

#### 7.1.4.4　pH 值对土壤 F 吸附的影响

pH 值的大小可以直接影响土壤中酸碱反应的性质和程度。研究区土壤 pH 值较高，土壤呈碱性。本次实验采用的初始 F 含量为 10 mg/L，共分为 4 组不同 pH 值(6.0、8.0、9.0 和 10.0)进行测定，吸附量变化情况如图 7－30 所示。

从图 7－30 可以看出，随着溶液中 pH 值的增大，不同类型土壤对 $F^-$ 的吸附量整体呈下降趋势，当 pH 值＝6.0 时，吸附量最大，表明在此条件下土壤对 $F^-$ 的吸附能力最强；当 pH 值在 6.0～8.0 时，随着 pH 值的增大，吸附量呈急剧下降趋势；当 pH 值＞8.0 时，土壤对 $F^-$ 的吸附量随着 pH 值的增大呈缓慢下降趋势，最终将趋于稳定。

由此可见，pH 值的增加会降低土壤对 $F^-$ 的吸附能力。当 pH 值较高时，一方面会使溶液中土壤胶体的稳定性变差并会使土壤颗粒表面可变负电荷增加，不利于 $F^-$ 的吸附(蒋煜峰等, 2018)；另一方面 $OH^-$、$HCO_3^-$、$CO_3^{2-}$ 抑制了 $Ca^{2+}$、$Mg^{2+}$ 与溶解态氟的结合，使得 $F^-$ 极易从土壤中析出，且 $OH^-$ 与 $F^-$ 具有相近的离子半径，可发生置换反应，将 $F^-$ 从黏土矿物晶格中置换出来，增大了 $F^-$ 活性及其在土壤中的可移动性(荆秀艳等, 2008；董方营等, 2018)。在酸性条件下，土壤中存在大量游离的 $Al^{3+}$、$Fe^{3+}$、$Ca^{2+}$，易形成 Al-F、Fe-F 络合物及 $CaF_2$ 沉淀，使得土壤中 $F^-$ 的可移动性降低(荆秀艳等, 2008)。pH 值对 $F^-$ 在水－土系统中的迁移转化影响较大，改变土壤的酸碱性可以显著改变 $F^-$ 在土壤中的迁移特性。

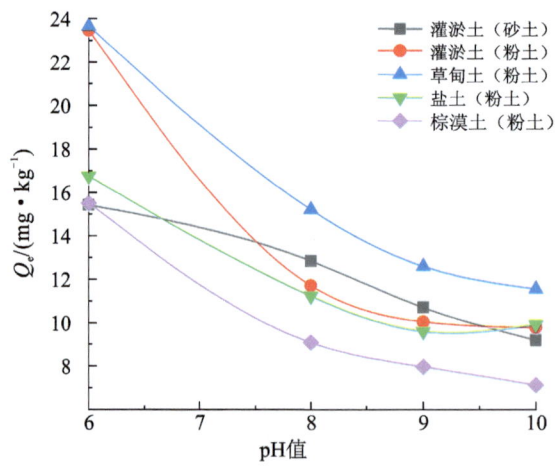

图 7－30　不同 pH 值条件下土壤对 F 的吸附曲线

## 7.1.5 土壤-农作物系统中 F 的迁移富集

F 在土壤-作物系统中的迁移转化是其在自然界中循环的重要组成部分，受多种因素影响，如土壤 F 含量及其存在形态、pH 值、CEC 等其他土壤参数及理化性质，且影响机制比较复杂，在各种影响作用相互叠加的情况下，不同区域、不同土壤质地及土壤类型 F 的含量范围会有不同表现。因此，有必要在实际区域农业系统中研究土壤参数对 F 在土壤-作物系统中迁移转化的影响效应，在此基础上，我们探讨了 F 在土壤-农作物系统中的迁移方程，为研究区农田污染防治提供一定的理论依据。

#### 7.1.5.1 垂直剖面土壤 F 迁移分析

由于研究区灌溉、耕作等人类活动的影响，F 含量不仅在水平方向上发生变化，在垂直剖面中也发生了迁移、淋滤等作用。因此，有必要考虑 F 在剖面土壤中的迁移富集规律，为 F 在土壤-农作物系统中的迁移转化提供参考。

(1) 垂直剖面土壤 F 迁移特征。

在土壤垂直剖面中，部分组分的带入或带出会导致其他组分的贫化或富集，所以，仅靠含量变化特征很难准确反映出基岩风化成土过程中元素的得失行为(冯志刚等，2021)。质量平衡计算方法可以定量评估垂直剖面中元素的亏损/盈余特征并描述元素在各层土壤剖面中的迁移情况(蔡雄飞等，2021；冯志刚等，2021)。根据 Brimhall 等(1987)建立的质量平衡理论，垂直风化剖面中元素 $j$ 在风化层中的贫化/富集状况可通过质量迁移系数进行表征。通常情况下，在计算剖面土壤中元素的迁移系数前需要选取惰性元素作为参比元素，钪(Sc)、钛(Ti)、锆(Zr)、铝($Al_2O_3$)由于在土壤环境中性质稳定，不易受到风化和变质作用的影响而常被选为参比元素(Zhang et al.，2014；张炜华等，2019)。测定 $Al_2O_3$ 的含量后，发现 $Al_2O_3$ 在所有垂直剖面土壤中的含量，均未超过新疆地区水系沉积物中 $Al_2O_3$ 的背景平均值 12.94%(杜佩轩等，2001)，且从前文的研究可以看出，$Al_2O_3$ 与 F 元素间具有良好的相关性，相关系数在 0.01 水平上显著正相关，因此，选择 $Al_2O_3$ 作为参比元素，新疆水系沉积物元素背景值作为参比值来计算迁移系数。

$$T_j = \frac{C_{j,s}/C_{j,b}}{C_{i,s}/C_{i,b}} - 1 \tag{7-10}$$

式中，$T_j$ 表示元素 $j$ 在垂直剖面土壤中的迁移系数；$C_{j,s}$ 和 $C_{j,b}$ 分别代表元素 $j$ 在土壤中的实测含量及背景值；$C_{i,s}$ 和 $C_{i,b}$ 分别代表参比元素 $i$ 在土壤中的实测含量及背景值。元素 $j$ 的亏损/盈余 $= T_j \times 100\%$。$T_j$ 的取值范围及意义见表 7-26。

表 7-26 土壤元素迁移系数取值范围及指示意义

| $T_j$ 的取值范围 | 指示意义 |
| --- | --- |
| $T_j > 0$ | 土壤中 $j$ 元素富集 |
| $T_j < 0$ | 土壤中 $j$ 元素丢失 |
| $T_j = 0$ | 土壤中 $j$ 元素相对于 $Al_2O_3$ 没有富集或丢失 |
| $T_j = -1$ | 土壤中 $j$ 元素完全丢失 |

垂直剖面土壤 F 迁移系数计算结果见图 7-31，各剖面土壤 F 迁移系数随深度变化较为明显，研究区所有土壤 F 迁移系数均大于 0，表明土壤中的 F 在剖面中均处于富集状态，发生了迁移。相对于 $Al_2O_3$，剖面土壤中的 F 有以下迁移特征：F 在大部分剖面中均在表层土壤(0~20 cm)迁移系数最大，可能是由于人类活动造成 F 元素在表层土壤中出现不同程度的积累；H4 点的 F 在 100 cm 处出现最大值，可能是由成土母质本身富集造成的。

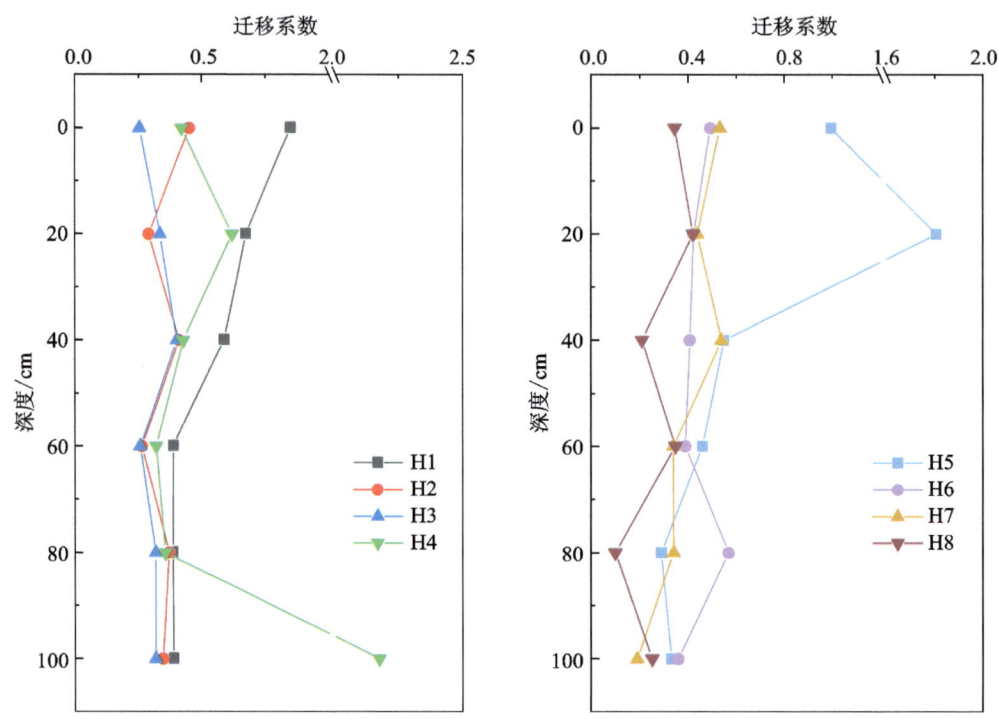

图 7-31　垂直剖面土壤 F 元素迁移系数

(2)垂直剖面土壤氟淋滤迁移特征。

研究区为和田地区小麦种植区，长期接受灌溉水的淋滤作用，研究垂直剖面土壤中 F 的淋滤迁移特征有助于评估土壤环境质量，从而进一步了解 F 可能给地下水带来的污染趋势。因此采用淋失比率(WWC)直观反映土壤剖面中各层元素的含量在扣除母质层元素含量后，剖面土壤元素的淋溶下移量(汪花，2019)。将研究区土壤按照不同深度划分为耕作层(0~20 cm)、犁底层(20~40 cm)、心土层(40~60 cm)和底土层(60~100 cm)。各层淋失比率计算公式如下(蔡雄飞等，2021)：

$$WWC_{ij} = \frac{M_{(i-1)j}}{M_{ij}} \tag{7-11}$$

式中，$WWC_{ij}$ 表示土壤剖面中第 $i$ 层中 $j$ 元素的淋失比率；$M_{(i-1)j}$ 表示土壤剖面中第 $(i-1)$ 层 $j$ 元素的实测含量；$M_{ij}$ 表示土壤剖面中第 $i$ 层 $j$ 元素的实测含量。

剖面土壤 F 的淋失比率计算结果见表 7-27 和图 7-32。从耕作层氟淋失比率来看，大部采样点 F 的淋失比率较低，可能是由于研究区日照强烈，降水稀少，富集在地表土壤中的 F 仅能随水流向下迁移，但下渗水流性弱，易受到地表的物理化学或生物截留作用，这使得 F 大量留滞在近地表层。从犁底层 F 淋失比率来看，大部分采样点 F 的淋失比率较低，但少部分采样点 F 的淋失比率高于耕作层，可能是由于部分 F 元素随水流作用由耕作层迁移到了犁底层，使得犁底层含量较高，在下渗水流性较强时会导致犁底层中 $F^-$ 溶解度较高，随水流淋滤至心土层的 F 含量也相应较高。从各剖面的整体淋滤迁移情况来看，H5 剖面的淋滤下移现象较其他剖面来说最为活跃，其淋失比率都较高。F 在酸性土壤中更容易被土壤吸附，在中性至碱性土壤环境中迁移性较高，H5 剖面 pH 值变化规律为先增大后减小，淋失比率变化规律与 pH 值相同。

表 7-27 垂直剖面土壤 F 淋失比率

| 样点编号 | 耕作层<br>（0~20 cm） | 犁底层<br>（20~40 cm） | 心土层<br>（40~60 cm） | 底土层 1<br>（60~80 cm） | 底土层 2<br>（80~100 cm） |
|---|---|---|---|---|---|
| H1 | 1.072 | 1.053 | 1.156 | 0.985 | 1.022 |
| H2 | 1.124 | 0.884 | 1.087 | 0.956 | 1.002 |
| H3 | 0.944 | 0.943 | 1.083 | 1.005 | 0.986 |
| H4 | 0.878 | 1.151 | 1.046 | 0.932 | 0.461 |
| H5 | 0.710 | 1.732 | 1.093 | 1.130 | 0.977 |
| H6 | 1.030 | 0.979 | 0.995 | 0.836 | 1.178 |
| H7 | 1.076 | 0.909 | 1.149 | 0.995 | 1.156 |
| H8 | 0.931 | 1.128 | 0.956 | 1.207 | 0.806 |

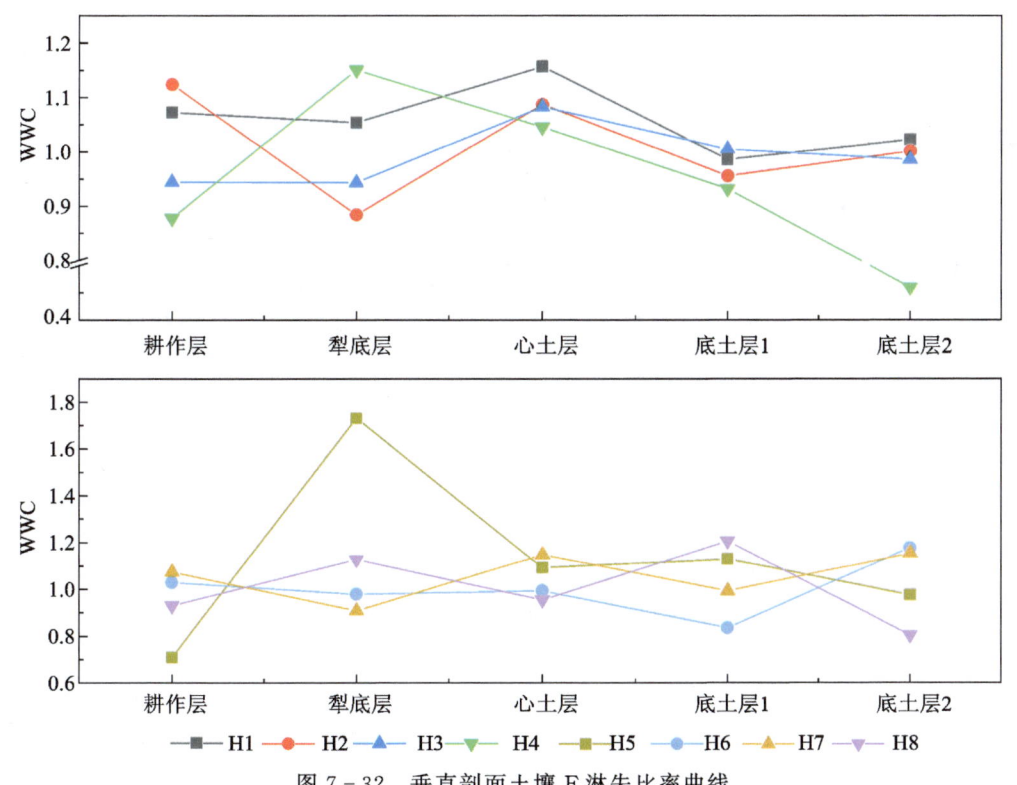

图 7-32 垂直剖面土壤 F 淋失比率曲线

### 7.1.5.2 农作物 F 元素生物有效性研究

(1)农作物 F 元素生物可利用性。

生物有效性的研究以土壤元素含量为切入点,通过土壤元素有效态含量占元素总量的比例进行评估,用活性系数 $K$ 表示,表达式见式(7-12)。活性系数可表示各形态 F 被生物体吸收利用的能力,并反映 F 的潜在危害大小(刘芳慧等,2020)。在土壤各形态 F 中,水溶态氟、可交换态氟对环境的活性最高,属于氟形态中较为活泼的部分,为植物可吸收利用的 F 形态,被称为生物有效态氟。

$$K = \frac{F1 + F2}{F1 + F2 + F3 + F4 + F5} \qquad (7-12)$$

式中,$F1$ 为水溶态氟含量;$F2$ 为可交换态氟含量;$F3$ 为铁锰结合态氟含量;$F4$ 为有机束缚态氟含量;$F5$ 为残余态氟含量。不同形态氟的含量单位均为 mg/kg。$K$ 值越大,土壤中 F 迁移活性越高。

从图 7-33 可以看出,各采样点的耕作层活性系数范围在 0.005~0.015 之间,平均值为 0.008。研究区各采样点中 H6 点的活性系数最大,H5 点的活性系数最小,表明 H6 点土壤中 F 迁移活性最大,H5 点土壤中 F 迁移活性最小。由图 7-34 可以看出,8 个土壤剖面的活性系数 $K$ 均较小,剖面点活性系数范围在 0.005~0.024 之间,平均值为 0.012。各剖面土层中除 H8 为 20~40 cm 土层、H5 为 60~80 cm 土层、H4 及 H6 为 40~60 cm 土层 F 的活性系数 $K$ 较其他深度大外,其余剖面均为深层土壤(80~100 cm)F 的活性系数 $K$ 最大,表明这些土层土壤氟的生物有效性较高,具有一定的潜在生态风险。出现以上情况可能有两方面原因:一方面,不同剖面点不同土层土壤中初始 F 含量不同,以上土层土壤中 F 含量较高;另一方面,在以上土层土壤中 pH 值较大。首先,土壤中存在着大量铁、铝氧化物及氢氧化物,大多以微小颗粒存在,有着较大的比表面积,极易吸附 $F^-$ 或与 $F^-$ 发生共沉淀作用,但在碱性环境下被吸附的 $F^-$ 极易被 $OH^-$ 所取代,促进土壤中铁锰结合态氟向水溶态氟转化。其次,$CaF_2$ 是研究区存在的主要原生矿物,其溶解度随着 pH 值的增大而增大,因此在碱性环境下与 $Ca^{2+}$ 形成沉淀的铁锰氧化物也会向水溶态氟转化。最后,在碱性环境下土壤中有机质的—COOH 和—OH 趋于解离,促使高分子负电排斥,结构舒展,亲水性强,趋于溶解,与 $F^-$ 的交换作用减弱,使得土壤中与有机质腐殖酸和有机酸络合的有机束缚态氟转化为水溶态氟,从而提高了土壤氟的有效性(刘璇等,2011)。

(2)农作物 F 元素生物富集特征。

土壤有效性的研究以植物元素含量为切入点,可通过生物富集系数进行评估。生物富集系数(BCF)是衡量植物从土壤中吸收富集各元素能力的重要指标,主要通过植物各部分元素的含量与土壤中元素含量的比值来计算,以此来反映植物对该元素的富集能力(Rizzu et al.,2020;李靖等,2021)。生物富集系数可以分为两种:一种是以土壤氟全量为基础的生物富集系数;另一种是以土壤有效氟含量为基础的生物富集系数。计算公式如下:

$$\text{生物富集系数 BCF(全量基)} = \frac{\text{作物含氟量}}{\text{土壤氟全量}} \qquad (7-13)$$

$$\text{生物富集系数 BCF(有效量基)} = \frac{\text{作物含氟量}}{\text{土壤有效氟含量}} \qquad (7-14)$$

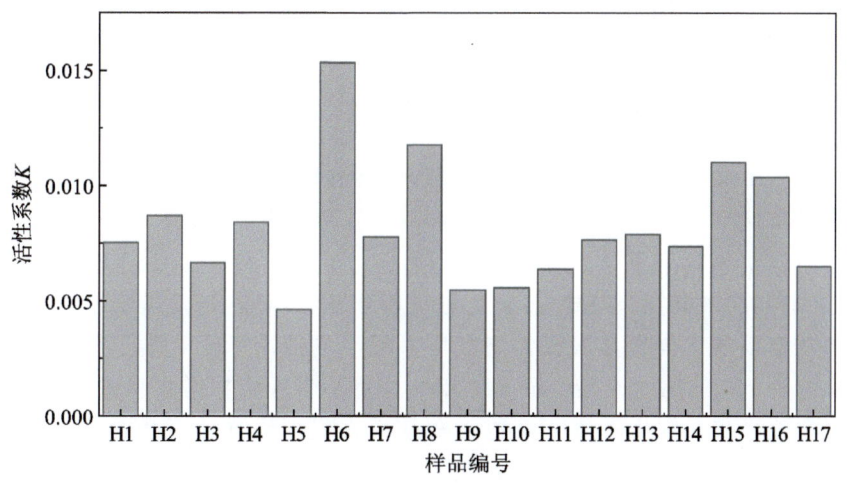

图 7-33 耕作层土壤氟活性系数

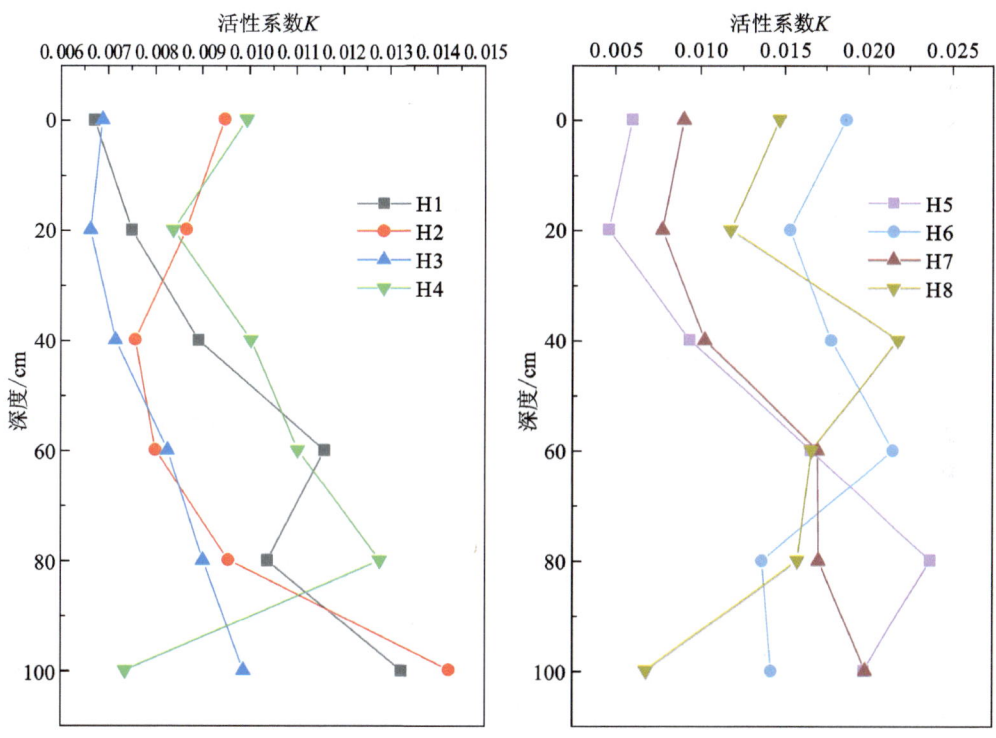

图 7-34 剖面土壤氟活性系数

在之前的研究中，大部分是以土壤元素全量为基础来计算生物富集系数，其不足在于没有考虑土壤中元素有效性的影响，而土壤有效量基的生物富集系数可以在一定程度上解决这个问题，因为土壤有效氟含量能够很好地反映出土壤元素的有效性。从前文的分析可知，作物中的 F 含量会受到大气中氟的影响，因此按上述公式计算出来的生物富集系数并不全是土壤中的 F 向作物可食部分的转移量。但由于大气氟含量对小麦籽粒的影响无法扣除，因此我们引入"表观生物富集系数"来概述上述方法计算出来的土壤中的氟向小麦籽粒中的转移系数,它代表了土壤—小麦籽粒中氟含量富集可能达到的上限(徐为霞,2006)。

图 7-35、图 7-36 是小麦籽粒对土壤氟含量的表观生物富集系数(全量基和有效量基)。由图 7-35 可以看出,采样点检出的全量基表观生物富集系数范围在 0.000 5~0.001 7 之间,各采样点的全量基表观生物富集系数大小顺序为 H3(0.001 7)＞H1(0.001 2)＞H16＝H6(0.000 7)＞H5(0.000 5),H3 点小麦对土壤中 F 的富集能力最强,H5 点最弱。由图 7-36 可以看出,采样点检出的有效量基表观生物富集系数范围在 0.045 8~0.254 8 之间,各采样点的有效量基表观生物富集系数大小顺序为 H3(0.254 8)＞H1(0.156 2)＞H5(0.101 2)＞H16(0.067 7)＞H6(0.045 8),H3 点小麦对土壤中 F 的富集能力最强,H6 点最弱。有效量基表观生物富集系数比全量基表观生物富集系数平均值高 132.3 倍。H3 点的有效量基表观生物富集系数是 H6 点的 5.6 倍,而 H3 点的全量基表观生物富集系数是 H6 点的 2.4 倍,由此可以看出有效量基表观生物富集系数比全量基表观生物富集系数具有更好的区分能力。且研究区各采样点的有效量基表观生物富集系数大小顺序与小麦籽粒中的 F 含量大小顺序相同,可见土壤中有效氟含量与全氟含量相比对作物中 F 含量的影响更大。

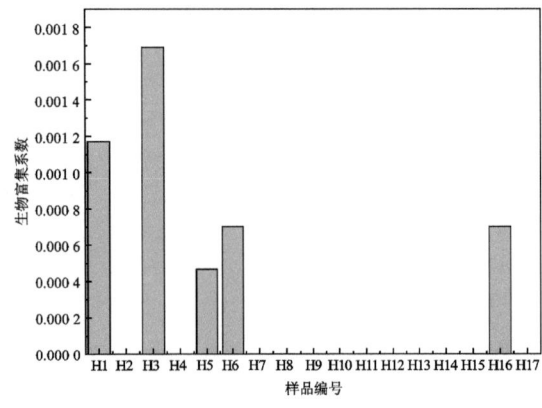 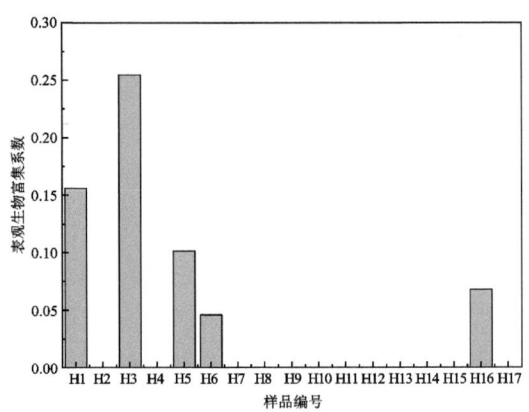

图 7-35  小麦籽粒对土壤氟的富集能力(全量基)　　图 7-36  小麦籽粒对土壤氟的富集能力(有效量基)

#### 7.1.5.3　作物表观生物富集系数与土壤全氟和有效氟间的关系

对土壤中 Cu、F、Cd 向作物迁移富集等规律的研究表明,作物对土壤中不同元素的生物富集系数并不是一个常数,而是一个会随着土壤中元素含量的变化而变化的变量(徐为霞,2006)。为进一步了解小麦籽粒对土壤氟含量的表观生物富集系数与土壤氟含量间的关系,对其进行了相关性分析并计算出了最优回归方程。

由图 7-37 及图 7-38 可知,研究区采样点小麦籽粒中表观氟生物富集系数(全量基)及表观氟生物富集系数(有效量基)均随土壤全氟含量及有效氟含量的升高而降低。由表 7-28 可知,表观氟生物富集系数(全量基)与土壤全氟含量间不具有显著相关性;表观氟生物富集系数(有效量基)与土壤有效氟含量间具有显著相关性,且在 4 种相关关系中与幂函数为 0.01 水平上显著相关,其余 3 种函数为 0.05 水平上显著相关。幂函数的拟合效果比线性函数、对数函数及指数函数的拟合效果好,说明小麦籽粒表观氟生物富集系数(有效量基)随土壤有效氟含量的升高呈幂函数降低。在诸多可能影响表观氟生物富集系数的因素中,土壤氟含量水平是至关重要的因素。

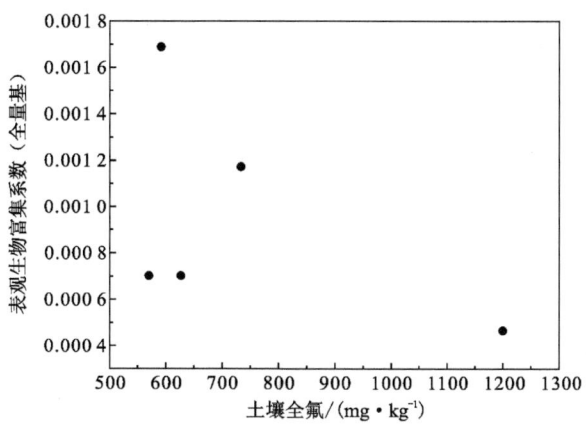

图 7-37 小麦籽粒表观生物富集系数（全量基）与土壤全氟的关系（$n=5$）

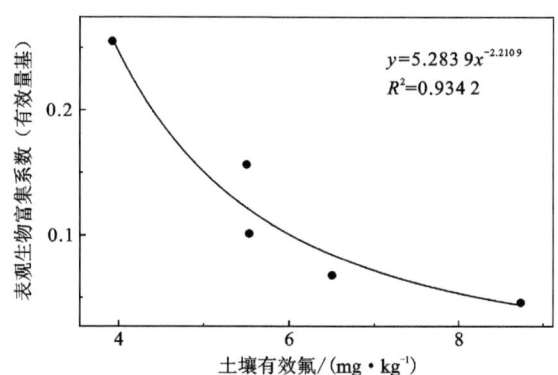

图 7-38 小麦籽粒表观生物富集系数（有效量基）与土壤有效氟的关系（$n=5$）

表 7-28 小麦表观生物富集系数与土壤氟的关系（$n=5$）

| 相关系数 | 全量基与全氟 | 最优回归方程 | 有效量基与有效态氟 | 最优回归方程 |
|---|---|---|---|---|
| 线性相关 | −0.513 |  | −0.879* |  |
| 指数相关 | −0.618 | — | −0.944* | $y=5.2839x^{-2.2109}$ |
| 乘幂相关 | −0.592 |  | −0.961** |  |
| 对数相关 | −0.495 |  | −0.928* |  |

注：* 表示在 0.05 级别（双尾），相关性显著；** 表示在 0.01 级别（双尾），相关性显著。

#### 7.1.5.4 土壤参数对 F 向小麦中迁移的实际影响效应

研究区小麦籽粒中 F 含量与土壤参数间的相关系数如表 7-29 所示，这些相关系数是在实际农田条件下土壤参数对 F 从土壤迁移到小麦籽粒的综合效应体现。从表 7-29 和图 7-39、图 7-40 可以看出，和田地区耕作层土壤 Fe 和 Mn 对小麦籽粒中 F 的富集有较为显著的影响，表现为显著正相关，即在土壤当前含量范围内，提高 Fe 和 Mn 的含量可以促进 F 从土壤向小麦中迁移。Fe 和 Mn 在土壤中的主要赋存形态之一是铁锰氧化物相。研究表明，土壤中游离铁、锰及无定形铁、锰氧化物对 F 有很强的吸附作用,是土壤氟的主要吸附载体之一,铁锰氧化物可以通过束缚土壤中 F 的活性来阻止氟进入土壤溶液从而被作物吸收利用(徐为霞,2006)。

表 7-29 小麦籽粒氟与土壤参数间的相关系数($n=5$)

| 土壤参数 | 小麦籽粒氟 | 土壤参数 | 小麦籽粒氟 |
| --- | --- | --- | --- |
| pH 值 | 0.600 | N | −0.300 |
| SOC | −0.462 | As | 0.700 |
| CEC | −0.100 | B | −0.100 |
| $Al_2O_3$ | 0.400 | F | 0.300 |
| CaO | −0.700 | Mn | 0.900* |
| Fe | 0.900* | P | 0.000 |
| K | 0.051 | Zn | 0.600 |

注:* 表示在 0.05 级别(双尾),相关性显著。

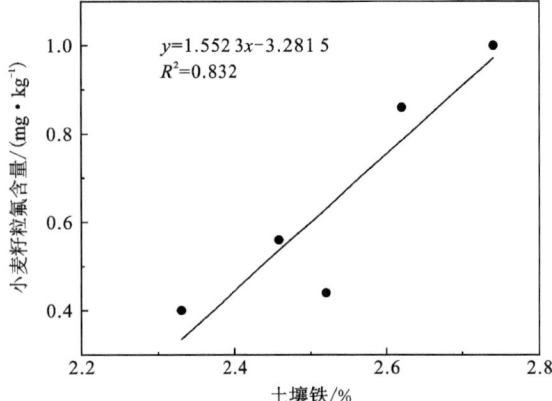

图 7-39 小麦籽粒氟含量随土壤铁的变化关系($n=5$)

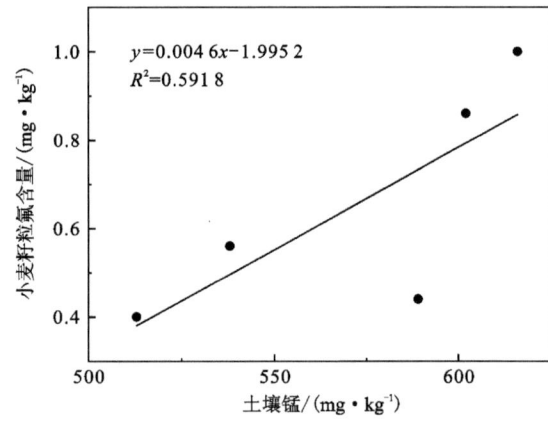

图 7-40 小麦籽粒氟含量随土壤锰的变化关系($n=5$)

#### 7.1.5.5 作物中 F 的有效性预测

F 在作物中的吸收累积受其形态及作物类型等因素影响,但整体上作物各器官对 F 的吸收累积能力与 F 的有效性间存在一定的相关关系,尤其是作物可食部分 F 的含量对农产品安全至关重要。因此利用多元线性回归分析建模,结合土壤中氟全量、有效氟含量、土壤基本理化性质及与小麦籽粒中 F 含量具有显著相关性的土壤元素含量来量化计算小麦可食部分 F 含量,用于评估典型土壤中 F 的作物有效性。

回归分析的目的是利用变量间的简单函数关系,用自变量对因变量进行"预测",使"预测值"尽可能地接近因变量的"观测值"(谢宇,2013),自变量的数量可分为一元回归分析和多元回归分析,按照表达式的不同形式可分为非线性回归分析和线性回归分析。通常由多个自变量的最优组合共同预测或估计因变量,更符合实际。多元线性回归模型可表示为

$$Y=\beta_0+\beta_1X_1+\cdots+\beta_kX_k+\varepsilon \tag{7-15}$$

式中，$Y$ 为因变量；$X_j(j=1,2,3,\cdots,k)$ 为自变量；$\beta_j(j=0,1,2,\cdots,k)$ 为待估参数；$\varepsilon\sim N(0,\sigma^2)$ 为随机误差。

将 $n$ 组样本代入模型，可得到下式：

$$\begin{aligned}Y_1&=\beta_0+\beta_1X_{11}+\beta_2X_{12}+\cdots+\beta_kX_{1k}+\varepsilon_1\\Y_2&=\beta_0+\beta_1X_{21}+\beta_2X_{22}+\cdots+\beta_kX_{2k}+\varepsilon_2\\&\cdots\\Y_n&=\beta_0+\beta_1X_{n1}+\beta_2X_{n2}+\cdots+\beta_kX_{nk}+\varepsilon_n\end{aligned} \tag{7-16}$$

可记为下式：

$$\boldsymbol{Y}=\begin{pmatrix}Y_1\\Y_2\\\vdots\\Y_n\end{pmatrix},\ \boldsymbol{\varepsilon}=\begin{pmatrix}\varepsilon_1\\\varepsilon_2\\\vdots\\\varepsilon_n\end{pmatrix},\ \boldsymbol{\beta}=\begin{pmatrix}\beta_1\\\beta_2\\\vdots\\\beta_n\end{pmatrix},\ \boldsymbol{X}=\begin{pmatrix}1&X_{11}&X_{12}&\cdots&X_{1k}\\1&X_{21}&X_{22}&\cdots&X_{2k}\\\vdots&\vdots&\vdots&&\vdots\\1&X_{n1}&X_{n2}&\cdots&X_{nk}\end{pmatrix} \tag{7-17}$$

则模型可表示为

$$\boldsymbol{Y}=\boldsymbol{X\beta}+\boldsymbol{\varepsilon} \tag{7-18}$$

参数 $\beta$ 的最小二乘估计可表示为

$$\hat{\boldsymbol{\beta}}=(\boldsymbol{X}^T\boldsymbol{X})^{-1}(\boldsymbol{X}^T\boldsymbol{Y}) \tag{7-19}$$

将采样点检出的小麦籽粒氟含量数据汇总，利用土壤基本理化性质及元素、土壤总氟或有效态氟含量建立小麦籽粒氟的线性回归预测模型，结果如表 7-30 所示。为保证小麦籽粒有效性模型评价的一致性，使用 95% 预测区间下的 $R^2$ 和模型的残差平方和（SSE）来评估模型优劣。当土壤总氟作为单一预测因子时，小麦籽粒氟含量实测值与预测值在 95% 预测区间下的 $R^2$ 为 0.000 4，模型的 SSE 为 0.123，说明以总氟含量作为预测因子会低估小麦籽粒中的氟含量，偏差非常大。当增加土壤性质 pH 值、SOM 和 CEC 后，模型的预测效果有了一定的改善，$R^2$ 达到 1，SSE 急剧减小。这可能是由于土壤 pH 值会影响固相及液相分配时的阳离子交换容量和有机质含量的表面电荷，从而影响小麦籽粒对 F 的吸收积累（吴晓帅等，2021）。当在此基础上又增加了与小麦籽粒中 F 含量具有显著相关性的土壤元素 Fe 和 Mn 后，因为具有共线性，模型对所选参数进行了剔除，模型的预测效果得到了进一步的改善，$R^2$ 达到 1，SSE 为 0。由以往的研究可以看出可供作物吸收利用的 F 形态为有效态氟，当仅以有效态氟含量进行预测时，模型的 $R^2$ 为 0.749，SSE 为 0.031，预测偏差会比用总氟预测时小。当增加土壤性质 pH 值、SOM 和 CEC 后，模型的预测效果得到了一定的改善，但变化幅度没有总氟预测时明显，可能是由于土壤理化性质在一定程度上就对有效态氟含量有一定影响，导致其增加预测变量时变化不明显。在此基础上又增加了与小麦籽粒中 F 含量具有显著相关性的土壤元素 Fe 和 Mn 后，其元素间也具有一定的共线性，因此对元素进行了剔除，模型的预测效果得到了进一步的改善。整体来说，当模型只包含土壤氟时，有效态氟模型的实测值与预测之间的偏差更小；当增加土壤理化性质及与小麦籽粒中 F 含量具有显著相关性的土壤元素 Fe 和 Mn 后，模型得到一定改善，具有一定的预测效果。

表 7-30 小麦籽粒氟含量的回归预测模型（n=5）

| 编号 | 回归方程 | $R^2$ | 标准回归系数 | SSE |
|---|---|---|---|---|
| 1 | $\log[F_{grain}] = 0.027 \times \log[F_{total}] - 0.291$ | 0.000 4 | $\log[F_{total}]$：0.020 | 0.123 |
| 2 | $\log[F_{grain}] = -2.160 \times \log[F_{total}] - 0.639 \times pH - 4.935 \times \log SOM + 4.457 \times \log CEC + 14.527$ | 1.000 | $\log[F_{total}]$：-1.631；pH=-1.302；$\log SOM$=-4.569；$\log CEC$=2.338 | $2.330 \times 10^{-16}$ |
| 3 | $\log[F_{grain}] = 1.379 \times \log[F_{total}] - 0.087 \times pH - 2.567 \times \log CEC + 10.843 \times \log Mn - 34.836$ | 1.000 | $\log[F_{total}]$：1.041；pH=-0.178；$\log CEC$=1.346；$\log Mn$=2.099 | 0 |
| 4 | $\log[F_{grain}] = -0.086 \times \log[F_{effective}] + 0.305$ | 0.749 | $\log[F_{effective}]$：-0.865 | 0.031 |
| 5 | $\log[F_{grain}] = -0.223 \times \log[F_{effective}] - 0.356 \times pH + 2.467 \times \log SOM - 2.991 \times \log CEC + 3.066$ | 1.000 | $\log[F_{effective}]$：-2.246；pH=-0.726；$\log SOM$=2.284；$\log CEC$=-1.569 | $1.096 \times 10^{-16}$ |
| 6 | $\log[F_{grain}] = -0.117 \times \log[F_{effective}] - 0.331 \times pH + 0.381 \times \log SOM + 3.144 \times \log Mn - 5.802$ | 1.000 | $\log[F_{effective}]$：-1.179；pH=-0.674；$\log SOM$=0.353；$\log Mn$=0.609 | 0 |

注：log 表示对数运算；$F_{grain}$表示小麦籽粒氟含量，mg/kg；$F_{total}$表示土壤总氟含量，mg/kg；$F_{effective}$表示土壤有效态氟含量，mg/kg；pH 表示土壤 pH 值；SOM 表示土壤有机质，g/kg；CEC 表示土壤阳离子交换量，cmol(+)/kg。

## 7.2 地下水-土壤-农作物系统中 As 迁移富集规律研究

### 7.2.1 地下水 As 含量特征

根据地下水样品 As 测试数据统计结果（表 7-31），研究区地下水 As 含量较低，检出率为 24.4%，含量范围在 ND（未检出）～0.091 2 mg/L 之间，平均含量为 0.003 6 mg/L。根据《农田灌溉水质标准》（GB 5084—2021），灌溉作物蔬菜和小麦、玉米等旱作农作物的 As 含量标准限值分别为 0.05 mg/L 和 1.0 mg/L，由于研究区灌溉作物包括红枣、核桃、玉米、蔬菜等，本书将 0.05 mg/L 作为 As 含量的标准限值。研究区超标地下水采样点为 3 个，分别位于若羌县和民丰县。

表 7-31 研究区地下水 As 含量统计表

| 县域 | 样本数/个 | 检出率/% | 超标点/个 | 最小值/(mg·L$^{-1}$) | 最大值/(mg·L$^{-1}$) | 平均值/(mg·L$^{-1}$) | 标准差/(mg·L$^{-1}$) |
|---|---|---|---|---|---|---|---|
| 若羌县 | 49 | 22.4 | 2 | ND | 0.067 6 | 0.003 7 | 0.013 |

续表 7-31

| 县域 | 样本数/个 | 检出率/% | 超标点/个 | 最小值/(mg·L$^{-1}$) | 最大值/(mg·L$^{-1}$) | 平均值/(mg·L$^{-1}$) | 标准差/(mg·L$^{-1}$) |
|---|---|---|---|---|---|---|---|
| 且末县 | 37 | 16.2 | 0 | ND | 0.023 7 | 0.002 0 | 0.005 |
| 民丰县 | 42 | 26.2 | 1 | ND | 0.091 2 | 0.006 3 | 0.016 |
| 于田县 | 32 | 34.4 | 0 | ND | 0.011 0 | 0.001 5 | 0.002 |
| 所有采样点 | 160 | 24.4 | 3 | ND | 0.091 2 | 0.003 6 | 0.011 |

## 7.2.2 土壤 As 含量特征

### 7.2.2.1 表层土壤 As 含量特征

表层土壤 As 含量描述性统计结果见表 7-32，塔里木盆地东南缘绿洲区表层土壤 As 含量整体较低，变幅为 3.1～39.6 mg/kg，农用地和非农用地的土壤 As 含量均值分别为 (9.81±3.24) mg/kg、(7.94±1.78) mg/kg，低于柴达木盆地农用地土壤 As 含量均值 (肖明等，2014)，是塔里木盆地北部库车市绿洲区土壤 As 含量的 2 倍 (麦尔耶姆·亚森等，2017)。研究区农用地土壤 As 含量最高值采样点位于于田县，非农用地土壤 As 含量最高值采样点位于若羌县。Wilding(1985)将变异系数(CV)分为高变异水平(CV≥36%)、中等变异水平(16%≤CV<36%)和低变异水平(CV<16%)。从整体来看，农用地和非农用地土壤 As 含量均为中等变异水平；从局部来看，若羌县的非农用地和且末县的农用地土壤 As 含量为高变异水平，民丰县非农用地土壤 As 含量为低变异水平，其余区域土壤 As 含量均为中等变异水平。根据单因素方差分析结果，其 $P$ 值为 0.000，说明表层土壤 As 含量在 $\alpha=0.05$ 水平下，5 个区域表层土壤 As 含量均存在显著性差异。

表 7-32 研究区表层土壤 As 含量统计特征值

| 县名 | 土地类别 | 样本数/个 | 范围/(mg·kg$^{-1}$) | 算术均值±标准差/(mg·kg$^{-1}$) | 变异系数/% | 超新疆土壤背景值个数/个 | 超风险筛选值个数/个 |
|---|---|---|---|---|---|---|---|
| 所有样点 | 农用地 | 1845 | 3.1～39.6 | 9.81±3.24 | 33.0 | 527 | 5 |
|  | 非农用地 | 1731 | 3.3～18.4 | 7.94±1.78 | 22.4 | 64 | 0 |
| 36 团 | 农用地 | 89 | 4.4～18.8 | 9.72±2.62 | 26.9 | 23 | 0 |
| 若羌县 | 农用地 | 142 | 3.1～16.6 | 9.43±3.11 | 33.0 | 43 | 0 |
|  | 非农用地 | 270 | 3.3～18.4 | 8.06±2.92 | 36.2 | 35 | 0 |
| 且末县 | 农用地 | 755 | 3.5～31.6 | 9.78±3.75 | 38.3 | 222 | 2 |
|  | 非农用地 | 535 | 3.5～14.3 | 7.31±1.43 | 19.6 | 7 | 0 |
| 民丰县 | 农用地 | 85 | 6.6～16.0 | 9.51±1.71 | 18.0 | 12 | 0 |
|  | 非农用地 | 388 | 5.9～14.5 | 8.81±1.10 | 12.5 | 4 | 0 |
| 于田县 | 农用地 | 774 | 3.9～39.6 | 9.96±2.81 | 28.2 | 227 | 3 |
|  | 非农用地 | 538 | 3.3～15.6 | 7.90±1.44 | 18.2 | 18 | 0 |

依据《土壤环境质量 农用地土壤污染风险管控标准(试行)》(GB 15618—2018),土壤 As 的风险筛选值为 25 mg/kg(pH 值>7.5),新疆土壤 As 背景值(BV)为 11.2 mg/kg。从表 7-32 可看出,研究区土壤 As 含量高于新疆背景值的采样点共计 591 个,其中农用地高于新疆背景值的采样点数多于非农用地,高于新疆背景值的采样点主要分布在且末县和于田县的农用地。农用地土壤 As 含量超出风险筛选值的采样点个数为 5 个,其中且末县 2 个、于田县 3 个;非农用地土壤 As 含量均未超出风险筛选值。

#### 7.2.2.2 深层土壤 As 含量特征

深层土壤 As 含量描述性统计结果见表 7-33,塔里木盆地东南缘绿洲区土壤 As 含量整体较低,变幅为 3.4~28.0 mg/kg,各县深层土壤 As 含量均值由大到小依次为于田县、且末县、36 团、民丰县、若羌县。根据单因素方差分析结果,其 $P$ 值为 0.000,说明深层土壤 As 含量在 $\alpha=0.05$ 水平下,5 个区域深层土壤 As 含量均存在显著性差异。与表 7-32 表层土壤 As 含量统计特征比较,农用地深层土壤 As 含量均低于表层土壤 As 含量。T 检验结果表明研究区农用地表层与深层土壤 As 含量之间存在显著性差异[($t_{统计值}=3.585>t_{0.05}(4083)=1.961$)]。

表 7-33 研究区深层土壤 As 含量特征统计表

| 县域 | 样本数/个 | 最小值/(mg·kg$^{-1}$) | 最大值/(mg·kg$^{-1}$) | 平均值/(mg·kg$^{-1}$) | 标准差/(mg·kg$^{-1}$) | 变异系数/% |
|---|---|---|---|---|---|---|
| 36 团 | 22 | 5.1 | 18.6 | 8.909 | 2.877 | 32.3 |
| 若羌县 | 7 | 3.4 | 12.3 | 6.314 | 2.801 | 44.4 |
| 且末县 | 208 | 3.7 | 28.0 | 9.265 | 3.334 | 36.0 |
| 民丰县 | 27 | 5.4 | 16.2 | 8.219 | 2.072 | 25.2 |
| 于田县 | 245 | 4.6 | 19.6 | 9.744 | 2.686 | 27.6 |
| 全部取样点 | 509 | 3.4 | 28.0 | 9.384 | 2.988 | 31.8 |

#### 7.2.2.3 不同成土母质、土壤类型、土地利用类型下表层土壤 As 含量特征

不同成土母质、土壤类型和土地利用类型下土壤 As 含量统计结果详见表 7-34。As 在 4 种成土母质、7 种土壤类型和 7 种土地利用类型下的含量均值表现各不同,根据单因素方差分析结果,其 $P$ 值均为 0.000,说明土壤 As 含量在 $\alpha=0.05$ 水平下,4 种成土母质、7 种土壤类型和 7 种土地利用类型下土壤 As 含量均存在显著性差异。不同成土母质类型按照其均值由大到小排序为盐漠、冲积物、风积沙漠、冲洪积物;不同土壤类型按照其均值由大到小排序为其他土、灌淤土、盐土、水域、林灌草甸土、风沙土、棕漠土;不同土地利用类型按照其均值由大到小排序为耕地+园地、城镇用地、盐碱地、水域、林地+草地、沙地、裸地。同时,也可以看出研究区土壤 As 含量最大值取样点位于成土母质为冲积物,土壤类型为灌淤土的耕地(园地)中。

表 7-34 不同成土母质、土壤类型和土地利用类型的土壤 As 含量统计表

| 类型 | 项目 | 样本数/个 | 最小值/(mg·kg$^{-1}$) | 最大值/(mg·kg$^{-1}$) | 平均值/(mg·kg$^{-1}$) | 标准差/(mg·kg$^{-1}$) | P 值 |
|---|---|---|---|---|---|---|---|
| 成土母质 | 冲积物 | 2862 | 3.1 | 39.6 | 9.192 | 2.853 | 0.000 |
| | 冲洪积物 | 477 | 3.7 | 15.6 | 7.351 | 1.636 | |
| | 风积沙漠 | 121 | 3.6 | 16.3 | 7.531 | 1.964 | |
| | 盐漠 | 116 | 4.4 | 18.4 | 9.722 | 2.803 | |
| 土壤类型 | 灌淤土 | 1621 | 3.2 | 39.6 | 9.987 | 3.161 | 0.000 |
| | 棕漠土 | 484 | 3.7 | 16.0 | 7.357 | 1.701 | |
| | 林灌草甸土 | 1113 | 3.5 | 22.6 | 7.943 | 1.618 | |
| | 其他土 | 50 | 3.1 | 18.5 | 10.952 | 3.315 | |
| | 风沙土 | 124 | 3.6 | 16.3 | 7.594 | 2.032 | |
| | 水域 | 82 | 3.3 | 19.2 | 9.230 | 2.932 | |
| | 盐土 | 102 | 4.4 | 18.4 | 9.976 | 2.721 | |
| 土地利用类型 | 耕地+园地 | 1427 | 3.2 | 39.6 | 10.053 | 3.225 | 0.000 |
| | 林地+草地 | 1354 | 3.5 | 22.6 | 8.184 | 1.831 | |
| | 城镇用地 | 27 | 3.1 | 18.5 | 10.044 | 3.712 | |
| | 裸地 | 448 | 3.7 | 16 | 7.376 | 1.683 | |
| | 水域 | 80 | 3.3 | 14.5 | 8.894 | 2.498 | |
| | 沙地 | 138 | 3.6 | 31.6 | 8.127 | 3.334 | |
| | 盐碱地 | 102 | 4.4 | 18.4 | 9.976 | 2.721 | |

综上所述，研究区土壤 As 含量在不同成土母质、土壤类型和土地利用类型下呈现的分布特征也不同，这也间接表明它受自然因素和人为因素共同作用。

#### 7.2.2.4 土壤 As 污染特征

(1) 评价方法。

以国家标准《土壤环境质量 农用地土壤污染风险管控标准（试行）》（GB 15618—2018）中 As 的风险筛选值（pH 值>7.5）和新疆土壤 As 土壤背景值为评价标准，选用单因子评价法和地累积指数法评价土壤 As 在研究区的污染情况。单因子评价法计算公式为

$$P_i = C_i / S_i \tag{7-20}$$

式中，$P_i$ 为 As 的单因子指数，若 $P_i \leqslant 1.0$，表示土壤未受到人为污染，若 $P_i > 1.0$，表示受到人为污染；$C_i$ 为污染物的实测含量，mg/kg；$S_i$ 为污染物的评价标准，采用《土壤环境质量 农用地土壤污染风险管控标准》中的风险筛选值，mg/kg。

地累积指数法计算公式为

$$I_{geo} = \log_2[C_n / (k \times B_n)] \tag{7-21}$$

式中，$I_{geo}$ 为地累积指数；$C_n$ 为沉积物中 As 的实测含量值，mg/kg；$B_n$ 为黏质沉积岩中 As 的地球化学背景值，mg/kg；$k$ 为修正指数，根据各地岩石差异引起的背景值的波动确定（一般 $k$ 取 1.5）（王燕云等，2018）。污染程度分级标准包括无污染（$I_{geo} \leqslant 0$）、轻度污染

（0＜$I_{geo}$≤1）、偏中度污染（1＜$I_{geo}$≤2）、中度污染（2＜$I_{geo}$≤3）、偏重度污染（3＜$I_{geo}$≤4）、重污染（4＜$I_{geo}$≤5）和严重污染（$I_{geo}$≥5）等7个等级。

（2）污染评价结果。

研究区3576个土壤样品中As单因子指数和地累积指数法计算结果详见表7-35。5个地区的土壤As单因子污染指数平均值小于1。地积累指数平均值均小于0，处于无污染程度；但于田县和且末县最大值均大于0，特别是于田县土壤As的地积累指数最大值超过1，样本个数为1个，达到了中等污染程度。全区共计5个点土壤As单因子污染指数大于1，处于人为污染状态。

表7-35 研究区土壤As污染评价结果

| 县名 | 样本数/个 | 指标 | 最大值 | 最小值 | 平均值 | 标准差 | 污染等级 |
|---|---|---|---|---|---|---|---|
| 36团 | 89 | $P_i$ | 0.752 | 0.176 | 0.389 | 0.105 | 无污染 |
|  |  | $I_{geo}$ | −0.024 | −0.145 | −0.046 | 0.017 | 无污染 |
| 若羌县 | 412 | $P_i$ | 0.736 | 0.124 | 0.341 | 0.122 | 无污染 |
|  |  | $I_{geo}$ | −0.020 | −0.135 | −0.041 | 0.016 | 无污染 |
| 且末县 | 1290 | $P_i$ | 1.264 | 0.140 | 0.350 | 0.130 | 无污染 |
|  |  | $I_{geo}$ | 0.489 | −0.448 | −0.043 | 0.033 | 无污染 |
| 民丰县 | 473 | $P_i$ | 0.640 | 0.236 | 0.357 | 0.050 | 无污染 |
|  |  | $I_{geo}$ | −0.029 | −0.092 | −0.041 | 0.006 | 无污染 |
| 于田县 | 1312 | $P_i$ | 1.584 | 0.132 | 0.365 | 0.102 | 无污染 |
|  |  | $I_{geo}$ | 1.167 | −0.219 | −0.041 | 0.038 | 无污染 |

为更好地描述研究区土壤As污染状况，绘制了研究区土壤As污染分布图（图7-41）。

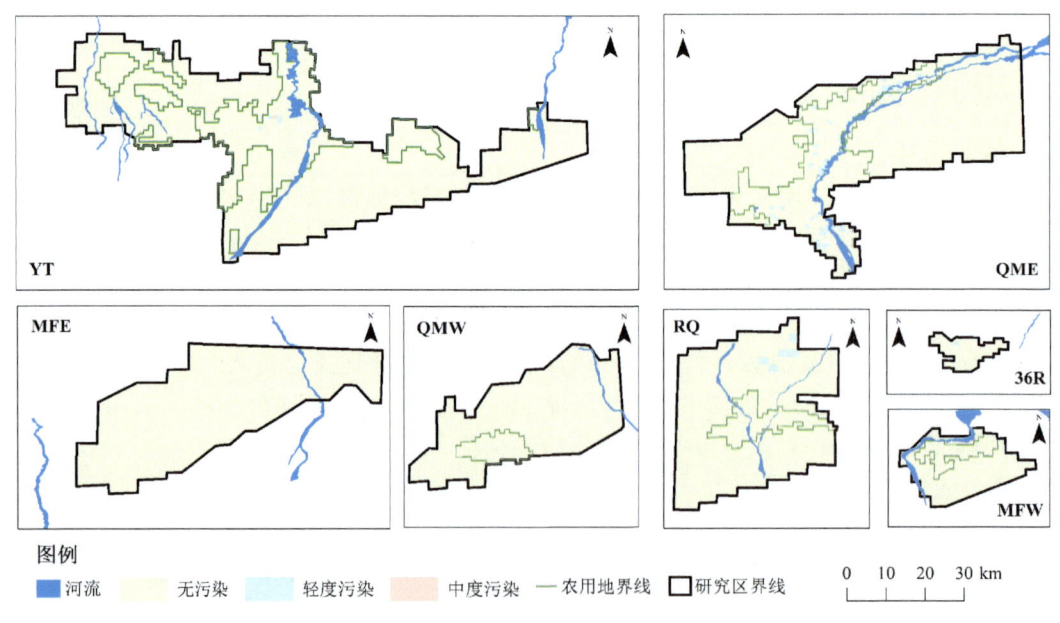

图7-41 土壤As污染状况分布图

从图中可看出，研究区土壤 As 整体处于无污染状况，于田县农用地范围内土壤 As 存在轻度污染和中度污染，呈零星点状分布，面积分别为 4 km² 和 1 km²；且末东农用地范围内土壤 As 存在轻度污染，呈点状且沿河流方向分布，面积为 51 km²；若羌县北部非农用地土壤 As 存在轻度污染，呈点状分布，面积为 10 km²；36 团北部非农用地土壤 As 存在轻度污染，呈点状分布，面积为 2 km²。

## 7.2.3 土壤 As 含量空间分布特征

### 7.2.3.1 土壤 As 空间自相关性

研究区 36R、RQ、QME、QMW、MFE、MFW 和 YT 对应的土壤 As 的莫兰指数 $I$ 分别为 0.049、0.073、0.138、0.080、0.055、0.111 和 0.120。说明各区域土壤 As 空间自相关性均表现为空间正相关（莫兰指数 $I>0$），研究区各区域土壤 As 空间正相关程度从大到小依次为且末县东部（QME）、于田县（YT）、民丰县西部（MFW）、且末县西部（QMW）、若羌县（RQ）、民丰县东部（MFE）和 36 团（36R），会呈现出不同的聚集分布状态。通过局部空间自相关计算，高-高型、低-低型、低-高型和高-低型 4 种聚集类型在研究区呈现出不同的地理位置，详见图 7-42。研究区土壤 As 空间聚集类型以高-高型和低-低型为主，其中高-高型聚集区主要位于各县农用地范围内，该区域土地利用方式主要为城镇用地、果园林地和耕地，农业活动频繁，同时该区域土壤类型主要是林灌草甸土和灌淤土，结合表 7-32 中研究区表层土壤 As 含量与新疆背景值的对比结果，不难看出该区域土壤 As 的高-高聚集是由于人为扰动因素的影响；低-低型聚集区主要分布在各县非农用地范围内，该区域以裸地、沙

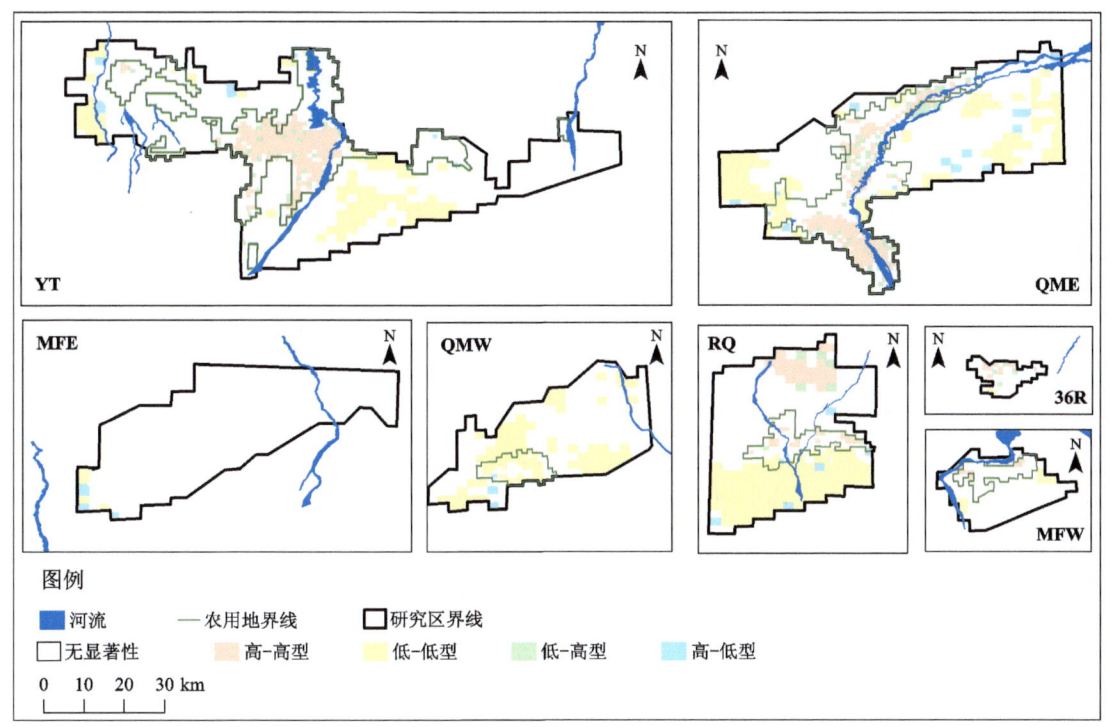

图 7-42　土壤 As 局域空间自相关聚集图

地和盐碱地为主，土壤类型主要为风沙土和盐土，土壤 As 含量低于新疆背景值，因此，土壤母质条件和较少的人为扰动是该区域土壤 As 呈现低-低型聚集的主要原因。低-高型和高-低型聚集区零星地分布在研究区，其他区域为无显著自相关区域。

### 7.2.3.2 土壤 As 空间变异特征

对土壤 As 含量数据进行预处理。本书借助 SPSS 23.0 软件中的 K-S 正态性检验模块对研究区各区域的土壤 As 元素含量进行正态分布检验。从表 7-36 可看出，各区域土壤 As 含量均为正态分布（$P_{K-S}>0.05$），故可用 GS$^+$ 9.0 软件进行半变异函数的计算和高斯模型、球状模型等理论模型的拟合及克里金空间分布预测。

表 7-36 研究区土壤 As 含量正态检验结果

| 区域 | 采样点/个 | 偏度系数 | 峰度系数 | $P_{K-S}$ |
| --- | --- | --- | --- | --- |
| 36R | 89 | 0.55 | 0.39 | 0.49 |
| RQ | 412 | 0.36 | −0.28 | 0.07 |
| QME | 989 | 1.37 | 2.96 | 0.14 |
| QMW | 301 | 1.11 | 3.91 | 0.08 |
| MFE | 307 | 0.45 | 1.70 | 0.06 |
| MFW | 166 | 0.93 | 1.72 | 0.11 |
| YT | 1312 | 2.56 | 19.42 | 0.12 |

对研究区各区域土壤 As 进行变异函数分析，结果见表 7-37。研究区 6 个区域的块金值（$C_0$）均大于 0，表明研究区土壤 As 存在由取样误差、短距离变异和随机变异等引起的正基底效应（郑新奇等，2018）。块金系数[$C_0/(C_0+C)$]是随机性部分引起的空间变异占空间总变异的比例，是表达区域化变量空间自相关性重要的参数。一般[$C_0/(C_0+C)$]>0.75，表示土壤属性处于较弱的空间相关性；[$C_0/(C_0+C)$]介于 0.25~0.75 之间，表示土壤属性处于中等的空间相关性；[$C_0/(C_0+C)$]<0.25，表示土壤属性处于强烈的空间相关性（Liu et al.，2004）。研究区除 36R 外，其余区域的土壤 As 含量的块金系数为 0.34~0.48，表明研究区土壤 As 含量表现为中等的空间相关性，说明研究区土壤 As 含量的空间变异性是结构性因素（如地形地貌、土壤类型、母质、气候等）和随机性因素（如施肥、耕作、种植制度、土地利用强度等各种人为活动）叠加造成的。36R 土壤 As 含量的块金系数大于 0.75，呈现出较弱的空间相关性，说明研究区土壤 As 含量的空间变异性受结构性因素控制。其余 6 个区域的土壤 As 含量变程在 1.9~98.1 km 之间，均大于采样距离，能够满足空间分析的需要。同时，RQ 的土壤 As 含量变程最大，表现出较大尺度的空间自相关性；而 MFW 的土壤 As 含量变程最小，表现出较小尺度的空间自相关性。各个区域土壤 As 的理论模型除 MFW 和 36R 外，其余均为指数模型，每个模型的决定系数 $R^2$ 均大于 0.5，且残差范围在 0.034~1.660 之间，表明它们在相应的理论模型下拟合较好，能够反映空间变异性，有助于克里金插值分析。

表 7-37 土壤 As 元素含量的理论变异函数模型及相关参数

| 区域 | 块金值 $C_0$ | 基台值 $C_0+C$ | 块金系数 $C_0/(C_0+C)$ | 变程/km | 决定系数 $R^2$ | 残差 RSS | 理论模型 |
|---|---|---|---|---|---|---|---|
| 36R | 0.39 | 0.001 | 2.83 | 2.0 | 0.83 | 0.566 | 半球模型 |
| RQ | 6.39 | 13.28 | 0.48 | 98.1 | 0.92 | 1.600 | 指数模型 |
| QME | 6.18 | 12.94 | 0.48 | 7.8 | 0.92 | 1.630 | 指数模型 |
| QMW | 0.55 | 1.17 | 0.47 | 27.0 | 0.91 | 0.034 | 指数模型 |
| MFE | 0.73 | 1.56 | 0.47 | 62.1 | 0.97 | 0.014 | 指数模型 |
| MFW | 0.78 | 2.28 | 0.34 | 1.9 | 0.61 | 0.660 | 高斯模型 |
| YT | 3.56 | 8.27 | 0.43 | 22.1 | 0.91 | 1.660 | 指数模型 |

#### 7.2.3.3 土壤 As 空间分布特征

在各区域土壤 As 空间结构变异分析结果的基础上，利用克里金插值法对研究区土壤 As 的区域化变量的取值进行估计，借助 ARCGIS 10.4 进行插值分析，结果见图 7-43。从面状分布上看，36R、RQ、YT 和 MFE 土壤 As 含量呈现出阶梯状，其余区域为不规则团块状分布。从方向性上看，36R 土壤 As 含量呈现从南至北递增趋势，RQ 土壤 As 含量呈现从南至北递增趋势，QME 土壤 As 含量呈现从中部向两侧递减趋势，QMW 土壤 As 含量呈现从西南、东北向中部递减趋势，MFE 土壤 As 含量呈现从西南向东北递增趋势，MFW 土壤 As 含量呈现从中部向四周递减的趋势，YT 土壤 As 含量呈现从中部向四周递减的趋势。综合来看，研究区农用地的土壤 As 含量高于非农用地的土壤 As 含量，土壤 As 含量高值区呈片状集中或岛状零散分布，整体分布情况与研究区土壤 As 自相关分析结果一致。

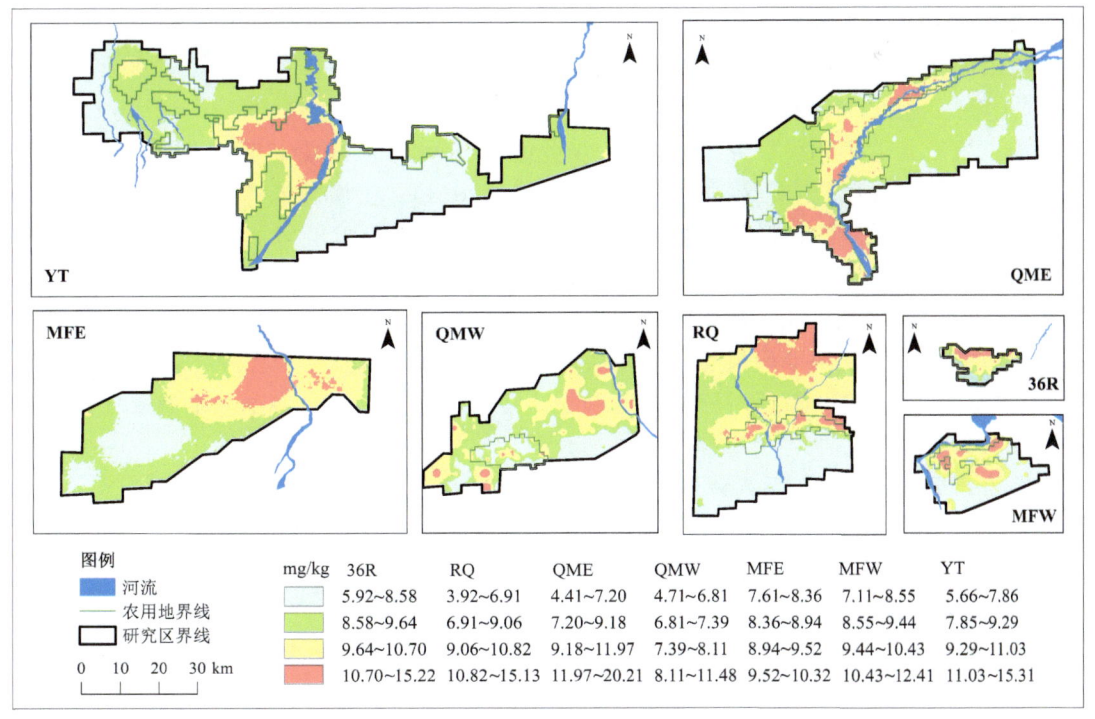

图 7-43 土壤 As 含量空间分布

#### 7.2.3.4 As元素异常区划定

(1)As—Se元素异常区划定依据与圈定。

土壤地球化学异常是指在地质演化分异、矿化富集、污染叠加等作用下,土壤中某一元素或指标相对于区域地球化学背景所表现出来的含量偏高或偏低的分布特征(庞绪贵等,2014)。根据《多目标区域地球化学调查规范(1∶250 000)》(DZ/T 0258—2014)异常分类划分方案,异常区按照应用领域分类包括环境类异常、农业养分及营养微量元素丰缺异常、矿产资源类异常和其他异常等。其中环境类异常是指对人们生活、工农业生产和生态环境具直接危害或潜在影响的地球化学异常,例如土壤Cd、Hg、As、Pb、Cu、Zn、Cr、Ni、S等有毒有害元素和Tl、Th、U、Ba等放射性元素异常(庞绪贵等,2014)。根据研究区具体情况,将研究区土壤As元素作为有毒有害元素,归于环境类异常进行研究;土壤Se元素作为人体有益健康元素,归于其他异常进行研究。

从统计学角度来分析,异常值是样本中的个别值,其数值明显偏离其他观测值,是相对于背景值的偏倚(刘国伟等,2004)。异常值的存在会导致由整个数据计算得到的平均值偏离元素在土壤中的地球化学分布与分配受多种环境条件的限制,如地质作用、成矿作用、表生作用及人为作用等。通常情况下,异常区圈定原则:①背景值加(数据呈正态或偏态分布)或乘(数据呈对数正态分布)2倍标准离差作"异常下限";②从统计概率上来说,每个异常区所占面积通常控制在区域总面积的10%以内,即$S_{异}/S_{总} \leqslant 10\%$;③为了更加密切地将地球化学异常研究与农业、环境相结合,在与环境污染有关的地球化学异常中,土壤As、Se元素除正常圈出异常外,分别增加《土壤环境质量 农用地土壤污染风险管控标准》(GB 15618—2018)中的土壤As含量风险筛选值25 mg/kg,《天然富硒土地划定与标识》(DZ/T 0380—2021)中的土壤Se含量标准0.3 mg/kg,以该限圈定出的独立区域作为异常区。异常区的圈定借助ArcGIS 10.4.1的空间分析工具包进行,异常区一般圈定3级浓度分带,即等值线采用异常下限的1倍、2倍、4倍来圈定(李丽等,2019)。

(2)土壤As元素背景值。

中国土壤背景值等相关研究工作始于20世纪70年代,后续几十年中,前人对土壤环境背景值做了大量研究(魏复盛等,1991;成杭新等,2014)。土壤环境背景值是指在不受或少受人类活动影响和不受或少受现代工业污染的情况下,土壤化学组成或元素含量水平(Matschullat et al.,2000;董岩翔等,2007;田嘉禹等,2020)。在进行土壤背景值计算时,为了保证分析结果的可靠性,需要对数据进行检查和预处理,剔除异常值的影响,进行正态分布检验和转换。再使用平均值加标准差法(均值±2倍标准差)结合Excel软件对异常值逐次剔除(史舟等,2006)。最后对原始数据剔除异常值后的数据进行多项基本参数统计,获得土壤元素背景值。

为获得研究区土壤As元素背景值,研究区3576组土壤As元素含量均通过K-S正态性检验,即$P_{As(K-S)}=0.111>0.05$,$P_{Se(K-S)}=0.211>0.05$。对土壤As元素143组含量异常值进行剔除,剔除异常值后各元素含量频率分布见图7-44。剔除后3433组土壤As,$P_{As(K-S)}=0.069>0.05$。

利用SPSS 23.0软件对剔除异常值后的数据进行多项基本参数统计,研究区土壤As、Se元素背景值统计结果详见表7-38。从表中可看出,研究区土壤As含量均值范围为8.36±

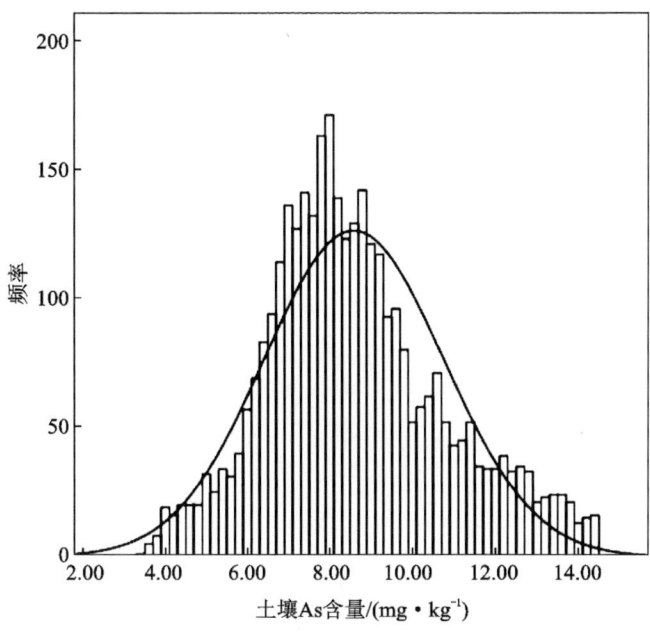

图 7-44 土壤 As 含量频率分布图

2.17 mg/kg，低于新疆土壤 As 背景值（11.2 mg/kg）。同时将土壤 As 均值范围 8.36 mg/kg 作为研究区土壤 As 背景值，由此得出土壤 As 元素含量异常下限为 12.7 mg/kg。

表 7-38 研究区土壤 As 背景值

| 组分 | 样本数/个 | 特征值 | | | | 峰度 | 偏度 | 数据类型 |
| --- | --- | --- | --- | --- | --- | --- | --- | --- |
| | | 范围/(mg·kg$^{-1}$) | 平均值/(mg·kg$^{-1}$) | 标准差/(mg·kg$^{-1}$) | 变异系数/% | | | |
| As | 3433 | 3.4～14.4 | 8.36 | 2.17 | 26 | −0.06 | 0.45 | 正态分布 |

（3）土壤 As 元素异常区分布。

依据土壤 As 元素异常圈定原则和圈定方法，研究区土壤 As 元素含量异常区间为 12.7～25.4 mg/kg，共计 44 处异常。研究区 7 个区域中 QMW 和 MFE 无异常，其他区域异常区分布详见图 7-45。研究区土壤 As 异常区总面积为 240.43 km²，占研究区控制总面积的 3.2%。土壤 As 异常区域分布较零散，面积较小，大多呈点状分布，个别区域呈连片分布。36 团土壤 As 异常区面积为 1.49 km²，呈零散分布，异常程度较小；若羌县土壤 As 异常区面积为 64.40 km²，呈岛状分布，主要分布在若羌县北部铁干里克镇的非农用地；且末县土壤 As 异常区分布在且末县东部绿洲区，分布面积为 139.59 km²，在巴格艾日克乡—阔什萨特玛乡—阿克提坎墩乡一带呈零散分布，托格拉克勒克乡—阿热勒乡一带呈片状分布；民丰县土壤 As 异常区分布在民丰县西部尼雅镇，分布面积为 2.08 km²，呈点状分布；于田县土壤 As 异常区分布在于田县，分布面积为 32.87 km²，呈片状分布。研究区大部分土壤 As 异常区分布在农用地范围内，同时与研究区土地利用方式类型图叠加，土壤 As 异常区主要分布在耕地或园地，这也间接说明了研究区土壤 As 异常主要受人类活动的影响。

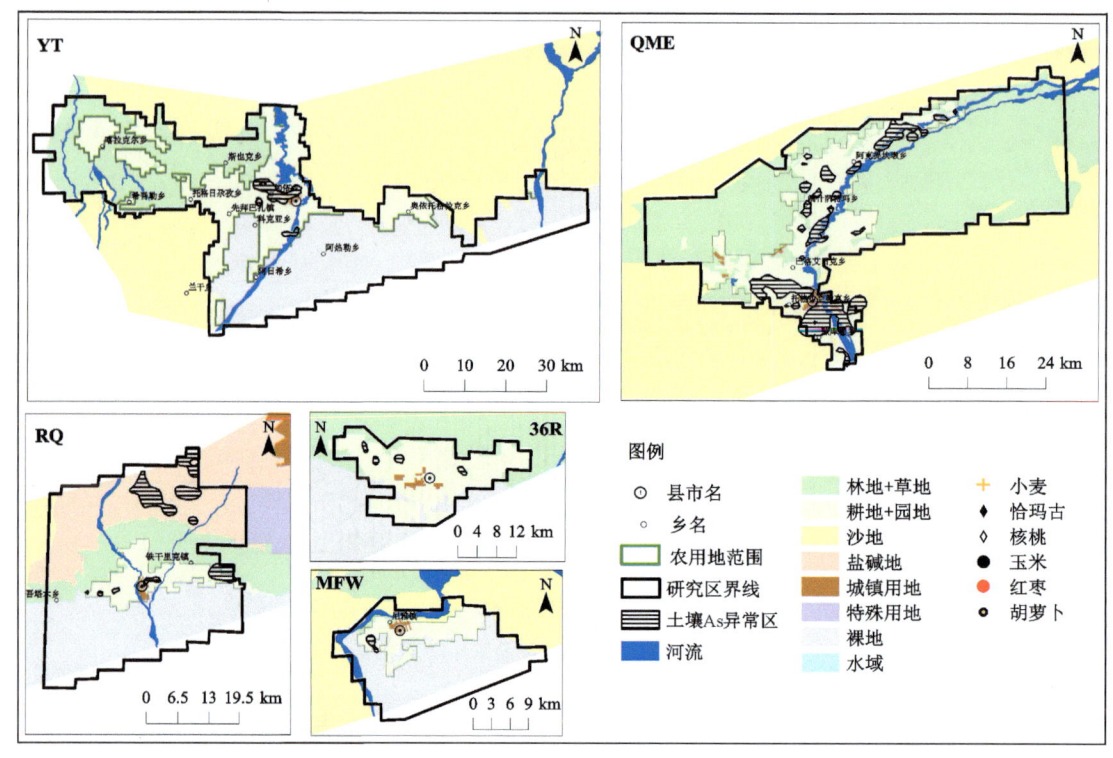

图 7-45 土壤 As 异常区分布图

## 7.2.4 As 迁移富集研究

研究区属于沙漠—绿洲交错带，林果业和频繁的农事活动可能会导致 As、Se 元素在耕作层土壤中积累，但随着灌溉、耕作等人为活动的影响，含量不仅在水平空间上发生了变化，同时也在垂直剖面发生了迁移、淋溶作用。若只考虑表层耕作层，不足以全面地说明 As、Se 元素在自然和人为双重因素控制下空间上的变化特征。本节主要从不同土层深度 As 元素的含量变化特征和淋溶迁移特性来完善 As 元素在空间上的变化。考虑目标元素垂向变化的同时，还应考虑农作物对地下水、土壤中目标元素的吸收和影响。因此本节结合迁移系数、淋失比率、土壤环境富集系数、生物富集系数等指标，以及相关性分析及多元统计分析综合探讨 As 元素在多介质下的迁移富集研究及影响因素。为研究区土壤 As 污染防治、特色农产品产地开发和环境监测提供有力保障。

### 7.2.4.1 农用地土壤剖面 As 元素变异规律研究

研究区各县农用地土壤 As 含量在垂直剖面的变化见图 7-46。从中可知，36R 农用地土壤剖面 As 含量范围为 5.6~14.0 mg/kg，沿着垂向剖面波动较大，在土层 0~120 cm 范围内 As 含量先逐渐减小后逐渐增高；RQ 农用地土壤剖面 As 的平均含量范围为 7.3~12.9 mg/kg，沿着垂向剖面波动较大，在土层 180 cm 处有波峰；剖面 RQ-1 和剖面 RQ-2 的土壤 As 含量变化趋势基本一致，但沿着河流方向的剖面 RQ-2 的 As 含量水平要高于垂直河流方向的土壤剖面。QM农用地土壤剖面As的平均含量范围为8.3~9.3 mg/kg,4条剖面的As含量水平和变化趋势基本一致,说明且末县农用地土壤剖面上未出现As的富集现象,无论是沿河流方向还是垂直河流方向的土壤剖面As含量水平从地表到深层都相对稳定。MF农用地土壤剖面As的平均含量范围为7.6~8.4 mg/kg,在0~60 cm深度范围内,土壤As含量变化趋势基本一致;在60~200 cm深度范围内,沿着河流方向的剖面(MF-1)土壤As含量高于垂直河流剖面(MF-2)。YT农用地土壤剖面As的平均含量范围为9.8~11.0 mg/kg,沿着河流方向的剖面(YT-1、YT-2)土壤As含量高于垂直河流剖面(YT-3);除剖面YT-1在土层120~200 cm范围内出现波峰外,其余含量变化趋势基本一致。

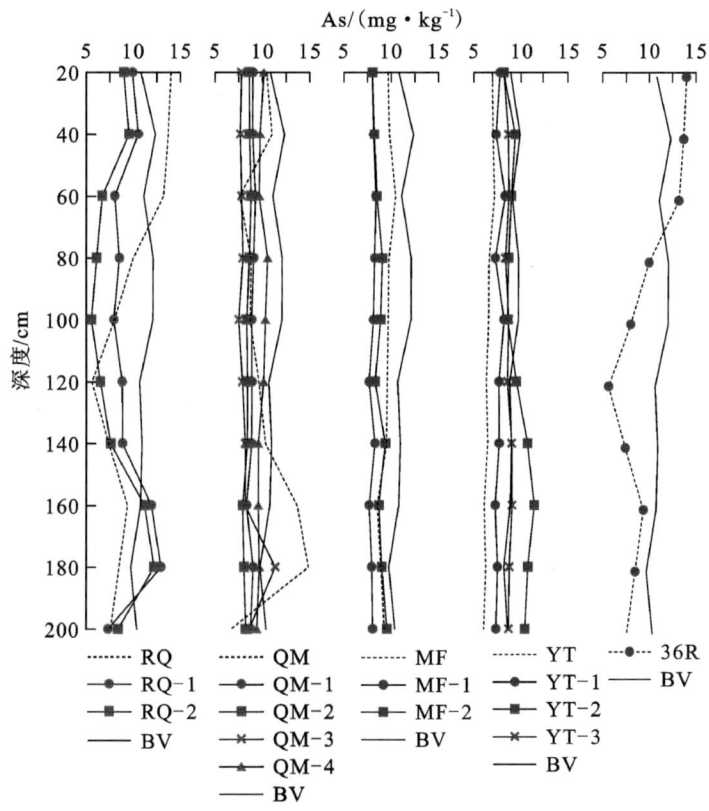

图7-46 研究区各县农用地土壤垂直剖面As含量变化对比

综合来看,研究区土壤剖面As含量较低,所有剖面均未超过风险筛选值;且末县和民丰县土壤As含量均超过新疆土壤背景值,若羌县两条剖面在160~180 cm土层均高于新疆背景值,于田县剖面YT-1在120~200 cm土层高于新疆背景值。

#### 7.2.4.2 农用地垂直剖面土壤As迁移特征

(1)农用地垂直剖面土壤As—Se迁移特征。

迁移系数是描述土壤元素在各层土壤剖面迁移情况和鉴别物源的重要参数(张华,2012;张坤等,2018)。通常情况下,土壤元素迁移系数的获取需要与参比元素进行比值计算,钪(Sc)、钛(Ti)、锆(Zr)、铝($Al_2O_3$)由于在土壤环境中性质稳定,不易受到风化和变质作用的影响而常作为参比元素(Zhang et al.,2014)。迁移系数具体计算公式见式(7-10)。由本研究 3576 组土壤 Sc、Ti、Zr、$Al_2O_3$ 与 As、Se 和指标之间的相关性系数可以看出，As 与 Sc、Ti 之间相关性良好，相关性系数在 0.01 水平下显著正相关；Se 与 Ti 之间相关性良好，相关性系数在 0.01 水平下显著正相关，具体结果详见表 7-39。3576 组土壤 Sc、Ti、Zr、$Al_2O_3$ 的变异系数 CV 分别为 19.0%、14.7%、26.0%、11.1%。综上可看出 Sc、Ti 是 As 良好的参比元素，但由于 Sc 的变异系数大于 Ti，离散程度较大，故选用 Ti 作为土壤 As 剖面迁移系数计算的参比元素，同时，也将其作为土壤 Se 剖面迁移系数计算的参比元素。

表 7-39　候选参考元素与 As、Se 之间相关性系数表（$P<0.01$）

| 元素 | As | Se | Ti | Sc | Zr | $Al_2O_3$ |
|---|---|---|---|---|---|---|
| As | 1 | | | | | |
| Se | 0.26** | 1 | | | | |
| Ti | 0.54** | 0.42** | 1 | | | |
| Sc | 0.58** | 0.16** | 0.83** | 1 | | |
| Zr | −0.009 | −0.11** | 0.46** | 0.34** | 1 | |
| $Al_2O_3$ | 0.39** | −0.11** | 0.73** | 0.62** | 0.15** | 1 |

注：** 表示在 0.01 级别（双尾）下，相关性显著。

迁移系数计算公式中还涉及土壤 Ti 的背景值，若选取中国土壤 A 层背景值 4300 mg/kg（鄢明才等，1997），则可能获取的迁移系数不能很好地反映研究区土壤 As、Se 的迁移规律，因此，本书按照前文中背景值计算方法，对 3576 组土壤 Ti 进行背景值计算。土壤 Ti 背景值计算结果见图 7-47，土壤 Ti 含量范围为 665～6079 mg/kg，平均值为 2548 mg/kg，远低于中国土壤 Ti 背景值，整体呈正态分布。

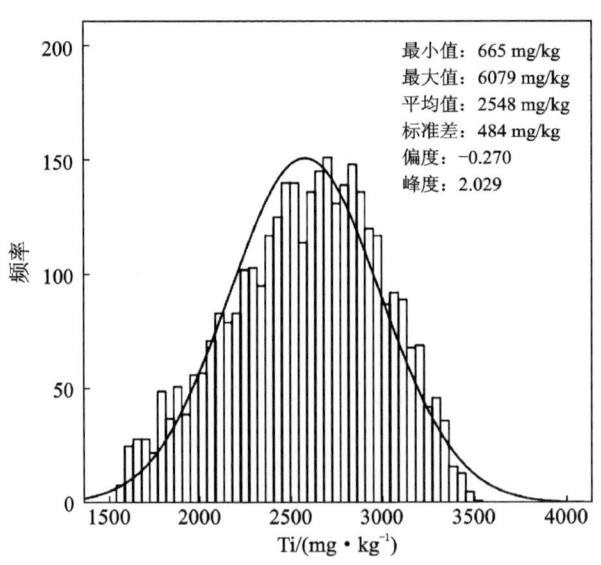

图 7-47　土壤 Ti 含量频率分布图

（2）农用地垂直剖面土壤 As 迁移特征。

农用地垂直剖面土壤 As 迁移系数结果详见图 7-48。相对于 Ti，各剖面土壤 As 迁系数随深度变化特征比较明显，全区土壤As各层迁移系数均值均小于0，表明土壤As在剖面处于丢失状态，未发生迁移。36团剖面点土壤As含量随深度变化幅度较大，在0～60 cm之间，迁移系数约为0，在60 cm处骤降，表明土壤As在0～60 cm处于富集状态，主要是由36团枣树施用化肥农药造成的（王国梁等，2006）；若羌县土壤As迁移系数深度变化整体呈波浪形，其中RQ-2中160～180 cm土壤As的迁移系数大于0，表明土壤As存在富集，由于该深度远远大于耕作层，这可能是成土母质本身富集造成的。且末县和民丰县土壤As的迁移系数整体呈垂线形，迁移系数基本小于0，其中剖面QM-2底土层180 cm处的迁移系数大于0，表明土壤As存在富集，与图7-46相比，该处土壤As含量接近背景值，可能是土壤母质造成的。于田县土壤As迁移系数随深度变化呈麻花形，迁移系数整体小于0，这说明，相对于Ti来说，As处于丢失状态。

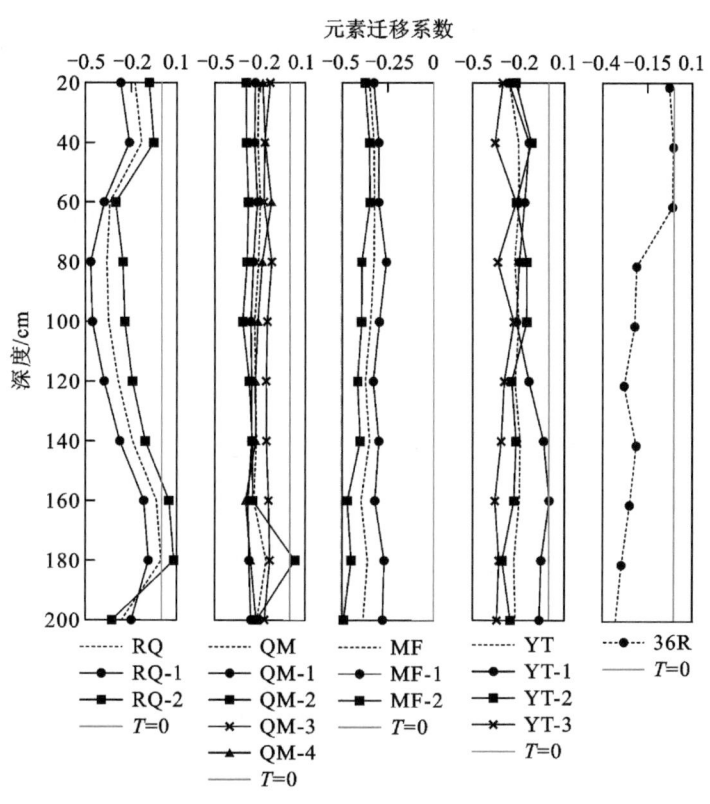

图7-48 垂直剖面土壤As迁移系数

## 7.2.5 农用地垂直剖面土壤As淋滤迁移特征

研究区为各县农产品主要种植区，为查明长期灌溉条件下各层土壤As和Se的淋失规律，土层淋失比率（WWC）能够直观地反映土壤剖面各层元素的含量分别扣除母质层元素含量后，剖面土壤元素的淋溶下移量（郑国璋，2008）。研究区剖面共分5层，包括耕作层（0～20 cm）、犁底层（20～40 cm）、心土层（40～60 cm）、底土层1（60～80 cm）、底土层2（80～100 cm）。各层WWC按照式（7-11）计算。

农用地垂直剖面土壤 As 的淋失比率计算结果详见表 7-40 和图 7-49。各个剖面土壤 As 淋失比率在 1.0 左右。36 团土壤 As 淋失比率随深度从耕作层到犁底层未发生变化，从犁底层到底土层 1 达到峰值后下降；若羌县土壤 As 淋失比率随深度从耕作层到犁底层逐渐升高，在犁底层处达到峰值后下降；其他各县土壤 As 淋失比率随深度变化不大。

表 7-40  垂直剖面土壤 As 元素 WWC 结果

| 剖面名称 | 耕作层 | 犁底层 | 心土层 | 底土层 1 | 底土层 2 |
|---|---|---|---|---|---|
| 36R | 1.02 | 1.05 | 1.32 | 1.43 | 0.82 |
| RQ-1 | 0.94 | 1.55 | 1.09 | 0.93 | 0.64 |
| RQ-2 | 0.95 | 1.60 | 0.94 | 0.86 | 0.83 |
| QM-1 | 1.02 | 1.02 | 1.01 | 1.02 | 1.05 |
| QM-2 | 1.02 | 1.00 | 0.98 | 1.01 | 0.87 |
| QM-3 | 1.03 | 1.04 | 0.91 | 1.07 | 1.13 |
| QM-4 | 0.98 | 0.97 | 1.06 | 1.00 | 1.12 |
| MF-1 | 0.97 | 0.96 | 0.95 | 1.04 | 0.98 |
| MF-2 | 0.99 | 0.97 | 1.12 | 1.04 | 1.08 |
| YT-3 | 1.14 | 0.99 | 1.19 | 0.91 | 1.11 |
| YT-1 | 0.86 | 0.98 | 1.04 | 0.92 | 0.94 |
| YT-2 | 0.87 | 1.04 | 0.93 | 1.09 | 1.13 |

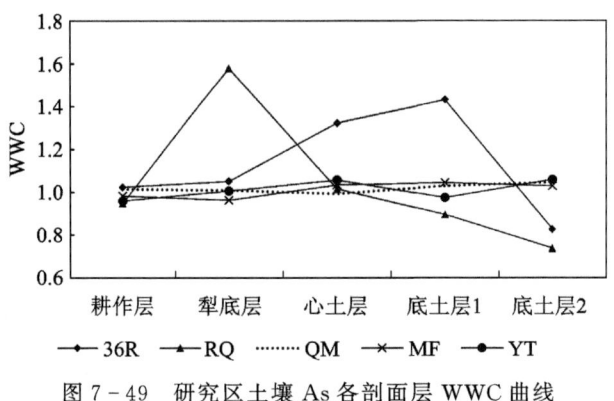

图 7-49  研究区土壤 As 各剖面层 WWC 曲线

## 7.2.6  农用地土壤 As 富集特征

目前，土壤 As 在土壤垂直剖面的分布规律尚无统一的认识，有学者认为土壤 As 主要在土壤表层富集（郑国璋，2008；易秀，2003）。土壤 Se 的含量会随着深度发生改变，但主要也在土壤表层富集（黄春雷等，2016）。为了详细地描述土壤元素的富集程度，廖启林等

(2005)提出了土壤元素环境富集系数,即表层土壤的元素含量与其深层土壤元素含量的比值,能够综合地表示出土壤元素人为环境相较自然环境下土壤元素的富集和受改造程度。通常情况下,若土壤元素环境富集系数高于1.5,表示土壤元素发生了强烈富集;若土壤元素环境富集系数低于0.6,则表示土壤元素呈现显著贫化特征。该系数具体分为6个等级:Ⅰ级(极强富集),土壤环境富集系数>4.00;Ⅱ级(强富集),1.50<土壤环境富集系数≤4.00;Ⅲ级(弱富集),1.15<土壤环境富集系数≤1.50。Ⅳ级(背景自然状态),0.85<土壤环境富集系数≤1.15;Ⅴ级(弱贫化),0.60<土壤环境富集系数≤0.85;Ⅵ级(强贫化),土壤环境富集系数<0.60(Mendez et al.,2007)。

本节为查明研究区农用地土壤As元素贫化或富集状况,选取土壤表层取样点和深层取样点来进行探讨,1个深层取样点重复使用2~4次,表层取样点1733个,深层取样点509个,共计得到土壤元素环境富集系数1733个。

研究区农用地土壤As元素的环境富集系数级别统计结果详见表7-41。整体来看研究区各县农用地土壤As环境富集系数范围在0.24~4.00之间,平均值为1.10;65.6%的取样点土壤As环境富集等级为Ⅲ~Ⅳ级,表明土壤As处于弱富集—自然状态水平,同时研究区农用地范围内并无极强富集水平的样点;11.0%的取样点土壤As环境富集等级为Ⅱ级,各县均有分布,说明该等级取样点土壤As含量受人类活动影响较大;23.4%的取样点土壤As环境富集等级为Ⅴ~Ⅵ级,呈现贫化等级。

表7-41 农用地土壤As元素的环境富集系数分布特征

| 县域 | 样本数/个 | 最小值 | 最大值 | 平均值 | 环境富集系数等级分布/个 | | | | | |
|---|---|---|---|---|---|---|---|---|---|---|
| | | | | | Ⅰ级 | Ⅱ级 | Ⅲ级 | Ⅳ级 | Ⅴ级 | Ⅵ级 |
| 36团 | 76 | 0.42 | 2.32 | 1.21 | 0 | 19 | 14 | 31 | 9 | 3 |
| 若羌县 | 24 | 0.37 | 4.00 | 1.36 | 0 | 6 | 4 | 6 | 5 | 3 |
| 且末县 | 729 | 0.24 | 3.78 | 1.11 | 0 | 102 | 147 | 284 | 145 | 51 |
| 民丰县 | 81 | 0.76 | 1.88 | 1.21 | 0 | 8 | 40 | 27 | 4 | 2 |
| 于田县 | 823 | 0.27 | 2.91 | 1.06 | 0 | 56 | 200 | 384 | 157 | 26 |
| 总计 | 1733 | 0.24 | 4.00 | 1.10 | 0 | 191 | 405 | 732 | 320 | 85 |

由于取样点在研究区内分布不连续,采用插值分析可能会造成较大误差,为进一步清楚地从空间上查明土壤As环境富集情况,通过GIS平台,利用取样点生成泰斯多边形,并附属性,进行分类填图,如图7-50所示。由于若羌县农用地土壤As环境富集系数配套取样点个数只占总取样点的1.4%,不能够从空间上很好地反映土壤As环境富集,因此成图时并未呈现。从图中可看出,36团土壤As连片在中部和北部呈现强富集水平;且末县东部农用地主要从南向北,点状沿河流呈现强富集水平;且末县西部农用地土壤As仅有1个点状呈现强富集水平;于田县土壤As点状呈现出强富集水平,主要分布在加依乡附近。通过与前文研究结果对比发现,As土壤环境富集系数空间分布与土壤As空间分布基本一致。

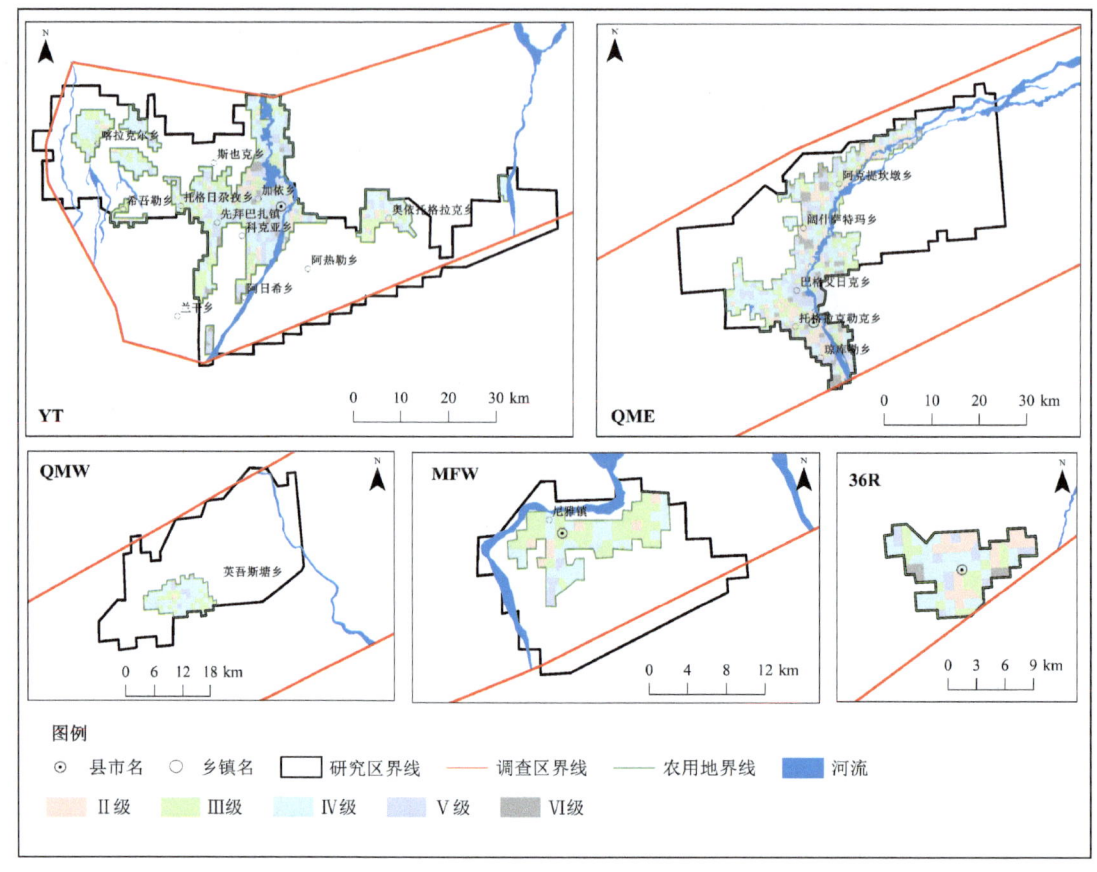

图 7-50　农用地土壤 As 元素的环境富集系数分布

### 7.2.7　As 元素在地下水-土壤-农作物系统中的迁移转化

由上文可知，灌溉地下水取样点 As 含量检出率为 24.4%，将地下水取样点分布图和灌溉地下水取样点分布图通过 GIS 技术叠加，发现 6 组农作物取样点与 4 个灌溉地下水取样点相交，具体信息见表 7-42。由地下水、根系土、农产品 As 含量 3 者之间相关性分析结果（表 7-43）可看出，地下水 As、土壤 As、农产品 As 含量之间无相关性，这主要是由于地下水 As 含量较低，土壤中砂粒含量大，有机质贫乏，导致利用地下水灌溉时，土壤保水性能差，植物截流量少，加之当地蒸发量大，气温高及农作物种类不同而对 As 富集能力不同。因此，本次仅对土壤-农作物系统 As 含量迁移转化富集规律进行探究。

表 7-42　地下水 As 含量检出取样点对应农作物 As 含量信息一览表

| 序号 | 县域 | 作物类型 | 土壤 Corg/% | 黏粒含量/% | 地下水 As/(mg·L$^{-1}$) | 土壤 As/(mg·L$^{-1}$) | 农作物 As/(mg·L$^{-1}$) |
|---|---|---|---|---|---|---|---|
| 1 | 且末县 | 红枣 | 0.47 | 8.19 | 0.001 | 18.30 | 0.044 |
| 2 | 若羌县 | 红枣 | 0.46 | 9.15 | 0.002 | 11.35 | 0.032 |
| 3 | 若羌县 | 红枣 | 0.51 | 10.11 | 0.002 | 11.85 | 0.018 |

续表 7-42

| 序号 | 县域 | 作物类型 | 土壤 Corg/% | 黏粒含量/% | 地下水 As/(mg·L$^{-1}$) | 土壤 As/(mg·L$^{-1}$) | 农作物 As/(mg·L$^{-1}$) |
|---|---|---|---|---|---|---|---|
| 4 | 若羌县 | 红枣 | 0.80 | 5.94 | 0.001 | 10.00 | 0.011 |
| 5 | 民丰县 | 核桃 | 0.60 | 3.83 | 0.009 | 11.00 | 0.010 |
| 6 | 民丰县 | 小麦 | 0.84 | 8.70 | 0.009 | 10.60 | 0.072 |

表 7-43 地下水、根系土、农产品 As 含量相关性系数表

| 指标 | 地下水 As | 土壤 As | 农作物 As |
|---|---|---|---|
| 地下水 As | 1 | | |
| 土壤 As | −0.39 | 1 | |
| 农作物 As | 0.31 | 0.24 | 1 |

## 7.2.8 As 元素在土壤-农作物系统中的富集特征

生物富集系数(BAF)是衡量植物从土壤中积累各种元素能力的重要指标，其主要指根、茎、叶和果实中的元素浓度与土壤中对应浓度之比(Mendez et al., 2007; Gabarrón et al., 2018)。研究区以农业种植为主，为查明研究区土壤-农作物系统中 As 含量和生物富集特征，在研究区共计取样 110 组，本次仅对研究区农产品可食部分对 As 和 Se 积累的能力进行探究。

### 7.2.8.1 As 在土壤-农作物系统中的富集特征

研究区土壤-农作物系统 As 富集系数见图 7-51。农作物对 As 的富集程度表现为根茎类蔬菜(0.007 2)>核桃(0.003 1)>小麦(0.002 6)>红枣(0.002 2)>玉米(0.002 0)，说明研究区种植的根茎类蔬菜对 As 的富集能力较强，红枣对 As 的富集能力较弱。

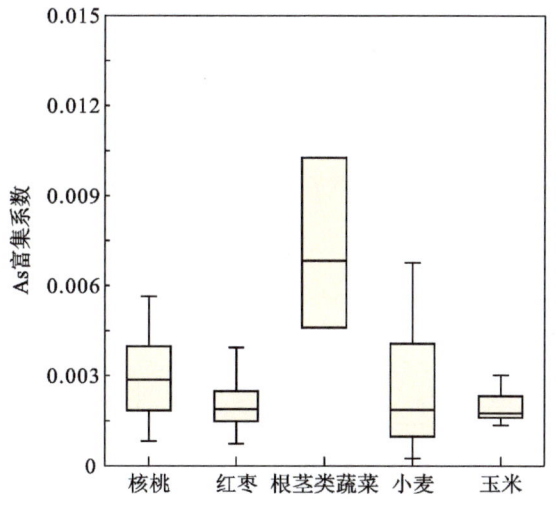

图 7-51 研究区各农产品 As 生物富集系数

由农作物根系土和农产品 As 含量的相关性分析结果(图 7-52)可以看出,核桃、小麦和根茎类蔬菜的两者基本无相关性,表明这 3 类农产品中的 As 含量不受土壤中 As 含量的影响;玉米中 As 含量与根系土中的 As 含量在 0.05 水平下具有显著正相关,拟合方程为 As:$y=0.0026x-0.0113(R^2=0.563, P<0.05)$;红枣中 As 含量与根系土中的 As 含量在 0.05 水平下也具有显著正相关,拟合方程为 As:$y=0.00093x-0.0112(R^2=0.224, P<0.05)$,说明玉米和红枣根系土中 As 的含量大小会影响农产品 As 含量,在农业种植时应注意 As 的外源污染防治。

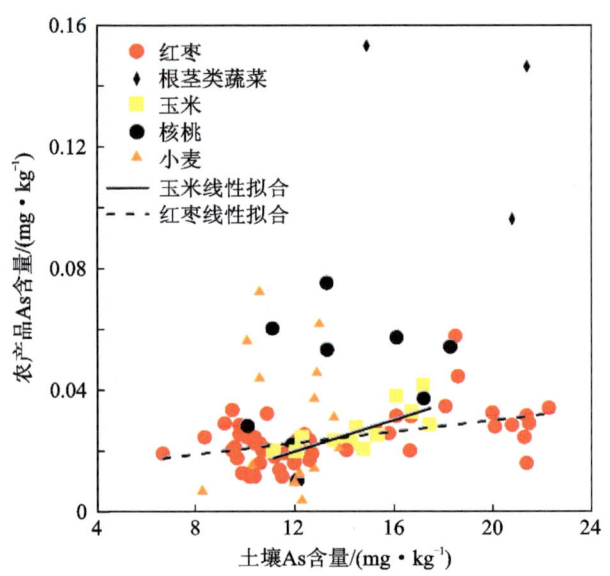

图 7-52　土壤 As 含量与农产品土壤 As 含量相关性散点图

### 7.2.8.2　土壤-农作物系统中 As 的迁移模型

通过上文可知,As 在红枣和玉米根系土和农产品中呈正相关,为进一步查明玉米和红枣对 As 富集能力与根系土壤之间的相关性,对农产品 As 含量与根系土 As 含量和理化特征进行相关性分析,结果详见表 7-44 和表 7-45。

从表 7-44 中可看出,玉米 As 含量主要与土壤 CEC、黏粒含量和土壤 As 含量呈显著正相关,而玉米根系土 As 含量仅与土壤黏粒含量有显著相关性。

表 7-44　玉米 As 含量与根系土 As 含量和理化指数相关性系数表

| 指标 | P | B | N | K | Corg | CEC | pH 值 | 黏粒含量 | 土壤 As | 农作物 As |
|---|---|---|---|---|---|---|---|---|---|---|
| P | 1.00 | | | | | | | | | |
| B | −0.24 | 1.00 | | | | | | | | |
| N | 0.76** | −0.47 | 1.00 | | | | | | | |
| K | 0.47 | −0.14 | 0.37 | 1.00 | | | | | | |
| Corg | 0.84** | −0.31 | 0.89** | 0.61* | 1.00 | | | | | |
| CEC | 0.73** | −0.00 | 0.51 | 0.69** | 0.60* | 1.00 | | | | |

续表 7-44

| 指标 | P | B | N | K | Corg | CEC | pH 值 | 黏粒含量 | 土壤 As | 农作物 As |
|---|---|---|---|---|---|---|---|---|---|---|
| pH 值 | -0.18 | 0.55* | -0.45 | -0.40 | -0.45 | -0.18 | 1.00 | | | |
| 黏粒含量 | 0.23 | 0.32 | 0.36 | 0.42 | 0.37 | 0.47 | 0.05 | 1.00 | | |
| 土壤 As | 0.19 | 0.19 | 0.32 | 0.47 | 0.34 | 0.47 | -0.27 | 0.73** | 1.00 | |
| 农作物 As | 0.06 | 0.38 | -0.02 | 0.53 | 0.10 | 0.57* | 0.11 | 0.65* | 0.75** | 1.00 |

注：* 表示相关系数在 0.05 级别（双尾）下，相关性显著；** 表示相关系数在 0.01 级别（双尾）下，相关性显著。

从表 7-45 中可看出，红枣 As 含量仅与根系土 As 含量有显著相关性，而红枣土壤根系土 As 含量与 K、Corg、CEC、B、黏粒含量等呈现显著正相关，说明它受这些指标的综合影响。

表 7-45 红枣 As 含量与根系土 As 含量和理化指数相关性系数表

| 指标 | P | B | N | K | Corg | CEC | pH 值 | 黏粒含量 | 土壤 As | 农作物 As |
|---|---|---|---|---|---|---|---|---|---|---|
| P | 1.00 | | | | | | | | | |
| B | 0.07 | 1.00 | | | | | | | | |
| N | 0.19 | -0.07 | 1.00 | | | | | | | |
| K | 0.09 | 0.26 | 0.02 | 1.00 | | | | | | |
| Corg | 0.22 | -0.10 | 0.61** | 0.20 | 1.00 | | | | | |
| CEC | 0.32* | 0.20 | 0.46** | 0.22 | 0.73** | 1.00 | | | | |
| pH 值 | -0.22 | 0.15 | -0.09 | -0.14 | -0.17 | -0.13 | 1.00 | | | |
| 黏粒含量 | 0.24 | 0.26* | 0.19 | 0.41** | 0.56** | 0.72** | -0.15 | 1.00 | | |
| 土壤 As | 0.05 | 0.37** | 0.19 | 0.50** | 0.46** | 0.41** | -0.08 | 0.51** | 1.00 | |
| 农作物 As | 0.03 | -0.01 | -0.06 | 0.11 | 0.00 | -0.19 | -0.26 | -0.03 | 0.45** | 1.00 |

注：* 表示相关系数在 0.05 级别（双尾）下，相关性显著；** 表示相关系数在 0.01 级别（双尾）下，相关性显著。

基于以上分析，为进一步分析玉米对 As 的富集影响，通过对 13 组数据的多元回归分析，建立研究区 As 在土壤-玉米系统中的迁移转化模型。选取预测变量为土壤 CEC、黏粒和土壤 As 含量，因变量为玉米 As 含量，将数据标准化后利用 SPSS 多元线性回归模块进行分析，分析结果显示，建立的模型的 $R^2$ 为 0.634，说明模型拟合度较好，表示玉米 As 含量能够很好地由土壤 CEC、黏粒和土壤 As 含量解释。同时模型回归平方和（7.608）大于残差平方和（4.392），回归模型 $F$ 值检验中的 $F$ 值为 5.197，显著性为 0.023<0.05，表明模型拟合效果好。As 在土壤-玉米系统中的迁移模型（回归方程）为

$$As_{plant} = 0.256CEC + 0.146C_{黏粒含量} + 0.523As_{soil} \quad (7-22)$$

式中，$As_{plant}$ 为农产品中 As 的实测含量，mg/kg；CEC 为土壤中阳离子交换量，cmol(+)/kg；$C_{黏粒含量}$ 为土壤质地中黏粒的含量，%；$As_{soil}$ 为根系土中 As 的实测含量，mg/kg。

## 7.3 地下水-土壤-农作物系统中 Se 迁移富集规律研究

### 7.3.1 地下水 Se 含量特征

研究区地下水 Se 含量较低，检出采样点个数为 1 个，位于民丰县东北部非农用地，地下水 Se 含量为 0.007 mg/L，其他 159 个地下水采样点均未检出。说明研究区灌溉地下水 Se 含量比较低，它对土壤和农产品中 Se 含量富集影响较小。

### 7.3.2 土壤 Se 含量特征

#### 7.3.2.1 表层土壤 Se 含量特征

表层土壤 Se 含量统计结果见表 7-46，塔里木盆地东南缘绿洲区表层土壤 Se 含量整体较低，变幅为 0.06~1.10 mg/kg，农用地和非农用地的土壤 Se 含量均值分别为 (0.13±0.05) mg/kg、(0.15±0.06) mg/kg。研究区农用地土壤 Se 含量最高值采样点位于 36 团，非农用地土壤 As 含量最高值采样点位于若羌县。从整体来看，农用地和非农用地土壤 Se 含量均为高变异水平 (Wilding, 1985)；从局部来看，36 团和若羌县的农用地和非农用地土壤 Se 含量均为高变异水平，且末县和于田县土壤 Se 含量为低变异水平，民丰县的农用地和非农用地土壤 Se 含量分别为低变异水平和高变异水平。根据单因素方差分析结果，其 $P$ 值为 0.000，说明表层土壤 Se 含量在 $\alpha=0.05$ 水平下，5 个区域表层土壤 Se 含量存在显著性差异。

表 7-46 研究区表层土壤 Se 含量统计特征值

| 县名 | 土地类别 | 样本数/个 | 范围/(mg·kg$^{-1}$) | 算术均值±标准差/(mg·kg$^{-1}$) | 变异系数/% | 超中国土壤背景值个数/个 |
|---|---|---|---|---|---|---|
| 所有样点 | 农用地 | 1845 | 0.06~1.10 | 0.13±0.05 | 36.3 | 115 |
|  | 非农用地 | 1731 | 0.07~0.64 | 0.15±0.06 | 44.2 | 89 |
| 36 团 | 农用地 | 89 | 0.09~1.10 | 0.21±0.15 | 71.9 | 27 |
| 若羌县 | 农用地 | 142 | 0.06~0.91 | 0.18±0.10 | 53.4 | 62 |
|  | 非农用地 | 270 | 0.08~0.64 | 0.16±0.08 | 50.6 | 46 |
| 且末县 | 农用地 | 755 | 0.08~0.59 | 0.14±0.03 | 26.2 | 15 |
|  | 非农用地 | 535 | 0.08~0.33 | 0.13±0.03 | 24 | 10 |
| 民丰县 | 农用地 | 85 | 0.11~0.25 | 0.17±0.03 | 18.8 | 6 |
|  | 非农用地 | 388 | 0.08~0.59 | 0.14±0.05 | 36.9 | 29 |
| 于田县 | 农用地 | 774 | 0.07~0.71 | 0.13±0.03 | 23.7 | 5 |
|  | 非农用地 | 538 | 0.07~0.35 | 0.12±0.03 | 21.9 | 4 |

### 7.3.2.2 深层土壤 Se 含量特征

深层土壤 Se 含量描述性统计结果见表 7-47，塔里木盆地东南缘绿洲区土壤 Se 含量整体较低，变幅为 0.06~0.39 mg/kg，各县深层土壤 Se 含量均值由大到小依次为且末县、民丰县、36 团、于田县、若羌县。根据单因素方差分析结果，其 $P$ 值为 0.003，说明深层土壤 Se 含量在 $\alpha=0.05$ 水平下，5 个区域深层土壤 Se 含量存在显著性差异。与表 7-46 表层土壤 Se 含量统计特征比较，农用地深层土壤 Se 含量低于表层土壤 Se 含量。$T$ 检验结果表明研究区农用地表层与深层土壤 As 含量之间存在显著性差异 $[t_{统计值}=7.258>t_{0.05}(n=4083)=1.961]$。

表 7-47 研究区深层土壤 Se 含量特征统计表

| 县域 | 样本数/个 | 最小值/(mg·kg$^{-1}$) | 最大值/(mg·kg$^{-1}$) | 平均值/(mg·kg$^{-1}$) | 标准差/(mg·kg$^{-1}$) | 变异系数/% |
|---|---|---|---|---|---|---|
| 36 团 | 22 | 0.08 | 0.39 | 0.127 | 0.066 | 51.7 |
| 若羌县 | 7 | 0.08 | 0.11 | 0.094 | 0.01 | 10.3 |
| 且末县 | 208 | 0.08 | 0.30 | 0.132 | 0.036 | 27.3 |
| 民丰县 | 27 | 0.07 | 0.20 | 0.128 | 0.033 | 26.1 |
| 于田县 | 245 | 0.06 | 0.28 | 0.112 | 0.022 | 19.3 |
| 全部取样点 | 509 | 0.06 | 0.39 | 0.121 | 0.033 | 27.3 |

### 7.3.2.3 不同成土母质、土壤类型、土地利用类型下表层土壤 Se 含量特征

不同成土母质、土壤类型和土地利用类型下土壤 Se 含量统计结果详见表 7-48。Se 在 4 种成土母质、7 种土壤类型和 7 种土地利用类型下的含量均值表现各不同，根据单因素方差分析结果，其 $P$ 值均为 0.000，说明土壤 Se 含量在 $\alpha=0.05$ 水平下，4 种成土母质、7 种土壤类型和 7 种土地利用类型下土壤 Se 含量存在显著性差异。不同成土母质类型按照其均值由小到大排序为风积沙漠＜冲洪积物＜盐漠＜冲积物；不同土壤类型按照其均值由小到大排序为水域＝风沙土＜棕漠土＜盐土＜林灌草甸土＜其他土＝灌淤土；不同土地利用类型按照其均值由小到大排序为水域＜沙地＜裸地＜盐碱地＝林地+草地＜耕地+园地＜城镇用地。同时，也可以看出研究区土壤 Se 含量最大值取样点位于成土母质为冲积物，土壤类型为林灌草甸土的林地（草地）中。

表 7-48 不同成土母质、土壤类型和土地利用类型的土壤 Se 含量统计表

| 类型 | 项目 | 样本数/个 | 最小值/(mg·kg$^{-1}$) | 最大值/(mg·kg$^{-1}$) | 平均值/(mg·kg$^{-1}$) | 标准差/(mg·kg$^{-1}$) | $P$ 值 |
|---|---|---|---|---|---|---|---|
| 成土母质 | 冲积物 | 2862 | 0.06 | 1.1 | 0.143 | 0.060 | 0.000 |
| | 冲洪积物 | 477 | 0.08 | 0.64 | 0.132 | 0.049 | |
| | 风积沙漠 | 121 | 0.08 | 0.28 | 0.124 | 0.039 | |
| | 盐漠 | 116 | 0.09 | 0.28 | 0.133 | 0.040 | |

续表 7-48

| 类型 | 项目 | 样本数/个 | 最小值/(mg·kg$^{-1}$) | 最大值/(mg·kg$^{-1}$) | 平均值/(mg·kg$^{-1}$) | 标准差/(mg·kg$^{-1}$) | P 值 |
|---|---|---|---|---|---|---|---|
| 土壤类型 | 灌淤土 | 1621 | 0.07 | 0.73 | 0.146 | 0.059 | 0.000 |
| | 棕漠土 | 484 | 0.08 | 0.64 | 0.132 | 0.049 | |
| | 林灌草甸土 | 1113 | 0.06 | 1.1 | 0.138 | 0.063 | |
| | 其他土 | 50 | 0.08 | 0.22 | 0.146 | 0.033 | |
| | 风沙土 | 124 | 0.08 | 0.28 | 0.125 | 0.038 | |
| | 水域 | 82 | 0.07 | 0.29 | 0.125 | 0.031 | |
| | 盐土 | 102 | 0.09 | 0.28 | 0.135 | 0.042 | |
| 土地利用类型 | 耕地+园地 | 1427 | 0.07 | 0.73 | 0.150 | 0.061 | 0.000 |
| | 林地+草地 | 1354 | 0.06 | 1.1 | 0.135 | 0.059 | |
| | 城镇用地 | 27 | 0.08 | 0.22 | 0.153 | 0.041 | |
| | 裸地 | 448 | 0.08 | 0.64 | 0.131 | 0.050 | |
| | 水域 | 80 | 0.07 | 0.29 | 0.122 | 0.030 | |
| | 沙地 | 138 | 0.08 | 0.33 | 0.129 | 0.043 | |
| | 盐碱地 | 102 | 0.09 | 0.28 | 0.135 | 0.042 | |

综上所述，研究区土壤 Se 含量在不同成土母质、土壤类型和土地利用类型下呈现的分布特征也不同，这也间接表明它受自然因素和人为因素共同作用。

#### 7.3.2.4 研究区土壤富硒分布

依据《天然富硒土地划定与标识》(DZ/T 0380—2021，简称"富硒标准")，将土壤 Se 含量≥0.3 mg/kg(pH 值＞7.5)且土壤镉、汞、砷、铅、铬等重金属元素含量符合 GB 15618—2018 标准的土地划分为一般富硒土地。研究区一般富硒土地 Se 含量统计结果详见表 7-49，富硒土地空间分布见图 7-53。研究区土壤采样点达到富硒标准的个数为 77 个，富硒土地面积为 152 km$^2$，为研究区总面积的 0.48%。若羌县的一般富硒土地面积最大，为研究区一般富硒土地总面积的 71.1%，在农用地和非农用地范围内均有分布；36 团一般富硒土地主要分布在当地西北和东北角；其余各县一般富硒土地零星分布。

表 7-49 研究区一般富硒土地 Se 含量统计表

| 县名 | 土地类别 | 样本数/个 | 富硒采样点个数/个 | 富硒土地面积/km$^2$ |
|---|---|---|---|---|
| 所有样点 | 农用地 | 1845 | 52 | 52 |
| | 非农用地 | 1731 | 25 | 100 |
| 36 团 | 农用地 | 89 | 14 | 14 |

续表 7-49

| 县名 | 土地类别 | 样本数/个 | 富硒采样点个数/个 | 富硒土地面积/km² |
|---|---|---|---|---|
| 若羌县 | 农用地 | 142 | 32 | 32 |
| | 非农用地 | 270 | 19 | 76 |
| 且末县 | 农用地 | 755 | 4 | 4 |
| | 非农用地 | 535 | 1 | 4 |
| 民丰县 | 非农用地 | 388 | 3 | 12 |
| 于田县 | 农用地 | 774 | 2 | 2 |
| | 非农用地 | 538 | 2 | 8 |

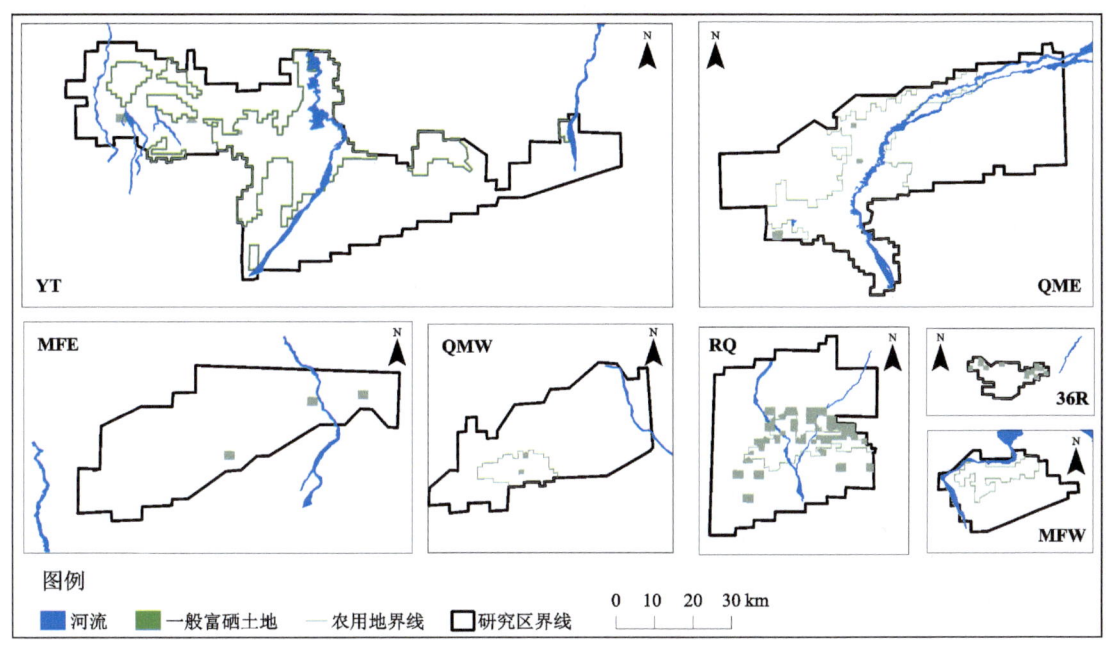

图 7-53 研究区一般富硒土地分布图

## 7.3.3 农作物根系土 Se 含量特征

通过对研究区 110 组各类农作物根系土 Se 含量进行测试，土壤 Se 含量检出率为 100%，具体统计结果详见表 7-50。研究区各类农作物根系土 Se 整体含量范围为 0.06～0.42 mg/kg，均值为 0.16 mg/kg，变异系数为 39.5%。通过 ANOVA 方差分析可看出，各农作物根系土 Se 含量之间无显著差异，即显著性 $P$ 值>0.05；通过与前文提及富硒标准（Se 含量≥0.3 mg/kg）比较，根系土取样点中存在 2 个富硒取样点，均位于若羌县红枣种植区。通过表还可看出研究区各农作物根系土理化指标和肥力指标的含量特征。通过 ANOVA 方差分析可看出，各农作物根系土 K 含量之间无显著差异，pH 值、CEC、Corg、TN、P 值和黏粒含量之间存在显著差异。整体来看，研究区农作物根系土属于碱性环境，有机质含量较低。

表 7-50 农作物根系土 Se 含量、理化指标统计参数

| 指标 | 农作物种类 | 统计参数 | | | | | | ANOVA 方差分析 |
|---|---|---|---|---|---|---|---|---|
| | | 样本数/个 | 最小值 | 最大值 | 平均值 | 标准差 | 变异系数 | P 值 |
| Se | 红枣 | 68 | 0.06 | 0.42 | 0.15 | 0.07 | 48.7 | 0.362 |
| | 核桃 | 10 | 0.08 | 0.20 | 0.16 | 0.04 | 22.5 | |
| | 玉米 | 15 | 0.12 | 0.23 | 0.17 | 0.04 | 21.5 | |
| | 小麦 | 14 | 0.15 | 0.30 | 0.18 | 0.04 | 23.7 | |
| | 萝卜 | 3 | 0.16 | 0.20 | 0.18 | 0.02 | 11.8 | |
| | 全部取样点 | 110 | 0.06 | 0.42 | 0.16 | 0.06 | 39.5 | |
| pH 值 | 红枣 | 68 | 8.54 | 9.37 | 8.87 | 0.19 | 2.1 | 0.000 |
| | 核桃 | 10 | 8.77 | 9.34 | 9.04 | 0.19 | 2.1 | |
| | 玉米 | 15 | 8.92 | 9.45 | 9.15 | 0.18 | 2.0 | |
| | 小麦 | 14 | 8.53 | 9.15 | 8.89 | 0.16 | 1.9 | |
| | 萝卜 | 3 | 9.00 | 9.13 | 9.07 | 0.07 | 0.7 | |
| | 全部取样点 | 110 | 8.53 | 9.45 | 8.93 | 0.21 | 2.3 | |
| CEC | 红枣 | 68 | 2.69 | 8.55 | 5.45 | 1.07 | 19.6 | 0.005 |
| | 核桃 | 10 | 4.21 | 5.89 | 4.72 | 0.55 | 11.7 | |
| | 玉米 | 15 | 3.19 | 6.47 | 4.57 | 0.87 | 19.1 | |
| | 小麦 | 14 | 2.81 | 5.86 | 4.77 | 0.76 | 16.0 | |
| | 萝卜 | 3 | 4.21 | 5.76 | 5.15 | 0.83 | 16.1 | |
| | 全部取样点 | 110 | 2.69 | 8.55 | 5.17 | 1.02 | 19.7 | |
| Corg | 红枣 | 68 | 0.07 | 1.07 | 0.58 | 0.18 | 31.5 | 0.038 |
| | 核桃 | 10 | 0.42 | 0.73 | 0.58 | 0.12 | 21.4 | |
| | 玉米 | 15 | 0.19 | 0.99 | 0.56 | 0.25 | 44.6 | |
| | 小麦 | 14 | 0.40 | 0.94 | 0.71 | 0.15 | 21.0 | |
| | 萝卜 | 3 | 0.78 | 0.84 | 0.81 | 0.03 | 4.0 | |
| | 全部取样点 | 110 | 0.07 | 1.07 | 0.60 | 0.19 | 31.5 | |
| TN | 红枣 | 68 | 0.02 | 0.11 | 0.06 | 0.02 | 26.6 | 0.000 |
| | 核桃 | 10 | 0.05 | 0.09 | 0.07 | 0.02 | 25.0 | |
| | 玉米 | 15 | 0.02 | 0.10 | 0.06 | 0.02 | 40.0 | |
| | 小麦 | 14 | 0.04 | 0.10 | 0.08 | 0.01 | 18.4 | |
| | 萝卜 | 3 | 0.07 | 0.11 | 0.09 | 0.02 | 18.6 | |
| | 全部取样点 | 110 | 0.02 | 0.11 | 0.06 | 0.02 | 29.3 | |

续表 7-50

| 指标 | 农作物种类 | 统计参数 | | | | | | ANOVA 方差分析 |
|---|---|---|---|---|---|---|---|---|
| | | 样本数/个 | 最小值 | 最大值 | 平均值 | 标准差 | 变异系数 | $P$ 值 |
| P | 红枣 | 68 | 542.26 | 1 482.00 | 879.48 | 185.52 | 21.1 | 0.008 |
| | 核桃 | 10 | 635.06 | 859.79 | 756.66 | 62.27 | 8.2 | |
| | 玉米 | 15 | 577.51 | 883.58 | 741.02 | 97.01 | 13.1 | |
| | 小麦 | 14 | 696.59 | 968.66 | 809.71 | 77.50 | 9.6 | |
| | 萝卜 | 3 | 836.28 | 969.15 | 918.35 | 71.74 | 7.8 | |
| | 全部取样点 | 110 | 542.26 | 1 482.00 | 841.61 | 163.51 | 19.4 | |
| K | 红枣 | 68 | 1.59 | 2.39 | 1.92 | 0.19 | 9.8 | 0.239 |
| | 核桃 | 10 | 1.64 | 2.03 | 1.87 | 0.14 | 7.3 | |
| | 玉米 | 15 | 1.64 | 2.17 | 1.90 | 0.16 | 8.3 | |
| | 小麦 | 14 | 1.63 | 2.06 | 1.82 | 0.10 | 5.8 | |
| | 萝卜 | 3 | 1.96 | 2.02 | 2.00 | 0.03 | 1.6 | |
| | 全部取样点 | 110 | 1.59 | 2.39 | 1.90 | 0.17 | 9.0 | |
| 粘粒含量 | 红枣 | 68 | 0.00 | 19.09 | 8.33 | 3.93 | 47.2 | 0.004 |
| | 核桃 | 10 | 0.80 | 12.10 | 5.60 | 3.53 | 63.1 | |
| | 玉米 | 15 | 0.13 | 11.40 | 5.22 | 3.80 | 72.8 | |
| | 小麦 | 14 | 0.00 | 8.70 | 5.28 | 2.10 | 39.7 | |
| | 萝卜 | 3 | 2.83 | 9.96 | 7.58 | 4.11 | 54.3 | |
| | 全部取样点 | 110 | 0.00 | 19.09 | 7.25 | 3.91 | 53.9 | |

注：Se、P 单位均为 mg/kg，CEC 单位为 cmol(+)/kg，Corg、TN、K、黏粒含量、变异系数单位均为％，pH 值无量纲。

## 7.3.4 农作物 Se 含量特征

研究区 5 种农作物 Se 含量见表 7-51。研究区农作物 Se 的含量范围为 ND（未检出）~0.121 mg/kg，其中红枣、核桃、小麦、玉米和根茎类蔬菜中 Se 的含量范围分别为 0.005~0.070 mg/kg、0.019~0.121 mg/kg、ND~0.045 mg/kg、0.010~0.029 mg/kg 和 0.037~0.056 mg/kg。农产品 Se 含量均值由大到小为核桃、根茎类蔬菜、红枣、玉米和小麦。小麦和核桃 Se 含量的变异系数较大，说明它们对 Se 的富集能力不同，这可能与人为活动有关。在《宁夏富硒农产品标准(水稻、玉米、小麦与枸杞干果)》(DB64/T 1221—2016)中，玉米和小麦的富硒标准为 0.04~0.3 mg/kg，根据这个标准，研究区小麦有两个点为富硒农产品，分别位于民丰县和于田县；玉米不存在富硒农产品。

表 7-51 研究区农产品 Se 含量统计表

| 统计值 | | 红枣 | 核桃 | 小麦 | 玉米 | 根茎类蔬菜 | 所有取样点 |
|---|---|---|---|---|---|---|---|
| Se 含量 | 样本数 | 46 | 6 | 14 | 7 | 2 | 75 |
| | 检出率/% | 100.0 | 100.0 | 28.6 | 100.0 | 100.0 | 86.7 |
| | 最小值/(mg·kg$^{-1}$) | 0.005 | 0.019 | ND | 0.010 | 0.037 | ND |
| | 最大值/(mg·kg$^{-1}$) | 0.070 | 0.121 | 0.045 | 0.029 | 0.056 | 0.121 |
| | 平均值/(mg·kg$^{-1}$) | 0.031 | 0.069 | 0.014 | 0.017 | 0.047 | 0.021 |
| | 标准差/(mg·kg$^{-1}$) | 0.015 | 0.034 | 0.015 | 0.007 | 0.010 | 0.022 |
| | 变异系数/% | 47.7 | 48.6 | 106.2 | 42.8 | 20.4 | 101.6 |

### 7.3.5 土壤 Se 含量空间分布特征

#### 7.3.5.1 土壤 Se 空间自相关性

研究区 36R、RQ、QME、QMW、MFE、MFW 和 YT 对应土壤 Se 的莫兰指数 $I$ 分别为 0.148、0.317、0.282、0.075、0.173、0.321 和 0.131。说明各区域土壤 Se 空间自相关性均表现为空间正相关(莫兰指数 $I>0$),研究区各区域土壤 Se 空间正相关程度从大到小依次为 MFW、RQ、QME、MFE、36R、YT 和 QMW,呈现出不同的聚集分布状态。通过局部空间自相关计算,高-高型、低-低型、低-高型和高-低型 4 种聚集类型在研究区分布在不同的地理位置,详见图 7-54。研究区土壤 As 空间聚集类型以高-高型和低-低型为主,其中高-高型聚集区主要位于各县农用地及周边区域,低-低型聚集区主要分布在各县非农用地范围内,低-高型和高-低型聚集区零星分布在研究区,其他区域为无显著自相关区域。

#### 7.3.5.2 土壤 Se 空间变异特征

对土壤 Se 含量数据进行预处理。本书借助 SPSS 23.0 软件中的 K-S 正态性检验模块对研究区各区域的土壤 Se 含量进行正态分布检验。从表 7-52 可看出,各区域土壤 Se 含量均为正态分布($P_{K-S}>0.05$),故可用 GS$^+$9.0 软件进行半变异函数的计算和高斯模型、球状模型等理论模型的拟合及克里金空间分布预测。

研究区各区域土壤 Se 变异函数的分析结果见表 7-53。研究区 6 个区域的块金值($C_0$)均大于 0,表明研究区土壤 Se 存在由取样误差、短距离变异和随机变异等引起的正基底效应(郑新奇等,2018)。研究区各区域土壤 Se 含量的块金系数[$C_0/(C_0+C)$]介于 0.09~0.25 之间,表明研究区土壤 Se 含量表现为较强的空间相关性,说明研究区土壤 Se 含量的空间变异性受结构性因素(如地形地貌、土壤类型、母质、气候等)的影响。6 个区域的土壤 Se 含量变程在 10.0~57.6 km 之间,均大于采样距离,能够满足空间分析的需要。同时,MFW 的土壤 Se 含量变程最大,表现出较大尺度的空间自相关性;而 QMW 的土壤 Se 含量变程最小,表现出较小尺度的空间自相关性。各个区域除 36R 和 QMW 的土壤 Se 的理论模型为高斯模型外,其余均为指数模型,每个模型的决定系数 $R^2$ 均大于 0.5,且残差范围为

$4.382×10^{-8}$~$9.067×10^{-3}$，表明它们在相应的理论模型下拟合较好，能够反映空间变异性，有助于克里金插值分析。

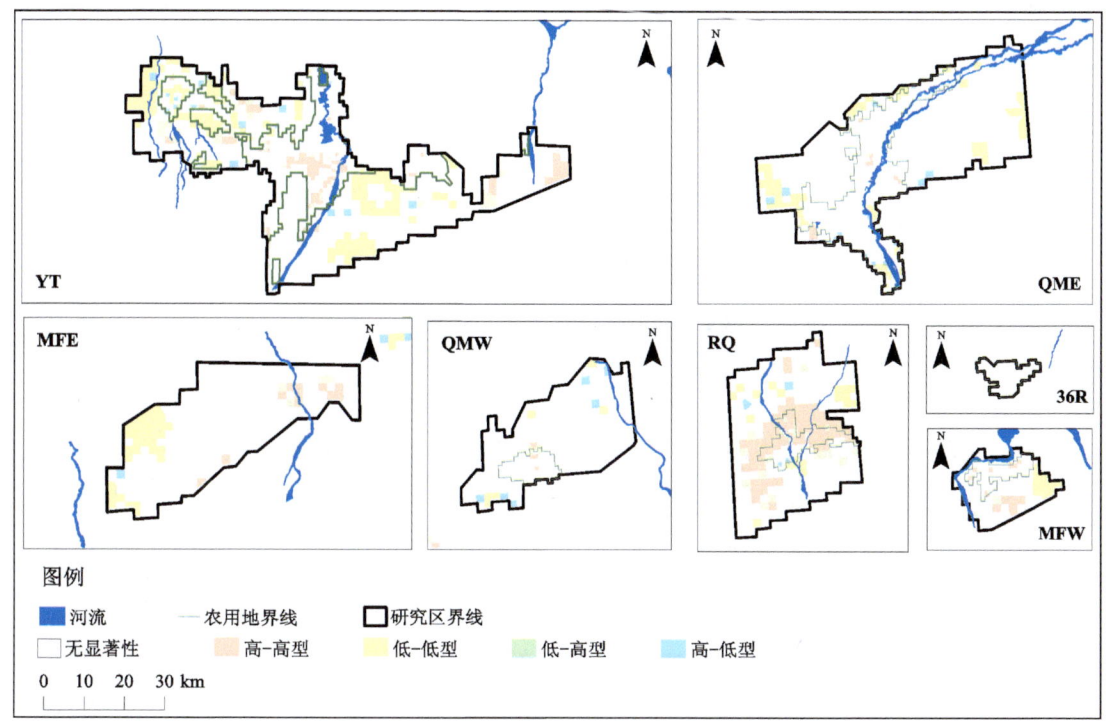

图 7-54　土壤 Se 局域空间自相关聚集图

表 7-52　研究区土壤 Se 含量正态检验结果

| 区域 | 采样点数量/个 | 偏度系数 | 峰度系数 | $P_{K-S}$ |
|---|---|---|---|---|
| 36R | 89 | 3.128 | 0.26 | 0.222 |
| RQ | 412 | 2.138 | 0.12 | 0.172 |
| QME | 989 | 1.113 | 0.08 | 0.106 |
| QMW | 301 | 6.581 | 0.14 | 0.193 |
| MFE | 307 | 4.081 | 0.14 | 0.212 |
| MFW | 166 | 0.628 | 0.19 | 0.099 |
| YT | 1312 | 7.713 | 0.07 | 0.166 |

表 7-53　土壤 Se 元素含量的理论变异函数模型及相关参数

| 区域 | 块金值 $C_0$ | 基台值 $C_0+C$ | 块金系数 $C_0/(C_0+C)$ | 变程/km | 决定系数 $R^2$ | 残差 RSS | 理论模型 |
|---|---|---|---|---|---|---|---|
| 36R | 0.011 10 | 0.126 1 | 0.09 | 30.1 | 0.922 | $2.249×10^{-5}$ | 高斯模型 |
| RQ | 0.053 60 | 0.307 2 | 0.17 | 18.6 | 0.514 | $9.067×10^{-3}$ | 指数模型 |
| QME | 0.000 17 | 0.001 2 | 0.14 | 18.6 | 0.684 | $4.382×10^{-8}$ | 指数模型 |

续表 7-53

| 区域 | 块金值 $C_0$ | 基台值 $C_0+C$ | 块金系数 $C_0/(C_0+C)$ | 变程/km | 决定系数 $R^2$ | 残差 RSS | 理论模型 |
|---|---|---|---|---|---|---|---|
| QMW | 0.001 36 | 0.007 8 | 0.18 | 10.0 | 0.792 | $1.315\times10^{-7}$ | 高斯模型 |
| MFE | 0.001 66 | 0.014 5 | 0.11 | 23.1 | 0.501 | $2.005\times10^{-5}$ | 指数模型 |
| MFW | 0.001 09 | 0.004 4 | 0.25 | 57.6 | 0.894 | $8.909\times10^{-8}$ | 指数模型 |
| YT | 0.001 00 | 0.006 5 | 0.15 | 26.1 | 0.557 | $1.83\times10^{-6}$ | 指数模型 |

#### 7.3.5.3 土壤 Se 空间分布特征

在各区域土壤 Se 空间结构变异分析结果的基础上，利用克里金插值法对研究区土壤 Se 的区域化变量的取值进行估计，借助 ArcGIS 10.4 进行插值分析，结果见图 7-55。从面状分布上看，36R 和 MFE 土壤 Se 呈现出阶梯状，其余区域为不规则团块状分布。从方向性上看，36R 土壤 Se 含量呈现从南至北递增趋势，RQ 土壤 Se 含量呈现从中部至南北两侧递减趋势，QME 土壤 Se 含量呈现从中部向两侧递减趋势，QMW 土壤 Se 含量呈现从西南、东北向中部递增趋势，MFE 土壤 Se 含量呈现从西南向东北递增的趋势，MFW 土壤 Se 含量呈现从南向北递减的趋势，YT 土壤 Se 含量呈现从中部向四周递减的趋势。综合来看，研究区农用地的土壤 Se 含量高于非农用地的土壤 Se 含量，土壤 Se 含量高值区呈片状集中或岛状零散分布，含量水平分布不均，整体分布情况与研究区土壤 Se 自相关分析结果一致。

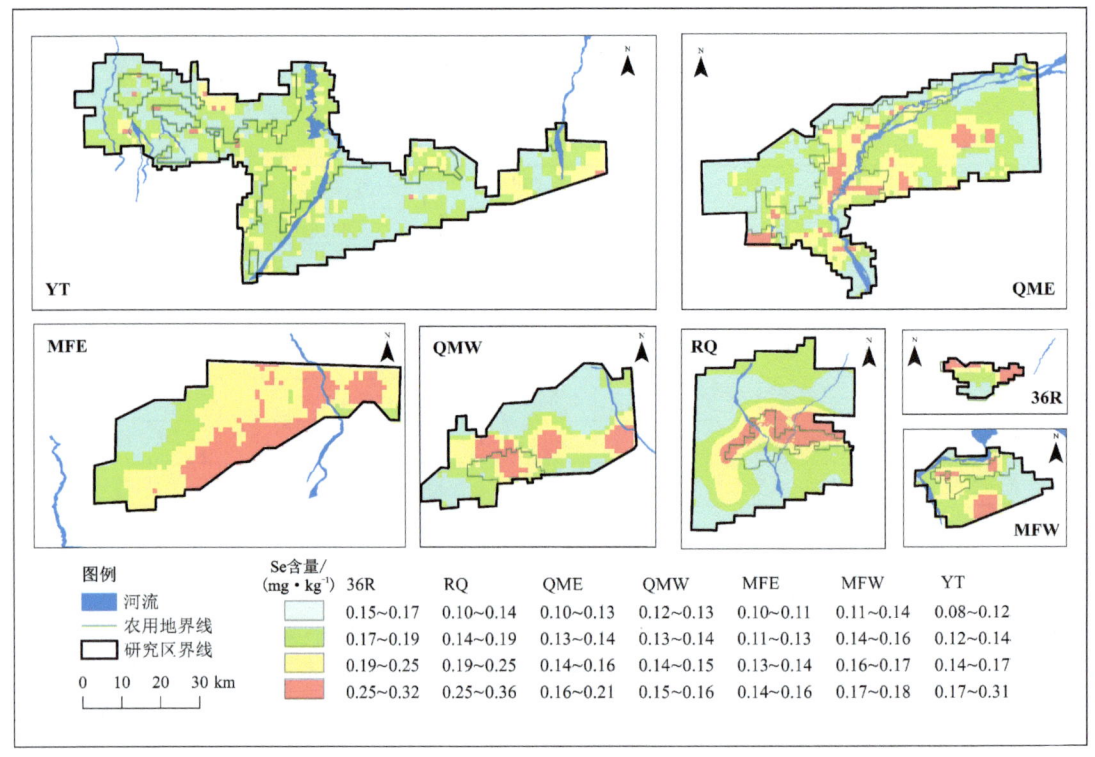

图 7-55 土壤 Se 含量空间分布图

### 7.3.5.4 Se 异常区划定

(1) 土壤 Se 背景值。

为获得研究区土壤 Se 背景值，研究区 3576 组土壤 Se 含量均通过 K-S 正态性检验，即 $P_{Se(K-S)}=0.211>0.05$。分别对 Se 含量 128 组异常值进行剔除，剔除异常值后各元素含量频率分布见图 7-56。剔除后，3448 组土壤 Se 含量均通过 K-S 正态性检验，即 $P_{As(K-S)}=0.069>0.05$，$P_{Se(K-S)}=0.141>0.05$。

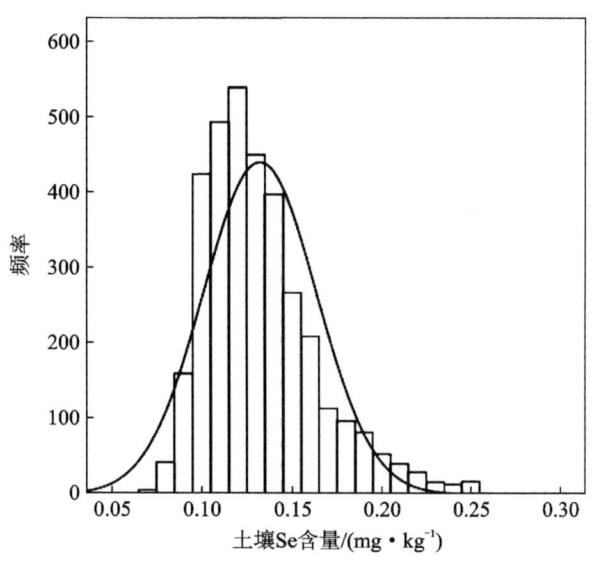

图 7-56 土壤 Se 含量频率分布图

利用 SPSS 23.0 软件对剔除异常值后的数据进行多项基本参数统计，研究区土壤 Se 背景值统计结果详见表 7-54。从表中可看出，研究区土壤 Se 含量范围为 $0.13\pm0.03$ mg/kg，低于新疆土壤 Se 背景值（0.216 mg/kg）。同时将土壤 Se 含量均值 0.13 mg/kg 作为研究区土壤 Se 背景值，由此得出土壤 Se 含量异常下限为 0.19 mg/kg。

表 7-54 研究区土壤 Se 背景值

| 组分 | 样本数/个 | 特征值 | | | | 峰度 | 偏度 | 数据类型 |
| --- | --- | --- | --- | --- | --- | --- | --- | --- |
| | | 范围/(mg·kg$^{-1}$) | 平均值/(mg·kg$^{-1}$) | 标准差/(mg·kg$^{-1}$) | 变异系数/% | | | |
| Se | 3488 | 0.06~0.25 | 0.13 | 0.03 | 23 | 1.30 | 1.07 | 正态分布 |

(2) 土壤 As 异常区分布。

研究区土壤 Se 含量异常区间为 0.19~0.38 mg/kg，共 76 处异常。研究区 7 个区域中，于田县土壤 Se 含量无异常，其他区域异常区分布详见图 7-57。研究区土壤 Se 异常区总面积为 329.69 km$^2$，其占研究区控制总面积的 4.5%。土壤 Se 异常区域分布较零散，面积较小，大多呈点状分布，个别区域呈现连片分布。36 团土壤 Se 异常区面积为 16.00 km$^2$，呈岛状和片状分布，片状主要分布在 36 团东北角；若羌县土壤 Se 异常区面积为 125.59 km$^2$，呈片状分布，主要分布在若羌县铁干里克镇的农用地和北部的非农用地，南部吾塔木乡的非农用地；且末县和民丰县土壤 Se 异常区分布面积分别为 75.50 km² 和 112.60 km²，基本呈点状分布，在各县农用地和非农用地均有分布。同时与研究区土地利用方式类型图叠加，土壤 Se 异常区分布在农用地的土地利用类型主要为耕地或园地；36R、RQ、MFW 分布在非农用地的土壤 Se 异常区土地利用类型为裸地或盐碱地；QME、QMW、MFE 分布在非农用地的土壤 Se 异常区土地利用类型为裸地或盐碱地林地或草地。

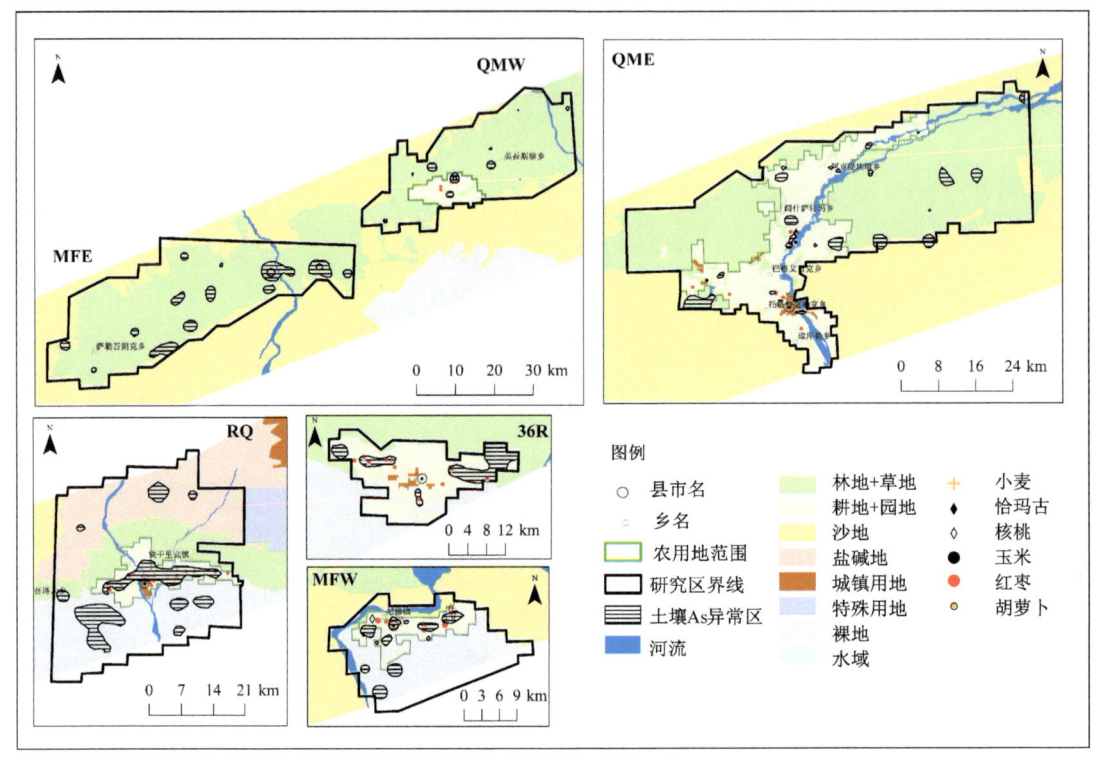

图 7-57 土壤 Se 异常区分布图

## 7.3.6 Se 迁移富集研究

### 7.3.6.1 农用地土壤剖面 Se 变异规律研究

研究区各县农用地土壤 Se 在垂直剖面的变化见图 7-58。从图中可知，36R 农用地土壤剖面 Se 含量范围为 0.05～0.21 mg/kg，Se 含量沿着垂向剖面逐渐减小；若羌县（RQ）农用地土壤剖面 Se 的平均含量范围为 0.16～0.23 mg/kg，沿着垂向剖面波动较大，在土层 200 cm 处有波峰；剖面 RQ-1 和剖面 RQ-2 的土壤 Se 含量变化趋势基本一致，但沿着河流方向的剖面 RQ-2 的 Se 含量水平要低于垂直河流方向的土壤剖面。且末县（QM）农用地土壤剖面 Se 的平均含量范围为 0.14～0.16 mg/kg，剖面 QM-1、QM-2、QM-3 的 Se 含量水平和变化趋势基本一致，说明且末县农用地土壤剖面上未出现 Se 的富集现象，土壤剖面 Se 含量水平从地表到深层都相对稳定。而剖面 QM-4 土壤 Se 含量在土层 180 cm 出现峰值，含量高于中国土壤 Se 含量背景值（BV）。民丰县（MF）农用地土壤剖面 Se 的平均含量范围为 0.14～0.16 mg/kg，土壤 Se 含量变化趋势基本一致，沿着河流方向的剖面(MF-1)土壤 Se 含量高于垂直河流剖面(MF-2)。于田县(YT)农用地土壤剖面 Se 的平均含量范围为 0.12～0.15 mg/kg，3 条剖面土壤 Se 含量变化趋势基本一致。

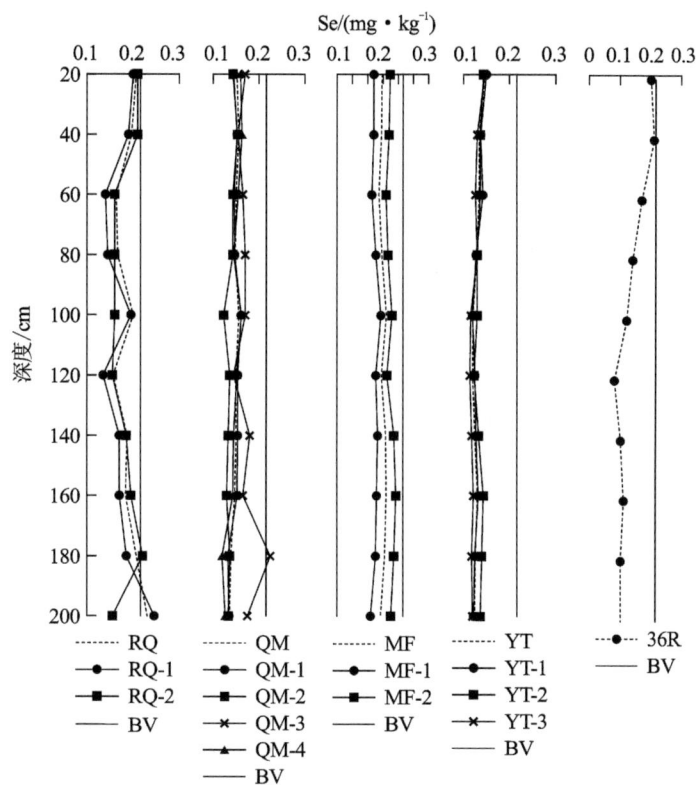

图 7-58　研究区各县农用地土壤垂直剖面 Se 含量变化对比

综合来看，研究区土壤剖面 Se 含量较低，整体含量范围为 0.05～0.23 mg/kg，仅有 RQ-1 剖面 200 cm 处土层的 Se 含量超过中国土壤 Se 背景值。

#### 7.3.6.2　农用地垂直剖面土壤 Se 迁移特征

农用地垂直剖面土壤 Se 迁移系数结果详见图 7-59。相对于 Ti，各剖面土壤 Se 迁移系数随深度变化特征更明显，全区土壤 Se 各层迁移系数均值均小于 0，表明土壤 Se 在剖面处于丢失状态，未发生迁移。36 团和若羌县剖面点土壤 Se 含量随深度变化幅度较大，在 60 cm 处骤降，表明土壤 Se 可能受人为因素的影响；其余各县土壤 Se 迁移系数深度变化整体呈垂线形，迁移系数整体小于 0，说明相对于 Ti 来说，处于丢失状态，未发生迁移。

### 7.3.7　农用地垂直剖面土壤 Se 淋滤迁移特征

农用地垂直剖面土壤 Se 的淋失比率计算结果详见表 7-55 和图 7-60。各个剖面土壤 Se 淋失比率在 1.0 左右。36 团土壤 Se 淋失比率随深度从耕作层到犁底层逐渐升高，到心土层趋于稳定，后从犁底层到底土层 1 达到峰值后下降；若羌县土壤 Se 淋失比率随深度从耕

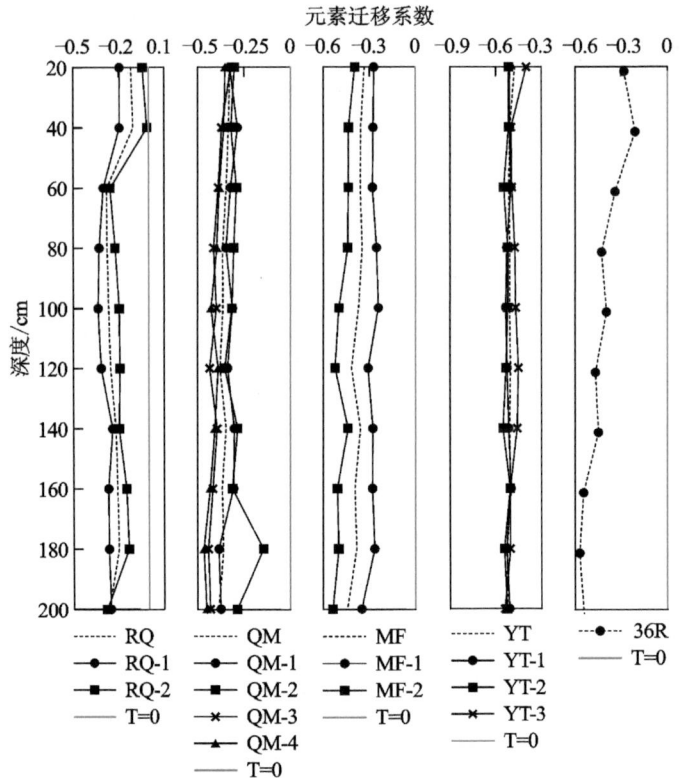

图 7-59 垂直剖面土壤 Se 迁移系数

作层到犁底层逐渐升高，在犁底层处达到峰值后下降；其他各县土壤 Se 淋失比率随深度变化不大。土壤 Se 的淋失比率与土壤 As 淋失比率随剖面深度变化基本一致，与上文各元素迁移系数随剖面变化也基本一致。

表 7-55 垂直剖面土壤 Se 的 WWC 结果

| 剖面名称 | 耕作层 | 犁底层 | 心土层 | 底土层1 | 底土层2 |
|---|---|---|---|---|---|
| 36R | 0.95 | 1.21 | 1.21 | 1.40 | 0.97 |
| RQ-1 | 1.04 | 1.43 | 0.97 | 1.01 | 0.81 |
| RQ-2 | 0.95 | 1.52 | 0.91 | 0.93 | 0.90 |
| QM-1 | 0.96 | 1.04 | 1.02 | 0.97 | 1.08 |
| QM-2 | 1.04 | 0.99 | 1.01 | 1.04 | 0.94 |
| QM-3 | 1.07 | 1.08 | 1.01 | 1.01 | 1.14 |
| QM-4 | 1.02 | 1.04 | 1.03 | 0.99 | 1.12 |
| MF-1 | 1.03 | 1.00 | 0.94 | 0.99 | 1.05 |
| MF-2 | 1.10 | 1.04 | 1.03 | 1.12 | 1.01 |
| YT-3 | 1.20 | 1.13 | 0.99 | 0.96 | 1.11 |
| YT-1 | 1.00 | 1.01 | 1.06 | 0.98 | 0.96 |
| YT-2 | 1.00 | 1.06 | 0.95 | 1.04 | 0.99 |

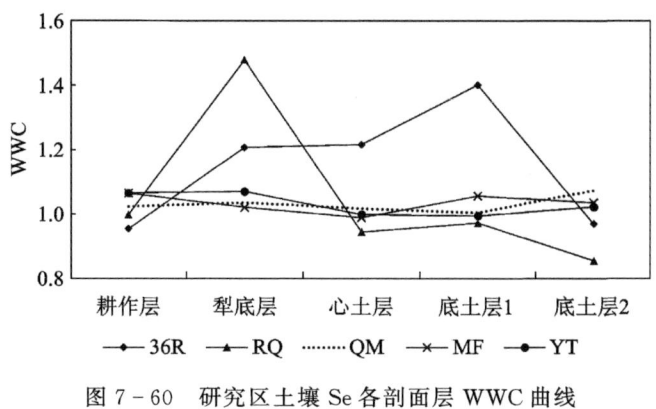

图 7-60 研究区土壤 Se 各剖面层 WWC 曲线

## 7.3.8 农用地土壤 Se 富集特征

研究区农用地土壤 Se 的环境富集系数级别统计结果详见表 7-56。整体来看研究区各县农用地土壤 Se 环境富集系数范围在 0.39~11.00 之间，平均值为 1.19，70.1% 的取样点土壤 Se 环境富集等级为 Ⅲ~Ⅳ级，表明土壤 Se 处于弱富集—自然状态水平；14.4% 的取样点土壤 Se 环境富集等级为 Ⅰ~Ⅱ级，呈现出极强或强富集水平，各县均有分布，在这些区域的土地，可作为表生富硒土地进一步研究，为农业富硒土地开发提供依据。15.5% 的取样点土壤 Se 环境富集等级为 Ⅴ~Ⅵ级，呈现贫化等级。

表 7-56 农用地土壤 Se 的环境富集系数分布特征表

| 县域 | 样本数/个 | 环境富集系数 | | | 环境富集系数等级分布/个 | | | | | |
|---|---|---|---|---|---|---|---|---|---|---|
| | | 最小值 | 最大值 | 平均值 | Ⅰ级 | Ⅱ级 | Ⅲ级 | Ⅳ级 | Ⅴ级 | Ⅵ级 |
| 36 团 | 76 | 0.49 | 11.00 | 1.88 | 4 | 35 | 16 | 12 | 7 | 2 |
| 若羌县 | 24 | 0.73 | 5.40 | 1.58 | 1 | 10 | 5 | 4 | 4 | 0 |
| 且末县 | 729 | 0.39 | 5.90 | 1.12 | 1 | 93 | 188 | 291 | 125 | 31 |
| 民丰县 | 81 | 0.71 | 3.00 | 1.26 | 0 | 12 | 33 | 31 | 5 | 0 |
| 于田县 | 823 | 0.50 | 5.92 | 1.17 | 1 | 92 | 310 | 325 | 89 | 6 |
| 总计 | 1733 | 0.39 | 11.00 | 1.19 | 7 | 242 | 552 | 663 | 230 | 39 |

由于取样点在研究区内分布不连续，通过插值分析可能会造成较大误差，为进一步清楚地从空间上查明土壤 Se 环境富集情况，同样通过 GIS 平台，利用取样点生成泰斯多边形，并附属性，进行分类填图，如图 7-61 所示。由于若羌县农用地土壤 Se 环境富集系数配套取样点个数只占总取样点的 1.4%，不能够从空间上很好地反映土壤 Se 环境富集，成图时并未呈现。从图中可看出，36 团土壤 Se 连片在中部和北部呈现强富集水平，点状在北部呈现极强富集水平；且末东农用地主要从南向北，点状沿河流呈现强富集水平；且末西农用地土壤 Se 点状在中部呈现强富集水平；于田县土壤 Se 点状在北部呈现出强富集水平。通过与前文研究结果对比，Se 土壤环境富集系数空间分布与土壤 Se 空间分布基本一致。

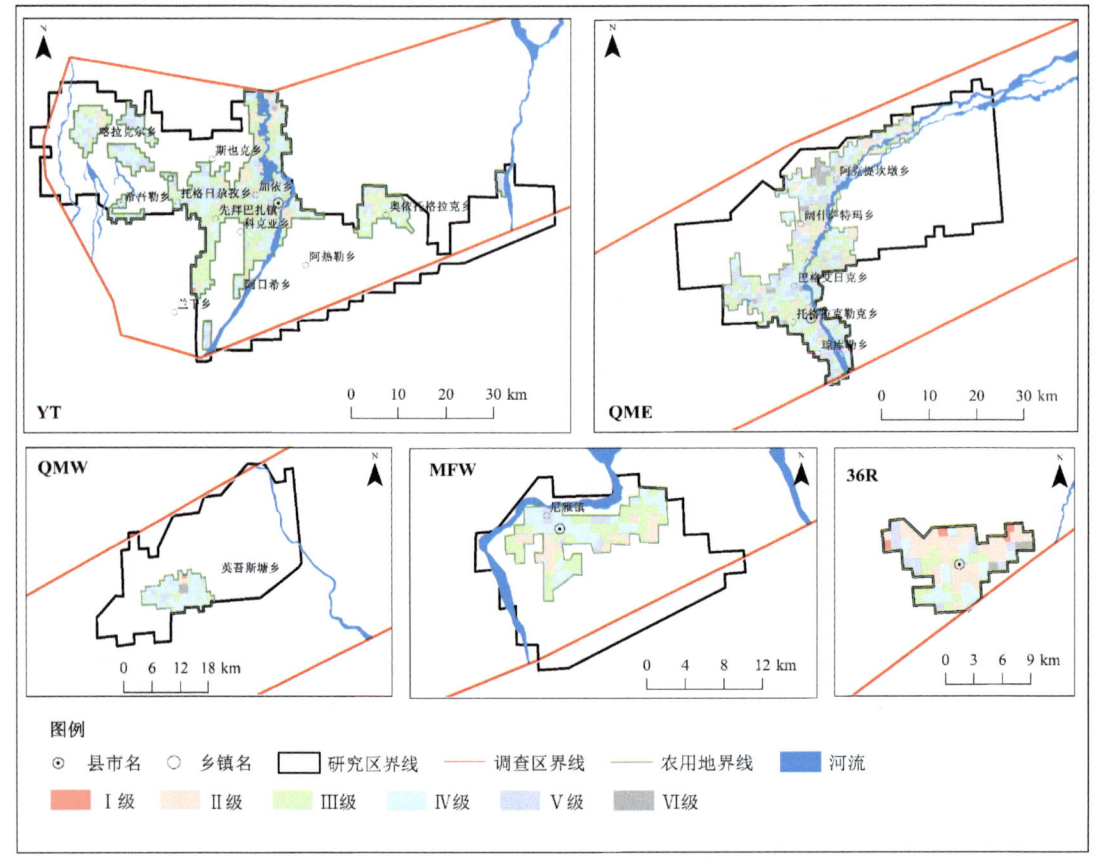

图 7-61 农用地土壤 Se 的环境富集系数分布图

## 7.3.9 Se 在土壤-农作物系统中的富集特征

从 Se 富集系数(图 7-62)中可看出,农作物对 Se 的富集程度表现为核桃(0.435)＞根茎类蔬菜(0.280)＞红枣(0.169)＞玉米(0.100)＞小麦(0.077),说明研究区种植的核桃对 Se 的富集能力较强,小麦对 Se 的富集能力较弱。这与沈乾杰等(2019)等研究结果一致,即根茎类蔬菜对 Se 的富集能力高于谷物类对 Se 的富集能力。

从农作物根系土和农产品 Se 含量的相关性分析结果(图 7-63)可以看出,5 种农作物根系土和农产品 Se 含量之间无显著相关性,表明这 5 类农产品中的 Se 含量不受土壤中 Se 含量的影响。这与张栋等(2017)的研究结论一致,土壤根系土与农产品中的 Se 含量之间无显著相关性。植物对 Se 的富集能力由植物的种类决定,种类不同,富集能力不同(朱薇等,2016)。关于土壤 Se 含量对植物富硒的影响,主要由 Se 在根系土壤环境中的价态决定(段曼莉,2011)。在进一步研究中,应对土壤 Se 有效态与农作物之间的关系进行探讨,同时在大尺度下讨论土壤 Se 含量和农作物 Se 含量的相关性。

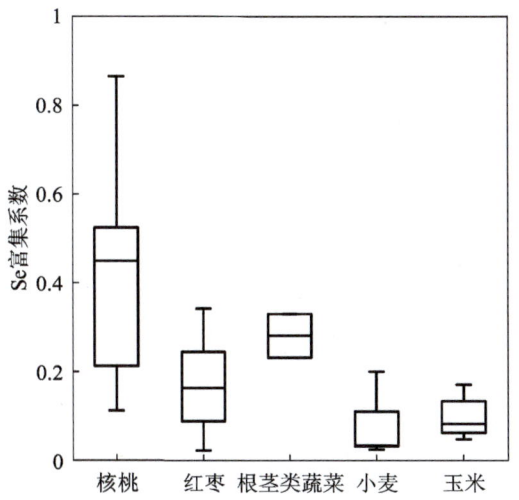

图 7-62 研究区各农产品的 Se 生物富集系数

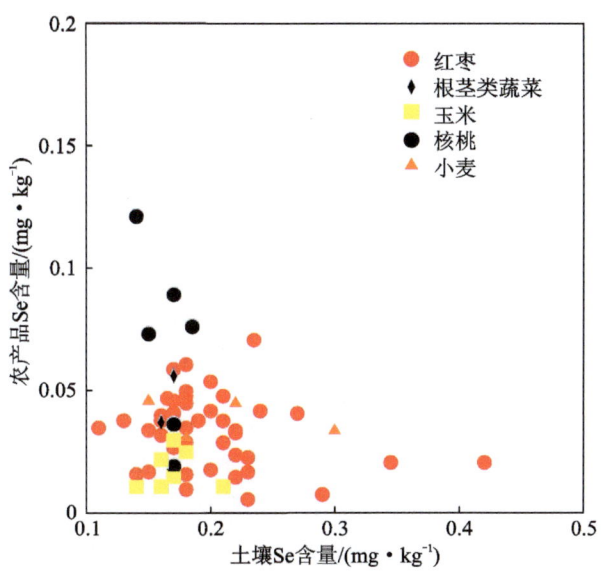

图 7-63 土壤 Se 含量与农产品土壤 Se 含量相关性散点图

## 7.4 和田地区拉依苏良种场水土环境中无机组分对居民健康长寿影响的初步研究

本节通过多元统计分析和 GIS 等方法初步探究新疆和田地区于田县拉依苏良种场（简称"长寿村"）水、土环境中的无机化学组分特征，通过分析这些无机化学组分与邻近非长寿地区（简称"对照区"）及其他长寿地区之间的差异，探讨影响拉依苏长寿村居民长寿的特征化学组分，揭示这些化学组分对当地居民健康长寿的影响，以期为改善人口居住环境及提高人口寿命质量提供科学依据。

### 7.4.1 水环境对居民健康长寿的影响

水环境是人体摄入各项无机组分的主要环境之一，人体的健康与整个水环境质量状况密切相关。本小节通过对拉依苏长寿村居民生活饮用水及农业用水的水质进行分析，判断拉依苏长寿村居民用水的水质特点，并将拉依苏长寿村与邻近非长寿地区地下水环境质量进行对比分析和评价，探讨拉依苏长寿村与该对照区地下水环境中存在的差异性特征及两对照组地下水环境质量对居民健康的影响。

#### 7.4.1.1 拉依苏长寿村居民生活饮用水及农业用水水质分析

对 2014 年拉依苏长寿村境内 4 个取样点的地下水水样进行水质分析。结果表明，在 4 个取样点中，取样地点位于拉依苏良种场自来水水塔的地下水（L1 点）主要作为当地居民生活饮用水水源；拉依苏长寿村生活饮用水采用集中式供水模式，故该取样点的水质情况能反映当地居民生活饮用水水质的整体状况。其他 3 个取样点（L2 点、L3 点、L4 点）的地下水主要作为当地的农业用水水源。因此，本研究将对拉依苏长寿村居民生活饮用水、农业用水的水质分别进行评价与分析。

(1) 拉依苏长寿村居民生活饮用水水质分析。

依据《生活饮用水卫生标准》（GB 5749—2022），对 L1 点所采集水样的物理感官形状、一般无机化学组分含量及毒理学组分含量进行分析，结果表明，各项物理感官情况均满足标准中对生活饮用水的感官要求。L1 点水样中无机组分含量与标准中规定的一般无机化学组分及毒理学无机组分标准限值见表 7-57。由表 7-57 可以看出拉依苏长寿村居民生活饮用水中 $Cl^-$、$F^-$、Fe 含量略高于标准限值，其他无机组分均满足标准要求。当地居民生活饮用水中 $Cl^-$ 含量略高可能是由于该地区地下水径流条件较差，利于水中 $Cl^-$ 的富集（曾昭华等，2001）；世界卫生组织（WHO）未提出基于人体健康饮用水中 $Cl^-$ 含量的准则值，当饮用水中 $Cl^-$ 含量高于 250 mg/L 时会引起饮用水口感的改变（白晓慧等，2014）。当地水中 $F^-$ 含量超标是由当地含氟矿化物角闪石及云母的风化溶解作用所致（栾风娇，2017）；研究表明，饮用水中 $F^-$ 含量在 2.0 mg/L 左右时对人体依然起保护作用，当饮用水中 $F^-$ 含量高于 3.0 mg/L 时才会对人体的骨结构产生不利变化（白晓慧等，2014），故拉依苏长寿村地下水中 $F^-$ 含量不会对当地居民人体产生较大不良影响。拉依苏长寿村居民生活饮用水中 Fe 含量略高于标准限值，但因为世界卫生组织未提出基于人体健康饮用水中 Fe 含量的准则值，即饮用水中 Fe 的发现水平不会影响摄入者的健康，当水中 Fe 含量低于 2mg/L 时对人体健康不会产生危害，仅会引起饮用水口感和外观的改变（白晓慧等，2014）。因此，拉依苏长寿村生活饮用水中 Fe 含量不会对当地居民健康产生不良影响。

表 7-57 L1 点水样中无机指标含量与《生活饮用水卫生标准》标准限值

| 项目 | $SO_4^{2-}$ | $Cl^-$ | $F^-$ | $NO_3-N$ | As | Se | Hg | Cd | $Cr^{6+}$ |
|---|---|---|---|---|---|---|---|---|---|
| 标准限值 | ≤250 | ≤300 | ≤1.2 | ≤20 | ≤0.01 | ≤0.01 | ≤0.001 | ≤0.005 | ≤0.05 |
| L1 | 196.9 | 326.1 | 2.10 | 0.52 | ND | ND | ND | ND | ND |
| 项目 | Fe | Mn | Cu | Zn | Al | Pb | TDS | TH | CODMn |
| 标准值 | ≤0.5 | ≤0.3 | ≤1.0 | ≤1.0 | ≤0.2 | ≤0.01 | ≤1500 | ≤550 | ≤5.0 |
| L1 | 0.86 | ND | ND | ND | ND | ND | 1141.3 | 430.3 | 1.00 |

注：单位为 mg/L。ND 为未检出，后同。

依据我国《饮用天然矿泉水标准》中对饮用天然矿泉水中特殊无机化学组分的界限指标要求，拉依苏长寿村居民生活饮用水 Li、Sr、Zn、Br、I、$H_2SiO_3$、Se 和游离 $CO_2$ 含量(Li、Sr、Zn、Br、I 和 Se 含量未检出，$H_2SiO_3$ 含量为 20.4 mg/L，游离 $CO_2$ 含量为 8.2 mg/L)均低于该标准界限标准值(Li≥0.2 mg/L、Sr≥0.2 mg/L、Zn≥0.2 mg/L、Br≥1.0 mg/L、I≥0.2 mg/L、$H_2SiO_3$≥25.0 mg/L、Se≥0.01 mg/L、游离 $CO_2$≥250 mg/L)，TDS 含量为 1 141.30 mg/L，pH 值为 7.84，因此拉依苏长寿村居民生活饮用水属天然弱碱性盐类矿泉水(pH 值在 7.2~8.0 之间，TDS≥1000 mg/L)。按照水中各阴阳离子毫克当量百分数大 25%来划分，属 Cl·$HCO_3$-Na·Mg 型天然盐类矿泉水。

(2)拉依苏长寿村农业用水水质分析。

当区域地下水水质满足《农田灌溉水质标准》(GB 5084—2021)中规定的各项无机组分标准限值时，表明当地地下水水质可基本满足对作物的生长需求，同时当地土壤及农产品也不会受到污染，可保障当地人体健康。本研究对拉依苏长寿村农业用水水源(L2~L4 点水样)中相应的无机化学指标含量进行分析(表 7-58)，结果表明，拉依苏长寿村 L2~L4 点中无机化学组分含量均低于标准限值，满足农业灌溉用水要求。

表 7-58 L2~L4 点水样中无机指标含量与《农田灌溉水质标准》标准限值

| 项目 | pH 值 | $Cl^-$ | Hg | Cd | As | $Cr^{6+}$ | Pb |
|---|---|---|---|---|---|---|---|
| 标准限值 | 5.5~8.5 | ≤350 | ≤0.001 | ≤0.01 | ≤0.1 | ≤0.1 | ≤0.2 |
| 最大值 | 8.01 | 269.4 | ND | ND | ND | ND | ND |
| 最小值 | 7.80 | 140.0 | ND | ND | ND | ND | ND |
| 均值 | 7.93 | 200.3 | ND | ND | ND | ND | ND |

注：单位为 mg/L(pH 值除外)。

### 7.4.1.2 拉依苏长寿村与邻近对照区地下水环境质量对比分析

(1)地下水中各项无机组分检出率与超标率对比分析。

依据《地下水质量标准》(GB/T 14848—2017)中水质分类及各项无机化学组分标准限值(表 7-59)，对拉依苏长寿村与对照区地下水中相应的无机化学组分含量检出率和超标率进行对比分析,将超出该标准Ⅲ类水标准限值的无机化学组分定义为超标。两对照组地下水中各无机组分相应的超标点个数、超标率、检出点个数及检出率统计见表7-59。

表7-59 《地下水质量标准》水质分类及无机化学指标标准限值　　　　单位:mg/L

| 项目类别 | Ⅰ类 | Ⅱ类 | Ⅲ类 | Ⅳ类 | Ⅴ类 |
| --- | --- | --- | --- | --- | --- |
| TH(总硬度) | ≤150 | ≤300 | ≤450 | ≤650 | >650 |
| TDS(溶解性总固体) | ≤300 | ≤500 | ≤1000 | ≤2000 | >2000 |
| $Na^+$ | ≤100 | ≤150 | ≤200 | ≤400 | >400 |
| $SO_4^{2-}$ | ≤50 | ≤150 | ≤250 | ≤350 | >350 |
| $Cl^-$ | ≤50 | ≤150 | ≤250 | ≤350 | >350 |
| Fe | ≤0.1 | ≤0.2 | ≤0.3 | ≤2.0 | >2.0 |
| Mn | ≤0.05 | ≤0.05 | ≤0.10 | ≤1.50 | >1.50 |
| Cu | ≤0.01 | ≤0.05 | ≤1.00 | ≤1.50 | >1.50 |
| Zn | ≤0.05 | ≤0.5 | ≤1.00 | ≤5.00 | >5.00 |
| $NH_4-N$ | ≤0.02 | ≤0.10 | ≤0.50 | ≤1.50 | >1.50 |
| $NO_2-N$ | ≤0.01 | ≤0.10 | ≤1.00 | ≤4.80 | >4.80 |
| $NO_3-N$ | ≤2.0 | ≤5.0 | ≤20.0 | ≤30.0 | >30.0 |
| $F^-$ | ≤1.0 | ≤1.0 | ≤1.0 | ≤2.0 | >2.0 |
| $I^-$ | ≤0.04 | ≤0.04 | ≤0.08 | ≤0.50 | >0.50 |
| Hg | ≤0.0001 | ≤0.0001 | ≤0.001 | ≤0.002 | >0.002 |
| As | ≤0.001 | ≤0.001 | ≤0.01 | ≤0.05 | >0.05 |
| Se | ≤0.01 | ≤0.01 | ≤0.01 | ≤0.1 | >0.1 |
| Cd | ≤0.0001 | ≤0.001 | ≤0.005 | ≤0.01 | >0.01 |
| $Cr^{6+}$ | ≤0.005 | ≤0.01 | ≤0.05 | ≤0.10 | >0.10 |
| Pb | ≤0.005 | ≤0.005 | ≤0.01 | ≤0.10 | >0.10 |

由表7-60可知,拉依苏长寿村与对照区地下水无机化学组分中Hg、Se、Cd、$Cr^{6+}$均未检出,拉依苏长寿村地下水无机化学组分中还有Cu、Zn、As、Pb未检出,其他各无机组分在两对照组地下水中均检出。拉依苏长寿村地下水中检出的超标组分有5项,分别为TDS、$Na^+$、$Cl^-$、Fe、$F^-$;$Na^+$、$Cl^-$和$F^-$含量超标的取样点各有2个,点位超标率最高(达50.0%),TDS和Fe含量超标的取样点各有1个,点位超标率为25.0%。对照区地下水中检出的超标组分有10项,分别为TH、TDS、$Na^+$、$SO_4^{2-}$、$Cl^-$、Fe、Mn、$F^-$、$I^-$、As;无机组分点位超标率依次表现为As(7.0%)<$I^-$(13.3%)<$F^-$(40.0%)<TH、$Na^+$、Mn(46.7%)<TDS、$SO_4^{2-}$、$Cl^-$(53.3%)<Fe(66.7%)。两对照组地下水中TH、TDS、$SO_4^{2-}$、$Cl^-$、Fe、Mn、$I^-$、As的点位超标率表现为拉依苏长寿村<对照区;$Na^+$和$F^-$的点位超标率表现为对照区<拉依苏长寿村。

表 7-60 拉依苏长寿村与对照区地下水中各无机组分含量检出率及超标率

| 指标 | (检出点个数/个)/(检出率/%) | | (超标点个数/个)/(超标率/%) | |
|---|---|---|---|---|
| | 拉依苏长寿村($n=4$) | 对照区($n=15$) | 拉依苏长寿村($n=4$) | 对照区($n=15$) |
| TH | 4/100.0 | 15/100.0 | 0/0.0 | 7/46.7 |
| TDS | 4/100.0 | 15/100.0 | 1/25.0 | 8/53.3 |
| $Na^+$ | 4/100.0 | 15/100.0 | 2/50.0 | 7/46.7 |
| $SO_4^{2-}$ | 4/100.0 | 15/100.0 | 0/0.0 | 8/53.3 |
| $Cl^-$ | 4/100.0 | 15/100.0 | 2/50.0 | 8/53.3 |
| Fe | 1/25.0 | 15/100.0 | 1/25.0 | 10/66.7 |
| Mn | 1/25.0 | 12/80.0 | 0/0.0 | 7/46.7 |
| Cu | 0/0.0 | 4/26.7 | 0/0.0 | 0/0.0 |
| Zn | 0/0.0 | 7/46.7 | 0/0.0 | 0/0.0 |
| $NH_4-N$ | 1/25.0 | 5/33.3 | 0/0.0 | 0/0.0 |
| $NO_2-N$ | 4/100.0 | 3/20.0 | 0/0.0 | 0/0.0 |
| $NO_3-N$ | 4/100.0 | 15/100.0 | 0/0.0 | 0/0.0 |
| $F^-$ | 4/100.0 | 14/93.3 | 2/50.0 | 6/40.0 |
| $I^-$ | 1/25.0 | 7/46.7 | 0/0.0 | 2/13.3 |
| Hg | 0/0.0 | 0/0.0 | 0/0.0 | 0/0.0 |
| As | 0/0.0 | 14/93.3 | 0/0.0 | 1/7.0 |
| Se | 0/0.0 | 0/0.0 | 0/0.0 | 0/0.0 |
| Cd | 0/0.0 | 0/0.0 | 0/0.0 | 0/0.0 |
| $Cr^{6+}$ | 0/0.0 | 0/0.0 | 0/0.0 | 0/0.0 |
| Pb | 0/0.0 | 4/26.7 | 0/0.0 | 0/0.0 |

因此,拉依苏长寿村地下水中无机化学组分超标项(5项)数量低于对照区(10项)。对照区地下水中有8项无机组分点位超标率高于拉依苏长寿村;拉依苏长寿村地下水中仅有2项无机组分点位超标率高于对照区。

(2)地下水中各项无机组分含量对比分析。

对拉依苏长寿村与对照区地下水中各项无机组分含量进行描述性统计,并进行对比分析(表7-61)。结果表明,两对照组地下水中TH、TDS、$Na^+$、$SO_4^{2-}$、$Cl^-$、Fe、Mn、Cu、Zn、$NO_3-N$、$F^-$、$I^-$、As、Pb含量均值表现为拉依苏长寿村<对照区。研究表明,日常生活饮用水中TDS与TH含量过高,会提高人体心脑血管疾病的患病概率(秦正峰,2017),拉依苏长寿村地下水TH与TDS含量远低于对照区,说明拉依苏长寿村地下水中TH与TDS含量相对对照区更有利于当地人体健康。水中的重金属元素被人体摄入后,会干扰人体正常的生理功能,提高人体的患癌风险(李勇,2014),拉依苏长寿村地下水中Cu、Zn、As、Pb等重(类)金属元素含量低于对照区,表明拉依苏长寿村地下水中的重(类)金属元素含量相对对照区对人体的危害程度更低。两对照区地下水中$NH_4-N$与$NO_2-N$含量均值表现为对照区<拉依苏长寿村,但拉依苏长寿村与对照区地下水中$NH_4-N$与$NO_2-N$含量均在水质标准限值以内,且水中$NH_4-N$和$NO_2-N$的化学性质相对$NO_3-N$更不稳定,易发

生硝化反应(於嘉闻等,2016),故拉依苏长寿村地下水中 $NH_4-N$ 与 $NO_2-N$ 均不会对当地居民人体健康产生较大的不良影响。两对照组地下水中 Hg、Se、Cd、$Cr^{6+}$ 含量均未检出,表明这几项无机组分含量极低,不会对人体健康产生不利影响。

表7-61 拉依苏长寿村与对照区地下水中各无机组分含量统计  单位:mg/L

| 指标 | 拉依苏长寿村($n=4$) | | | 对照区($n=15$) | | |
|---|---|---|---|---|---|---|
|  | 最小值 | 最大值 | 均值 | 最小值 | 最大值 | 均值 |
| TH | 215.2 | 430.3 | 344 | 124.6 | 3803 | 720.6 |
| TDS | 636.8 | 1141.3 | 869 | 210.9 | 9785 | 1989.2 |
| $Na^+$ | 98.4 | 237.8 | 167.6 | 24.6 | 2022 | 435.8 |
| $SO_4^{2-}$ | 144.1 | 211.3 | 184.9 | 51.8 | 3299 | 536.2 |
| $Cl^-$ | 140 | 326.1 | 231.7 | 34.8 | 2971 | 521.6 |
| Fe | ND | 0.89 | 0.24 | 0.01 | 33.5 | 3.98 |
| Mn | ND | 0.08 | 0.04 | ND | 0.42 | 0.11 |
| Cu | ND | ND | ND | ND | 0.04 | 0.01 |
| Zn | ND | ND | ND | ND | 0.33 | 0.03 |
| $NH_4-N$ | ND | 0.08 | 0.05 | ND | 0.06 | 0.03 |
| $NO_2-N$ | 0.01 | 0.02 | 0.01 | ND | 0.01 | 0.001 |
| $NO_3-N$ | 0.52 | 1.83 | 1.36 | 0.15 | 10.1 | 2.06 |
| $F^-$ | 0.3 | 2.1 | 1.13 | 0.05 | 5.6 | 1.4 |
| $I^-$ | ND | 0.01 | 0.004 | ND | 0.1 | 0.03 |
| Hg | ND | ND | ND | ND | ND | ND |
| As | ND | ND | ND | ND | 0.01 | 0.003 |
| Se | ND | ND | ND | ND | ND | ND |
| Cd | ND | ND | ND | ND | ND | ND |
| $Cr^{6+}$ | ND | ND | ND | ND | ND | ND |
| Pb | ND | ND | ND | ND | 0.01 | 0.002 |

#### 7.4.1.3 拉依苏长寿村与邻近对照区地下水环境质量对比评价

选择拉依苏长寿村与对照区地下水中检出率相对较高且存在超出《地下水质量标准》(GB/T 14848—2017)Ⅲ类水标准限值(表7-59)的无机化学组分作为主要评价因子,基于模糊综合评价法(赵江涛,2016),对两对照组地下水环境质量进行综合对比评价与分析。

(1)水质评价因子的选取。

通过对拉依苏长寿村与对照区地下水环境质量进行对比分析,发现拉依苏长寿村地下水取样点中 TDS、$Na^+$、$Cl^-$、Fe、$F^-$(5项无机组分)含量超标,对照区地下水取样点中 TH、TDS、$Na^+$、$SO_4^{2-}$、$Cl^-$、Fe、Mn、$F^-$、$I^-$、As(10项无机组分)含量超标。故选取两对照组地下水中这10项具有代表性的无机化学组分作为主要评价因子,建立相应的评价因子集合,即 $U_{评价因子}=\{X_1,X_2,X_3,X_4,X_5,X_6,X_7,X_8,X_9,X_{10}\}=\{$TH,TDS,

$Na^+$,$SO_4^{2-}$,$Cl^-$,Fe,Mn,$F^-$,$I^-$,As}。通过对这 10 项评价因子相对《地下水质量标准》(GB/T 14848—2017)中的限值区间进行分级,分级采取从优不从劣的原则,将各单项无机组分中的最高级别作为评价结果。

(2)水质类别的确定与对比评价。

将各项评价因子的权重矩阵 $B_i$ 与隶属度对应的模糊关系矩阵 $R_i$ 进行复合运算,即对评价因子进行加权合成得出该取样点水质的综合隶属度矩阵 $A_i$(即 $A_i = B_i \times R_i$)。依据最大隶属度原则,将综合隶属度矩阵 $A_i$ 中隶属度最大值所在类别作为该取样点地下水环境类别(彭小金等,2008;马玉杰等,2009)。由拉依苏长寿村地下水取样点 L1 的综合隶属度矩阵 $A_{L1} = B_{L1} \times R_{L1} = (0.059, 0.075, 0.495, 0.223, 0.193)$ 可知,综合隶属度矩阵 $A_{L1}$ 中的第三项元素值最大(0.495),即该取样点基于模糊综合评价法得到的水环境质量属Ⅲ类水质类别。同理可得到拉依苏长寿村 L2~L4 及对照区 H11~H25 的水质类别评价结果,见表 7-62 和表 7-63。

表 7-62 拉依苏长寿村地下水环境质量模糊综合评价结果

| 取样点编号 | Ⅰ类 | Ⅱ类 | Ⅲ类 | Ⅳ类 | Ⅴ类 | 评价结果 |
|---|---|---|---|---|---|---|
| L1 | 0.059 | 0.075 | 0.495 | 0.223 | 0.193 | Ⅲ类 |
| L2 | 0.342 | 0.528 | 0.130 | 0.000 | 0.000 | Ⅱ类 |
| L3 | 0.021 | 0.172 | 0.733 | 0.074 | 0.000 | Ⅲ类 |
| L4 | 0.218 | 0.431 | 0.352 | 0.000 | 0.000 | Ⅱ类 |
| 含量均值 | 0.015 | 0.402 | 0.564 | 0.020 | 0.000 | Ⅲ类 |

表 7-63 对照区地下水环境质量模糊综合评价结果

| 取样点编号 | Ⅰ类 | Ⅱ类 | Ⅲ类 | Ⅳ类 | Ⅴ类 | 评价结果 |
|---|---|---|---|---|---|---|
| H11 | 0.426 | 0.205 | 0.226 | 0.220 | 0.000 | Ⅰ类 |
| H12 | 0.164 | 0.707 | 0.129 | 0.000 | 0.000 | Ⅱ类 |
| H13 | 0.015 | 0.004 | 0.048 | 0.001 | 0.933 | Ⅴ类 |
| H14 | 0.015 | 0.128 | 0.495 | 0.337 | 0.026 | Ⅲ类 |
| H15 | 0.557 | 0.021 | 0.236 | 0.187 | 0.000 | Ⅰ类 |
| H16 | 0.040 | 0.351 | 0.609 | 0.000 | 0.000 | Ⅲ类 |
| H17 | 0.228 | 0.281 | 0.456 | 0.036 | 0.000 | Ⅲ类 |
| H18 | 0.054 | 0.054 | 0.087 | 0.011 | 0.795 | Ⅴ类 |
| H19 | 0.163 | 0.099 | 0.210 | 0.192 | 0.338 | Ⅴ类 |
| H20 | 0.002 | 0.003 | 0.046 | 0.046 | 0.900 | Ⅴ类 |
| H21 | 0.005 | 0.000 | 0.010 | 0.002 | 0.804 | Ⅴ类 |
| H22 | 0.000 | 0.008 | 0.012 | 0.000 | 0.981 | Ⅴ类 |
| H23 | 0.006 | 0.004 | 0.106 | 0.085 | 0.800 | Ⅴ类 |
| H24 | 0.082 | 0.004 | 0.025 | 0.002 | 0.887 | Ⅴ类 |
| H25 | 0.006 | 0.044 | 0.266 | 0.138 | 0.537 | Ⅴ类 |
| 含量均值 | 0.008 | 0.004 | 0.052 | 0.136 | 0.799 | Ⅴ类 |

由表 7-62 和表 7-63 可知，拉依苏长寿村地下水环境质量总体属Ⅲ类水质，在 4 个取样点中，地下水环境质量类别属于Ⅱ类水的有 2 个，属于Ⅲ类水的有 2 个，均可作为当地集中式生活饮用水水源及农业灌溉用水水源，因此拉依苏长寿村地下水环境质量总体表现较好。对照区地下水环境质量总体属Ⅴ类水质，在 15 个取样点中，地下水环境质量类别属于Ⅰ类水的有 2 个，属于Ⅱ类水的有 1 个，属于Ⅲ类水的有 3 个，属于Ⅴ类水的有 9 个，其中可满足居民生活饮用水水源要求的取样点仅占总取样点个数的 40.0%，基于人体健康风险的角度，有 60.0% 的取样点不适宜作为生活饮用水水源，故对照区地下水环境质量总体较差。综上所述，拉依苏长寿村地下水环境质量总体优于对照区，拉依苏长寿村水环境相对对照区更有利于人体健康。

### 7.4.2 土壤环境对居民健康长寿的影响

水环境与土壤环境之间具有密切的关联性，而土壤环境中的各项无机组分也会通过农作物及各种暴露途径被人体所摄入。本小节通过对拉依苏长寿村的土壤环境质量进行分析，对拉依苏长寿村与对照区土壤中的重（类）金属元素含量进行对比和差异性分析，对拉依苏长寿村与对照区土壤的重（类）金属污染状况及对人体健康产生的风险进行对比评价，进一步反映研究区土壤环境状况对居民健康的影响。

#### 7.4.2.1 拉依苏长寿村土壤环境质量分析

在《土壤环境质量 农用地土壤污染风险管控标准（试行）》（GB 15618—2018）中，评定地区土壤环境质量评价主要是对当地土壤中 Cr、Hg、Ni、Pb、As、Cu、Zn、Cd 这 8 项重（类）金属元素含量与标准中的限值进行对比分级的。故将拉依苏长寿村农用地表层土壤中的 Cr、Hg、Ni、Pb、As、Cu、Zn、Cd 含量范围标准中的风险筛选值（pH 值>7.5）进行对比，详见表 7-64。结果显示，拉依苏长寿村土壤中 Cr、Hg、Pb、As、Cu、Zn、Cd 含量全部达标，达标率为 100%。仅有 1 个采样点 Ni 含量均未超过风险筛选值。这表明拉依苏长寿村农用地表层土壤基本保持在自然背景下的土壤环境标准限值内。

表 7-64　拉依苏长寿村农用地表层土壤重（类）金属含量　　　　单位：mg/kg

| 指标 | Cr | Hg | Ni | Pb | As | Cu | Zn | Cd |
| --- | --- | --- | --- | --- | --- | --- | --- | --- |
| 最大值 | 64.9 | 0.07 | 58.2 | 22 | 11.1 | 20.4 | 63.9 | 0.17 |
| 最小值 | 36.2 | 0.01 | 18 | 14.8 | 5.2 | 12.4 | 37.6 | 0.07 |
| 平均值 | 45.92 | 0.017 | 23.34 | 16.91 | 8.57 | 16.32 | 51.67 | 0.13 |
| 风险筛选值 | 250 | 3.4 | 190 | 300 | 25 | 100 | 300 | 0.6 |

#### 7.4.2.2 拉依苏长寿村与和田长寿人口聚居区土壤环境质量对比分析

将拉依苏长寿村农用地表层土壤中各无机组分含量均值与新疆土壤元素背景值的比值进行分析（图 7-64），结果表明，拉依苏长寿村土壤中 Na、Mg、K、Ca、Fe、F、Sn、B 等元素高于新疆背景值，其中 Na、Mg、K、Ca 等必需常量元素分别是新疆背景值的 1.47 倍、1.67 倍、1.11 倍和 1.95 倍；Fe、F、Sn、B 等必需微量元素（夏敏，2003）分别是新疆背景值的 1.21 倍、1.08 倍、1.16 倍和 1.24 倍。在拉依苏长寿村 62 个采样点中，有 12.90% 的取样点 Rb 含量高于新疆背景值，Rb 作为人体必需微量元素，参与人体的神经中枢活动。研究表明 Rb 含量与人脑的个体发育程度呈正相关，特别是与老年人的大脑机能衰退等过程密切相关（秦俊法，2000）。有 4.84% 的 Sb 含量高于新疆背景值，Sb 作为有毒元素，对人体的健康具有较大的负面影响。Sb 会使人体的肺功能发生改变，长期接触会引起慢性支气管炎、早期肺结核、胸膜粘连和尘肺病等呼吸系统疾病。取样点中有 1 点的 Sr 含量高于新疆背景值。研究表明土壤中的 Sr 含量与高血压性心脏病呈显著负相关，研究区土壤中普遍低 Sr 的特点与当地老人高血压、心脏病患病率较高有关。研究区土壤中 Co、Mn、Mo、V、Ga、Ge 等对人体有益的元素含量均略低于新疆土壤背景值。

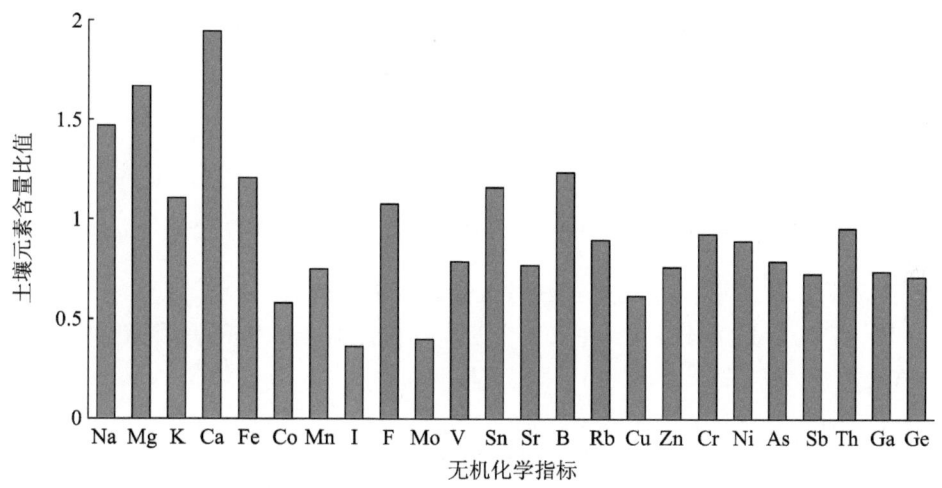

图 7-64　拉依苏长寿村土壤元素含量与新疆土壤元素背景值比值关系

将拉依苏长寿村与新疆和田长寿人口聚居区土壤元素含量比值与和田长寿人口聚居区及新疆土壤背景值比值进行共性特征化学元素组分和差异性特征化学元素组分分析（图 7-65）。结果表明，和田长寿人口聚居区与拉依苏长寿村的共性特征化学元素组分为 Ba、F、Fe、Ca、Mg、Nb、Be、V、Mn、Ni、Al、As、Cu、Zn、Y、Th、Ti、Co、Mo、Sr、La 等。其中拉依苏长寿村与和田长寿人口聚居区土壤中 Ba、F、Fe、Ca、Mg、Nb、Be 与新疆土壤元素背景值的比值均大于等于 1（即拉依苏长寿村/新疆土壤背景值≥1 且和田长寿人口聚居区/新疆土壤背景值≥1）；两对照区土壤中 V、Mn、Ni、Al、As、Cu、Zn、Y、Th、Ti、Co、Mo、Sr、La 与新疆土壤元素背景值的比值均小于 1（即拉依苏长寿村/新疆土壤背景值<1 且和田长寿人口聚居区/新疆土壤背景值<1）。和田长寿人口聚居区与拉依苏长寿村的差异性特征化学元素组分为 Cr 和 Hg。其中拉依苏长寿村土壤中重金属元素 Cr 和 Hg 分别是新疆土壤背景值的 93% 和 99%，和田长寿人口聚居区土壤中重金属元素 Cr 和 Hg 分别达到了新疆土壤背景值的 2.92 倍和 1.76 倍。拉依苏长寿村与和田长寿人口聚居区土壤中各项无机指标比值关系中，Ca、Mn、Ti、Sr、Be 的比值关系均大于 1；Ba、V、F、Ni、Al、Y、Th 的比值关系均在 0.95～1.00 之间，表明两对照区土壤中上述 7 项无机元素指标含量近似相等；拉依苏长寿村与和田长寿人口聚居区土壤中 Cr、Hg 含量比值分别为 0.32 和 0.56，说明拉依苏长寿村低 Cr 和低 Hg 的土壤环境相对和田长寿人口聚居区更为优越。

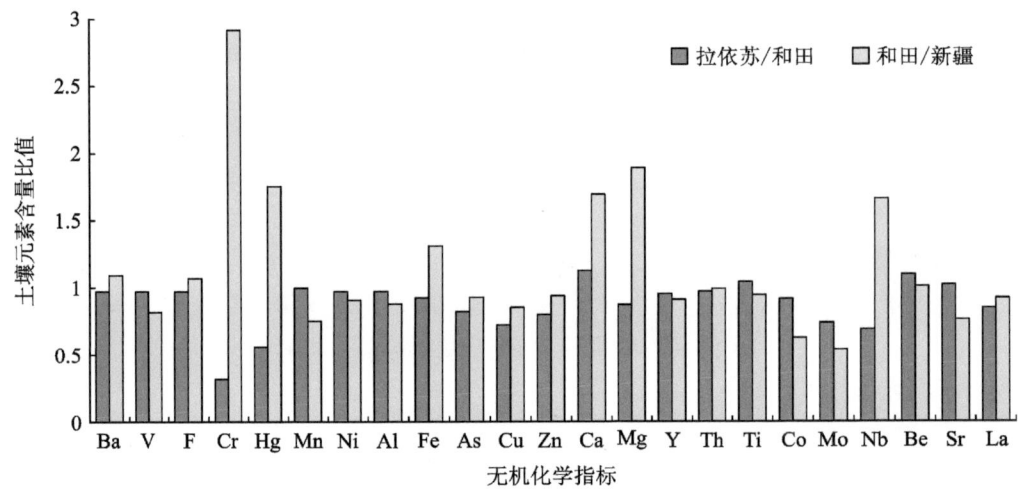

图 7-65 拉依苏长寿村、和田长寿人口聚居区土壤元素含量与新疆土壤元素背景值比值

### 7.4.2.3 拉依苏长寿村与邻近对照区土壤有毒重(类)金属元素含量对比分析

大量研究表明土壤中重金属元素含量对人体健康影响显著(李勇，2014)，美国国家环境保护局(U.S.EPA)特别列出了12种土壤中对人体健康影响较大的有毒重(类)金属元素(即Hg、Cd、As、Cr、Cu、Pb、Zn、Ni、Tl、Sb、Ag、Be)，当人体摄入其中任何一种并超过能承受的限值时，就会引发神经毒性甚至是癌症，对人口寿命的负面影响较大。因此，本研究以拉依苏长寿村及对照区(相邻的于田县其他地区)为研究对象，探讨两对照组土壤中这12种有毒重(类)金属元素含量(比值)间的差异性，以期为进一步揭示拉依苏村长寿现象与土壤有毒重(类)金属元素的关系提供基础资料和科学依据。

(1)土壤环境质量对比与差异性对比分析。

将拉依苏长寿村(a区)与邻近对照区(b区)土壤有毒重(类)金属元素含量均值进行对比分析(表7-65)。两对照组土壤中有毒重(类)金属元素Cr、Hg、Ni、Pb、As、Cu、Zn、Sb、Ag、Tl、Be的含量均值表现为长寿村(a区)<对照区(b区)；Cd含量两对照组近于相等。与国家标准《土壤环境质量 农用地土壤污染风险管控标准(试行)》(GB 15618—2018)中的风险筛选值(pH值>7.5)相比，对照区除As有3个采样点超过风险筛选值外，其余元素均未超过风险筛选值。对两对照组土壤中有毒重金属元素含量进行独立样本$T$检验，两对照组土壤中Cr、Pb、As、Sb、Cu、Zn、Ag、Tl含量差异极显著($P<0.01$)；Hg、Ni含量差异显著($P<0.05$)；Be、Cd含量差异无统计学意义。

表 7-65 拉依苏长寿村(a区)与对照区(b区)土壤有毒重金属元素含量　　单位：mg/kg

| 地区 | a区 | b区 |
| --- | --- | --- |
| Cr | 45.92 | 50.45** |
| Hg | 0.017 | 0.019* |
| Ni | 23.34 | 24.70* |

续表 7-65

| 地区 | a 区 | b 区 |
|---|---|---|
| Pb | 16.91 | 17.46** |
| As | 8.57 | 10.10** |
| Sb | 0.78 | 1.00** |
| Cu | 16.32 | 19.00** |
| Zn | 51.67 | 55.45** |
| Ag | 0.04 | 0.05** |
| Tl | 0.53 | 0.57** |
| Be | 1.83 | 1.87 |
| Cd | 0.13 | 0.13 |

注：单位为 mg/kg。* 表示 $P<0.05$，** 表示 $P<0.01$。

(2) 土壤有毒重(类)金属元素含量比值差异性分析。

区域健康长寿现象不仅受土壤中单一元素的影响，同时还受制于两种元素间的比值关系，即两种元素间因协同或拮抗作用引起的差异比单一元素含量引起的更为敏感(杨荣清等，2005)。研究表明，土壤中 Cu/Zn、Zn/Cd、Cu/Ni、Hg/Cd、Cd/Cu、Cu/As 等重(类)金属元素间的比值关系与人体健康长寿有关(王夔等，1991)。由于 Cu、Zn、Ni 均在土壤中具有一定的累积性，当土壤中 Cu/Zn 值较高时，Cu 与 Zn 通过土壤在农产品中的富集能力增强，进一步对人体产生不利影响(黄志超等，2016)。而土壤中 Cu/Ni 值升高时，土壤中的 Cu、Ni 会产生复合效应，抑制作物的生长，产生毒素并富集于作物中。因此土壤中 Cu/Ni 值较高会对作物生长及人体健康均会产生威胁(王小庆，2012)。由于 Cd 与 Hg 在土壤中具有难降解性与移动性，在长寿村与对照区土壤中 Cd 含量大致相等的情况下，Hg/Cd 值越低，土壤中的 Hg 对人体毒害程度就越低(和文祥等，2002)。土壤中 Cu 与 As 具有一定的拮抗作用，当土壤中的 Cu/As 值较低时，两元素间的复合作用会使作物中 Cu、As 的浓度降低，进而减轻了对作物生物量的有害影响，降低了对人体健康的不利影响(苏应生等，1994)。土壤中的 Cd 在其含量很低时亦具有抑制土壤中微生物生长及代谢活动的能力，有研究表明，土壤中 Cd、Zn 与 Cd、Cu 间主要表现为协同作用，当两对照组土壤中 Zn/Cd 值越高、Cd/Cu 值越低时，Cd、Zn 与 Cd、Cu 经复合效应会引起土壤中的酶活性降低，使土壤毒性显著升高。因此土壤中的 Zn 与 Cu 含量越高，越会加剧 Cd 对生物的毒性作用，越不利于作物的生长和人体健康(冯海艳等，2007；王彬，2008)。将拉依苏长寿村(a 区)与对照区(b 区)土壤中有毒重(类)金属元素含量比值进行对比分析，并对两组比值进行差异性分析(表 7-66)。结果表明，拉依苏长寿村土壤中 Cu/Zn、Zn/Cd、Cu/Ni、Hg/Cd、Cu/As 的值均低于对照区，拉依苏长寿村土壤中 Cu/Zn、Zn/Cd、Cu/Ni、Hg/Cd、Cu/As 这几项元素阈值比对照区更有利于居民健康。拉依苏长寿村土壤中 Cd/Cu 值略高于对照区，说明对照区土壤中因 Cd/Cu 值相对拉依苏长寿村较低，而不利于当地居民健康。两对照组 Cu/Zn、Zn/Cd、Cu/Ni、Cd/Cu 组间差异性极显著($P<0.01$)，Hg/Cd、Cu/As 组间差异无统计学意义。

表7-66 拉依苏长寿村（a区）与对照区（b区）土壤有毒重（类）金属元素含量比值

| 地区 | Cu/Zn | Zn/Cd | Cu/Ni | Hg/Cd | Cd/Cu | Cu/As |
|---|---|---|---|---|---|---|
| a区 | 0.32 | 418.71 | 0.72 | 0.14 | 0.008 | 1.93 |
| b区 | 0.34** | 437.21** | 0.77** | 0.15 | 0.007** | 1.97 |

注：两组数据间比较，** 表示 $P<0.01$。

(3) 土壤有毒重（类）金属元素含量与新疆土壤背景值对比分析。

将拉依苏长寿村与对照区土壤中有毒重（类）金属元素含量均值与新疆土壤背景值进行对比（表7-67）。结果表明，拉依苏长寿村土壤中有毒重（类）金属元素含量与新疆土壤背景值的比值大小表现为 Ag<Cu<Sb<Zn<As<Pb<Ni<Cr<Hg<Tl<Cd<Be；对照区与新疆土壤背景值的比值大小表现为 Ag<Cu<Zn<Pb<As<Sb<Ni<Cr<Tl<Cd<Hg<Be。其中拉依苏良种场与新疆土壤背景值的含量比值大于等于1的元素有 Be、Cd、Tl；对照区与新疆土壤背景值的含量比值大于等于1的元素有 Be、Hg、Cd、Tl、Cr；两对照组土壤中 Be、Cd、Tl 含量均高于新疆土壤元素背景值；两地区土壤中含量存在差异的重金属元素为 Cr 和 Hg，即拉依苏良种场土壤中 Cr 和 Hg 的含量均值低于新疆土壤背景值，对照区土壤中 Cr 和 Hg 的含量均值高于新疆土壤背景值，对照区土壤中这两种元素相对偏高是由当地农业生产活动更普遍所导致的（任力民等，2014）；拉依苏良种场与对照区土壤中 Ni、As、Cu、Zn、Pb、Sb、Ag 含量均值均低于新疆土壤背景值。

表7-67 拉依苏长寿村、邻近对照区土壤有毒重（类）金属元素含量与新疆土壤背景值比值

| 指标 | Cr | Hg | Ni | As | Cu | Zn | Be | Cd | Pb | Sb | Ag | Tl |
|---|---|---|---|---|---|---|---|---|---|---|---|---|
| 拉依苏/新疆 | 0.93 | 0.99 | 0.88 | 0.77 | 0.61 | 0.75 | 1.11 | 1.08 | 0.87 | 0.72 | 0.44 | 1.01 |
| 对照区/新疆 | 1.02 | 1.10 | 0.93 | 0.91 | 0.71 | 0.81 | 1.13 | 1.08 | 0.90 | 0.92 | 0.55 | 1.07 |

#### 7.4.2.4 拉依苏长寿村与邻近对照区土壤重（类）金属污染状况评价对比分析

运用地质累积指数（Muller 指数）法与内梅罗综合指数法相结合的评价方法（廖仁梅，2016）对拉依苏长寿村与邻近对照区农用地表层土壤中 Cr、Hg、Ni、Pb、As、Cu、Zn、Cd 含量进行污染评价与对比分析。地质累积指数法能较为直观地凸显人为活动对土壤环境背景值的影响；内梅罗综合指数法能较全面地反映两对照组土壤中各重金属元素的总体污染状况（杨敏等，2016）。两评价模型及参照的分级标准见表7-68和表7-69。在地质累积指数法评价模型中，参数 $I_{geo}$ 表示地质累积指数；$C_i$ 表示重（类）金属元素 $i$ 的含量实测值，单位为 mg/kg；$BE_i$ 表示重（类）金属元素 $i$ 的新疆土壤背景值，单位为 mg/kg；$k$ 为修正系数，一般取值为1.5。内梅罗综合指数法评价模型中，参数 $P_z$ 表示内梅罗综合污染指数；$C_i$ 表示重（类）金属元素 $i$ 的含量实测值，单位为 mg/kg；$S_i$ 表示重（类）金属元素 $i$ 在我国《土壤环境质量标准 农用地土壤污染风险管控标准（试行）》(GB 15618—2018) 中 pH 值>7.5 的风险筛选值，单位为 mg/kg。

## 第7章 典型绿洲区土壤地球化学环境综合研究

表 7-68 地质累积指数法评价模型及分级标准

| 评价模型 | 污染等级 | 污染指数 | 污染程度 |
| --- | --- | --- | --- |
| $I_{geo} = \log_2 \dfrac{C_i}{k \times BE_i}$ | 0 | $I_{geo} < 0$ | 无污染 |
| | 1 | $0 \leq I_{geo} < 1$ | 无污染—中度污染 |
| | 2 | $1 \leq I_{geo} < 2$ | 中度污染 |
| | 3 | $2 \leq I_{geo} < 3$ | 中度污染—强污染 |
| | 4 | $3 \leq I_{geo} < 4$ | 强污染 |
| | 5 | $4 \leq I_{geo} < 5$ | 强污染—极强污染 |
| | 6 | $I_{geo} \geq 5$ | 极强污染 |

表 7-69 内梅罗综合指数法评价模型及分级标准

| 评价模型 | 污染等级 | 污染指数 | 污染程度 |
| --- | --- | --- | --- |
| $P_z = \sqrt{\dfrac{(C_i/S_i)^2_{max} + (C_i/S_i)^2_{ave}}{2}}$ | Ⅰ | $P_z \leq 0.7$ | 清洁(安全) |
| | Ⅱ | $0.7 < P_z \leq 1$ | 尚清洁(警戒) |
| | Ⅲ | $1 < P_z \leq 2$ | 轻度污染 |
| | Ⅳ | $2 < P_z \leq 3$ | 中度污染 |
| | Ⅴ | $P_z > 3$ | 重度污染 |

结合以上两种评价模型,得出两对照组土壤重(类)金属元素地质累积指数 $I_{geo}$ 与内梅罗综合指数评价结果(表 7-70)。结果显示:拉依苏长寿村 $I_{geo}$ 由小到大依次为 Cu＜Zn＜As＜Hg＜Ni＜Pb＜Cr＜Cd＜0;对照区 $I_{geo}$ 由小到大依次为 Cu＜Zn＜As＜Hg＜Pb＜Ni＜Cr＜Cd＜0,两对照组土壤重金属元素 $I_{geo}$ 均小于 0,表明两对照组土壤总体处于无污染—中度污染水平以下。对照区土壤中这 8 种重(类)金属元素 $I_{geo}$ 均高于拉依苏长寿村,且土样 Cr、Hg、Pb、As、Cd 的 $I_{geo}$ 处于 1 级(无污染—中度污染)的比例高于拉依苏长寿村,由此看出拉依苏长寿村农用地土壤环境总体受人为活动影响程度相对对照区更小。拉依苏长寿村内梅罗综合指数 $P_z$ 由小到大依次为 Hg＜Pb＜Zn＝Cu＜Cr＜Cd＜As＜0.7＜Ni;对照区 $P_z$ 由小到大依次为 Hg＜Pb＜Zn＜Cu＜Cr＜Cd＜0.7＜Ni＜1＜As＜2,表明两对照组土壤中 Cd、Cr、Cu、Zn、Pb、Hg 总体处于清洁安全级别,这与地质累积指数法评价结果相符,土壤中 Ni 均处于尚清洁(警戒)级别;而两对照组土壤中 As 的内梅罗综合指数评价结果存在差异,即拉依苏长寿村土壤 As 的污染等级为清洁安全($P_z \leq 0.7$),对照区 As 的污染等级为轻度污染($1 < P_z < 2$)。对照区土壤 As 轻度污染的原因与当地土壤本身的成分与结构有关。

表 7-70 拉依苏长寿村与对照区土壤重金属污染评价对比分析结果

| 重(类)金属 | 研究区 | 地质累积指数 $I_{geo}$ | 样本点占 $I_{geo}$ 各污染等级比例/% | | 内梅罗综合指数 | 内梅罗综合指数污染等级 |
| --- | --- | --- | --- | --- | --- | --- |
| | | | 0 级 | 1 级 | | |
| Cr | 长寿村 | -0.69 | 100 | 0 | 0.23 | 清洁安全 |
| | 对照区 | -0.57 | 99.57 | 0.43 | 0.31 | 清洁安全 |

续表 7-70

| 重(类)金属 | 研究区 | 地质累积指数 $I_{geo}$ | 样本点占 $I_{geo}$ 各污染等级比例/% | | 内梅罗综合指数 | 内梅罗综合指数污染等级 |
|---|---|---|---|---|---|---|
| | | | 0级 | 1级 | | |
| Hg | 长寿村 | −0.90 | 98.39 | 1.61 | 0.05 | 清洁安全 |
| | 对照区 | −0.75 | 96.15 | 3.85 | 0.04 | 清洁安全 |
| Ni | 长寿村 | −0.80 | 98.39 | 1.61 | 0.74 | 尚清洁(警戒) |
| | 对照区 | −0.71 | 99.72 | 0.28 | 0.84 | 尚清洁(警戒) |
| Pb | 长寿村 | −0.79 | 100 | 0 | 0.06 | 清洁安全 |
| | 对照区 | −0.74 | 99.86 | 0.14 | 0.07 | 清洁安全 |
| As | 长寿村 | −0.99 | 100 | 0 | 0.40 | 清洁安全 |
| | 对照区 | −0.79 | 98.58 | 1.42 | 1.16 | 轻度污染 |
| Cu | 长寿村 | −1.30 | 100 | 0 | 0.19 | 清洁安全 |
| | 对照区 | −1.09 | 100 | 0 | 0.29 | 清洁安全 |
| Zn | 长寿村 | −1.01 | 100 | 0 | 0.19 | 清洁安全 |
| | 对照区 | −0.91 | 100 | 0 | 0.26 | 清洁安全 |
| Cd | 长寿村 | −0.54 | 100 | 0 | 0.25 | 清洁安全 |
| | 对照区 | −0.50 | 95.87 | 4.13 | 0.35 | 清洁安全 |

#### 7.4.2.5 拉依苏长寿村与邻近对照区土壤重金属健康风险评价对比分析

(1)重(类)金属元素的选取与健康风险评价模型。

美国能源部风险评估信息系统(RAIS)及国际癌症研究中心(IARC)对土壤重金属元素致癌效应与非致癌效应进行了可靠度风险评估,确定有阈污染元素为 Hg、Ni、Pb、Cu、Zn;无阈污染元素为 Cr、As、Cd。由拉依苏长寿村与对照区土壤重金属污染状况评价结果可知:拉依苏长寿村土壤中 Cd 含量均值及对照区土壤中 Cr、Cd 含量均值高于新疆土壤元素背景值;同时对照区土壤样点中存在 As、Ni 含量超标现象。故选取两对照组土壤中 Cr、Ni、As、Cd 4 种重金属元素作为两对照组土壤环境的潜在危险评价因子,进行健康风险评价与对比分析。对有阈污染元素 Ni 进行非致癌风险评价;对无阈污染元素为 Cr、As、Cd 进行致癌风险评价,而无阈污染元素同时也具有非致癌风险(王兰化等,2014),因此对 Cr、As、Cd 还进行了非致癌风险评价。本书采用 U.S.EPA 健康风险评价模型,模型及相应参数含义见本书 6.6.1。拉依苏长寿村与对照区土壤中各潜在危险评价因子在健康风险评价暴露模型中各参数取值参照 2011 年 U.S.EPA *Exposure factors handbook* 及中国环境保护部《中国人群暴露参数手册》推荐值。因成人与儿童自身状况及对土壤环境风险的响应程度存在较大差异,故部分参数在取值上存在差别(表 7-71)。同时,两对照组土壤重(类)金属元素致癌风险斜率(SF)及重(类)金属经各途径的参考剂量值(RFD)见表 7-72(Gu et al.,2016;谷阳光,2017)。

表 7-71 健康风险评价模型暴露参数取值

| 参数/单位 | 取值 成人 | 取值 儿童 | 参数来源 |
|---|---|---|---|
| $C$/(mg·kg$^{-1}$) | 现场取样测定获得 | 现场取样测定获得 | 研究区农用地表层土壤重金属元素含量 |
| IR$_{oral}$/(mg·d$^{-1}$) | 100 | 200 | 中国环境保护部,2013 |
| CF/(kg·mg$^{-1}$) | 10$^{-6}$ | 10$^{-6}$ | U.S. EPA,2011 |
| EF/(d·a$^{-1}$) | 350 | 350 | 中国环境保护部,2013 |
| ED/(d·a$^{-1}$) | 24 | 6 | 中国环境保护部,2013 |
| BW/kg | 62.1 | 15.9 | 中国环境保护部,2013 |
| AT/d | 365×70(致癌) | 365×70(致癌) | 中国环境保护部,2013 |
| | 365×30(非致癌) | 365×30(非致癌) | |
| SA/cm$^2$ | 5700 | 2800 | 中国环境保护部,2013 |
| AF/(mg·cm$^{-2}$) | 0.07 | 0.2 | U.S. EPA,2011 |
| ABS/无单位 | 0.01(致癌) | 0.01(致癌) | U.S. EPA,2011 |
| | 0.001(非致癌) | 0.001(非致癌) | |
| IR$_{inh}$/(mg·d$^{-1}$) | 20 | 7.65 | 中国环境保护部,2013 |
| PEF/(m$^3$·kg) | 1.36×10$^9$ | 1.36×10$^9$ | U.S. EPA,2011 |

表 7-72 土壤重金属在不同暴露途径的 SF 与 RFD

| 重金属 | SF/[(kg·d)·mg$^{-1}$] | | | RFD/[mg·(kg·d)$^{-1}$] | | |
|---|---|---|---|---|---|---|
| | SF$_{oral}$ | SF$_{dermal}$ | SF$_{inh}$ | RFD$_{oral}$ | RFD$_{dermal}$ | RFD$_{inh}$ |
| Cr | ND | ND | 42 | 3.00×10$^{-3}$ | 6.00×10$^{-5}$ | 2.86×10$^{-5}$ |
| Ni | ND | ND | ND | 0.02 | 5.40×10$^{-3}$ | 2.06×10$^{-2}$ |
| As | 1.5 | 3.66 | 15.1 | 3.00×10$^{-4}$ | 1.23×10$^{-4}$ | 1.23×10$^{-4}$ |
| Cd | 6.1 | 6.1 | 1.80×10$^{-3}$ | 1.00×10$^{-3}$ | 1.00×10$^{-5}$ | 1.00×10$^{-3}$ |

注:表中 ND 为没有数据,后同。

(2)土壤健康风险评价结果及对比分析。

拉依苏长寿村与对照区土壤中 Cr、Ni、As、Cd 经手口途径暴露(oral)、皮肤接触暴露(dermal)及呼吸暴露(inh)3 种暴露途径引起当地成人与儿童的致癌风险评价结果见表 7-73、表 7-74,非致癌风险评价结果见表 7-75、图 7-66 与图 7-67。由表 7-73 可见:两对照组土壤中重(类)金属元素对当地成人和儿童的致癌风险大小为 Cr<Cd<As,其中 As、Cd 的致癌风险表现为成人<儿童,这与当地儿童对环境自身免疫能力相对成人较弱有关(杨敏等,2016)。Cr 的致癌风险表现为儿童<成人,这是由于 Cr 是以呼吸效应为主要致癌风险效应,成人相对儿童的吸入量较大,因此土壤中的 Cr 对成人的致癌贡献比率相对儿童更高。Cr、As 与 Cd 的总致癌风险(Risk$_{all}$)结果均为拉依苏长寿村<对照区,两对照组土壤中的 Cr、Cd 对当地成人和儿童的 Risk$_{all}$ 均低于 10$^{-6}$,表示不存在致癌风险;As 的 Risk$_{all}$ 在 10$^{-6}$~10$^{-4}$ 范围内,表示两对照组土壤中 As 均存在可接受致癌风险,但对照区 Risk$_{all}$ 比拉依苏长

寿村高 1.90 倍。即对照区的居民因土壤中 As 引发癌症的概率比拉依苏长寿村高 1.90 倍。因此，从土壤重金属对居民健康风险的角度分析，拉依苏长寿村相对对照区更有利于当地居民健康。

表 7-73 土壤重(类)金属经 3 种暴露途径的致癌风险评价结果

| 重金属 | 研究区 | $Risk_{oral}$ | | $Risk_{dermal}$ | | $Risk_{inh}$ | |
|---|---|---|---|---|---|---|---|
| | | 成人 | 儿童 | 成人 | 儿童 | 成人 | 儿童 |
| Cr | 长寿村 | ND | ND | ND | ND | $1.50\times10^{-7}$ | $5.61\times10^{-8}$ |
| | 对照区 | ND | ND | ND | ND | $1.65\times10^{-7}$ | $6.16\times10^{-8}$ |
| As | 长寿村 | $6.81\times10^{-6}$ | $1.33\times10^{-5}$ | $6.63\times10^{-7}$ | $9.08\times10^{-7}$ | $1.01\times10^{-8}$ | $3.77\times10^{-9}$ |
| | 对照区 | $8.02\times10^{-6}$ | $1.57\times10^{-5}$ | $7.81\times10^{-7}$ | $1.07\times10^{-6}$ | $1.19\times10^{-8}$ | $4.43\times10^{-9}$ |
| Cd | 长寿村 | $4.07\times10^{-7}$ | $7.94\times10^{-7}$ | $1.62\times10^{-8}$ | $2.22\times10^{-8}$ | $1.77\times10^{-14}$ | $6.59\times10^{-15}$ |
| | 对照区 | $4.19\times10^{-7}$ | $8.18\times10^{-7}$ | $1.67\times10^{-8}$ | $2.29\times10^{-8}$ | $1.82\times10^{-14}$ | $6.79\times10^{-15}$ |

表 7-74 土壤重(类)金属总致癌风险($Risk_{all}$)评价结果

| 重金属 | 研究区 | $Risk_{all}$ | |
|---|---|---|---|
| | | 成人 | 儿童 |
| Cr | 长寿村 | $1.50\times10^{-7}$ | $5.61\times10^{-8}$ |
| | 对照区 | $1.65\times10^{-7}$ | $6.16\times10^{-8}$ |
| As | 长寿村 | $7.48\times10^{-6}$ | $8.81\times10^{-6}$ |
| | 对照区 | $1.42\times10^{-5}$ | $1.67\times10^{-5}$ |
| Cd | 长寿村 | $4.23\times10^{-7}$ | $8.17\times10^{-7}$ |
| | 对照区 | $4.36\times10^{-7}$ | $8.41\times10^{-7}$ |

由表 7-75 可知，两对照组土壤中 Cr、Ni、As、Cd 经 3 种暴露途径对儿童引起的非致癌风险高于成人。$HQ_{oral}$ 大小依次为 Cd<Ni<Cr<As<1；$HQ_{dermal}$ 为 Ni<Cd<As<Cr<1；$HQ_{inh}$ 为 Cd<Ni<As<Cr<1。这表明两对照组土壤重(类)金属元素经任何一个暴露途径产生非致癌风险均是可接受的。图 7-66、图 7-67 为上述 4 种元素对两对照组人群的总非致癌风险($HQ_{all}$)，大小依次为 Cd<Ni<Cr<As<1，这与 $HQ_{oral}$ 结果一致，说明两对照组土壤中重(类)金属元素经手口途径暴露的非致癌风险贡献率最大。土壤这 4 种重(类)金属元素总非致癌风险系数($HQ_{all}$)均表现为拉依苏长寿村<对照区，说明对照区土壤中 Cr、Ni、As、Cd 引发当地可接受非致癌风险的概率比拉依苏长寿村要高。

表 7-75 土壤重(类)金属经三种暴露途径的非致癌风险评价结果

| 重金属 | 研究区 | $HQ_{oral}$ | | $HQ_{dermal}$ | | $HQ_{inh}$ | |
|---|---|---|---|---|---|---|---|
| | | 成人 | 儿童 | 成人 | 儿童 | 成人 | 儿童 |
| Cr | 长寿村 | $1.89\times10^{-2}$ | $3.69\times10^{-2}$ | $3.77\times10^{-3}$ | $5.17\times10^{-3}$ | $1.09\times10^{-4}$ | $2.92\times10^{-4}$ |
| | 对照区 | $2.08\times10^{-2}$ | $4.06\times10^{-2}$ | $4.14\times10^{-3}$ | $5.70\times10^{-3}$ | $1.20\times10^{-4}$ | $3.20\times10^{-4}$ |

续表 7-75

| 重金属 | 研究区 | HQ$_{oral}$ | | HQ$_{dermal}$ | | HQ$_{inh}$ | |
|---|---|---|---|---|---|---|---|
| | | 成人 | 儿童 | 成人 | 儿童 | 成人 | 儿童 |
| Ni | 长寿村 | $1.44×10^{-3}$ | $2.82×10^{-3}$ | $2.13×10^{-5}$ | $2.92×10^{-5}$ | $7.69×10^{-8}$ | $2.06×10^{-7}$ |
| | 对照区 | $1.53×10^{-3}$ | $2.98×10^{-3}$ | $2.25×10^{-5}$ | $3.09×10^{-5}$ | $8.13×10^{-8}$ | $2.18×10^{-7}$ |
| As | 长寿村 | $3.53×10^{-2}$ | $6.90×10^{-2}$ | $3.44×10^{-4}$ | $4.71×10^{-4}$ | $4.73×10^{-6}$ | $1.27×10^{-5}$ |
| | 对照区 | $4.16×10^{-2}$ | $8.12×10^{-2}$ | $4.05×10^{-4}$ | $5.54×10^{-4}$ | $5.57×10^{-6}$ | $1.49×10^{-5}$ |
| Cd | 长寿村 | $1.56×10^{-4}$ | $3.04×10^{-4}$ | $6.21×10^{-5}$ | $8.51×10^{-5}$ | $8.55×10^{-9}$ | $2.29×10^{-8}$ |
| | 对照区 | $1.60×10^{-4}$ | $3.13×10^{-4}$ | $6.40×10^{-5}$ | $8.77×10^{-5}$ | $8.80×10^{-9}$ | $2.36×10^{-8}$ |

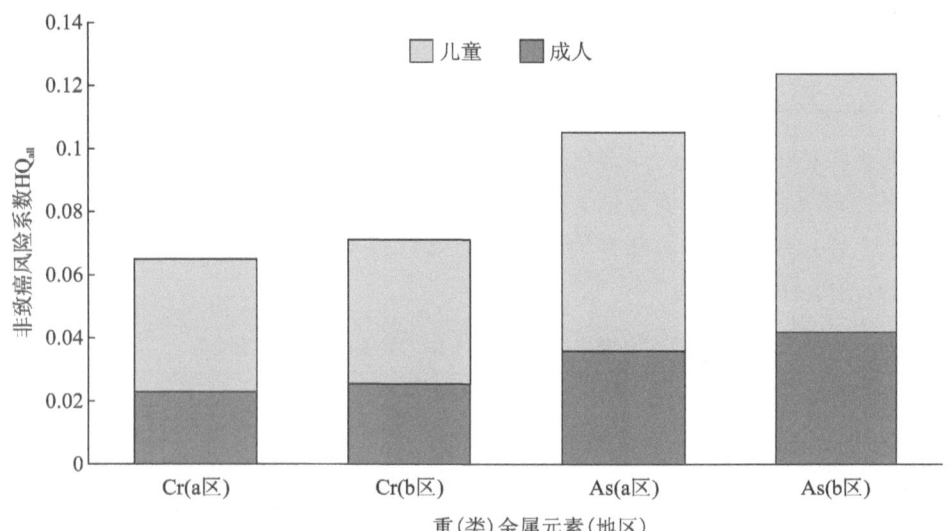

图 7-66 拉依苏长寿村(a区)与对照区(b区)土壤 Cr、As 总非致癌风险 HQ$_{all}$

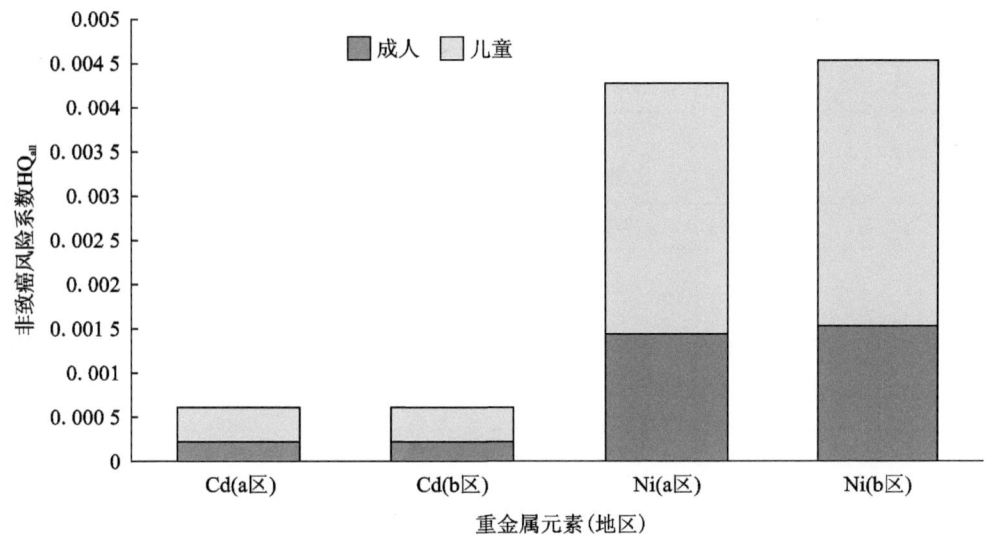

图 7-67 拉依苏长寿村(a区)与对照区(b区)土壤 Cd、Ni 总非致癌风险 HQ$_{all}$

### 7.4.2.6 土壤中不同无机组分向人体迁移能力及影响程度分析

本书结合联合国原子辐射效应科学委员会(UNSCEAR)的转移系数模型计算拉依苏长寿村与对照区土壤中不同化学元素向当地人体转移量与人体对该元素负荷量的比值,通过该比值的大小确定土壤中各元素向人体的迁移能力,并分析迁移能力强的元素对当地居民健康长寿的影响。转移系数模型与各参数含义见表7-76。

表7-76 转移系数模型与参数含义

| 模型 | 参数及含义 |
|---|---|
| $\alpha_i = (C_i \times P_i \times 1000) \times l_{\text{地区}\,i}^{-1}$ | $\alpha_i$:土壤中元素$i$向人体全身转移量与负荷量比值 |
| | $C_i$:土壤中元素$i$的含量均值 |
| | $P_i$:土壤中元素$i$向人体全身的转移系数参考值 |
| | $l_{\text{地区}\,i}$:地区人体对土壤中元素$i$的负荷量估算值 |

其中,假设拉依苏长寿村与对照区居民对土壤中各无机化学组分的全身负荷量估算值与我国人体全身元素负荷量估算值近似,数值无显著差异(即$l_{\text{长寿村}} = l_{\text{对照区}} = l_{\text{我国}}$)。土壤中无机化学组分在人体内全身负荷量估算值及向人体的转移系数参考值见表7-77、表7-78(诸洪达等,2000;2007)。

表7-77 土壤中各元素在人体内全身负荷量估算值  单位:μg

| 元素 | 估算值 | 元素 | 估算值 | 元素 | 估算值 | 元素 | 估算值 |
|---|---|---|---|---|---|---|---|
| Na | $6.40 \times 10^7$ | Mg | $1.76 \times 10^7$ | K | $8.34 \times 10^7$ | Ca | $8.83 \times 10^8$ |
| Fe | $5.03 \times 10^6$ | B | $4.26 \times 10^3$ | Rb | $2.03 \times 10^5$ | Sr | $4.34 \times 10^5$ |
| Co | $8.52 \times 10^2$ | Mo | $1.98 \times 10^3$ | V | $1.06 \times 10^3$ | Se | $7.84 \times 10^3$ |
| Mn | $1.48 \times 10^4$ | Ba | $4.20 \times 10^4$ | Al | $1.96 \times 10^5$ | Y | 63.2 |
| Sb | $2.65 \times 10^2$ | Ti | $8.42 \times 10^4$ | Th | 39.0 | Cr | $4.26 \times 10^3$ |
| Hg | $3.63 \times 10^2$ | Ni | $2.28 \times 10^4$ | Pb | $1.41 \times 10^4$ | As | $2.14 \times 10^3$ |
| Ag | $1.14 \times 10^2$ | Cu | $7.03 \times 10^4$ | Zn | $1.97 \times 10^6$ | Cd | $6.38 \times 10^3$ |

表7-78 土壤中各元素向人体的转移系数参考值  单位:kg

| 元素 | 参考值 | 元素 | 参考值 | 元素 | 参考值 | 元素 | 参考值 |
|---|---|---|---|---|---|---|---|
| Na | 5.76 | Mg | 2.38 | K | 4.44 | Ca | 94.9 |
| Fe | 0.17 | B | 0.1 | Rb | 1.92 | Sr | 2.95 |
| Co | 0.07 | Mo | 1.8 | V | 0.01 | Se | 37.9 |
| Mn | 0.03 | Ba | 0.09 | Al | $2.95 \times 10^{-3}$ | Y | $2.86 \times 10^{-3}$ |
| Sb | 0.25 | Ti | $2.22 \times 10^{-2}$ | Th | $3.15 \times 10^{-3}$ | Cr | $7.43 \times 10^{-2}$ |
| Hg | 9.55 | Ni | 0.92 | Pb | 0.6 | As | 0.22 |
| Ag | 1.14 | Cu | 3.4 | Zn | 29.0 | Cd | 80.8 |

通过上述模型及相应参数值确定拉依苏长寿村与对照区土壤中必需常量元素、有益微量元素及有毒元素向当地人体转移量与人体对该元素负荷量的比值大小。

由图7-68可知,拉依苏长寿村与对照区土壤中必需常量元素向当地人体的转移能力大小均表现为K＜Na＜Mg＜Ca,这4种元素向当地人体转移量与人体对该元素负荷量的比值均远小于1,表明两对照组土壤中Ca、Mg、Na、K这4种人体必需的常量元素通过土壤向当地人体转移能力弱,对当地人体健康影响程度相对较小。

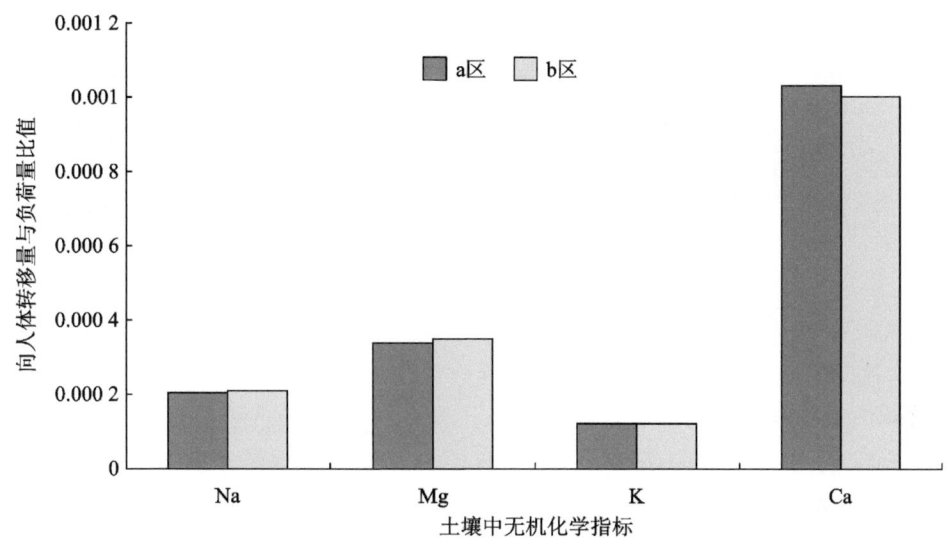

图7-68　拉依苏长寿村(a区)与对照区(b区)土壤中必需常量元素向人体转移量与负荷量比值

由图7-69可知,拉依苏长寿村土壤中有益微量元素向当地人体的转移能力大小表现为Se＜Mo＜Ti＜V＜Mn＜Ba＜B＜Sr;其中Sr、B、Ba经地球化学循环向人体的转移量与元素负荷量的比值大于1,表明当地土壤中这些有益元素向人体的转移能力较强,对当地人体健康影响程度较大,其他有益微量元素经地球化学循环向人体的转移量与元素负荷量的比值小于1,这些元素向人体的转移能力较弱。对照区土壤中有益微量元素向当地人体的转移能力大小表现为Se＜Mo＜Ti＜V＜Mn＜Ba＜B＜Sr;其中Sr、B、Ba和Mn经地球化学循环向人体的转移量与元素负荷量的比值大于1,表明当地土壤中这些有益元素向人体的转移能力较强,对当地人体健康影响程度较大,其他有益微量元素经地球化学循环向人体的转移量与元素负荷量的比值小于1,这些元素向人体的转移能力较弱。

由图7-70可知,拉依苏长寿村土壤中有毒微量元素向当地人体的转移能力大小表现为Hg＜Ag＜Pb＜Sb＜Zn＜Co＜Cu＜Cr＜Rb＜Th＜Ni＜As＜Y＜Cd,其中Cd经地球化学循环向人体的转移量与元素负荷量的比值大于1,表明当地土壤中Cd向人体的转移能力较强,对当地人体健康影响程度较大,应引起重视;其他有毒微量元素经地球化学循环向人体的转移量与元素负荷量的比值小于1,这些元素向人体的转移能力较弱。对照区土壤中有毒微量元素向当地人体的转移能力大小表现为Hg＜Ag＜Pb＜Zn＜Co＜Th＜Rb＜Sb＜Cr＜Cu＜Ni＜Y＜As＜Cd,其中Cd、As、Y和Ni经地球化学循环向人体的转移量与元素负荷量的比值大于1,表明当地土壤中这些有毒微量元素向人体的转移能力较强,对当地人体健康影响程度较大,应引起重视;其他有毒元素经地球化学循环向人体的转移量与元素负荷量的比

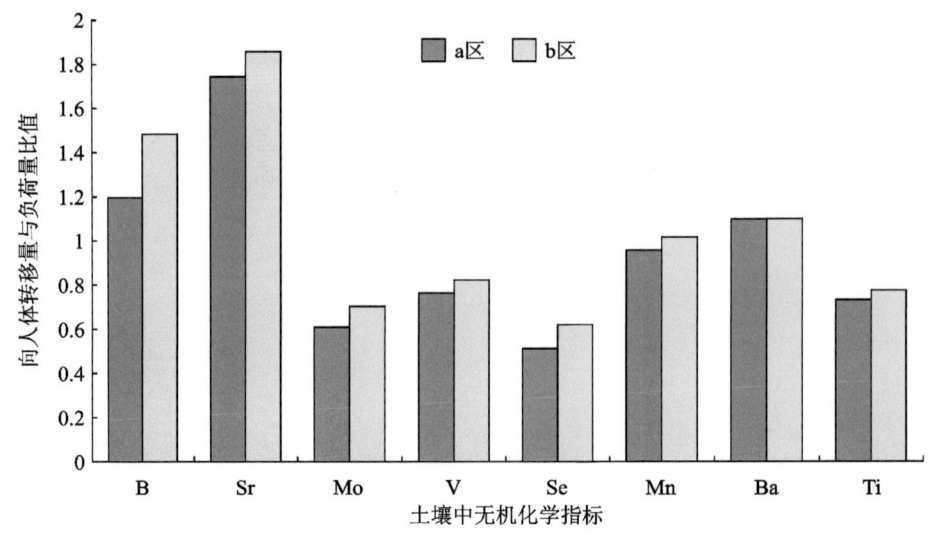

图 7-69　拉依苏长寿村(a区)与对照区(b区)土壤中有益元素向人体转移量与负荷量比值

值小于 1，这些元素向人体的转移能力较弱。两对照组土壤中迁移能力较强的有毒元素通过地球化学循环作用转移至人体内，对人体生长、发育和代谢等过程产生影响，拉依苏长寿村土壤中仅有 Cd 1 项有毒元素向当地人体的迁移能力较强，对照区土壤中有 Cd、As、Y、Ni 4 项有毒元素向当地人体的迁移能力较强，进一步反映出拉依苏长寿村土壤中有毒元素对当地居民健康长寿的不良影响程度相对对照区更小。

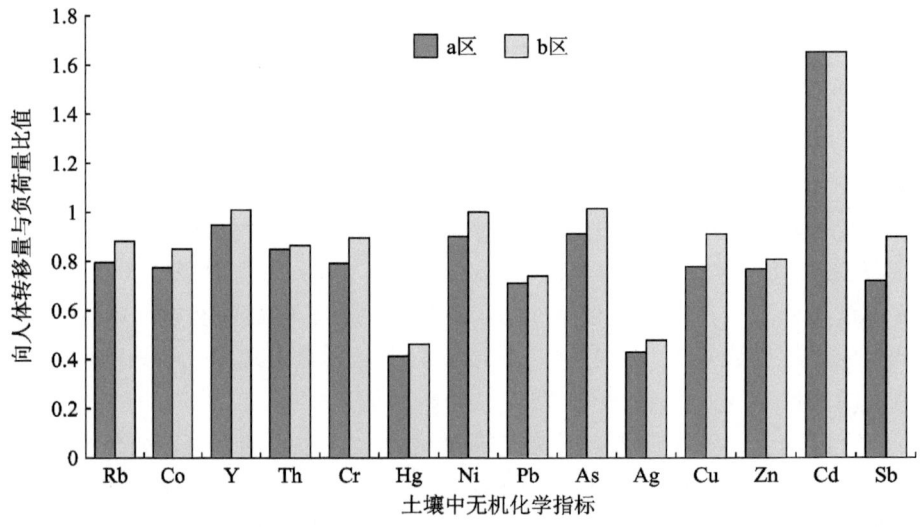

图 7-70　拉依苏长寿村(a区)与对照区(b区)土壤中有毒元素向人体转移量与负荷量比值

# 主要参考文献

阿不都赛买提·乃合买提,艾克拜尔·伊拉洪,赛牙热木·哈力甫,2017.伊犁昭苏草原黑钙土不同海拔高度土壤有机碳的垂直分布特征[J].新疆农业科学,54(1):156-164.

阿丽莉,王心义,尹国勋,2013.焦作市某排氟厂周围典型土壤剖面中不同形态氟的分布特征研究[J].土壤通报,44(1):236-239.

阿依努尔·麦提努日,麦麦提吐尔逊·艾则孜,麦尔哈巴·图尔贡,等,2021.吐鲁番盆地葡萄园土壤重金属铅含量高光谱估算[J].遥感技术与应用,36(2):362-371.

白晓慧,陈国光,2014.世界卫生组织饮用水水质准则[M].上海:上海交通大学出版社.

蔡雄飞,赵士杰,宣斌,等,2021.贵阳市城郊两处菜地土壤垂直剖面重金属迁移规律与来源解析[J].生态科学,40(3):42-50.

陈红玉,卢桂宾,马光跃,等,2022.土壤养分与冬枣果实品质关系的多元回归分析[J].北方园艺(3):58-64.

陈云飞,曾妍妍,周金龙,等,2019.新疆于田县绿洲区土壤重金属空间分布特征与影响因素[J].农业机械学报,50(4):263-273.

陈祖义,朱旭东,2008.稀土元素的骨蓄积性、毒性及其对人群健康的潜在危害[J].生态与农村环境学报,24(1):88-91.

成杭新,李括,李敏,等,2014.中国城市土壤化学元素的背景值与基准值[J].地学前缘,21(3):265-306.

迟清华,鄢明才,2007.应用地球化学元素丰度数据手册[M].北京:地质出版社.

丁士明,梁涛,张自立,等,2004.稀土对土壤的生态效应研究进展[J].土壤,36(2):157-163.

董方营,贾志文,季钰涵,2018.水-岩(土)间氟迁移释放的影响因素分析[J].环境与发展,30(12):12-13+16.

董岩翔,郑文,周建华,等,2007.浙江省土壤地球化学背景值[M].北京:地质出版社.

董乙强,安沙舟,孙宗玖,等,2016.禁牧对中度退化伊犁绢蒿荒漠土壤活性有机碳组分的影响[J].土壤通报,47(02):364-370.

杜虎林,高前兆,熊建国,等,2007.塔里木沙漠油田南部区域地表水与地下水资源分布特征[J].中国沙漠,27(4):698-703.

杜佩轩,田素荣,2001.新疆岩石·岩屑·水系沉积物元素背景平均值[J].物探与化探,25(2):117-122.

杜强,贾丽艳,严先锋,2012.SPSS统计分析从入门到精通[M].2版.北京:人民邮电出版社.

段曼莉,2011.4种蔬菜对不同价态外源硒吸收、转运和生物有效性差异的研究[D].咸阳:西北农林科技大学.

范薇,曾妍妍,周金龙,等,2019.新疆若羌县土壤质量地球化学评价[J].环境化学,38(5):1190-1196.

冯海艳,杨忠芳,杨志斌,2007.土壤水稻系统中重金属元素与其他元素之间的相互作用[J].地质通报,26(11):1429-1434.

冯晓静,张涛,张晓娟,等,2019.喀斯特漏斗坡地土壤有机碳特征、风化侵蚀及稀土元素分析[J].地球化学,48(3):249-260.

冯志刚,刘威,张兰英,等,2022.贫Cd碳酸盐岩发育的土壤Cd的富集与超常富集现象——以贵州岩溶区为例[J].地质通报:41(4):533-544.

符颖,季宏兵,2014.稀土元素的环境生物地球化学研究现状与展望[J].首都师范大学学报(自然科学版),35(1):84-95+100.

邰红建,金友前,董艳红,等,2012.水溶性有机质对茶园土壤氟形态的影响[J].安徽农业大学学报,39(3):389-393.

古力扎提·艾买提,阿不都拉·阿不力孜,茹克亚·沙吾提,等,2018.准东煤田土壤铅含量高光谱估算[J].土壤通报,49(5):1233-1239.

谷阳光,高富代,2017.我国省会城市土壤重金属含量分布与健康风险评价[J].环境化学,36(1):62-71.

郭洪玲,王萍,朱军,等,2019.法庭地质学与泥土物证检验[J].刑事技术,44(1):53-59.

郭雄飞,2019.生物炭对间作体系中刨花润楠生长及土壤养分年际变化的影响[J].生态学报,39(13):4910-4920.

哈力旦·艾赛都力,阿不都艾尼·阿不里,孙小丽,等,2023.基于GIS的不同土地利用方式土壤重金属污染评价及来源解析[J].中国矿业,32(5):53-64.

何立新,王奎,张汉清,等,2021.新疆富蕴县蕴都卡拉铜金钴矿地球化学找矿模型初探[J].新疆地质,39(4):582-585.

何伟忠,赵多勇,范盈盈,等,2021.新疆红枣营养品质与稳定同位素及矿物元素特征产地溯源比较[J].核农学报,35(5):1099-1112.

何玉生,任利民,唐文春,等,2006.成都经济区浅层土壤地球化学特征的土壤分类学意义[J].地球化学,5(3):311-318.

和文祥,陈会明,朱铭莪,等,2002.土壤肥力对其脲酶与汞镉关系的影响[J].华中农业大学学报,21(6):526-530.

侯艳娜,武红旗,田建华,等,2020.近40年来天山北坡不同土类农田土壤有机碳含量变化特征分析[J].土壤通报,51(2):423-429.

胡莺,2019.三峡水库消落带水-土体系中典型环境雌激素的迁移转化研究[D].重庆:重庆交通大学.

黄成敏,龚子同,2000.土壤发育过程中稀土元素的地球化学指示意义[J].中国稀土学报,18(2):150-155.

黄春雷,丛源,陈岳龙,等,2007.晋南临汾-运城盆地土壤氟含量及其影响因素[J].地质通报,26(7):878-885.

黄春雷,龚日祥,宋明义,等,2016.浙江金华地区农业地学研究[M].北京:科学出版社.

黄志超,马小惠,王洪强,等,2016.新疆和田地区长寿老人与生态环境中微量元素的相关性研究[J].新疆医科大学学报,39(9):1170-1177.

姬东朝,宋笔锋,喻天翔,2006.模糊层次分析法及其在设计方案选优中的应用[J].系统工程与电子技术(11):1692-1694+1755.

姜传东,黄玮,丛玉凤,等,2021.载铜活性炭吸附二甲基硫醚的热力学和动力学[J].石油炼制与化工,52(8):64-70.

蒋煜峰,吴应琴,展惠英,2018.黄土中典型有机污染物的吸附行为[M].北京:中国水利水电出版社.

解怀生,陈美君,许兴苗,等,2010.土壤Cd、As、Pb在水稻植株中的吸收分布特征[J].浙江农业科学,53(5):1056-1058.

荆秀艳,袁周燕,杨红斌,等,2008.土氟静态吸附特性及其影响因素[J].生态环境,17(5):1818-1821.

李春亮,2013.甘肃省武威地区多目标区域地球化学特征及土壤环境质量评估[D].北京:中国地质大学(北京).

李靖,张平,李倩,等,2021.南方冬季条件下根际促生菌与肥料配施对巨菌草迁移累积镉砷的影响[J].环境科学学报,41(6):2379-2389.

李丽,刘振超,郭立霞,等,2019.河南大章—德亭金矿区土壤地球化学特征及异常评价[J].矿产勘查,10(7):1632-1637.

李亮,吴亚,王焰新,等,2014.大同盆地地方氟病地区土壤中氟的赋存形态研究[J].安全与环境工程,21(5):52-57.

李乔,王淑芬,曹有智,等,2017.准东煤田周边农田土壤重金属污染生态风险评估与来源分析[J].农业环境科学学报,36(8):1537-1543.

李想,江雪昕,高红菊,2017.太湖流域土壤重金属污染评价与来源分析[J].农业机械学报,48(增刊1):247-253.

李业朴,2018.白银城郊农田土壤和农作物中氟和镉的相互作用研究及健康风险评价[D].兰州:兰州大学.

李永福,耿庆龙,陈署晃,等,2021.天山南坡农区土壤养分空间分布特征[J].新疆农业科学,58(2):324-331.

李勇,2014.重金属的生态地球化学与人群健康研究[M].广州:中山大学出版社.

李张伟,2011.粤东凤凰山茶区土壤氟化学形态特征及其影响因素[J].环境化学,30(8):1468-1473.

梁秀娟,方樟,季超,等,2010.高氟湖库底泥中氟的存在形态分析——以洋沙泡水库为例[J]吉林大学学报(地球科学版),40(3):651-656.

廖启林,金洋,吴新民,等,2005.南京地区土壤元素的人为活动环境富集系数研究[J].中国地质,32(1):141-147.

廖仁梅,2016.陕西凤县农田土壤重金属污染评价[D].咸阳:西北农林科技大学.

刘斌,门国发,王占和,等,2008.塔里木盆地地下水勘察[M].北京:地质出版社.

刘春丽,谢忠雷,2009.柠檬酸和草酸对茶园土壤氟吸附能力及形态分布的影响[J].河南师范大学学报(自然科学版),37(4):84-86.

刘芳慧,黄丹,钟聪,等,2020.桂西北典型矿区周边水稻田土壤剖面汞分布特征及其影响因素[J].土壤通报,51(6):1342-1350.

刘国伟,尹洪宗,何锡文,2004.不确定度评定中离群值的检验及计算机编程[J].冶金分析,24(4):63-66.

刘海,康博,沈军辉,2019.基于反向地球化学模拟的地下水形成作用以安徽省泗县为例[J].现代地质,33(2):440-450.

刘金华,王玉军,杨靖民,等,2017.吉林省西部氟病区苏打盐碱土氟的赋存形态及分布特征[J].土壤,49(3):558-564.

刘孟军,李宪松,刘志国,等,2015.一种适于高度密植枣园的简化整形方法[J].中国果树(3):68-70.

刘楠,陈盟,高东东,等,2024.德阳市平原区浅层地下水水化学特征与健康风险评价[J].环境科学,45(4):2129-2141.

刘璇,梁秀娟,肖霄,等,2011.pH对吉林西部湖泊底泥中不同形态氟迁移转化影响的实验研究[J].环境污染与防治,33(6):19-22.

刘征原,郝瑞彬,2007.氟的环境地球化学特征及生物效应[J].唐山师范学院学报,29(2):34-36.

栾风娇,2017.新疆南部典型区地下水中氟的分布特征及富集因素研究[D].乌鲁木齐:新疆农业大学.

马宏飞,李薇,韩秋菊,等,2013.茶叶渣对Ni(Ⅱ)的吸附动力学及等温吸附模型研究[J].科学技术与工程,13(16):4761-4764.

马玉杰,郑西来,李永霞,等,2009.地下水质量模糊综合评判法的改进与应用[J].中国矿业大学学报,38(5):745-750.

麦尔耶姆·亚森,买买提·沙吾提,尼格拉·塔什甫拉提,等,2017.渭干河—库车河绿洲土壤重金属分布特征与生态风险评价[J].农业工程学报,33(20):226-233.

毛萌,朱雪芹,2020,.宣化盆地地下水化学特性及灌溉适用性评价[J].干旱区资源与环境,34(7):142-149.

孟昱,任大军,张晓晴,等,2019.林地土壤氟的形态分布特征及其影响因素[J].环境科学与技术,42(9):98-105.

米吉提·依明,2005.和田市大气污染特征分析[J].和田师范专科学校学报,25(2):169-170.

娜珠盼·斯德克江,麦麦提吐尔逊·艾则孜,杨秀云,等,2022.乌鲁木齐市土壤微量元素沿城市化梯度带含量及污染评价[J].环境科学与技术,45(3):96-103.

南忠仁,李吉均,2000.干旱区耕作土壤中重金属镉铅镍剖面分布及行为研究——以白银市区灰钙土为例[J].干旱区研究,17(4):39-45.

南忠仁,刘晓文,赵转军,等,2011.干旱区绿洲土壤作物系统重金属化学行为与生态风险评估研究[M].北京:中国环境科学出版社.

庞绪贵,代杰瑞,2014.鲁东地区农业生态地球化学研究[M].北京:地质出版社.

彭小金,张艳红,李辉辉,2008.模糊综合评价在地下水质评价中的应用[J].水科学与工程技术(6):46-48.

秦樊鑫,吴迪,黄先飞,等,2014.高氟病区茶园土壤氟形态及其分布特征[J].中国环境科学,34(11):2859-2865.

秦俊法,2000.钸的生物必需性及人体健康效应[J].广东微量元素科学(8):1-18.

秦正峰,2017.河北省典型区地下水硬度空间分布特征及其成因分析[D].北京:中国地质大学(北京).

冉勇,刘铮,1994.我国主要土壤中稀土元素的含量和分布[J]中国稀土学报,12(3):248-252.

任力民,贾登泉,王飞,2014.新疆农田土壤重金属含量调查与评价[J].新疆农业科学,51(9):1760-1764.

阮建云,马立锋,石元值,等,2001.茶园土壤对氟的吸附与解吸特性[J]茶叶科学,21(2):161-165.

若羌县地方志编纂委员会,2016.若羌县志[M].北京:中国文史出版社.

邵小宇,张恒,张书敏,等,2021.离子选择电极法测定土壤中水溶性氟提取液温度的控制方式[J].岩矿测试,40(2):316-323.

沈乾杰,刘品桢,杜启露,等,2019.废弃铅锌矿区复耕后土壤—作物重金属污染特征及修复措施[J].水土保持通报,39(5):223-230.

史舟,李艳,2006.地统计学在土壤学中的应用[M].北京:中国农业出版社.

宋豆豆,李莉,刘伟婷,2021.玉米秸秆改性生物炭对磺胺类抗生素的吸附特性[J].生态与农村环境学报,37(11):1473-1480.

宋艳晖,钱春园,张托弟,等,2020.三维凹凸棒石-氧化石墨烯的制备及其吸附性能[J].非金属矿,43(2):9-12.

苏应生,曹宇,谢明云,等,1994.土壤单一或复合添加铜、砷对水稻的影响[J].植物资源与环境(4):23-28.

孙尧尧,2024.土壤重金属地球化学背景值确定的理论与方法研究[D].长春:吉林大学.

唐光木,张云舒,徐万里,等,2020.长期耕作对新疆绿洲农田土壤颗粒中有机碳和全氮含量的影响[J].中国农业科学,53(24):5039-5050.

唐南奇,2002.不同成因型母质发育土壤稀土元素的地球化学特征分析[J].福建农林大学学报(自然科学版),31(3):383-387.

田嘉禹,刘俐,汪群慧,等,2020.中美土壤元素背景值调查研究中数理统计方法运用及影响[J].环境科学研究,33(3):718-727.

田伟,吴云成,刘明庆,等,2020.松华坝流域有机蔬菜种植对土壤质量的影响评价[J].生态与农村环境学报,36

(12):1549-1555.

汪花,2019.兴义市西南部喀斯特地区土壤砷的空间分布及迁移富集特征[D].贵阳:贵州大学.

汪璇,王成秋,唐将,等,2009.基于地统计学和 GIS 的三峡库区土壤微量营养元素空间变异性研究[J].土壤通报,40(2):359-365.

王贝贝,刘琦,张胜南,等,2019.生物炭对土壤中释放的石油类污染物的吸附[J].石油学报(石油加工),35(3):603-612.

王彬,2008.重金属 Cd、Zn、Cu、Pb 污染下土壤生物效应及机理[D].重庆:西南大学.

王成,2013.长三角地区土壤—小麦系统微量元素迁移的地球化学特征[D].南京:南京大学.

王大康,2017.和田—若羌绿洲带时空演变规律及表层地下水分布浅析[D].北京:中国地质大学(北京).

王丹,周金龙,曾妍妍,2018.新疆 36 团土壤中五种稀土元素含量特征值研究[J].西部探矿工程,30(2):93-96+99.

王国梁,周生路,赵其国,等,2006.菜地土壤剖面上重金属元素含量随时间的变化规律研究[J].农业工程学报,22(1):79-84.

王婕,牛文全,张文倩,等,2020.农田表层土壤养分空间变异特性研究[J].农业工程学报,36(15):37-46.

王夒,徐辉碧,唐任寰,等,1991.生命科学中的微量元素[M].北京:中国计量出版社.

王兰化,李明明,张莺,等,2014.华北地区某蔬菜基地土壤重金属污染特征及健康风险评价[J].地球学报,35(2):191-196.

王立军,胡霭堂,1997.中国不同类型土壤中稀土元素的形态分布特征[J].中国稀土学报,15(1):64-70.

王利娜,赵文,孙佳,等,2022.南疆 4 个地区枣园土壤养分状况分析及肥力评价[J].经济林研究,40(2):144-152.

王利娜,赵文,王姝婧,等,2023.新疆干旱区枣园不同土层土壤全量养分元素含量与变化特征[J].经济林研究,41(1):86-96.

王维维,麦麦提吐尔逊·艾则孜,艾提业古丽·热西提,等,2018.焉耆盆地不同耕地土壤中微量元素污染风险对比研究[J].地球与环境,46(6):571-580.

王小庆,2012.中国农业土壤中铜和镍的生态阈值研究[D].北京:中国矿业大学.

王岩,陈永金,刘加珍,2013.黄河三角洲湿地土壤养分空间分布特征[J].人民黄河,35(2):72-74.

王燕云,林承奇,黄华斌,等,2018.福建九龙江流域水稻土重金属污染评价及生态风险[J].环境化学,35(2):72-74.

王中刚,1989.稀土元素地球化学[M].北京:科学出版社.

魏复盛,陈静生,吴燕玉,等,1991.中国土壤环境背景值研究[J].环境科学,12(4):12-20.

温元凯,2018.新疆且末乌鲁克土壤地球化学特征[J].世界有色金属(5):238-239.

吴卫红,谢正苗,徐建明,等,2002.不同土壤中氟赋存形态特征及其影响因素[J].环境科学,23(2):104-108.

吴小芳,张振山,范琼,等,2021.海南省果园土壤肥力综合评价研究[J].热带作物学报,42(7):2109-2118.

吴晓帅,2021.典型农田土壤中铅的老化及小麦籽粒铅累积的预测模型研究[D].杭州:浙江大学.

夏敏,2003.必需微量元素与人体健康[J].中国食物与营养(10):503-516.

肖明,杨文君,吕新,等,2014.柴达木盆地干旱区灌溉枸杞田土壤砷空间变异及评价[J].农业工程学报,30(10):99-105.

谢宇,2013.回归分析[M].北京:社会科学文献出版社.

谢正苗,吴卫红,徐建民,1999.环境中氟化物的迁移和转化及其生态效应[J].环境科学进展,7(2):41-54.

胥亚庆,陈文,林泳茵,等,2020.吡虫啉在七种土壤中的吸附-解吸及迁移特性研究[J].西华师范大学学报(自然科学版),41(2):190-199.

徐为霞,2006.福建土壤中的氟及其向作物的转移[D].福州:福建农林大学.

薛粟尹,李萍,王胜利,等,2012.干旱区工矿型绿洲城郊农田土壤氟的形态分布特征及其影响因素研究——以白银绿洲为例[J].农业环境科学学报,31(12):2407-2414.

鄢明才,顾铁新,1997.中国土壤化学元素丰度与表生地球化学特征[J].物探与化探,23(3):161-167.

杨崛园,方艺,委亚庆,等,2022.重庆稻油轮作区土壤养分状况评价[J].土壤,54(5):936-944.

杨军耀,李扭串,1997.土壤对碱性高氟水的氟吸附研究[J].中国地质灾害与防治学报,8(1):47-51.

杨磊,熊黑刚,2018.新疆准东煤田土壤重金属来源分析及风险评价[J].农业工程学报,34(15):273-281.

杨敏,滕应,任文杰,等,2016.石门雄黄矿周边农田土壤重金属污染及健康风险评估[J].土壤,48(6):1172-1178.

杨荣清,黄标,孙维侠,等,2005.江苏省如皋市长寿人口分布区土壤及其微量元素特征[J].土壤学报,42(5):753-760.

姚莹雷,2021.水稻土-上覆水系统中毒死蜱迁移转化的实验模拟研究[D].上海:上海应用技术大学.

姚智,白亭玉,金成伟,等,2016.海南省芒果主产区土壤养分现状与果实矿质养分相关性评价与分析[J].土壤通报,47(6):1409-1417.

易春瑶,2013.华北平原典型区水-土系统氟的迁移转化规律研究[D].武汉:中国地质大学(武汉).

易春瑶,汪丙国,靳孟贵,2013.华北平原典型区土壤氟的形态及其分布特征[J].环境科学,34(8):3195-3204.

易秀,2003.黄土类土对铬、砷的净化机理及地下水防污安全埋深的研究[D].西安:长安大学.

于晓英,2009.$Mn^{2+}$/$Cr^{6+}$在水-土-碳酸盐岩体系中的迁移转化及其影响机制研究[D].北京:中国地质科学院.

余莉,2018.新疆石河子水-土-空气-植物中氟迁移规律及风险评价[D].石河子:石河子大学.

於嘉闻,周金龙,曾妍妍,等,2016.新疆喀什地区东部地下水"三氮"空间分布特征及影响因素[J].环境化学,35(11):2402-2410.

袁连新,胡歌鸣,2011.农业土壤中水溶性氟的分布特征与影响因素分析——以湖北省荆州市为例[J].环境科学与技术,34(7):191-194.

曾妍妍,周金龙,陈云飞,等,2018.新疆若羌县土壤微量营养元素的空间分布特征及影响因素[J].干旱地区农业研究,36(4):22-28.

曾昭华,曾雪萍,2001.地下水中氟的形成及其与人群健康的关系[J].地下水,23(1):43-45.

张成龙,邬光剑,高少鹏,2008.青藏高原砂质表土样品稀土元素特征的初步探讨[J].冰川冻土,30(2):259-265.

张栋,翟勇,张妮,等,2017.新疆水稻主产区土壤硒含量与水稻籽粒硒含量的相关性[J].中国土壤与肥料(1):139-143.

张峰玮,周金龙,曾妍妍,等,2021.新疆且末县绿洲土壤中4种稀土元素含量特征及其成因探讨[J].干旱区资源与环境,35(9):135-142.

张桂芳,朱道飞,刘能生,等,2021.Fe(Ⅲ)负载732强酸性阳离子交换树脂对铜冶炼污酸中砷离子的吸附研究[J].离子交换与吸附,37(5):414-426.

张华,2012.大别山北麓罗山黄土古土壤古环境信息研究[D].合肥:合肥工业大学.

张坤,季宏兵,褚华硕,等,2018.黔西南喀斯特地区红色风化壳的物源及元素迁移特征[J].地球与环境,46(3):257-266.

张炜华,于瑞莲,杨玉杰,等,2019.厦门某旱地土壤垂直剖面中重金属迁移规律及来源解析[J].环境科学,40(8):3764-3773.

张永航,2007.贵州省地氟病区土壤中氟的形态分布特征[J].贵州师范大学学报(自然科学版),25(4):41-43+47.

张永生,刘铭锋,杨海英,2007.且末县克孜勒萨依金矿地球化学特征[J].新疆地质(2):149-153.

赵江涛,2016.新疆焉耆盆地平原区地下水化学特征及演化研究[D].乌鲁木齐:新疆农业大学.

赵艺,2011.土壤地球化学指纹特征比对数据库研究[D].成都:成都理工大学.

郑国璋,2008.关中娄土剖面中重金属元素的垂直分布规律研究[J].地球学报,29(1):109-115.

郑新奇,吕利娜,2018.地统计学(现代空间统计学)[M].北京:科学出版社.

钟晴,麦麦提吐尔逊·艾则孜,米热古力·艾尼瓦尔,等,2024.城市土壤钴含量高光谱反演[J].光谱学与光谱分析,44(11):3266-3272.

周国华,马生明,喻劲松,等,2002.土壤剖面元素分布及其地质、环境意义[J].地质与勘探,38(6):70-75.

周珊珊,2014.成都平原土壤元素特征数据库建立研究[J].广东微量元素科学,21(1):26-28.

周珊珊,施泽明,倪师军,2012.土壤地球化学指纹特征比对数据库建立研究[J].地球科学进展,27(S1):462-463.

周伟,王文杰,何兴元,等,2018.哈尔滨城市绿地土壤肥力及其空间特征[J].林业科学,54(9):9-17.

周益民,谢彩霞,2012.新疆生产建设兵团土壤环境质量状况研究[J].环境工程,30(S2):375-377+411.

周游,张广智,高刚,等,2019.核主成分分析法在测井浊积岩岩性识别中的应用[J].石油地球物理勘探,54(3):667-675.

朱法华,张景荣,姚素平,2001.徐州地氟病区植物中氟的分布及其环境意义[J].高校地质学报,7(2):158-163.

朱薇,杨守祥,刘庆,2016.影响植物富硒因素的研究进展[J].山东农业大学学报(自然科学版),47(4):636-640.

朱亚群,2021.陕西省农田土壤有效氟分布特征及其影响因素[D].咸阳:西北农林科技大学.

诸洪达,樊体强,武权,等,2007.中国土壤中元素经膳食向人体转移的研究[J].中国辐射卫生,16(4):385-387.

诸洪达,王继先,陈如松,等,2000.中国人食品中元素浓度和膳食摄入量研究[J].中华放射医学与防护杂志,20(6):378-384.

AITKENHEAD M J,COULL M C,DAWSON L A,2014.Predicting Sample Source Location from Soil Analysis Using Neural Networks[J].Environmental Forensics,15(3):281-292.

ALI S,TANWEER M S,ALAM M KINETIC,2020.Isothermal,Thermodynamic and Adsorption Studies on Mentha Piperita Using ICP-OES[J].Surfaces and Interfaces,19:100516.

ALI S,THAKUR S K,SARKAR A,et al.,2016.Worldwide Contamination of Water by Fluoride[J]. Environmental Chemistry Letters,14(3):291-315.

BONG W S K,NAKAI I,FURUYA S,et al.,2012.Development of Heavy Mineral and Heavy Element Database of Soil Sediments in Japan Using Synchrotron Radiation X-Ray Powder Diffraction and High-Energy(116keV) X-Ray Fluorescence Analysis:1.Case study of Kofu and Chiba Region[J].Forensic Science International,220(1/2/3):33-49.

BRIMHALL G H,DIETRICH W E,1987.Constitutive Mass Balance Relations Between Chemical Composition,Volume,Density,Porosity,and Strain in Metasomatic Hydrochemical Systems:Results on Weathering and Pedogenesis[J].Geochimica et Cosmochimica Acta,51(3):567-587.

CHEN G Z,WANG X M,WANG R W,et al.,2019.Health Risk Assessment of Potentially Harmful Elements in Subsidence Water Bodies Using a Monte Carlo Approach:An Example from the Huainan Coal Mining Area,China[J].Ecotoxicology and Environmental Safety,171:737-745.

CHEN Q,HAO D,WEI J,et al.,2020.The Influence of High-Fluorine Groundwater on Surface Soil Fluorine

Levels and Their FTIR Characteristics[J].Arabian Journal of Geosciences,13(10):383.

GABARRÓN M,FAZ A,MARTÍNEZ-MARTÍNEZ S,et al.,2018.Change in Metals and Arsenic Distribution in Soil and Their Bioavailability beside Old Tailing Ponds[J].Journal of Environmental Management,212:292-300.

GU Y G,LIN Q,GAO Y P,2016.Metals in Exposed-Lawn Soils from 18 Urban Parks And Its Human Health Implications in Southern China's Largest City,Guangzhou[J].Journal of Cleaner Production ,115:122-129.

Kai T,Adhikari D,2021.Effect of Organic and Chemical Fertilizer Application on Apple Nutrient Content and Orchard Soil Condition[J].Agriculture,11(4):340.

KAVAK D D, ÜLKÜ S, 2015. Kinetic And Equilibrium Studies of Adsorption of $\beta$-Glucuronidase by Clinoptilolite-Rich Minerals[J].Process Biochemistry,50(2):221-229.

KEESARI T,SINHA U K,DEODHAR A,et al.,2016.High Fluoride in Groundwater of an Industrialized Area of Eastern India(Odisha):Inferences from Geochemical and Isotopic Investigation[J].Environmental Earth Sciences,75(14):1-17.

LEI L M,LIANG D L,YU D S,et al.,2015.Human Health Risk Assessment of Heavy Metals in the Irrigated Area of Jinghui,Shaanxi,China,in Terms of Wheat Flour Consumption[J].Environmental Monitoring and Assessment,187(10):1-13.

LI L,GUO X,JIN Y,et al.,2020.Distinguished Cd(Ⅱ)Capture with Rapid and Superior Ability Using Porous Hexagonal Boron Nitride:Kinetic and Thermodynamic Aspects[J].Journal of Inorganic Materials,35(3):284-295.

LIU X M,XU J M,ZHANG M K,et al.,2004.Application of Geostatistics and GIS Technique to Characterize Spatial Variabilities of Bioavailable Micronutrients in Paddy Soils [J]. Environmental Geology, 46 (2):189-194.

LOGANATHAN P,GRAY C W,HEDLEY M J,et al.,2006.Total and Soluble Fluorine Concentrations in Relation to Properties of Soils in New Zealand[J].European Journal of Soil Science,57(3):411-421.

MATSCHULLAT J,OTTENSTEIN R,REIMANN C,2000.Geochemical Background—Can We Calculate It?[J].Environmental Geology,39(9):990-1000.

MENDEZ M O,MAIER R M,2007.Phytostabilization of Mine Tailings in Arid and Semiarid Environments—An Emerging Remediation Technology[J].Environmental Health Perspectives,116(3):278-283.

MOIRANA R L,MKUNDA J,PEREZ M P,et al.,2021.The Influence of Fertilizers on the Behavior of Fluoride Fractions in the Alkaline Soil[J].Journal of Fluorine Chemistry,250:109883.

RAFIQUE T,NASEEM S,USMANI T H,et al.,2009.Geochemical Factors Controlling the Occurrence of High Fluoride Groundwater in the Nagar Parkar Area,Sindh,Pakistan[J].Journal of Hazardous Materials,171(1/2/3):424-430.

RASHID A,GUAN D X,FAROOQI A,et al.,2018.Fluoride Prevalence in Groundwater around a Fluorite Mining Area in the Flood Plain of the River Swat,Pakistan[J].Science of the Total Environment,635:203-215.

RIZZU M,TANDA A,CANU L,et al.,2020.Fluoride Uptake and Translocation in Food Crops Grown in Fluoride-Rich Soils[J].Journal of the Science of Food and Agriculture,100(15):5498-5509.

SAHA N,RAHMAN M S,AHMED M B,et al.,2017.Industrial Metal Pollution in Water and Probabilistic

Assessment of Human Health Risk[J].Journal of Environmental Management,185:70 – 78.

SAXENA V,AHMED S,2001.Dissolution of Fluoride in Groundwater:A Water –Rock Interaction Study[J]. Environmental Geology,40(9):1084 – 1087.

SCHUHMACHER M,MENESES M,XIFRÓ A,et al.,2001.The Use of Monte –Carlo Simulation Techniques for Risk Assessment:Study of a Municipal Waste Incinerator[J].Chemosphere,43(4/5/6/7):787 – 799.

SU C,WANG Y,XIE X,et al.,2013.Aqueous Geochemistry of High –Fluoride Groundwater in Datong Basin, Northern China[J].Journal of Geochemical Exploration,135(1):79 – 92.

SU C,WANG Y,XIE X,et al.,2015.An Isotope Hydrochemical Approach to Understand Fluoride Release into Groundwaters of the Datong Basin,Northern China[J].Environmental Science:Processes & Impacts,17(4): 791 – 801.

U.S. EPA, 2011. Exposure Factors Handbook 2011 Edition (Final Report) [R]. Washington, D. C.: U. S. Environmental Protection Agency.

WANG C,YANG Z,CHEN L,et al.,2012.The Transfer of Fluorine in the Soil –Wheat System and the Principal Source of Fluorine in Wheat Under Actual Field Conditions[J].Field Crops Research,137:163 – 169.

WANG J, GUO X, 2020. Adsorption Isotherm Models: Classification, Physical Meaning, Application and Solving Method[J].Chemosphere,258:127279.

WU C,WU X,QIAN C,et al.,.2018.Hydrogeochemistry and Groundwater Quality Assessment of High Fluoride Levels in the Yanchi Endorheic Region,Northwest China[J].Applied Geochemistry,98:404 – 417.

ZHANG Y,WANG D,LIU B,et al.,2013.Adsorption of Fluoride from Aqueous Solution Using Low –Cost Bentonite/Chitosan Beads[J].American Journal of Analytical Chemistry,4(7A):48 – 53.

ZHANG H H,CHEN J J,ZHU L,et al.,2014.Anthropogenic Mercury Enrichment Factors and Contributions in Soils of Guangdong Province,South China[J].Journal of Geochemical Exploration,144:312 – 319.

ZHU F K,YANG S K,FAN W X,et al.,2014.Heavy Metals in Jujubes and Their Potential Health Risks to the Adult Consumers in Xinjiang Province,China[J].Environmental Monitoring and Assessment,186(10): 6039 – 6046.